高等职业院校技能应用型教材·软件技术系列

Python 程序设计微课版

——从基础入门到实践应用

赵增敏　钱永涛　余晓霞　主　编

朱粹丹　赵朱曦　王庆建　段丽霞　副主编

U0282422

电子工业出版社

Publishing House of Electronics Industry

北京·BEIJING

内 容 简 介

本书从程序设计的基本概念出发，由浅入深、循序渐进地讲述 Python 程序设计的基本知识和应用技能。本书主要介绍 Python 编程环境，Python 语言基础，流程控制结构，复合数据类型，字符串与正则表达式，函数、模块和包，面向对象编程，文件操作，图形用户界面设计，以及数据库访问。

本书以 Python 3.8.1 为蓝本，实例全部在 PyCharm Community 2019.3.2 中编写和测试。除了基本实例，本书还精选和安排了与实际工作项目密切结合的典型案例，以帮助读者进一步提高编程能力。

本书可作为高等职业院校计算机相关专业程序设计类课程的专业课教材，也可作为 Python 语言爱好者的参考用书。

图书在版编目（CIP）数据

Python 程序设计微课版：从基础入门到实践应用 / 赵增敏，钱永涛，余晓霞主编. —北京：电子工业出版社，2020.6

ISBN 978-7-121-38584-1

Ⅰ. ①P… Ⅱ. ①赵… ②钱… ③余… Ⅲ. ①软件工具 – 程序设计 – 高等学校 – 教材 Ⅳ. ①TP311.561

中国版本图书馆 CIP 数据核字（2020）第 032625 号

责任编辑：薛华强　　　　特约编辑：田学清
印　　刷：涿州市京南印刷厂
装　　订：涿州市京南印刷厂
出版发行：电子工业出版社
　　　　　北京市海淀区万寿路 173 信箱　　邮编：100036
开　　本：787×1092　1/16　印张：19.75　字数：598 千字
版　　次：2020 年 6 月第 1 版
印　　次：2022 年 11 月第 6 次印刷
定　　价：59.80 元

凡所购买电子工业出版社图书有缺损问题，请向购买书店调换。若书店售缺，请与本社发行部联系，联系及邮购电话：（010）88254888，88258888。

质量投诉请发邮件至 zlts@phei.com.cn，盗版侵权举报请发邮件至 dbqq@phei.com.cn。

本书咨询联系方式：（010）88254569，xuehq@phei.com.cn，QQ1140210769。

| 前　言 |

Python 是一种高级编程语言，具有优雅的语法、动态类型及解释性质，能够使编程人员从语法细节中摆脱出来，专注于解决问题的方法、分析程序本身的逻辑和算法，其已成为大多数平台上许多应用程序开发的理想语言。无论是编程新手还是经验丰富的开发人员，都可以轻松学习和使用 Python 语言。

本书分为 10 章。第 1 章首先对 Python 语言进行简要介绍，其次讲述 Python 开发环境的搭建，最后介绍 Python 程序的上机步骤；第 2 章讲述 Python 语言基础知识，主要包括 Python 编码规范、输入函数和输出函数、数据类型、变量与赋值语句、运算符与表达式；第 3 章讲述流程控制结构，主要包括选择结构、循环结构、异常处理；第 4 章讨论 Python 提供的几种复合数据类型，主要包括列表、元组、集合及字典；第 5 章讨论字符串与正则表达式，主要包括字符编码、字符串的基本操作、字符串的常用方法、字节类型及正则表达式；第 6 章讨论函数、模块和包，主要包括函数的定义和调用、函数参数的传递、特殊函数、变量的作用域、装饰器、模块及包；第 7 章讲述面向对象编程，主要包括面向对象编程概述、类与对象、成员属性、成员方法、类的继承及面向对象高级编程；第 8 章讲述文件操作，主要包括文件的基本概念、文件的打开和关闭、文本文件操作、二进制文件操作及文件管理和目录管理；第 9 章讨论图形用户界面设计，主要包括图形用户界面设计概述、wxPython 框架基础、wxPython 常用控件、控件布局管理、对话框与 MDI 窗口；第 10 章讨论数据库访问，主要包括访问 SQLite 数据库、MySQL 数据库及 SQL Server 数据库。

本书提供了丰富的实例，通过对这些实例进行分析和实现，引导读者学习和掌握 Python 程序设计的知识体系与操作技能。

本书中的所有源代码均使用 Python 3.8.1 测试通过，所用集成开发环境为 Python 3.8.1 Shell IDLE 和 PyCharm Community 2019.3.2，所用平台为 Windows 10 专业版 64 位操作系统。本书源代码中使用的人名和电子邮件地址均是虚构的，如有雷同，实属巧合。

本书由赵增敏、钱永涛、余晓霞担任主编，朱粹丹、赵朱曦、王庆建、段丽霞担任副主编。具体分工如下：钱永涛编写第 1~3 章；余晓霞编写第 4~5 章；朱粹丹编写第 6 章；赵朱曦编写第 7 章；王庆建编写第 8 章；段丽霞编写第 9 章，赵增敏编写第 10 章并负责全书统稿。由于作者学识所限，书中难免存在不足之处，恳请广大读者提出宝贵意见。

为了方便教师教学，本书配有电子课件、习题答案、程序源代码和典型案例的微课视频，请有需求的教师登录华信教育资源网（www.hxedu.com.cn）免费注册后进行下载。

编　者

目 录

```
CONTENTS
```

第 1 章　Python 编程环境

Python 是一种高级编程语言，是 Python 软件基金会（Python Software Foundation，PSF）的产品，该基金会的使命是促进 Python 语言的发展。Python 具有优雅的语法、动态类型及解释性质，能够使编程人员从语法细节中摆脱出来，专注于解决问题的方法、分析程序本身的逻辑和算法，已成为大多数平台上许多领域应用程序开发的理想语言。无论是编程新手还是经验丰富的开发人员，都可以轻松学习和使用 Python 语言。本章首先对 Python 语言进行简要介绍，然后讲述如何搭建 Python 开发环境和 Python 程序的上机步骤。

1.1　Python 概述

Python 是一种面向对象的解释性的编程语言，也是一种功能强大而完善的通用型语言。Python 具有丰富和强大的类库，足以支持绝大多数日常应用。随着人工智能时代的到来，Python 已经成为人们学习程序设计的首选语言。

1.1.1　Python 的版本

Python 语言最初是由荷兰人 Guido van Rossum 设计出来的，它的第一个版本在 1991 年年初公开发布。由于 Python 语言采用开源方式发行，而且功能十分强大，所以应用越来越多，很快就形成了一个规模庞大的语言社区。

Python 语言本身是由诸多其他语言发展而来的，其中包括 ABC、Modula-3、C、C++、Algol-68、Smalltalk、UNIX Shell 及其他脚本语言等。Python 属于自由软件，其语言解释器和源代码均遵循 GNU 通用公共许可证协议。

Python 2.0 于 2000 年 10 月发布，其中增加了许多新的特性。在 Python 2.0 向 Python 3.0 迁移的过程中，Python 2.6 和 Python 2.7 作为过渡版本仍然使用 Python 2.x 的语法规则，但也考虑了向 Python 3.0 的迁移。

Python 3.0 于 2008 年 12 月发布，该版本增加了许多标准库，同时合并、拆分和删除了一些 Python 2.x 的标准库，适用于 Python 2.x 和 Python 3.x 的扩展库之间的差别更大。因此，Python 2.x 与 Python 3.x 的许多用法是不兼容的。

Python 官网同时发行和维护 Python 2.x 与 Python 3.x 两个版本系列。当作者编写本书时，Python 2.x 的最新稳定版本为 Python 2.7.16，Python 3.x 的最新稳定版本为 Python 3.8.1。Python 2.7 已于 2020 年年初终止支持。

总体来说，Python 3.x 的设计理念更加合理、高效，一些第三方库也不断推出适用于 Python 3.x 的版本。本书将以 Python 3.8.1 为蓝本来讲述 Python 程序设计。

1.1.2　Python 的特点

Python 的特点大致可以归纳为以下几个方面。

- 语法简洁。Python 使用的关键字比较少，其语法结构很有特色，废弃了花括号、begin 和 end 等标记，可以使用空格或制表符来分割代码块，语句末尾也不需要使用分号，语法规则简洁而优雅，更加容易学习、阅读和维护。
- 交互模式。在 Python 提示符下可以直接输入代码，按下 "Enter" 键即可解释运行代码并查看结果，在这种交互模式下不需要对代码进行编译，这为学习和测试代码片段带来了极大的便利。

- 跨平台性。Python 程序是通过其解释器解释运行的，在 Windows、Linux 和 Macintosh 等操作系统平台上都有 Python 解释器，从而保证 Python 程序在不同平台上具有一致性和兼容性。如果不使用依赖特定平台的特性，那么 Python 程序无须修改即可在不同平台上运行。
- 开放源代码。Python 是一种开源的编程语言，目前有许多开放社区对用户提供快速的技术支持，还提供了各种功能丰富的开源函数模块，这也为 Python 语言的发展创造了十分有利的条件。
- 可扩展性。Python 支持 C 语言扩展，如果在 Python 应用开发过程中需要一段运行很快的关键代码，或者想编写一些不愿开放的算法，则可以使用 C 语言或 C++语言完成这部分程序，然后从 Python 程序中调用。另外，也可以将 Python 代码嵌入 C/C++程序中，从而使程序具有脚本语言的灵活性。
- 解释性语言。Python 程序不需要编译成二进制代码便可以直接运行，在这个过程中首先由 Python 解释器将 Python 源代码转换成 Python 字节码，然后由 Python 虚拟机逐条执行字节码指令。也可以使用打包工具 PyInstaller 或 Python Distutils 扩展 py2exe 将 Python 脚本转换为独立的可执行程序，无须安装 Python 环境即可运行。
- 面向对象。Python 语言支持面向对象的风格或代码封装在对象的编程技术，在程序设计中可以抽象出类和对象的属性与行为，将它们组织在一定的范围内，使用封装、继承、多态等方法来简化解决问题的过程。Python 语言取消了保护类型、抽象类和接口等元素，从而简化了面向对象编程的实现。
- 丰富的数据结构。Python 语言提供了丰富的内置数据结构，包括列表、元组、集合、字典等，这些数据结构极大地方便了程序设计，提高了程序开发效率。

1.1.3 Python 的应用

Python 作为一种功能强大的通用编程语言而广受好评，目前在国际上非常流行，得到了越来越广泛的应用。Python 语言的应用领域主要包括以下几个方面。

- Windows 系统编程。Python 在 Windows 操作系统中得到了很好的应用，通过添加 pywin2 模块提供的 Windows API（Application Programming Interface）函数接口，可以在 Python 程序中使用 Windows 操作系统的底层功能，包括访问注册表、调用 ActiveX 控件及各种 COM（Component Object Model）组件等，还可以完成许多其他的日常维护和管理工作，从而减少维护的工作量。
- 数据库访问。Python 语言提供了所有主要关系数据库的接口，包括 SQLite、MySQL、SQL Server 及 Oracle 等。要访问某种数据库，需要导入相应的 Python 扩展模块。例如，通过内置的 sqlite3 模块访问 SQLite 数据库，通过 pymysql 模块访问 MySQL 数据库，等等。
- 科学计算。Python 语言在科学计算领域中发挥了独特的作用，有许多模块可以帮助用户在计算巨型数组、矢量分析、神经网络等方面高效率地完成工作。NumPy 数值编程扩展包括很多高级工具，如矩阵对象、标准数学库的接口等。通过将 Python 与出于速度考虑而使用编译语言编写的数值计算的常规代码进行集成，NumPy 将 Python 变成一个缜密严谨并且简单易用的数值计算工具，这个工具通常可以替代已有代码，而这些代码都是用 Fortran 或 C++等语言编写的。此外，还有一些数值计算工具为 Python 提供了动画、3D 可视化、并行处理等功能的支持。
- 图形用户界面（GUI）编程。Python 语言支持创建图形用户界面，并且可以移植到许多系统进行调用。Python 的简洁及快速的开发周期十分适合开发 GUI 程序。Python 内置了 tkinter 的标准面向对象接口 Tk GUI API，使 Python 程序可以生成可移植的具有本地观感的 GUI。Python/tkinter GUI 不做任何改变就可以在 Windows、UNIX、Linux 及 macOS（Classic 和 OS X 都支持）等平台上运行。此外，基于 C++平台的工具包 wxPython GUI API 可以使用 Python 构建可移植的 GUI，在 wxPython 和 tkinter 的基础 API 上还构建了一些高级工具包，如 PythonCard 和 Dabo 等。通过适当的第三方库也可以使用其他 GUI 工具包，如 Qt、GTK、MFC 及 Swing 等。对于运行于浏览器中的应用或一些简单界面的需求，Jython（Java 版本的 Python）和 Python 服务器端 CGI 脚本则提供了另一种用户界面的选择。

- 多媒体应用。利用 PIL、Piddle、ReportLab 等模块可以处理图像、声音、视频、动画等，从而为应用程序添加亮丽的光彩。动态图表的生成、统计分析图表都可以通过 Python 来完成。另外，利用 PyOpenGl 模块可以迅速编写出三维场景。
- 网络编程。Python 提供了众多的解决方案和模块，可以非常方便地完成网络编程工作并定制自己的服务器软件，无论是 C/S 模式还是 B/S 模式都有很好的解决方案。

1.2　下载、安装和运行 Python

要想运行 Python 程序，必须先安装 Python 语言解释器。为了提高开发效率，通常可以利用集成开发环境来编写、运行和调试 Python 程序。

1.2.1　下载 Python

Python 目前的最新版本为 Python 3.8.1，其安装程序可以从 Python 官网下载。适用于 Windows 平台的 Python 安装程序分为 32 位和 64 位两个版本，如图 1.1 所示。

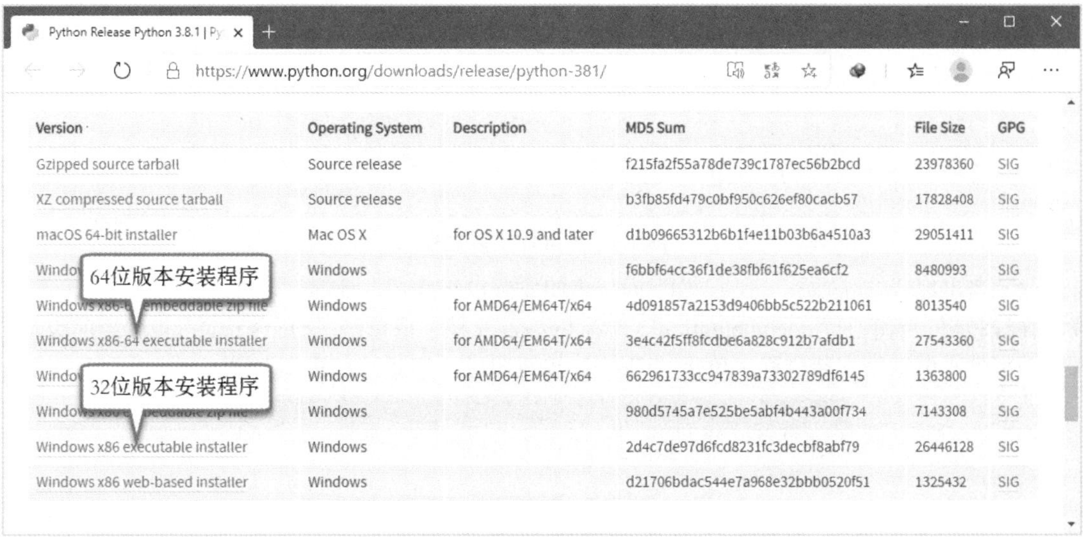

图 1.1　下载 Python 安装程序

要下载哪个版本的 Python 安装程序，可以根据所用的操作系统平台进行选择。32 位和 64 位的 Python 安装程序文件名分别为 python-3.8.1.exe 与 python-3.8.1-amd64.exe，本书使用的是 64 位版本。

1.2.2　安装 Python

在 Windows 10 中安装 Python 的步骤如下。

（1）双击 python-3.8.1-amd64.exe 文件，以启动安装程序。

（2）在如图 1.2 所示的画面中，选中 "Install launcher for all users (recommended)" 和 "Add Python 3.8 to PATH" 两个复选框，前者表示为所有用户安装 Python，后者表示将 Python 安装目录添加到 Windows 环境变量 PATH 路径中，然后单击 "Install Now"（其下方列出了默认的安装路径及安装内容）。

图 1.2　Python 安装程序画面

（3）在安装过程中可以看到一个进度条，并显示当前正在安装的组件，如果要取消安装，可以单击 "Cancel" 按钮，如图 1.3 所示。

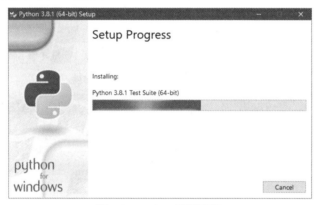

图 1.3　Python 安装进程

（4）当出现 "Setup was successful" 时，表明安装已经完成。此时，可以单击 "online tutorial" 查看在线教程，或单击 "documentation" 查看 Python 文档，或单击 "what's new" 查看当前版本有哪些新特性；要结束安装过程，单击 "Close" 按钮即可，如图 1.4 所示。

图 1.4　Python 安装成功

在 Windows 10 操作系统中安装 Python 后，在"开始"菜单中将增加一个名为 Python 3.8 的文件夹，其中包含以下 4 个快捷方式，如图 1.5 所示。

- IDLE（Python 3.8 64-bit）：一个简单的 Python 集成开发环境。
- Python 3.8（64-bit）：Python 命令行解释器。
- Python 3.8 Manuals（64-bit）：CHM 格式的 Python 文档。
- Python 3.8 Module Docs（64-bit）：网页形式的 Python 模块帮助
  文档，单击该快捷方式将在系统默认的浏览器中打开 Python 模
  块文档，网址为"http://localhost:8070/"。

图 1.5　Python 快捷方式

1.2.3　运行 Python

要运行 Python 程序，可以通过命令行解释器或集成开发环境来实现。

1. 运行 Python 命令行解释器

命令行 Python 解释器的文件名为 python.exe。要运行该解释器，可以单击"开始"按钮，然后选择"Python 3.8"→"Python 3.8（64-bit）"命令，此时会弹出一个命令行窗口，首先显示当前 Python 的版本号和版权信息，并出现提示符">>>"，在此提示符下可以输入 Python 语句，按下"Enter"键即可执行语句并显示执行结果（如有的话），如图 1.6 所示。

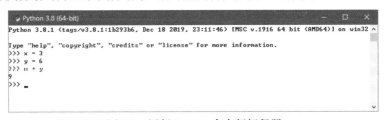

图 1.6　运行 Python 命令行解释器

在图 1.6 中，x = 3 和 y = 6 均为赋值语句，分别为变量 x 和 y 赋值；x + y 为算术表达式，表示将变量 x 的值与变量 y 的值相加，这相当于 print(x + y)，即通过调用内置函数 print() 将相加的结果打印到屏幕上。

要结束 Python 解释器的运行，可以在提示符下输入 quit()，或者使用快捷键"Ctrl+Z"。

通过快捷方式可以非常方便地运行命令行 Python 解释器，但使用这种方式也有缺点，即无法接收各种选项和参数。

命令行 Python 解释器的命令格式如下。

python [选项] [-c 命令|-m 模块名|脚本|-] [参数]

常用的选项和参数如下。

- -c 命令：以字符串形式传入的程序（终止选项列表）。
- -h：打印帮助消息并退出。
- -m 模块名：将库模块作为脚本运行（终止选项列表）。
- -q：不在交互式启动时打印版本和版权消息。
- -O：删除 assert 和 __debug__ 依赖语句，并在.pyc 扩展名之前添加.opt-1。
- -V：打印 Python 版本号并退出。
- 脚本：从脚本文件中读取程序。
- -：从 stdin 中读取程序。
- 参数...：在 sys.argv[1:]中传递给程序的参数。

例如，要运行一个文件名为 test.py 的 Python 程序，可以使用如下命令格式。

```
python test.py
```

2. 运行 Python 集成开发环境 IDLE

安装 Python 时会自动安装 Python Shell，其名称为 IDLE，这是一个基本的集成开发环境。它是用 Python 语言的 tkinter 模块编写的，不仅具有基本的文本编辑功能，还具有语法加亮、代码自动完成、段落缩进、Tab 键控制及程序调试等功能。

要运行 IDLE，可以单击"开始"按钮，然后选择"Python 3.8"→"IDLE（Python 3.8 64-bit）"命令。此时会打开如图 1.7 所示的 Python Shell IDLE 集成开发环境。

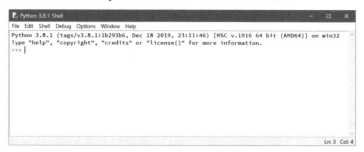

图 1.7　Python Shell IDLE 集成开发环境

进入 IDLE 集成开发环境后，可以在提示符">>>"下直接输入和计算表达式，或者输入和执行语句，也可以创建 Python 源代码文件或打开已有文件。

1.3　安装和配置 PyCharm

PyCharm 是由捷克的 JetBrains 公司使用 Java 语言开发的一款智能 Python 集成开发环境，它提供了一整套工具，如程序调试、语法高亮、工程管理、代码跳转、智能提示、自动完成、单元测试及版本控制等，用于帮助用户提高 Python 的开发效率。PyCharm 分为专业版、社区版和教育版，专业版属于收费软件，社区版和教育版则是免费开源软件。

1.3.1　安装 PyCharm

下面以社区版为例，说明如何在 Windows 10 中安装 PyCharm。

（1）从 JetBrains 公司的官网下载 PyCharm 社区版。

（2）双击安装程序"pycharm-community-2019.3.2.exe"，启动安装向导，在如图 1.8 所示的欢迎画面中单击"Next"按钮。

图 1.8　安装程序欢迎画面

（3）选择安装路径。默认安装路径为"C:\Program Files\JetBrains\PyCharm Community Edition 2019.3.2"，如果不想安装在这个位置，也可以单击"Browse"按钮选择其他位置，然后单击"Next"按钮，如图 1.9 所示。

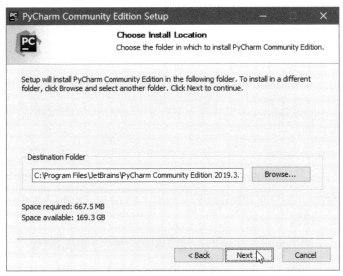

图 1.9　选择安装路径

（4）设置安装选项。在如图 1.10 所示的安装选项界面中，勾选"64-bit launcher"复选框，以创建 64 位程序快捷方式；勾选".py"复选框，以指定与".py"文件相关联，完成设置后单击"Next"按钮。在这个步骤中，可以根据需要决定是否选择以下两个选项。

- 如果希望在 Windows 资源管理器右击一个文件夹时所弹出的菜单包含将文件夹作为项目打开的命令，请勾选"Add " Open Folder as Project " "复选框。
- 如果要将 PyCharm 安装目录添加到 Windows 操作系统的环境变量 PATH 路径列表中，请勾选"Add launchers dir to the PATH"复选框。

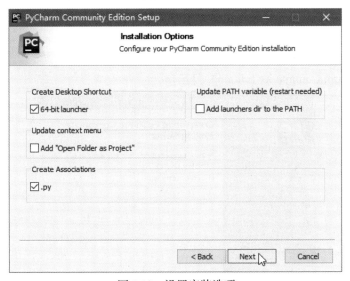

图 1.10　设置安装选项

（5）选择"开始"菜单文件夹。在默认情况下，PyCharm 程序快捷方式将包含在 JetBrains 文件夹中，也可以指定其他文件夹名称，完成设置后单击"Install"按钮，如图 1.11 所示。

图 1.11 选择"开始"菜单文件夹

（6）进入安装进程，开始复制和解压文件，如图 1.12 所示。如果要查看安装过程的具体细节，请单击"Show details"按钮。

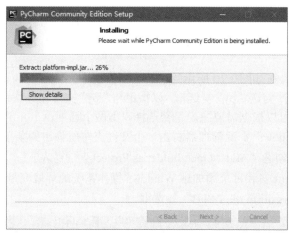

图 1.12 程序安装进程

（7）当完成安装时，单击"Finish"按钮，如图 1.13 所示。如果希望结束安装后立即运行 PyCharm，请勾选"Run PyCharm Community Edition"复选框。

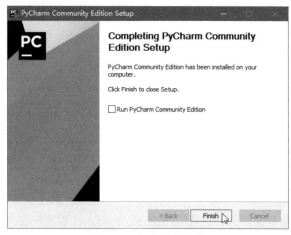

图 1.13 完成程序安装

1.3.2 配置 PyCharm

安装 PyCharm 后即可运行该程序。首次运行时需要对相关选项进行设置。

（1）使用桌面快捷方式运行 PyCharm 程序，此时将弹出如图 1.14 所示的对话框，询问是否导入 PyCharm 程序设置项，可选择"Do not import settings"选项，然后单击"OK"按钮。

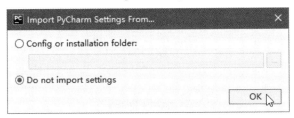

图 1.14　选择是否导入 PyCharm 程序设置项

（2）在如图 1.15 所示的对话框中对用户界面主题进行设置，可以选择浅色的 IntelliJ 主题或深色的 Darcula 主题（以后可以使用"File"→"Settings"命令来更改界面主题），然后单击"Skip Remaining and Set Defaults"按钮，跳过剩余步骤并接受默认选项。

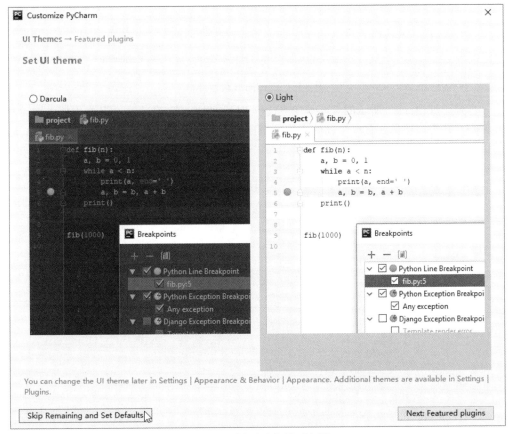

图 1.15　设置用户界面主题

（3）在如图 1.16 所示的欢迎屏幕中，可以执行以下操作。

- 创建 Python 项目：单击"Create New Project"按钮，然后继续执行操作步骤（4）。
- 打开 Python 项目：单击"Open"按钮，然后从计算机中进行选择。
- 配置 Python 解释器：单击"Configure"按钮右边的下拉箭头，然后从列表中选择一项。
- 获取帮助：单击"Get Help"按钮右边的下拉箭头，然后从列表中选择一项。

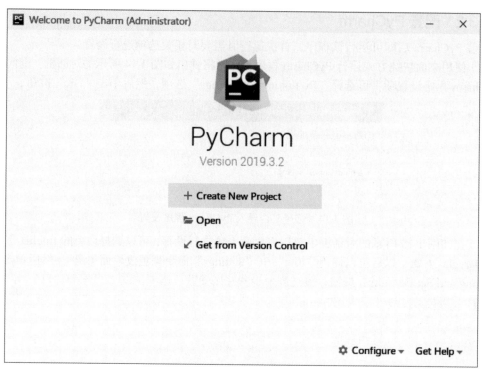

图 1.16　PyCharm 欢迎屏幕

（4）当弹出如图 1.17 所示的"New Project"对话框时，在"Location"文本框中输入或选择项目文件夹，并为该项目配置一个新的虚拟环境，包括指定虚拟环境所在文件夹及 Python 解释器所在的位置，然后单击"Create"按钮。

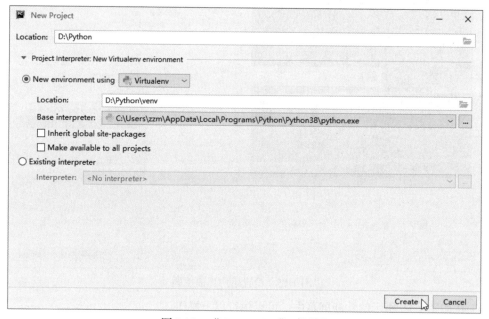

图 1.17　"New Project"对话框

（5）进入如图 1.18 所示的 PyCharm 集成开发环境，在左侧项目窗格顶部显示项目文件夹及虚拟环境文件夹，下面列出已导入的库文件夹。由于目前尚未打开任何 Python 程序文件，所以右侧窗格暂时为空。

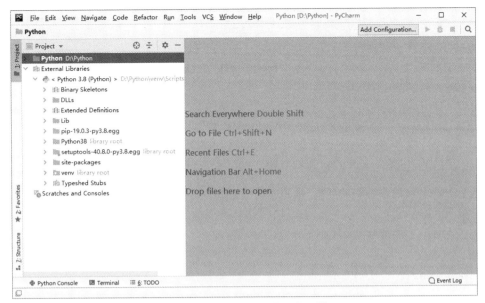

图 1.18 PyCharm 集成开发环境

1.3.3 创建第一个 Python 程序

前面已经创建了一个 Python 项目，但尚未创建 Python 程序文件。下面说明如何在项目中创建 Python 程序文件。

【例 1.1】创建一个 Python 程序文件，其功能是显示"Hello, World!"。

【操作步骤】

（1）在 PyCharm 中打开项目。

（2）在项目窗格中右击项目文件夹，然后选择"New"→"Directory"命令。

（3）在如图 1.19 所示的"New Directory"对话框中输入新建目录的名称"01"，然后单击"OK"按钮，此时在项目文件夹下方会出现新建的目录。

图 1.19 在项目中新建目录

（4）在项目窗格中右击"01"目录，然后选择"New"→"Python File"命令。

（5）在如图 1.20 所示的"New Python file"对话框中输入文件名"prog01_01"，然后按"Enter"键。

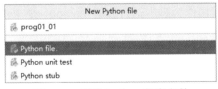

图 1.20 新建 Python 程序文件

（6）在源代码编辑窗格中打开 Python 程序文件 prog01_01.py，输入如下语句。

```
print('Hello, World!')
```

（7）使用快捷键"Ctrl+Shift+F10"运行当前程序，此时可以在底部的结果窗格中查看程序运行的结果，如图 1.21 所示。

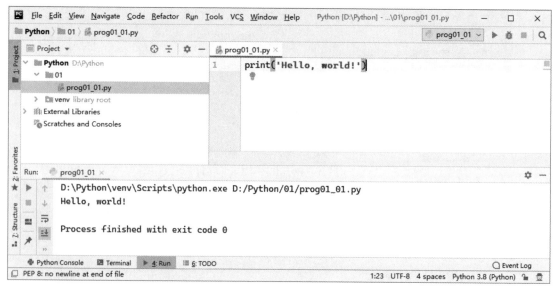

图 1.21　在 PyCharm 中输入和运行 Python 程序

1.4　Python 上机步骤

　　Python 是一种解释性的编程语言，是通过 Python 解释器来解释执行的。Python 程序可以通过交互模式或脚本模式执行，交互模式适用于学习代码片段，脚本模式适用于编写功能完整的程序。根据实际应用的需要，也可以将 Python 打包成.exe 文件，从而脱离 Python 语言环境独立运行。

1.4.1　Python 文件类型

　　在 Python 中，常用的文件有 3 种类型：源代码文件（.py）、字节码文件（.pyc）及优化字节码文件（.opt-1.pyc）。

1．源代码文件

　　Python 源代码文件的扩展名为.py，这是一种纯文本文件，可以使用文本编辑器进行创建和编辑。例如，既可以使用 Windows 自带的记事本进行编辑，也可以使用 IDLE 和 PyCharm 等集成开发环境附带的代码编辑器进行编辑。

2．字节码文件

　　Python 字节码文件的扩展名为.pyc，是通过对源代码文件进行编译而生成的二进制文件，这种文件能够隐藏源代码，并由 Python 加速执行。

　　编写源代码文件后，可以使用 Python 命令行解释器将其编译成字节码文件，命令格式如下。

```
python -m py_compile <源代码文件路径>
```

　　其中，-m 选项指定将库模块作为脚本运行；py_compile 是 Python 的编译模块，其文件名为 py_compile.py，默认存储位置为 "C:\Users\<用户名>\AppData\Local\Programs\Python\Python38\Lib\"。

　　例如，如果将【例 1.1】中创建的源代码文件 prog01_01.py 编译成字节码文件，可以打开命令提示符窗口，使用 CD 命令切换到该文件所在的目录，然后输入如下命令。

```
C:\>D:
D:\>CD Python\01
D:\Python\01>python -m py_compile prog01_01.py
```

　　此时将在当前目录中生成一个名为 __pycache__ 的文件夹，所生成的字节码文件就存放于此，其文件名为 prog01_01.cpython-38.pyc，也可以通过命令行解释器来运行，如图 1.22 所示。

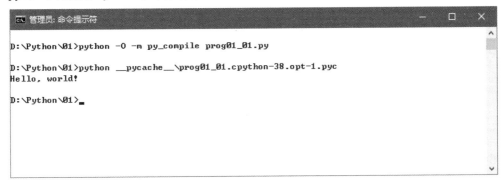

図 1.22　編译和运行字节码文件

3. 优化字节码文件

优化字节码文件以前的扩展名为.pyo，它也是通过对源代码文件（.py）进行编译而生成的字节码文件。与普通的字节码文件相比，优化字节码文件少了断言和调试信息，文件在体积上相对小一些。在 Python 3.5 之后，文件扩展名.pyo 已经改成.opt-1.pyc 形式。

优化字节码文件也可以使用 Python 命令行解释器对源代码文件编译而生成，只是在命令行要添加一个-O 选项。

```
python -O -m py_compile <源代码文件路径>
```

例如，如果将【例 1.1】中创建的源代码文件 prog01_01.py 编译成优化字节码文件，可以使用如下命令。

```
D:\Python\01>python -O -m py_compile prog01_01.py
```

由此生成的优化代码文件存储在__pycache__文件夹中，其文件名为 prog01_01.cpython-38.opt-1.pyc，可以使用 Python 命令行解释器来运行源代码文件，如图 1.23 所示。

图 1.23　编译和运行优化字节码文件

1.4.2　解释执行原理

Python 程序的执行模式分为交互模式和脚本模式。实际上，这两种执行模式在本质上是相同的，都是通过 Python 语言解释器来解释执行 Python 语句的。

这里所说的解释执行是相对于编译执行而言的。像 C 或 C++之类的编译性语言编写的程序，可以从源文件编译转换成计算机使用的机器语言，经由连接程序连接后生成二进制的 EXE 可执行文件。当运行二进制可执行程序时，因为事先已经编译好，所以加载器软件将二进制程序从硬盘载入内存中即可执行。

与编译性语言不同，用 Python 语言编写的程序不需要编译成二进制代码，而是可以直接从源代码运行程序。当运行 Python 程序时，Python 语言解释器把源代码转换成中间形式的字节码，然后由 Python 虚拟机（PVM）逐条执行这些字节码指令。这样就不用担心源程序的编译、库文件的连接和加载等问题，所有这些工作都由 Python 虚拟机代替。

字节码是 Python 程序的一种表现形式，不是二进制的机器码，需要进一步编译才能被机器执行。如果 Python 进程拥有写权限，那么它将字节码保存为扩展名为.pyc 的文件。只要源代码没有修改，所生成的.pyc 文件就可以重复利用，提高执行效率。如果 Python 进程无法在机器上写入字节码，那么字节码将在内存中生成并在程序结束时自动丢弃。

对于 Python 的解释语言特性，应该一分为二地看待。一方面，每次运行时都要转换成字节码，然后由虚拟机把字节码转换成机器语言，最后才能在硬件上运行。与编译性编程语言相比，每次运行都会多出两道工序，所以程序的性能会受到影响。另一方面，由于不用关心程序的编译及库的连接等问题，所以开发工作会变得更轻松；同时，虚拟机距离物理机器更远，所以 Python 程序更加易于移植，实际上无须改动就能在多种平台上运行。

1.4.3 交互执行模式

交互执行模式是指在"$>>>$"提示符下直接输入语句，然后按"Enter"键执行语句。在学习 Python 语言的过程中，可以通过交互执行模式来演示一些语法知识的应用，如语句、数据结构及函数等。在这种情况下，不需要设计复杂的算法，也不需要编写完整的程序。

此外，如果在交互模式下计算一个表达式的值，在提示符下输入该表达式即可，因为这相当于将该表达式作为参数传入 print() 函数，按"Enter"键立即可以看到该表达式的计算结果。这个计算器功能非常方便，本书在讲解和演示 Python 语法时经常使用。

具体来说，交互执行模式是通过以下两种方式来实现的。

1. 通过 Python 命令行解释器交互执行

要运行 Python 命令行解释器，可以执行下列操作之一。

- 如果不需要提供任何选项和参数，可以单击"开始"按钮，然后执行"Python 3.8"→"Python 3.8（64-bit）"命令。
- 如果需要提供一些选项和参数，可以按快捷键"Win+R"，以打开"运行"对话框，并在"打开"文本框中输入"cmd"，然后单击"确定"按钮，进入命令提示符窗口；在命令提示符下输入"python"，在此命令行后面可以添加所需的选项和参数。

2. 通过集成开发环境 IDLE 交互执行

要运行集成开发环境 IDLE，可以单击"开始"按钮，然后选择"Python 3.8"→"IDLE（Python 3.8 64-bit）"。当看到"$>>>$"提示符时，即可输入要执行的语句并立即查看结果。

【例 1.2】在 IDLE 中对变量赋值并计算一些算术表达式的值。

【交互过程】

```
>>> x = 3              # 通过赋值创建变量 x
>>> y = 6              # 通过赋值创建变量 y
>>> x + y              # 做加法并查看结果
9
>>> y - x              # 做减法并查看结果
3
>>> x * y              # 做乘法并查看结果
18
>>> y / x              # 做除法并查看结果
2.0
>>> x * x + y * y      # 求平方和并查看结果
45
```

这里首先通过赋值创建了变量 x 和 y，然后对变量进行各种算术运算，如图 1.24 所示。

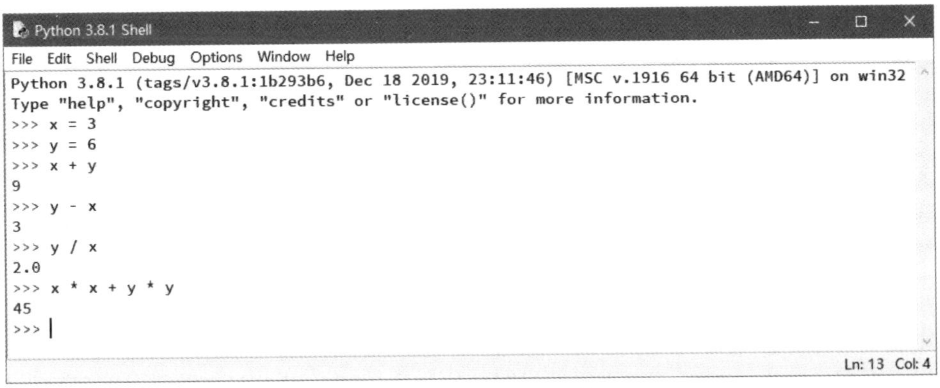

图 1.24 在 IDLE 中交互执行

1.4.4 脚本执行模式

脚本执行模式是指将所有语句保存在扩展名为.py 的源代码文件中，然后利用 Python 解释器或集成开发环境,以批处理方式来执行文件中的程序语句。如果要编写一个功能相对完整的 Python 程序，就需要事先进行算法分析和设计，而且可能会用于比较复杂的流程控制，代码量也会比较大，在这种情况下就不能用交互模式来执行程序，而必须将所有语句保存到脚本文件中，然后调入该脚本文件并执行其中包含的语句。

1．Python 源代码结构

一个简单的 Python 程序只需要编写很少的语句。例如，在【例 1.1】中创建的程序用于打印一行信息，只需要一行代码就够了。但一个具有复杂功能的 Python 程序，其代码量可能非常大，需要具有良好的代码结构。下面结合例子进行说明。

【例 1.3】根据半径计算圆的面积。

【程序代码】

```
# 源文件: 01/prog01-03.py
import math                                # 1

def circle_area(r):                        # 2
    a = r * r * math.pi                    # 3
    return a                               # 4

if __name__ == '__main__':                 # 5
    print('*****计算圆面积*****')           # 6
    radius = float(input('请输入圆半径: ')) # 7
    area = circle_area(radius)             # 8
    print('圆面积为: ', area)               # 9
```

【代码说明】

在 Python 中，"#" 后面的文本表示注释，用于说明代码行的功能。

#1：用 import 语句导入 math 模块。

#2：用 def 语句定义函数 circle_area()，其功能是根据半径计算圆的面积。

#3：在函数中求出圆的面积并给变量 a 赋值，计算时用 math 模块中的变量 pi 作为圆周率。

#4：使用 return 语句将计算结果返回调用者。

#5：__name__ 是 Python 的内置变量，表示当前模块的名称。if __name__ == '__main__'用于设置 Python 的程序入口，也就是说，如果当前模块是被直接运行的，则运行下面的代码块；如果当前模块是被导入的，则不运行下面的代码块。

#6：使用 Python 内置函数 print()打印一行信息。

#7：使用 Python 内置函数 input()输入圆的半径，通过调用函数 float()将输入的值由字符串转换为浮点数，并为变量 radius 赋值。

#8：调用函数 circle_area()并传入参数 radius，计算出圆的面积并为变量 area 赋值。

#9：输出圆面积的计算结果。

由这个例子可知，一个完整的 Python 程序通常包括下列组成部分。

- 导入模块：导入 Python 内置模块或外部模块，通过在当前程序代码中调用模块中的函数来实现特定的功能。
- 定义函数：函数是拥有名称并且能够完成一定功能的独立代码块，它可以通过名称来调用，以接收一些参数，也能够返回一个或多个值。
- 定义变量：Python 中的变量可以通过赋值语句来创建，用于存储程序中用到的数据。
- 程序入口：使用 if __name__ == '__main__':设置程序入口，程序由此开始执行。
- 输入数据：从键盘输入动态内容，赋值给相应的变量。
- 处理数据：调用函数对数据进行处理和计算。
- 输出结果：对程序的处理结果进行输出。

2．执行 Python 源代码文件

Python 源代码文件可以通过以下 3 种方式来执行。

- 通过命令行 Python 解释器执行源代码文件。在 Windows 命令提示符窗口中，将源代码文件的完整路径附在命令行中。

```
python <脚本文件路径>
```

例如，在命令行执行【例 1.3】中创建的程序，如图 1.25 所示。

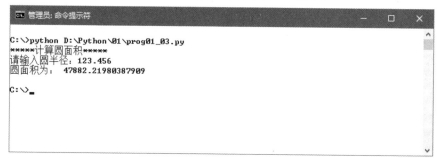

图 1.25　在命令行执行【例 1.3】中创建的程序

- 通过集成开发环境 IDLE 执行 Python 源代码文件。在 IDLE 中可以创建、保存、打开和运行源代码文件，相关操作如下。

  - 创建源代码文件：选择"File"→"New File"命令（或使用快捷键"Ctrl+N"），打开代码编辑窗口并编写代码。
  - 保存源代码文件：选择"File"→"Save File"命令（或使用快捷键"Ctrl+S"），然后指定文件名并设置要保存的位置。
  - 打开源代码文件：选择"File"→"Open"命令（或使用快捷键"Ctrl+O"），然后选择要打开的源代码文件。打开源代码文件后，可以对其内容进行修改，也可以运行源代码文件中包含的语句。
  - 运行源代码文件：在代码编辑窗口中选择"Run"→"Run Module"（或使用快捷键"F5"），即可在 Python Shell 中运行源代码文件并显示运行结果。

例如，在 IDLE 中执行【例 1.3】中创建的程序，如图 1.26 所示。

图 1.26　在 IDLE 中执行【例 1.3】中创建的程序

- 通过集成开发环境 PyCharm 执行源代码文件。首先创建一个项目并配置好运行环境，然后在该项目中创建 Python 文件，并在代码编辑窗口中编写语句，最后按快捷键 "Ctrl+Shift+F10" 来运行当前程序并查看结果。

例如，在 PyCharm 中执行【例 1.3】中创建的程序，如图 1.27 所示。

图 1.27　在 PyCharm 中执行【例 1.3】中创建的程序

1.4.5　生成可执行文件

当以脚本模式运行 Python 程序文件时，要求系统中必须存在 Python 命令行解释器或 Python 集成开发环境。当不存在这样的条件时，Python 程序文件便无法运行，这就极大地限制了 Python 程序的应用。为了解决这个问题，可以考虑使用一个名为 PyInstaller 的工具将 Python 程序文件打包成可执行文件（在 Windows 系统中扩展名为.EXE），从而使其可以脱离 Python 环境独立运行。

1．PyInstaller 简介

PyInstaller 可以与 Python 2.7 和 Python 3.4～3.8 一起使用，它通过透明压缩来构建更小的可执行文件。PyInstaller 可以在多种平台上使用，并且通过操作系统支持来加载动态库，从而确保完全兼容。PyInstaller 的主要目标是与开箱即用的第三方软件包兼容。这意味着，使用 PyInstaller 可以使外部包正常工作所需要的所有技巧集成在 PyInstaller 中，因此不需要用户进行干预。例如，PyInstaller 完全支持诸如 PyQt、Django 或 Matplotlib 之类的库，而无须手动处理插件或外部数据文件。

2．安装 PyInstaller

可以使用 PyPI 工具来安装 PyInstaller。PyPI（Python Package Index）是 Python 官方维护的第三方库的仓库，所有人都可以下载第三方库或上传自己开发的库到 PyPI。PyPI 推荐使用 pip 包管理器来下载第三方库。pip 包管理器是一个可执行文件，其文件名为 pip.exe，安装 Python 时已经内置该程序，所以不需要安装。

pip 包管理器经常有新版本推出，所以应及时将其更新到最新版本，所用命令的格式如下。

```
python -m pip install --upgrade pip
```

使用 pip 包管理器安装 PyInstaller 工具的命令格式如下。

```
pip install pyinstaller
```

将 PyInstaller 升级到最新版本可以使用如下命令。

```
pip install --upgrade pyinstaller
```

安装当前的 PyInstaller 开发版本可以使用如下命令。

```
pip install https://github.com/pyinstaller/pyinstaller/archive/develop.tar.gz
```

编写本书时最新稳定版本为 PyInstaller 3.5，最新开发版本为 PyInstaller-4.0.dev0+a97628fba9，支持 Python 3.8.1。

要查看当前已安装的包的信息，可以使用如下命令。

```
pip list
```

3．将 Python 程序打包成可执行文件

可以使用 PyInstaller 将 Python 源代码文件打包成可执行文件，其基本命令的格式如下。

```
pyinstaller [选项] <Python 源代码文件>
```

常用选项如下。

- -F，-onefile：产生单个的可执行文件。
- -D，--onedir：产生一个目录（包含多个文件）作为可执行程序。
- -a，--ascii：不包含 Unicode 字符集支持。
- -d，--debug：产生 debug 版本的可执行文件。
- -w，--windowed，--noconsole：指定程序运行时不显示命令行窗口，选项用于 GUI 应用程序，仅对 Windows 系统有效。
- -c，--nowindowed，--console：指定使用命令行窗口运行程序，此选项用于 GUI 应用程序，仅对 Windows 系统有效。
- -o DIR，--out=DIR：指定 spec 文件的生成目录。如果没有指定，则默认使用当前目录来生成 spec 文件。
- -p DIR，--path=DIR：设置 Python 导入模块的路径（与设置 PYTHONPATH 环境变量的作用相似），也可以使用路径分隔符（在 Windows 系统中使用分号）来分隔多个路径。
- -n NAME，--name=NAME：指定项目（产生的 spec 文件）名称。如果省略该选项，则第一个脚本的主文件名将作为 spec 文件的名称。

【例 1.4】将【例 1.1】中的 Python 程序打包成可执行文件。

【操作步骤】

（1）打开命令行提示符窗口，然后通过执行如下命令进入 Python 程序所在的目录。

```
C:\>D:
D:\>CD Python\01
```

（2）输入如下命令，对 Python 程序进行打包。

```
D:\Python\01>pyinstaller -F prog01_03.py
...
17484 INFO: Appending archive to EXE D:\Python\01\dist\prog01_03.exe
```

```
17500 INFO: Building EXE from EXE-00.toc completed successfully.
```

（3）由执行结果可知，可执行文件已经生成，文件名为 prog03_01.exe，存储在一个名为 dist 的文件夹中。因此，可以使用 CD 命令进入该文件夹，然后输入如下命令来执行这个可执行文件。

```
D:\Python\01>CD dist
D:\Python\01\dist>prog01_03
```

交互执行结果如图 1.28 所示。

图 1.28　交互执行结果

习　题　1

一、选择题

1. Python 语言的第一个版本发布于（　　）。
    A. 1980 年　　　　　　　　　　　　　B. 1990 年
    C. 1995 年　　　　　　　　　　　　　D. 2000 年

2. 在使用 Python 程序时可以利用（　　）模块来访问 SQL Server 数据库。
    A. sqlite3　　　　　　　　　　　　　B. pymysql
    B. win32.client　　　　　　　　　　D. pymssql

3. Python 命令行解释器 python.exe 的提示符是（　　）。
    A. >　　　　　　　　　　　　　　　　B. ?
    C. $　　　　　　　　　　　　　　　　D. >>>

4. 安装 Python 时会自动安装一个基本的集成开发环境，其名称为（　　）。
    A. IDE　　　　　　　　　　　　　　　B. PIDE
    C. PYIDE　　　　　　　　　　　　　　D. IDLE

5. 在 Python Shell 中运行当前打开的程序，可以按（　　）。
    A. F2　　　　　　　　　　　　　　　　B. F4
    C. F5　　　　　　　　　　　　　　　　D. F8

二、判断题

1. Python 程序可以被移植到多种操作系统平台上。　　　　　　　　　(　)
2. Python 语言是一种开源的编程语言。　　　　　　　　　　　　　　(　)
3. 使用 Python 2.x 编写的程序可以在 Python 3.x 上正常运行。　　　　(　)
4. Python 有交互式和脚本式两种编程模式。　　　　　　　　　　　　(　)
5. 在 Python 语句末尾必须使用分号。　　　　　　　　　　　　　　　(　)
6. Python 是一种编译性语言，Python 程序必须编译成二进制代码才能运行。(　)
7. PyCharm 是 Python 集成开发环境。　　　　　　　　　　　　　　　(　)
8. Python 支持面向对象的编程技术。　　　　　　　　　　　　　　　　(　)
9. Python 源代码只能以字节码指令逐条执行，而不能转换成 EXE 程序。 (　)

三、编程题

1. 安装 Python 语言解释器并进行验证。
2. 运行 Python 命令行解释器，以交互方式执行 Python 程序，其输出结果如下。

```
Hello, World!
```

3. 使用记事本编写 Python 源代码文件，然后在 Python 命令行解释器中以脚本方式运行，输出结果如下。

```
Hello, World!
```

4. 在 IDLE 中输入程序并以交互方式运行，其输出结果如下。

```
Hello, Python!
```

5. 在 IDLE 中编写 Python 源代码文件并以脚本方式运行，其输出结果如下。

```
Hello, Python!
```

6. 在 PyCharm 中编写 Python 源代码文件，其功能是根据矩形的长和宽计算其面积。
7. 将第 5 题中编写的源代码文件依次转换为字节码文件、优化字节码文件及可执行文件。

第 2 章 Python 语言基础

Python 是一种通用型的编程语言，可以用来编写各种各样的应用程序。使用 Python 语言编写程序时必须遵循该语言的语法规则，为此需要先了解和掌握 Python 语言的基础知识。本章介绍了 Python 语言编程的基础性内容，包括 Python 编码规范、输入函数和输出函数、数据类型、变量与赋值语句、运算符与表达式等。

2.1 Python 编码规范

编码规范是使用 Python 语言编写程序代码时应遵循的命名规则、代码缩进、代码和语句的分隔方法等。良好的编码规范有助于提高代码的可读性，便于代码的修改和维护。

2.1.1 命名规范

标识符用于表示常量、变量、函数及类型等程序要素的名称，由字母、汉字、数字和下画线"_"组成。标识符的命名规则如下。

- 标识符必须以字母、汉字或下画线开头。
- 标识符中不能使用空格或标点符号（如括号、引号、逗号等）。
- 不能使用 Python 关键字作为标识符。
- 标识符中的英文字母是区分大小写的，如 Name 和 name 是两个不同的标识符。

下面的标识符是合法的。

```
Username, 用户名, Student1, x2
```

下面的标识符是非法的。

```
*Username, #Password, 3_book, class, while
```

关键字是 Python 语言事先定义的一些具有特定含义的标识符，也称为保留字，不能作为普通标识符使用。Python 中的关键字如表 2.1 所示。

表 2.1 Python 中的关键字

False	None	True	and	as	assert	async
await	break	class	continue	def	del	elif
else	except	finally	for	from	global	if
import	in	is	lambda	nonlocal	not	or
pass	raise	return	try	while	with	yield

下面列出常见的命名方式。

- 单个小写字母，如 a、b、x、y。
- 单个大写字母，如 A、B、X、Y。
- 小写字母，如 lowercase。
- 使用下画线分隔的小写字母，如 lower_case_with_underscores。
- 大写字母，如 UPPERCASE。
- 使用下画线分隔的大写字母，如 UPPER_CASE_WITH_UNDERSCORES。
- 驼峰命名法，如 CapitalizedWords。在这种首字母大写的风格中用到缩写时，所有缩写的字母用大写，如 HTTPServerError。

- 第一个单词的首字母小写，如 mixedCase。
- 使用下画线分隔的首字母大写，如 Capitalized_Words_With_Underscores。

【例 2.1】查看 Python 中的所有关键字，并判断指定单词是否属于 Python 关键字。

【程序代码】

```
import keyword                          # 导入模块 keyword
print(keyword.kwlist)                   # 打印关键字列表
print(keyword.iskeyword('class'))       # 判断'class'是否属于关键字
print(keyword.iskeyword('function'))    # 判断'function'是否属于关键字
```

【运行结果】

```
['False', 'None', 'True', 'and', 'as', 'assert', 'async', 'await', 'break',
'class', 'continue', 'def', 'del', 'elif', 'else', 'except', 'finally', 'for', 'from',
'global', 'if', 'import', 'in', 'is', 'lambda', 'nonlocal', 'not', 'or', 'pass',
'raise', 'return', 'try', 'while', 'with', 'yield']
True
False
```

2.1.2　编码风格约定

为了提高代码的可读性，编写 Python 程序代码时应尽量遵守以下约定。

1. 代码缩进

在 Python 程序中，代码缩进代表代码块的作用域。如果一个代码块包含两条或更多条语句，则这些语句必须具有相同的缩进量。建议使用 4 个空格来生成缩进，不要使用制表符，也不要将制表符与空格混用。

在下面的代码片段中，在同一个代码块中使用了相同的缩进量，所以是正确的。

```
password = '123456'
if password == '123456':
    print('密码正确! ')
    print('登录成功! ')
else:
    print('密码错误! ')
    print('登录失败! ')
```

在下面的代码片段中，最后一行代码与上一行的缩进量不一致，运行时将出现语法错误。

```
password = '123456'
if password == '123456':
    print('密码正确! ')
    print('登录成功! ')
else:
    print('密码错误! ')
  print('登录失败! ')
```

使用 Python Shell 或 PyCharm 等工具编写代码时，代码编辑器会根据所输入的代码层次关系自动生成代码缩进，以提高编码效率。

2. 使用分号

在 Python 程序中，允许在语句行的末尾添加分号，也可以在同一行中使用分号来分隔两条语句。例如，下面的赋值语句用于交换两个变量的值。

```
t = x; x = y; y = t
```

但一般不推荐这样做，建议每条语句单独占一行，即使语句很短，也要单独占一行。

3. 语句续行

如果一条 Python 语句很长，则可以将其写在两行或多行中。行与行之间的连接有两种方式，即显式行连接和隐式行连接。

- 显式行连接，是指使用反斜杠"\"将两个或更多物理行连接起来。

例如，下面的例子中 if 语句包含的条件表达式很长，可以分成 3 行。

```
if 1900 < year < 2100 and 1 <= month <= 12 \
   and 1 <= day <= 31 and 0 <= hour < 24 \
   and 0 <= minute < 60 and 0 <= second < 60:   # 检查日期的有效性
       return 1
```

注意：以反斜杠结尾的行不能再添加注释。

- 隐式行连接，是指圆括号"()"、方括号"[]"或花括号"{}"中的表达式可以在不使用反斜杠的情况下分割为多个物理行。

请看下面的例子。

```
# 调用函数时参数包含在圆括号中
foo_bar(self, width, height, color='black', design=None, x='foo',
            emphasis=None, highlight=0)                 # 函数名后面必须使用圆括号

if (width == 0 and height == 0 and                      # 在 if 语句中表达式包含在圆括号中
    color == 'red' and emphasis == 'strong'):           # 圆括号纯粹是为了续行而添加的

month_names = ['January', 'February', 'March',          # 包含英文月份的列表
               'April',   'May',     'June',            # 列表成员必须包含在方括号内
               'July',    'August',  'September'
               'October', 'November', 'December']

book_names = {1: 'MySQL 数据库管理与应用',               # 字典元素必须包含在花括号内
              2: 'SQL Server 数据库应用',                # 一个字典元素由键和值两部分组成
              3: 'Java Web 应用开发', 4: 'PHP Web 应用开发',
              5: 'Python 程序设计', 6: 'Vue.js 前端开发'}
```

隐含的连续行可以带有注释。延续行的缩进并不重要。

如果一个文本字符串在一行放不下，也可以使用圆括号来实现隐式行连接，具体如下。

```
x = ('这是一个非常长非常长非常长非常长非常长非常长非常长非常长非常长非常长非常长'
     '非常长非常长非常长非常长非常长非常长非常长非常长非常长非常长非常长非常长的字符串')
```

在以"#"字符开始的注释中，即便内容长度超过了 80 个字符，也要将长的 URL 放在同一行中，具体如下。

```
# 详细情况请参阅以下网址：
# http://www.example.com/us/developer/doc/api/content/v2.0/csv_file_name_
extension_full_specification.html
```

4．使用圆括号

圆括号可用于长语句的续行，但不要使用不必要的圆括号。除非用于实现行连接，否则不要在返回语句或条件语句中使用圆括号。例如，在下面的语句中使用圆括号是多余的。

```
if (x > y):
    return (x)
else:
    return(y)
```

5．使用空行

不同函数或语句块之间可以使用空行来分隔，以区分两段功能或含义不同的代码，提高代码的可读性。

顶级定义（如函数或类定义）之间空两行；方法定义之间空一行，类定义与第一个方法之间空一行；在函数或方法中的某个位置上，如果认为有必要，可以空一行。

6．使用空格

按照标准的排版规范，标点两侧使用空格。

对于赋值运算符、比较运算符和逻辑运算符，在运算符两侧各加一个空格，可以使代码看起来更清晰。对于算术运算符，是否使用空格可以按个人习惯来决定。

通常不建议在逗号","、分号";"和冒号":"前面添加空格，但建议在它们的后面添加空格，除非它们位于行尾。

在 PyCharm 中编辑 Python 程序代码时，如果想在标点两侧添加必要的空格，可以使用快捷键"Ctrl+Alt+L"对代码进行格式化。

2.1.3 使用注释

在 Python 源程序中，添加注释有助于提高代码的可读性。注释分为单行注释和多行注释。

1. 单行注释

单行注释也称为行内注释，它与语句在同一行中，注释以"#"字符开始直到行尾结束，"#"字符右边的内容在程序执行时将被忽略。建议在"#"字符后面加一个空格，然后编写注释文字。如果在语句后面添加行内注释，则语句与注释之间至少加两个空格，具体如下。

```python
# 编写第一个 Python 程序
print("Hello, World!")  # 向控制台输出一行字符串
```

在 PyCharm 中，可以使用快捷键"Ctrl + /"将所选内容变成行内注释，或者取消行内注释。

2. 多行注释

多行注释也称为批量注释，它可以有多行内容，这些内容必须包含在一对三引号内。三引号可以是 3 个单引号"'''"，也可以是 3 个双引号""""""""。

多行注释是 Python 提供的一种独一无二的注释方式，通过这种注释方式可以定义文档字符串。文档字符串是包、模块、类或函数中的第一条语句，可以使用对象的__doc__成员自动提取，并且被 pydoc 所用。pydoc 是 Python 自带的一个文档生成工具，使用 pydoc 可以非常方便地查看类和方法的结构。

简单的文档字符串只有一行。复杂的文档字符串则应该这样组织：首先是一行以句号、问号或感叹号结尾的概述；然后是一个空行；最后是文档字符串剩下的部分，它应该与文档字符串的第一行的第一个引号对齐。

在下面的例子中，使用 def 定义了一个函数 rectangle_area()，并在函数定义中添加了文档字符串，用于说明函数的功能、参数和返回值。

```python
def rectangle_area(a, b):
    """计算矩形的面积。
    参数：
        a：矩形的长；
        b：矩形的宽。
    返回值：
        矩形的面积。
    """
    return a * b
```

2.2 输入函数和输出函数

一个完整的 Python 程序一般都包含输入数据和输出数据两个部分。通常可以使用 input()函数从键盘输入数据，对数据进行处理后使用 print()函数将处理结果输出到屏幕。

2.2.1 input()函数

在 Python 中，通过调用内置函数 input()可以从键盘输入一个字符串，语法格式如下。

```
input([提示字符串])
```

其中，提示字符串为可选项，用于提示用户输入数据。

执行 input()函数时，首先显示提示字符串，然后等待用户通过键盘输入数据，直到用户按"Enter"键，最后将输入的数据以字符串形式（不包括结尾的换行符）返回。

通常将 input()函数的返回值保存到变量中，以备后用。如果需要将输入的字符串转换为其他数据类型，则需要调用相应的类型转换函数。例如，使用内置函数 int()可以将字符串转换为整数，使用内置函数 float()可以将字符串转换为浮点数。

【例 2.2】从键盘输入字符串。

【程序代码】
```
姓名 = input('请输入您的姓名：')
性别 = input('请输入您的性别：')
print(姓名, 性别)
```

【运行结果】
```
请输入您的姓名：张三↵
请输入您的性别：男↵
张三 男
```

【例 2.3】从键盘输入两个数字并求和。

【程序代码】
```
x = int(input('请输入一个数字：'))
y = int(input('请输入另一个数字：'))
print(x + y)
```

【运行结果】
```
请输入一个数字：100↵
请输入另一个数字：200↵
300
```

2.2.2　print()函数

在 Python 中，向屏幕上输出数据有两种方式：一是在交互模式下使用表达式语句（即表达式本身）输出表达式的值，这种方式不能用在脚本模式下；二是使用内置函数 print()输出表达式的值，这种方式在交互模式和脚本模式下都可以使用。

内置函数 print()用于输出多个输出项的值，其调用格式如下。
```
print([值, 值, ...] [, sep=' '] [, end='\n'])
```

其中，输出项之间用逗号分隔；sep 参数指定各输出项之间的分隔符，默认值为空格"'"；end 参数指定结束符，默认值为换行符"\n"。print()函数从左到右依次计算各个输出项的值，并将计算结果显示在同一行中。未提供任何参数时，print()函数将输出一个空行。

【例 2.4】使用 print()函数输出数据。

【程序代码】
```
print(123456789)                              # 输出数字
print()                                       # 未提供参数，输出空行
print('Python 语言程序设计')                   # 输出字符串
print(1, 2, 3, 4, 5)                          # 输出多项（数字），默认以空格分隔
print('x =', 200, ', y =', 300)              # 输出多项（数字和字符串）
print(2, 4, 6, 8, 10, sep=', ')              # 输出多项，以逗号和空格分隔
print('aaa', 'bbb', 'ccc', 'ddd', sep='***') # 输出多项，以 3 个星号"***"分隔
```

【运行结果】
```
123456789

Python 语言程序设计
1 2 3 4 5
```

```
x = 200 , y = 300
2, 4, 6, 8, 10
aaa***bbb***ccc***ddd
```

2.2.3 格式化输出

在 Python 中，格式化输出可以通过以下 3 种方式来实现。

1. 使用字符串格式化运算符 "%"

字符串格式化可以使用运算符 "%" 来实现，语法格式如下。

```
格式字符串 % （值，值，...）
```

其中，"%" 为字符串格式化运算符，并且将左边的参数解释为一个格式字符串，告诉 Python 哪个位置应该替换成右边的对应值并返回一个由格式化操作产生的字符串。如果在字符串格式化运算符 "%" 右边有多个输出项，则必须使用圆括号括起来并以逗号分隔；如果只有一个输出项，也可以不使用圆括号。

格式字符串由普通字符和格式说明符组成。其中，普通字符按原样输出，格式说明符用于指定对应输出项的输出格式。格式说明符的数目必须与输出项的数目相等。每个格式说明符均以百分号 "%" 开头，后面跟格式标志符。例如，格式说明符 "%d" 或 "%i" 表示有符号十进制整数，格式说明符 "%f" 或 "%F" 表示十进制格式的浮点数，等等。常用的格式标志符如表 2.2 所示。

表 2.2　常用的格式标志符

格式标志符	描 述	格式标志符	描 述
d或i	有符号十进制整数	g或G	根据值的大小，决定使用 f / F 或 e / E
o	有符号八进制数	s	字符串（使用 str()转换任何 Python 对象）
x或X	有符号十六进制整数（小写/大写）	c	单个字符（接收整数或单个字符的字符串）
e或E	指数格式浮点数（小写/大写）	%	不转换参数，在结果中输出一个%字符
f或F	十进制格式浮点数，默认为 6 位小数		

【例 2.5】格式化输出。

【程序代码】

```
print('十进制整数：%d' % 123)
print('八进制整数：%o' % 123)
print('十六进制整数：%x' % 123)
print('小数形式的浮点数：%f' % 123.456)
print('科学计数法表示的浮点数：%e' % 123.456)
print('指定浮点数的数据长度和小数位数：%10.2f' % 123.456)
print('字符串：%s' % 'Python 语言程序设计')
print('字符：%c%c%c%c%c' % (65, 66, 67, 68, 69))
```

【运行结果】

```
十进制整数：123
八进制整数：173
十六进制整数：7b
小数形式的浮点数：123.456000
科学计数法表示的浮点数：1.234560e+02
指定浮点数的数据长度和小数位数：    123.46
字符串：Python 语言程序设计
字符：ABCDE
```

在格式说明符中可以使用表 2.3 列举的格式化辅助指令。

表2.3　格式化辅助指令

符　号	描　述
m	用数字 m 定义输出宽度。如果变量值的输出宽度超过 m，则按实际宽度输出
-	在指定宽度内输出值左对齐（默认为右对齐）
+	在输出的正数前面显示正号（默认不显示正号）
#	在输出的八进制数前面添加"0o"，在输出的十六进制数前面添加"0x"或"0X"
0	在指定宽度内输出值时左边的空格用 0 填充
.n	对浮点数指定输出时小数点后保留的位数（四舍五入），对字符串指定输出前 n 个字符

【例 2.6】使用格式化辅助指令。

【程序代码】
```
print('指定输出宽度：%10d' % 123)
print('指定左对齐：%-10d，默认为右对齐：%10d' % (123, 123))
print('在正数前面显示正号：%+d，默认不显示正号：%d' % (123, 123))
print('在八进制数前面添加前缀：%#o' % 123)
print('在十六进制数前面添加前缀：%#x' % 123)
print('左边空格用 0 填充：%010d' % 123)
print('浮点数四舍五入：%.2f' % 3.1415926)
print('输入字符串前两个字符：%.2s' % 'Python')
```

【运行结果】
```
指定输出宽度：       123
指定左对齐：123       ，默认为右对齐：       123
在正数前面显示正号：+123，默认不显示正号：123
在八进制数前面添加前缀：0o173
在十六进制数前面添加前缀：0x7b
左边空格用 0 填充：0000000123
浮点数四舍五入：3.14
输入字符串前两个字符：Py
```

2. 使用字符串的 format() 方法

在 Python 中，使用 format() 方法实现格式化输出是首选方法。format() 方法执行字符串格式化操作，通过传入参数对输出项进行格式化，调用格式如下。

```
格式字符串.format(值 1，值 2，...)
```

其中，格式字符串由普通字符和格式字段组成。普通字符按原样输出，格式字段用于设置对应输出项的转换格式。程序运行期间，格式字符串中的每个格式字段将被 format() 方法中的相应参数替换。格式字段使用花括号括起来，其一般形式如下。

```
{[序号或键名]:格式说明符}
```

其中，序号为可选项，用于指定要格式化的输出项的位置，0 表示第一个输出项，1 表示第二个输出项，以此类推。如果序号全部省略，则按照实际顺序输出。

键名也是可选项，并且是一个标识符，对应输出项的名称或字典的键值。

格式说明符以半角冒号"："开头，常用的格式说明符如表 2.4 所示。

表2.4　常用的格式说明符

符　号	功　能	符　号	功　能
s	输出字符串	c	输出以整数为编码的字符
d	输出十进制整数	f或F	以小数形式输出浮点数
b	输出二进制整数	e或E	以科学计数法输出浮点数
o	输出八进制整数	%	输出百分号
x或X	输出十六进制整数		

在格式字符串中，可以通过"m.n"形式指定输出宽度和小数部分的保留位数，其中数字 m 表示输出宽度，数字 n 表示小数部分的保留位数。在格式字符串中，也可以指定填充字符和对齐方式，符号"<"表示左对齐，符号">"表示右对齐，符号"^"表示居中对齐，"="表示填充字符位于正负号与数字之间，此外还可以使用正负号（+、-）。

【例 2.7】用字符串的 format()方法实现格式化输出。

【程序代码】

```
print('{:c}-{:c}-{:c}'.format(65, 66, 67))   # 输出编码对应的字符，省略序号
print('编程语言: {0:8s}; 版本号: {1:8s}'.format('Python', '3.8.0'))   # 指定输出宽度
x = 100
print('{0:b}; {1:#o}; {2:d}; {3:#x}'.format(x, x, x, x))                # 不同数制整数
f = 123.456
# 指定对齐方式和填充字符
print('{0:f}; {1:<12.2f}; {2:^12.2f}; {3:=+012.2f}'.format(f, f, f, f))
# 指定对齐方式和填充字符
print('{0:e}; {1:<12.3e}; {2:^12.3e}; {3:=+012.3e}'.format(f, f, f, f))
name, age = '张三', 20
print('姓名: {key1:s}; 年龄: {key2:d}'.format(key1=name, key2=age))   # 使用键名
```

【运行结果】

```
A-B-C
编程语言: Python  ; 版本号: 3.8.0
1100100; 0o144; 100; 0x64
123.456000; 123.46      ;    123.46   ; +00000123.46
1.234560e+02; 1.235e+02   ;  1.235e+02  ; +001.235e+02
姓名: 张三; 年龄: 20
```

3. 使用 f-字符串

f-字符串即格式化字符串字面值，是指通过在字符串前加上字母 f 或 F 并将表达式包含在花括号中，从而在字符串中包含 Python 表达式的值，语法格式如下。

```
{内容 = :格式说明符}
```

其中，内容可以是常量、变量、表达式或函数调用，Python 会计算出其结果并填入返回的字符串内；等号"="是可选的，这是 Python 3.8.0 中新增加的，其功能是将 f-字符串扩展为"表达式文本=值"的形式；格式说明符是可选的，跟在表达式后面，用于更好地控制值的格式化方式，可用的格式说明符与在字符串的 format()方法中所用的基本相同。

花括号内所用的引号不能与花括号外的引号定界符冲突，可以根据情况灵活切换单引号和双引号。如果单引号和双引号不能满足要求，还可以使用三引号。

花括号外的引号还可以使用"\"转义，但不能在花括号内使用"\"转义。如果确实需要"\"，则应首先将包含"\"的内容用一个变量表示，然后在花括号内填入变量名。如果需要在花括号外显示花括号，则应连续输入两个花括号"{{ 和 }}"。f-字符串也可以用于多行字符串。

【例 2.8】使用 f-字符串实现格式化输出。

【程序代码】

```
用户名 = '张三'
年龄 = 20
print(f'{用户名 = }, {年龄 = }')             # 中文变量名
print(f'22 * 8 + 6 = }')                      # 算术表达式
name = 'mary'
print(f'{name.title() = }')                   # 函数调用
print(f'''He said {"I'm Dirac"}''')           # 同时使用单引号、双引号和三引号
print(f'5 {{stars}}')                         # 显示花括号
print(f'{{5}} {"stars"}')                     # 显示花括号
newline = ord('\n')                           # 换行符"\n"的 ASCII 码
```

```
print(f'newline: {newline}')
x = 123.456
print(f'{x = :8.2f}')        # 数字 8 指定宽度, 2 指定显示精度
print(f'{x = :08.2f}')       # 数字 8 指定宽度, 开头的 0 指定高位用 0 补足宽度
a = 336699
print(f'{a = :^#12x}')       # 居中 (^), 宽度 12 位, 十六进制整数小写字母 (x), 显示 0x 前缀 (#)
b = 1234.5678
print(f'{b = :<+10.2f}')     # 左对齐 (<), 宽度 10 位, 显示正号 (+), 定点数格式, 2 位小数
```

【运行结果】

```
用户名 = '张三', 年龄 = 20
22 * 8 + 6 = 182
name.title() = 'Mary'
He said I'm Dirac
5 {stars}
{5} stars
newline: 10
x =   123.46
x = 00123.46
a =   0x5233b
b = +1234.57
```

2.3 数据类型

Python 程序中的所有数据都是由对象或对象之间关系来表示的。每个对象都具有一定的数据类型，数据类型决定该对象所支持的操作（如是否有长度属性），并且定义了该对象可能的取值。

2.3.1 数据类型概述

Python 程序中的数据类型十分丰富，其中的基本数据类型可以分为数字、布尔值、复合数据类型及空值，数字包括整型、浮点型和复数，复合数据类型包括字符串、列表、元组、集合和字典，如图 2.1 所示。

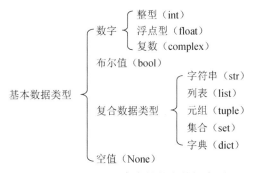

图 2.1　Python 程序中的基本数据类型

下面对这些数据类型进行简要说明。

- 数字：如 123、3.14、−9、2+3j。
- 布尔值：只有两个取值，即 True 和 False。
- 复合数据类型：包括字符串、列表、元组、集合及字典。
  - ➤ 字符串：用单引号、双引号或三引号括起来的一串字符，如 'Python'，"我和我的祖国"，"'文档字符串'"。
  - ➤ 列表：用方括号括起来并以逗号分隔的一组数据，如[1, 2, 3, 4, 5]和['苹果', '葡萄', '香蕉', '草莓']。

> ➤ 元组：用圆括号括起来并以逗号分隔的一组数据，如(2, 4, 6, 8, 10)和('Python', 'C', 'C++', 'Java')。
>
> ➤ 集合：用花括号括起来并以逗号分隔的一组不可重复的数据，如{3, 5, 9, 2, 12}和{'数学', '语文', '物理', '化学', '英语'}。
>
> ➤ 字典：用花括号括起来并以逗号分隔的一组键-值对，如{username: '张三', password: '12345678'}。

- 空值：用关键字 None 表示，这是一个特殊值，表示空对象。

按照对象是否允许修改，上述数据类型可以分为不可变类型和可变类型。数字、字符串和元组属于不可变类型，其特点是对象一经创建，可以在程序中使用，但不允许对其修改。例如，一个元组创建后不能增加、修改或删除其中的元素。列表和字典属于可变类型，其特点是对象创建后可以增加或删除其中的元素，也可以修改其中的元素。集合分为可变集合和不可变集合两种类型。

下面重点讨论如何使用各种数字类型，同时介绍字符串、布尔值和空值的使用方法。列表、元组、集合和字典等复合数据类型将在第 4 章详细介绍，字符串的处理方法与正则表达式则在第 5 章讨论。

2.3.2　数字类型

数字类型包括整型、浮点型和复数。数字类型的数据可以参与各种算术运算。

1. 整型

整型（int）数即整数，包括正整数、负整数和零，它没有小数部分，可以有正负号。在 Python 3.x 中，整数的大小是没有限制的。只要计算机内存允许，整数可以是任意大小。

在 Python 中，整数常量可以用十进制、二进制、八进制和十六进制来表示。

- 十进制整数：表示形式与数学中相同，不加任何前缀，共有 10 个数码，即 0～9，如 158、–136、0、2020 等。
- 二进制整数：前缀为 0b 或 0B，只有 0 和 1 两个数码，如 0B1010（相当于十进制的 10）、0B1110011（相当于十进制的 115）、–0b11011（相当于十进制的–27）等。
- 八进制整数：前缀为 0o 或 0O，共有 8 个数码，即 0～7，如 0o367（相当于十进制的 247）、–0O777（相当于十进制的–511）等。
- 十六进制整数：前缀为 0x 或 0X，共有 16 个数码，即数字 0～9 和小写字母 a～f 或大写字母 A～F，如 0x9c（相当于十进制的 156）、0X3AB（相当于十进制的 936）等。

不同进制的整数可以使用下列 Python 内置函数进行相互转换。

- bin(x)函数：将其他进制的整数转换为二进制形式。
- int(x)函数：将字符串或其他进制的整数转换为十进制整数。
- oct(num)函数：将其他进制的整数转换为八进制形式。
- hex(num)函数：将其他进制的整数转换为十六进制形式。

【例 2.9】不同进制整数的相互转换。

【程序代码】

```
x = 123
print(f'{x = }')          # 查看整数值
print(f'{type(x) = }')    # 查看数据类型
print(f'{bin(x) = }')     # 转换为二进制
print(f'{oct(x) = }')     # 转换为八进制
print(f'{hex(x) = }')     # 转换为十六进制
```

```
x = 123
type(x) = <class 'int'>
bin(x) = '0b1111011'
oct(x) = '0o173'
hex(x) = '0x7b'
```

2. 浮点型

浮点型（float）数字表示一个实数。对于浮点数，Python 3.x 默认提供 17 位有效数字的精度。浮点数有两种表示形式，即十进制小数形式和指数形式。

- 十进制小数形式：由数字和小数点组成，如 1.23、3.1415926、0.0、186.0 等。十进制小数允许小数点后面没有任何数字，这表示小数部分为 0，如 123.表示 123.0。
- 指数形式：用科学计数法表示浮点数，用字母 e 或 E 表示以 10 为底数的指数。字母 e 之前为数字部分，可以带有小数部分，之后为指数部分，必须为整数，数字部分和指数部分必须同时出现。例如，3.6e123 表示 3.6×10^{123}，2.39e-9 表示 2.39×10^{-9}。

【例 2.10】浮点数的格式化输出。

【程序代码】

```
import math              # 导入 math 模块
x = math.pi              # math.pi 表示圆周率
print(f'{x = }')         # 查看浮点值
print(f'{type(x) = }')   # 查看数据类型
print(f'{x = :f}')       # 小数形式，默认 6 位小数
print(f'{x = :e}')       # 指数形式
print(f'{x = :10.4f}')   # 指定总位数和小数位数
```

【运行结果】

```
x = 3.141592653589793
type(x) = <class 'float'>
x = 3.141593
x = 3.141593e+00
x =     3.1416
```

3. 复数

复数（complex）是 Python 内置的数据类型。复数的表示形式为 a+bj，其中 a 为复数的实部，b 为复数的虚部，j 表示虚数单位，表示-1 的平方根，字母 j 也可以写成大写形式 J。

对于一个复数来说，可以使用 real 属性和 imag 属性来获取其实部与虚部，也可以使用 conjugate()方法求出其共轭复数。

【例 2.11】复数及其运算。

【程序代码】

```
c1 = 1.2 + 3.4j
print(f'{c1 = }')              # 查看复数的值
print(f'{type(c1) = }')        # 查看数据类型
print(f'{c1.real = }')         # 复数的实部
print(f'{c1.imag = }')         # 复数的虚部
print(f'{c1.conjugate() = }')  # 求共轭复数
c2 = 3.4 + 5.6j                # 另一个复数
print(f'{c1 + c2 = }')         # 复数相加
```

【运行结果】

```
c1 = (1.2+3.4j)
type(c1) = <class 'complex'>
c1.real = 1.2
c1.imag = 3.4
```

```
c1.conjugate() = (1.2-3.4j)
c1 + c2 = (4.6+9j)
```

4．常用数学函数

为了便于对数字进行运算和处理，Python 提供了一些数学函数。这些数学函数可以分为两种类型：一种是内置数学函数（见表 2.5），可以在程序中直接调用；另一种是包含在 math 模块中的数学函数（见表 2.6），需要在程序中导入 math 模块后才能使用。

表 2.5　常用内置数学函数

函　　数	描　　述	示　　例
abs(x)	返回数字 x 的绝对值	abs(-123)返回 123
pow(x, y)	返回 x^y 的值	pow(3, 3)返回 27
round(x [,n])	将数字 x 四舍五入到给定精度	round(12.369295, 3)返回 12.369
max(x1, x2, ...)	返回给定参数的最大值	max(1, 2, 3)返回 3
min(x1, x2, ...)	返回给定参数的最小值	min(1, 2, 3)返回 1

表 2.6　math 模块中的常用数学函数

函　　数	描　　述	示　　例
math.pow(x, y)	返回 x^y 的值	math.pow(2, 4)返回 16.0
math.ceil(x)	返回参数 x 的上限整数（大于或等于 x 的最小整数）	math.ceil(3.1)返回 4
math.exp(x)	返回 e^x 的值	math.exp(2)返回 7.38905609893065
math.fabs(x)	返回数字 x 的绝对值	math.fabs(-3.45)返回 3.45
math.floor(x)	返回参数 x 的下限整数（小于或等于 x 的最大整数）	math.floor(3.9)返回 3
math.log(y, x)	返回以 x 为底数的 y 的对数	math.log(64, 2)返回 5.0
math.log10(x)	返回以 10 为底数的 y 的对数	math.log10(1000)返回 3
math.modf(x)	返回参数 x 的整数部分和小数部分	math.modf(6.28)返回(0.28000000000000025, 6.0)
math.sqrt(x)	返回参数 x 的平方根	math.sqrt(3)返回 1.7320508075688772
math.sin(x)	返回参数 x（以弧度为单位）的正弦值	math.sin(3.14/3)返回 0.8657598394923444
math.cos(x)	返回参数 x（以弧度为单位）的余弦值	math.cos(3.14/3)返回 0.5004596890082058
math.tan(x)	返回参数 x（以弧度为单位）的正切值	math.tan(3.14/3)返回 1.72992922008979

math 模块中还包含一些常用的数学常量。例如，圆周率 π 的值可以用变量 math.pi 来获取，自然对数的底数 e 的值可以用变量 math.e 来获取。

【例 2.12】数学函数应用示例。

【程序代码】

```
import math
print(f'{x = }')
x = math.pi / 3  # π/3= 60°
print(f'{math.sin(x) = }')              # 正弦
print(f'{math.cos(x) = }')              # 余弦
print(f'{math.tan(x) = }')              # 正切
print(f'{math.e = }')                   # 自然对数底数
print(f'{math.pow(math.e, x) = }')      # e 的 x 次幂
print(f'{math.sqrt(x) = }')             # x 的平方根
```

【运行结果】

```
x = 1.0471975511965976
math.sin(x) = 0.8660254037844386
math.cos(x) = 0.5000000000000001
math.tan(x) = 1.7320508075688767
```

```
math.e = 2.718281828459045
math.pow(math.e, x) = 2.849653908226361
math.sqrt(x) = 1.0233267079464885
```

2.3.3 字符串类型

字符串（str）是使用单引号、双引号或三引号（连续 3 个单引号或 3 个双引号）括起来的任意文本。例如，''、'Python'、'He said, "hello!"'、""、"It's right."、'''Python 语言程序设计'''等，其中 '' 和 "" 表示空字符串。三引号通常用于定义文档字符串。字符串是一种不可变对象，字符串中的字符不能被改变。每次修改字符串时都将生成一个新的字符串对象。

使用何种符号作为字符串的定界符应根据需要来选择。如果字符串内容中包含双引号，则可以使用单引号作为定界符，反之亦然。使用单引号或双引号括起来的字符串只能是单行的，如果字符串是多行的，则需要使用三引号括起来。在三引号字符串中，可以使用换行符、制表符及其他特殊字符。Python 不支持字符类型，单个字符也是字符串类型。

转义字符是一些特殊字符，它们以反斜杠"\"开头，后面跟一个或多个字符。每个转义字符都具有特定的含义，不同于字符本来的意义。例如，转义字符"\n"表示换行符，转义字符"\t"表示水平制表符（Tab）。常用的转义字符如表 2.7 所示。

表 2.7 常用的转义字符

转义字符	描　　述	转义字符	描　　述
\0	空字符	\n	换行符
\\	反斜杠	\t	水平制表符（Tab）
\'	单引号	\v	垂直制表符
\"	双引号	\r	回车符
\a	响铃	\ooo	八进制数 ooo 表示的字符
\b	退格（Backspace）	\xhh	十六进制数 hh 表示的字符

如果不想让转义字符生效，可以使用 r 或 R 来定义原始字符串，以显示字符串原来的内容。例如，用 print()函数输出"r"\t\n""时将得到"\t\n"。

【例 2.13】字符串和转义字符。

【程序代码】
```
# 使用单引号定义字符串并为变量 s1 赋值
s1 = '生命苦短 我用 Python'
print(s1)
# 检查变量 s1 的数据类型
print(type(s1))
# 使用双引号定义字符串并嵌套双引号
print("\"class\" 是 Python 语言中的关键字。")
# 使用三引号定义字符串
s2 = """
        登鹳雀楼
          王之涣
   白日依山尽，黄河入海流。
   欲穷千里目，更上一层楼。
"""
print(s2)
# 在字符串中使用转义字符"\n"和"\t"
print("2019 年编程语言排行榜：\nPython\tJava\tC\tC++")
# 显示字符串原来的内容
print('安装路径：\n%s' % r'C:\Program Files\Adobe')
```

```
生命苦短 我用 Python
<class 'str'>
"class" 是 Python 语言中的关键字。


                登鹳雀楼
                 王之涣
    白日依山尽，黄河入海流。
    欲穷千里目，更上一层楼。

2019 年编程语言排行榜:
Python   Java C   C++
安装路径:
C:\Program Files\Adobe
```

2.3.4 布尔类型

布尔（bool）类型的数据常用于描述逻辑判断的结果。布尔类型的数据只有两个值，即逻辑真和逻辑假，用 True 和 False 表示，分别对应整数 1 和 0。

将其他类型的数据转换为布尔值时，整数 0、浮点数 0.0、空字符串""、空值（None）、空列表"[]"、空元组"()"及空集合"{}"均被视为 False，其他值则一律被视为 True。

【例 2.14】判断字符串和列表是否为空，以及布尔值参与算术运算。

【程序代码】

```python
username = '张三'
if username:                    # 判断字符串是否为空
    print(f'{username = }')
else:
    print('用户名为空！')
list1 = [1, 2, 3, 4]
if list1:                       # 判断列表是否为空
    print(f'{list1 = }')
else:
    print('列表为空！')
print(f'{2 + True = }')    # 布尔值参与算术运算
print(f'{6 + False = }')
```

【运行结果】

```
username = '张三'
list1 = [1, 2, 3, 4]
2 + True = 3
6 + False = 6
```

2.3.5 空值类型

在 Python 中，空值是一个特殊值，用关键字 None 表示。

None 是一个特殊的常量。与 False 不同，None 既不是 0 也不是空字符串。None 有自己的数据类型，即 NoneType。

在程序中，可以将 None 复制给任何变量，但是不能创建其他 NoneType 对象。

2.3.6 数据类型转换

Python 中有各种各样的数据类型。在某些情况下，可以使用内置函数对数据进行类型转换，此时将创建一个目标类型的数据对象。

1. 转换为整数

使用 Python 内置函数 int()可以将浮点数或数字字符串转换为整数，调用格式如下。

```
int(x, base)
```

其中，参数 x 指定要转换的对象，其值可以是数字或字符串；base 指定基数，默认值为 10，有效基数为 0、2～36；基数 0 表示将数字字符串解释为十进制整数。如果给定基数，则参数 x 必须是字符串。int()函数将数字或字符串转换为整数，如果没有提供参数，则返回 0。

【例 2.15】将浮点数和表示数字的字符串转换为整数。

【程序代码】

```
print(f'{int() = }')
print(f'{int(1.23) = }')
print(f'{int("123") = }')
print(f'{int("110101", 2)}')
print(f'{int("fcad", 16)}')
```

【运行结果】

```
int() = 0
int(1.23) = 1
int("123") = 123
53
64685
```

2. 转换为浮点数

使用 Python 内置函数 float()可以将字符串或数字转换为浮点数，调用格式如下。

```
float(x)
```

其中，参数 x 给出要转换的对象，其值可以是字符串或数字。float()函数将该参数转换为浮点数并返回这个浮点数。

【例 2.16】从键盘输入直角三角形的两条直角边的边长，求斜边长度。

【程序代码】

```
print('*****计算直角三角形斜边长度*****')
a = float(input('请输入一条直角边的边长：'))
b = float(input('请输入另一条直角边的边长：'))
c = (a * a + b * b) ** 0.5  # "**"为幂运算符，计算a和b的平方和的平方根
print(f'斜边长度为：{c:.2f}'.format(c))
```

【运行结果】

```
*****计算直角三角形斜边长度*****
请输入一条直角边的边长：300↵
请输入另一条直角边的边长：400↵
斜边长度为：500.00
```

3. 转换为整数或指定精度的浮点数

使用 Python 内置函数 round()可以将一个浮点数转换为整数或指定精度的浮点数，具体调用格式如下。

```
round(number[, ndigits])
```

其中，参数 number 给出要转换的浮点数；参数 ndigits 指定要保留的小数位数，如果该参数值为 None 或省略该参数，则返回一个整数。

round()函数按十进制数字将数字四舍五入为给定的精度，这个转换过程遵循"四舍六入五成双"的规则：当小于或等于 4 时舍去。当大于或等于 6 时进位。如果是 5，则根据 5 后面的数字来定。当 5 后面有数字时舍 5 进 1；当 5 后面无有效数字时，分为两种情况进行处理，若 5 前面为奇数则舍 5 进 1，若 5 前面为偶数（0 是偶数）则舍 5 不进位。

【例2.17】将浮点数转换为整数或指定精度的浮点数。

【程序代码】

```
print(f'{round(1.23) = }')          # 小于或等于4，舍去
print(f'{round(1.5) = }')           # 5前面为奇数，舍5进1
print(f'{round(2.5) = }')           # 5前面为偶数，舍5不进位
print(f'{round(3.6) = }')           # 大于或等于6，进位
print(f'{round(9.8249, 2) = }')     # 小于或等于4，舍去
print(f'{round(9.82671, 2) = }')    # 大于或等于6，进位
print(f'{round(9.8250, 2) = }')     # 5后面无有效数字，且5前面为偶数，舍5不进位
print(f'{round(9.82501, 2) = }')    # 5后面有数字，舍5进1
```

【运行结果】

```
round(1.23) = 1
round(1.5) = 2
round(2.5) = 2
round(3.6) = 4
round(9.8249, 2) = 9.82
round(9.82671, 2) = 9.83
round(9.8250, 2) = 9.82
round(9.82501, 2) = 9.83
```

4. 转换为字符串

使用 Python 内置函数 str() 可以将其他数据类型转换为字符串，调用格式如下。

```
str(x)
```

其中，参数 x 给出要转换的对象。str() 函数的功能是将对象转换成其字符串表现形式，如果不传入任何参数，将返回空字符串。

【例2.18】将其他数据类型转换为字符串。

【程序代码】

```
print(f'{str(123) = }')        # 整数→字符串
print(f'{str(1.23) = }')       # 浮点数→字符串
print(f'{str(True) = }')       # 逻辑真→字符串
print(f'{str(False) = }')      # 逻辑假→字符串
print(f'{str(None) = }')       # 空值→字符串
```

【运行结果】

```
str(123) = '123'
str(1.23) = '1.23'
str(True) = 'True'
str(False) = 'False'
str(None) = 'None'
```

5. 转换为布尔型

使用 Python 内置函数 bool() 可以将其他数据类型转换为布尔型，调用格式如下。

```
bool(x)
```

其中，参数 x 给出要转换的对象。当参数 x 为真时返回 True，否则返回 False。具体的转换规则如下：如果参数 x 为数字 0、空字符串或 None，则转换为 False；如果参数 x 为非 0 数字或非空字符串，则转换为 True。

【例2.19】将其他数据类型转换为布尔型。

【程序代码】

```
print(f'{bool(0) = }')         # 整数0→逻辑假
print(f'{bool(1) = }')         # 非零整数→逻辑真
print(f'{bool(3) = }')         # 非零整数→逻辑真
print(f'{bool(-1) = }')        # 非零整数→逻辑真
print(f'{bool(1.23) = }')      # 非零浮点数→逻辑真
```

```
print(f'{bool(0.0) = }')        # 浮点数 0.0→逻辑假
print(f'{bool("") = }')         # 空字符串→逻辑假
print(f'{bool("good") = }')     # 非空字符串→逻辑真
print(f'{bool(None) = }')       # 空值→逻辑假
```

【运行结果】
```
bool(0) = False
bool(1) = True
bool(3) = True
bool(-1) = True
bool(1.23) = True
bool(0.0) = False
bool("") = False
bool("good") = True
bool(None) = False
```

6. 整数与字符的相互转换

通过以下函数在整数与字符之间进行相互转换。

- 使用 Python 内置函数 chr() 可以按 Unicode 编码返回一个整数所对应的字符,调用格式如下。

```
chr(n)
```

其中,参数 n 为整数,取值范围为 0~0x10ffff。chr() 函数返回整数 n 对应的 Unicode 字符。

- 使用 Python 内置函数 ord() 可以按 Unicode 编码返回字符对应的 Unicode 编码,调用格式如下。

```
ord(c)
```

其中,参数 c 为字符,ord() 函数返回该字符的 Unicode 编码。

【例 2.20】整数与字符的相互转换。

【程序代码】
```
print(f'{chr(65) = }')
print(f'{chr(97) = }')
print(f'{chr(0x4e2d) = }')
print(f'{ord("M") = }')
print(f'{ord("m") = }')
print(f'{ord("啊") = }')
```

【运行结果】
```
chr(65) = 'A'
chr(97) = 'a'
chr(0x4e2d) = '中'
ord("M") = 77
ord("m") = 109
ord("啊") = 21834
```

2.4 变量与赋值语句

变量对应计算机内存中的一个区域,用于存储程序中使用的各种类型的数据。在 Python 中,变量可以通过赋值语句来创建。变量通过唯一的标识符(即变量名)来表示,并且可以通过各种运算符对变量的值进行操作。

2.4.1 创建变量

变量是在首次使用赋值语句对其赋值时创建的,一般语法格式如下。

```
变量 = 表达式
```

在上述语法中,等号"="被称为赋值号;赋值号的左边必须是变量名,右边则为表达式。进行赋值操作时,首先计算表达式的值并创建一个数据对象,然后使变量指向该数据对象。

Python 是一种动态类型的编程语言,不需要显式地声明变量的数据类型,可以直接对变量赋值，然后在程序中使用变量的值。Python 中的所有数据均被抽象为对象，通过赋值语句变量可以指向特定的对象，由此变量与对象关联起来。变量中存放的并不是数据对象的值，而是数据对象的内存地址。这种通过内存地址间接访问数据对象的方式称为引用。

在 Python 程序中，使用变量名可以访问变量的值；使用内置函数 type() 可以检查变量的数据类型；使用内置函数 id() 可以获取变量的标识（对应特定的内存地址）。

当对变量重新赋值时，并不会修改当前对象的值，而是重新创建一个对象并使其与变量关联起来。因此，在 Python 中，对于同一个变量可以先后使用不同类型的数据对其进行赋值。变量之间的赋值可以使两个变量引用相同的对象，使用身份运算符 is 则可以判定两个变量是否引用了同一个对象。

创建变量时，操作系统将为变量分配内存空间。对于已经存在的变量，可以使用 del 运算符将其删除，以释放所占用的内存空间。删除一个变量后，再次引用它时会出现错误。

【例 2.21】创建和检测变量。

【程序代码】

```
x = 123                      # 创建变量 x 并赋值（整数）
print(f'{x = }')             # 变量 x 引用的值
print(f'{type(x) = }')       # 变量 x 的数据类型
print(f'{id(x) = }')         # 变量 x 的标识
x = 3.1415926               # 对变量 x 重新赋值（浮点数）
print(f'{x = }')             # 变量 x 引用的值
print(f'{type(x) = }')       # 变量 x 的数据类型
print(f'{id(x) = }')         # 变量 x 的标识
x = True                     # 对变量 x 重新赋值（布尔值）
print(f'{x = }')             # 变量 x 引用的值
print(f'{type(x) = }')       # 变量 x 的数据类型
print(f'{id(x) = }')         # 变量 x 的标识
x = None                     # 对变量 x 重新赋值（空值）
print(f'{x = }')             # 变量 x 引用的值
print(f'{type(x) = }')       # 变量 x 的数据类型
print(f'{id(x) = }')         # 变量 x 的标识
x = 'Python'                 # 对变量 x 重新赋值（字符串）
print(f'{x = }')             # 变量 x 引用的值
print(f'{type(x) = }')       # 变量 x 的数据类型
print(f'{id(x) = }')         # 变量 x 的标识
y = x                        # 创建变量 y 并赋值（已有变量 x）
print(f'{y = }')             # 变量 y 引用的值
print(f'{type(y) = }')       # 变量 y 的数据类型
print(f'{id(y) = }')         # 变量 y 的标识
print(f'{id(x) = }')         # 变量 x 的标识
print(f'{x is y = }')        # 变量 x 和变量 y 是否引用同一个对象
```

【运行结果】

```
x = 123
type(x) = <class 'int'>
id(x) = 140704145384928
x = 3.1415926
type(x) = <class 'float'>
id(x) = 1746113685968
x = True
type(x) = <class 'bool'>
id(x) = 140704145102672
x = None
type(x) = <class 'NoneType'>
id(x) = 140704145152128
```

```
x = 'Python'
type(x) = <class 'str'>
id(x) = 1746113543664
y = 'Python'
type(y) = <class 'str'>
id(y) = 1746113543664
id(x) = 1746113543664
x is y = True
```

2.4.2 赋值语句

Python 是一种动态类型的编程语言，不需要事先声明变量的数据类型。变量的数据类型和值是在首次使用赋值语句创建变量时确定的，在以后重新赋值时还有可能发生变化。在 Python 中，赋值语句分为简单赋值语句、赋值表达式、增强赋值语句、链式赋值语句和同步赋值语句。下面分别加以讨论。

1. 简单赋值语句

简单赋值语句用于对单个变量进行赋值，一般语法格式如下。

```
变量 = 表达式
```

其中，等号"="为赋值运算符，其左侧必须是变量，右侧必须是表达式。

执行简单赋值语句时，首先计算右侧表达式的值并由此创建一个数据对象，然后使左侧变量绑定到该数据对象，此时该表达式的值就是被赋值变量的值，该表达式的数据类型就是被赋值变量的数据类型。

在交互模式下，可以使用表达式语句(即表达式本身)计算和输出表达式的值。例如，在 Python 命令提示符下输入变量 x，就相当于输入函数调用 print(x)。

【例 2.22】简单赋值语句应用示例。

【程序代码】

```
x = 12345             # 赋值语句
print(f'{x = }')      # 变量 x 的值
f = 1.2345
print(f'{f = }')      # 变量 f 的值
s = 'Python'
print(f'{s = }')      # 变量 s 的值
b = True
print(f'{b = }')      # 变量 b 的值
n = None
print(f'{n = }')      # 变量 n 的值
```

【运行结果】

```
x = 12345
f = 1.2345
s = 'Python'
b = True
n = None
```

2. 赋值表达式

在 Python 3.8 以前的版本中，赋值运算只有操作结果，没有返回值。例如，如果在程序中使用表达式(x = 3) + 5，将会出现语法错误。

Python 3.8 增加了一个新的特性，即赋值表达式，通过使用新增的运算符":="可以在一个表达式内部为变量赋值，语法格式如下。

```
变量 := 表达式
```

由于运算符":="很像海象的眼睛和长牙，所以它被昵称为"海象运算符"，其功能是对右边的表达式进行计算并将结果赋给左边的变量。由海象运算符与变量和表达式构成一个赋值表达式，其值即变量的值。赋值表达式可以用在任何可以使用表达式的地方。

如果要在交互模式下查看赋值表达式的值，则应将其放在圆括号内，否则会出现错误。

【例2.23】赋值表达式应用示例。

【程序代码】

```
print(f'{(x := 12345) = }')              # 赋值表达式的值
print(f'{x = }')                          # 变量的值
print(f'{(x := 123) + (y := 456) = }')   # 两个赋值表达式相加
print(f'{x = }')                          # 变量x的值
print(f'{y = }')                          # 变量y的值
print(f'{(x := 200) * (y := 300) = }')   # 两个赋值表达式相乘
print(f'{x = }')                          # 变量x的值
print(f'{y = }')                          # 变量y的值
print(f'{(s := "Python") + " 3.8.0" = }')# 赋值表达式（其值为字符串）与另一个字符串连接
print(f'{s = }')                          # 变量s的值
```

【运行结果】

```
(x:=12345) = 12345
x = 12345
(x := 123) + (y := 456) = 579
x = 123
y = 456
(x := 200) * (y := 300) = 60000
x = 200
y = 300
(s := "Python") + " 3.8.0" = 'Python 3.8.0'
s = 'Python'
```

3. 增强赋值语句

增强赋值语句的一般语法格式如下。

```
变量 op= 表达式
```

其中，op是一个算术运算符或位运算符，op与赋值运算符"="一起构成了复合赋值运算符，在运算符op与赋值运算符之间不能包含空格。

Python提供了12种复合赋值运算符，包括"+="、"-="、"*="、"/="、"//="、"%="、"**="、"<<="、">>="、"&="、"|="和"^="，其中前面7种为算术运算的复合赋值运算符，后面5种为位运算的复合赋值运算符。所有复合赋值运算符的优先级均与赋值运算符相同。

增强赋值语句的功能相当于如下简单赋值语句。

```
变量 = 变量 op（表达式）
```

【例2.24】增强赋值语句应用示例。

【程序代码】

```
x = 2
x += 3       # 相当于 x = x + 3
print(f'{x = }')
y = 9
y -= 3       # 相当于 y = y - 3
print(f'{y = }')
x *= x + y   # 相当于 x = x * (x + y)
print(f'{x = }')
```

【运行结果】

```
x = 5
y = 6
x = 55
```

4. 链式赋值语句

链式赋值语句用于对多个变量赋予同一个值，其一般语法格式如下。

变量 1 = 变量 2 = …… = 变量 n = 表达式

链式赋值语句在功能上等价于依次执行下列简单赋值语句。

变量 n = 表达式
……
变量 2 = 变量 3
变量 1 = 变量 2

【例 2.25】使用链式赋值语句对变量 x、y 和 z 赋予同一个整数的引用。

【程序代码】

```
x = y = z = 123
print(f'{x = }, {id(x) = }')
print(f'{y = }, {id(y) = }')
print(f'{z = }, {id(z) = }')
```

【运行结果】

```
x = 123, id(x) = 140704140731872
y = 123, id(y) = 140704140731872
z = 123, id(z) = 140704140731872
```

5. 同步赋值语句

同步赋值语句使用不同表达式的值分别对不同变量赋值，其一般语法格式如下。

变量 1, 变量 2, ……, 变量 n = 表达式 1, 表达式 2, ……, 表达式 n

其中，赋值运算符左侧变量的数目与右侧表达式的数目必须相同。执行同步赋值语句时，首先从右向左计算各个表达式的值，然后同时将这些表达式的值赋予左边的对应变量。

【例 2.26】使用同步赋值语句同时为多个变量赋值。

【程序代码】

```
x, y, z = 100, 200, 300
print(f'{x = }, {y = }, {z = }')
x, y = y, x   # 交换 x 和 y 指向的数据对象
print('交换之后：')
print(f'{x = }, {y = }')
```

【运行结果】

```
x = 100, y = 200, z = 300
交换之后：
x = 200, y = 100
```

2.5　运算符与表达式

运算符用于指定对数据对象进行何种运算。Python 提供了丰富的运算符，按照功能可以分为算术运算符、赋值运算符、关系运算符、逻辑运算符、位运算符、身份运算符及成员运算符等。按照运算对象的个数，运算符可以分为单目运算符、双目运算符和三目运算符。由运算符与运算对象组成的式子称为表达式。赋值运算符用于对变量执行赋值操作，其用法详见 2.4.2 节。下面介绍其他运算符的使用方法。

2.5.1　算术运算符

算术运算符可以用于对操作数进行算术运算，其运算结果是数字类型。由算术运算符与算术运算对象组成的表达式称为算术表达式。常用的算术运算符如表 2.8 所示。

表 2.8　常见的算术运算符

运　算　符	描　　述	示　　例
+	加法运算或正号	2＋3 返回 5，+2 返回 2
−	减法运算或负号	5−2 返回 3，−2 返回−2
*	乘法运算	2 * 3 返回 6
/	除法运算	18 / 3 返回 6
//	整除运算，返回商	16 // 3 返回 5
%	整除运算，返回余数	16 % 3 返回 1
**	求幂运算	3 ** 2 返回 9

【例 2.27】各种算术运算符的应用。

【程序代码】

```
print(f'{200 + 300 = }')
print(f'{1.23 + 4.56 = }')
print(f'{900 - 300 = }')
print(f'{6 * 3.14 = }')
print(f'{128 / 5 = }')
print(f'{128 // 5 = }')
print(f'{128 % 5 = }')
print(f'{2 ** 3 = }')
print(f'{3 ** 0.5 = }')
print(f'{(-3) ** 0.5 = }')
```

【运行结果】

```
200 + 300 = 500
1.23 + 4.56 = 5.789999999999999
900 - 300 = 600
6 * 3.14 = 18.84
128 / 5 = 25.6
128 // 5 = 25
128 % 5 = 3
2 ** 3 = 8
3 ** 0.5 = 1.7320508075688772
(-3) ** 0.5 = (1.0605752387249068e-16+1.7320508075688772j)
```

2.5.2　关系运算符

关系运算符也称为比较运算符，用于比较两个对象的关系，运算对象可以是数字或字符串，其运算结果为布尔值 True 或 False。由关系运算符与关系运算对象组成的表达式称为关系表达式。在关系运算中，如果运算对象是字符串，则从左向右逐个比较每个字符的 Unicode 编码，直至出现不同的字符。常用的关系运算符如表 2.9 所示。

表 2.9　常用的关系运算符

运　算　符	描　　述	示　　例
==	等于	2 == 3 返回 False，'abc' == 'ABC'返回 False
<	小于	2 < 5 返回 True，'this' < 'This'返回 False
>	大于	3 > 2 返回 True，'book' > 'bool'返回 False
<=	小于或等于	3 <= 6 返回 True
>=	大于或等于	3 >= 3 返回 True
!=	不等于	3 != 5 返回 True

【例 2.28】各种关系运算符的应用。

【程序代码】

```
print(f'{22 == 33 = }')
print(f'{22 != 33 = }')
print(f'{22 > 33 = }')
print(f'{22 >= 33 = }')
print(f'{22 < 33 = }')
print(f'{22 <= 33 = }')
print(f'{5 > 3 > 2 = }')  # 5 > 3 > 2相当于 5 >3 and 3 > 2
print(f'{"python" == "Python" = }')
print(f'{"python" != "Python" = }')
print(f'{"python" > "Python" = }')
print(f'{"python" >= "Python" = }')
print(f'{"python" < "Python" = }')
print(f'{"python" <= "Python" = }')
```

【运行结果】

```
22 == 33 = False
22 != 33 = True
22 > 33 = False
22 >= 33 = False
22 < 33 = True
22 <= 33 = True
5 > 3 > 2 = True
"python" == "Python" = False
"python" != "Python" = True
"python" > "Python" = True
"python" >= "Python" = True
"python" < "Python" = False
"python" <= "Python" = False
```

2.5.3　逻辑运算符

逻辑运算符用来判断运算对象之间的关系，包括逻辑与、逻辑或和逻辑非。其中，逻辑与和逻辑或是双目运算符，逻辑非是单目运算符。由逻辑运算符与逻辑运算对象组成的表达式称为逻辑表达式。常用的逻辑运算符如表 2.10 所示。

表 2.10　常用的逻辑运算符

运　算　符	名　　称	逻辑表达式	运　算　规　则
and	逻辑与	x and y	x 为 True 或非 0，返回 y，否则返回 x
or	逻辑或	x or y	x 为 True 或非 0，返回 x，否则返回 y
not	逻辑非	not x	x 为 True 或非 0，返回 False，否则返回 True

【例 2.29】各种逻辑运算符的应用。

【程序代码】

```
print(f'{True and True = }')
print(f'{True and False = }')
print(f'{2 and 3 = }')
print(f'{3 and None = }')
print(f'{1 and "good" = }')
print(f'{0 and 5 = }')
print(f'{True or True = }')
print(f'{True or False = }')
print(f'{False or 3 = }')
print(f'{5 or True = }')
```

```
print(f'{3 or 5 = }')
print(f'{"ok" or 3 = }')
print(f'{0 or "good" = }')
print(f'{not True = }')
print(f'{not False = }')
print(f'{not 3 = }')
print(f'{not 0 = }')
print(f'{not "not" = }')
```

【运行结果】
```
True and True = True
True and False = False
2 and 3 = 3
3 and None = None
1 and "good" = 'good'
0 and 5 = 0
True or True = True
True or False = True
False or 3 = 3
5 or True = 5
3 or 5 = 3
"ok" or 3 = 'ok'
0 or "good" = 'good'
not True = False
not False = True
not 3 = False
not 0 = True
not "not" = False
```

2.5.4　位运算符

位运算符用于对数字的二进制位进行运算。由位运算符与位运算对象组成的表达式称为位运算表达式。常用的位运算符如表 2.11 所示。

表 2.11　常用的位运算符

运 算 符	描 述	示 例
<<	左移运算符，将左操作数的二进制位全部左移若干（右操作数）位，高位丢弃，低位补 0。左移 n 位相当于乘以 2^n	2 << 3 返回 16
>>	右移运算符，将左操作数的二进制位全部右移若干（右操作数）位，高位补 0，低位丢弃。右移 n 位相当于除以 2^n	20 >> 3 返回 2
&	按位与运算符，将两个操作数的对应二进制位进行与运算。仅当两个对应的二进制位都是 1 时，结果位是 1；只要有一个二进制位是 0，结果位就是 0	22 & 3 返回 2
|	按位或运算符，将两个操作数的对应二进制位进行或运算。只要两个对应的二进制中有一个是 1，结果位就是 1；仅当两个二进制位全是 0 时，结果位是 0	32 | 3 返回 35
^	按位异或运算符，将两个操作数的对应二进制位进行异或运算。当两个对应的二进制位不同时，结果位是 1；当两个对应的二进制位相同时，结果位是 0	18 ^ 6 返回 20
~	按位取反运算符（单目运算符），将操作数的每个二进制位取反，0 取反为 1，1 取反为 0	~32 返回 -33

【例 2.30】各种位运算符应用示例。
【程序代码】
```
n = 23
print(f'{n = }, {bin(n) = }')                    # 用内置函数 bin() 返回整数的二进制字符串表示形式
```

```
print(f'{n << 2 = }, {bin(n << 2) = }')          # 左移
print(f'{n >> 2 = }, {bin(n >> 2) = }')          # 右移
x, y = 10, 12
print(f'{bin(x) = }, {bin(y) = }')
print(f'{x & y = }, {bin(x & y) = }')            # 按位与
print(f'{x | y = }, {bin(x | y) = }')            # 按位或
print(f'{x ^ y = }, {bin(x ^ y) = }')            # 按位异或
print(f'{~x = }, {bin(~x) = }')                  # 按位取反
```

【运行结果】
```
n = 23, bin(n) = '0b10111'
n << 2 = 92, bin(n << 2) = '0b1011100'
n >> 2 = 5, bin(n >> 2) = '0b101'
bin(x) = '0b1010', bin(y) = '0b1100'
x & y = 8, bin(x & y) = '0b1000'
x | y = 14, bin(x | y) = '0b1110'
x ^ y = 6, bin(x ^ y) = '0b110'
~x = -11, bin(~x) = '-0b1011'
```

本例中，变量 x 的值是 10，对变量 x 按位取反的运算结果是-11，这是因为按位取反是针对每个二进制位按位进行操作的，所以对 10 按位取反时首先需要将其转换为二进制，得到的结果是00001010；对 00001010 按位取反得到 11110101，这是负数的补码存储形式，第一位上的 1 是符号位；由补码求原码的方法是，保持符号位不变对其余各位取反得到反码 10001010，然后在反码的基础上加 1 就得到原码 10001011，即-11。

2.5.5 身份运算符

身份运算符用于比较两个对象的内存地址是否相同，由身份运算符与身份运算对象组成的表达式称为身份表达式。常用的身份运算符如表 2.12 所示。

表 2.12 常用的身份运算符

运 算 符	描 述	示 例
is	若运算符两侧的变量指向同一个对象则返回 True，否则返回 False	x = 1; y = x，x is y 返回 True
is not	若运算符两侧的变量指向不同的对象则返回 True，否则返回 False	x = 1; y = 2，x is not y 返回 True

【例 2.31】身份运算符应用示例。

【程序代码】
```
a, b, c = 2, 2, 3
print(f'{a == b = }')
print(f'{a == c = }')
print(f'{id(a) = }, {id(b) = }, {id(c) = }')
print(f'{a is b = }')
print(f'{a is c = }')
x, y, z = 'Python', 'Python', 'python'
print(f'{x == y = }')
print(f'{x == z = }')
print(f'{id(x) = }, {id(y) = }, {id(z) = }')
print(f'{x is y = }')
print(f'{x is z = }')
```

【运行结果】
```
a == b = True
a == c = False
id(a) = 140704140728000, id(b) = 140704140728000, id(c) = 140704140728032
a is b = True
a is c = False
```

```
x == y = True
x == z = False
id(x) = 1899082694192, id(y) = 1899082694192, id(z) = 1899083475376
x is y = True
x is z = False
```

2.5.6　成员运算符

成员运算符用于判定指定对象是否存在于列表、字符串等序列中，由成员运算符与成员运算对象组成的表达式称为成员表达式。常用的成员运算符如表 2.13 所示。

表 2.13　常用的成员运算符

运 算 符	描 述	示 例
in	若对象包含在序列中则返回 True，否则返回 False	'y' in 'Python'返回 True
not in	若对象未包含在序列中则返回 True，否则返回 False	'x' not in 'Python'返回 True

【例 2.32】成员运算符应用示例。

【程序代码】

```
s = 'Python is a programming language'
print(f'{s = }')
print(f'{"is" in s = }')
print(f'{"python" in s = }')
print(f'{"Python" in s = }')
print(f'{"python" not in s = }')
list1 = [1, 2, 3, 4, 5]
print(f'{list1 = }')
print(f'{2 in list1 = }')
print(f'{5 in list1 = }')
print(f'{9 in list1 = }')
tuple1 = (1, 3, 5, 7, 9)
print(f'{tuple1 = }')
print(f'{3 in tuple1 = }')
print(f'{5 in tuple1 = }')
print(f'{6 in tuple1 = }')
```

【运行结果】

```
s = 'Python is a programming language'
"is" in s = True
"python" in s = False
"Python" in s = True
"python" not in s = True
list1 = [1, 2, 3, 4, 5]
2 in list1 = True
5 in list1 = True
9 in list1 = False
tuple1 = (1, 3, 5, 7, 9)
3 in tuple1 = True
5 in tuple1 = True
6 in tuple1 = False
```

2.5.7　运算符优先级

在同一个表达式中使用多种运算符时，运算次序由运算符的优先级决定。优先级高的运算先得到处理，优先级低的运算后得到处理。表 2.14 列举了 Python 中运算符的优先级，从最低优先级（最后绑定）到最高优先级（最先绑定）。

表 2.14　Python 中运算符的优先级

运　算　符	描　述
:=	赋值表达式
lambda	lambda 表达式
if ... else	条件表达式
or	布尔逻辑或 OR
and	布尔逻辑与 AND
not x	布尔逻辑非 NOT
in，not in，is，is not，<，<=，>，>=，!=，==	比较运算，包括成员检测和标识号检测
|	按位或 OR
^	按位异或 XOR
&	按位与 AND
<<，>>	移位
+，-	加和减
*，@，/，//，%	乘，矩阵乘，除，整除，取余
+x，-x，~x	正，负，按位非 NOT
**	乘方
await x	await 表达式
x[索引]，x[索引:索引]，x(参数...)，x.属性	抽取，切片，调用，属性引用
(表达式...)，[表达式]，{键: 值 }，{表达式,...}	绑定或加圆括号的表达式，列表显示，字典显示，集合显示

相同单元格内的运算符具有相同的优先级。除非句法显式地给出，否则运算符均指二元运算。相同单元格内的运算符均从左至右分组（但幂运算是从右至左分组的）。

比较、成员检测和标识号检测均为相同优先级，并且具有从左至右串联特性。

运算符 "%" 也被用于字符串格式化，在这种情况下会使用同样的优先级。

幂运算符 "**" 绑定的紧密程度低于在其右侧的算术或按位一元运算符，也就是说，2**-1 相当于 2**(-1)，计算结果为 0.5。

2.6　典型案例

作为本章知识的综合应用，本节给出两个典型案例，分别是求解一元二次方程与计算圆锥的体积和表面积。

2.6.1　求解一元二次方程

【例 2.33】从键盘输入 a、b、c 的值，求解一元二次方程 $ax^2+bx+c=0$（其中 $a\neq0$）。

【程序分析】

由数学知识可知，在二次项系数不等于 0 的情况下，一元二次方程 $ax^2+bx+c=0$ 的两个根可以使用以下求根公式进行计算。

$$x_1=\frac{-b+\sqrt{b^2-4ac}}{2a} \text{ 和 } x_2=\frac{-b-\sqrt{b^2-4ac}}{2a}$$

【程序代码】

```
print('***求解一元二次方程***')
a = float(input('输入二次项系数 a 的值：'))
b = float(input('输入一次项系数 b 的值：'))
c = float(input('输入常数项 c 的值：'))
```

```
delta = b * b - 4 * a * c
x1 = (-b + delta ** 0.5) / (2 * a)
x2 = (-b - delta ** 0.5) / (2 * a)
print(f'当{a = }, {b = }, {c = }时，求解结果如下：')
print(f'x1 = {x1:.2f}')
print(f'x2 = {x2:.2f}')
```

【运行结果】
```
***求解一元二次方程***
输入二次项系数 a 的值：13↵
输入一次项系数 b 的值：22↵
输入常数项 c 的值：19↵
当 a = 13.0, b = 22.0, c = 19.0时，求解结果如下：
x1 = -0.85+0.86j
x2 = -0.85-0.86j
```

2.6.2 计算圆锥的体积和表面积

微课视频

【例2.34】从键盘输入圆锥的底面半径和高度，计算圆锥的体积和表面积。

【程序分析】

由数学知识可知，如果圆锥的底面半径为 r，高度为 h，母线为 l，则圆锥的体积和表面积公式分别表示为

$$V=\frac{1}{3}\pi hr^2$$

$$S=\pi(r^2+rl)$$

其中，$l=\sqrt{r^2+h^2}$。

计算圆锥的体积和表面积时，圆周率 π 的值可以通过 math 模块的常量 pi 来获取，圆锥的底面半径和高度利用 input() 函数输入，体积和表面积利用上述公式构成表达式进行计算即可。

【程序代码】
```
import math
print('***计算圆锥的体积和表面积***')
PI = math.pi
r = float(input('请输入圆锥的底面半径：'))
h = float(input('请输入圆锥的高度：'))

v = PI * h * r ** 2 / 3
l = (r ** 2 + h ** 2) ** 0.5
s = PI * (r ** 2 + r * l)
print(f'当{r = }, {h = }时：')
print(f'体积 V = {v:.2f}')
print(f'面积 S = {s:.2f}')
```

【运行结果】
```
***计算圆锥的体积和表面积***
请输入圆锥的底面半径：50↵
请输入圆锥的高度：60↵
当 r = 50.0, h = 60.0时：
体积 V = 157079.63
面积 S = 20122.29
```

习　题　2

一、选择题

1. 在下列各项中，（　　）不是合法的 Python 标识符。
   A. username
   B. 3_user_name
   C. Username
   D. user_name

2. 在下列各项中，（　　）是合法的 Python 标识符。
   A. student_name
   B. student#name
   C. student-name
   D. student.name

3. 在下列各项中，Python 不支持的数据类型是（　　）。
   A. int
   B. Integer
   C. float
   D. str

4. 在下列各项中，（　　）转换为布尔值时不是 False。
   A. 9
   B. 0
   C. []
   D. None

5. 在 Python 程序中，多行注释可以包含在一对（　　）内。
   A. #
   B. --
   C. "（双引号)
   D. '''（三引号）

6. 文档字符串可以通过对象的（　　）属性来提取。
   A. __doc__
   B. _doc_
   C. doc
   D. __doc

7. 要将字符转换为对应的 ASCII 码或 Unicode()编码，可以使用（　　）函数。
   A. round()
   B. ord()
   C. chr()
   D. str()

8. 在下列各项中，（　　）表示 Python 的求幂运算符。
   A. *
   B. ++
   C. **
   D. ^

9. 在下列各项中，使用（　　）函数可以将其他进制的数据转换为十六进制的数。
   A. bin()
   B. oct()
   C. int()
   D. hex()

10. 在下列各项中，使用（　　）函数可以将其他类型的值转换为布尔值。
    A. str()
    B. float()
    C. bool()
    D. complex()

11. 在下列语句中，会导致语法错误的是（　　）。
    A. x, y=y, x
    B. x=y=z
    C. x+=y
    D. x=(y=z)

12. 设 x=3，则执行语句 x*=x+6 之后变量 x 的值为（　　）。
    A. 9
    B. 27
    C. 18
    D. 12

13. 在下列各项中，（　　）的值为 True。
    A. 18<=28<33
    B. 29<-18<33
    C. 33<-29<18
    D. 29<=33<18

14. 内置函数 input()将用户从键盘输入的内容一律作为（　　）返回。
    A. 字符　　　　　　　　　　　　　　B. 字符串
    C. 数值　　　　　　　　　　　　　　D. 根据内容而变化

二、判断题

1. 在 Python 中使用双斜杠"//"表示单行注释。　　　　　　　　　　　　　（　　）
2. 在 Python 中变量名不能以数字开头。　　　　　　　　　　　　　　　　（　　）
3. 在 Python 中，username 和 UserName 表示同一个标识符。　　　　　　　（　　）
4. 在 Python 程序中，一个代码块包含的多条语句可以具有不同的缩进量。　（　　）
5. 在 Python 程序中，每条语句末尾必须添加分号。　　　　　　　　　　　（　　）
6. 使用 keyword 模块中的 kwlist 变量可以查看全部 Python 关键字。　　　　（　　）
7. 在 Python 3.x 中，只要内存容量允许，整型数据的取值范围几乎可以涵盖所有整数。
　　　　　　　　　　　　　　　　　　　　　　　　　　　　　　　　　（　　）
8. 在 Python 中，复数的表示形式为 a+bi，其中 a 为实部，b 为虚部，i 表示虚数单位。
　　　　　　　　　　　　　　　　　　　　　　　　　　　　　　　　　（　　）
9. 在 Python 中，字符串中的字符可以被改变。　　　　　　　　　　　　　（　　）
10. 将其他类型的数据转换为布尔值时，数值 0（含整数 0 和浮点数 0.0）、空字符串、空值（None）及空集合被视为 False，其他值均视为 True。　　　　　　　　　（　　）
11. 使用内置函数 id()可以获取变量的标识。　　　　　　　　　　　　　　（　　）
12. 使用 delete 运算符可以删除已经存在的变量，以释放所占用的内存空间。（　　）

三、编程题

1. 从键盘输入圆的半径，计算并输出圆的周长和面积，结果取 3 位小数。
2. 从键盘输入两点的坐标(x1, y1)和(x2, y2)，计算并输出两点之间的距离，结果取两位小数。
3. 从键盘输入梯形的上底 a、下底 b 和高 h，计算梯形的面积，结果取整数。
4. 从键盘输入直角三角形的两条直角边的长度 a 和 b，求斜边 c 的长度，结果取 3 位小数。
5. 从键盘输入 3 条线段的长度，通过关系表达式判断它们是否能围成三角形。

第3章 流程控制结构

结构化是程序设计应遵循的基本原则，其核心思想是将程序划分为不同的逻辑结构，由这些结构决定程序的执行流程。结构化程序设计有 3 种基本结构，即顺序结构、选择结构和循环结构。通过这 3 种基本结构就可以控制程序的执行流程。顺序结构比较简单，按照执行顺序依次写出语句即可，选择结构和循环结构则需要通过专门的流程控制语句来实现。本章主要讲述 Python 流程控制语句的语法和应用，同时讨论如何在程序中捕获和处理异常。

3.1 选择结构

选择结构是指程序运行时根据特定的条件选择一个分支执行。根据分支的多少，选择结构可以分为单分支选择结构、双分支选择结构和多分支选择结构。根据实际需要，还可以在一个选择结构中嵌入另一个选择结构。使用选择结构可以在程序中对指定条件进行判断，并据此选择不同的代码块来执行。

3.1.1 单分支选择结构

单分支选择结构用于处理单个条件、单个分支的情况。在 Python 中，单分支选择结构可以用 if 语句来实现，其一般语法格式如下。

```
if 表达式：
    语句块
```

其中，表达式表示要测试的条件，其值为布尔值，在该表达式后面必须加上半角冒号。语句块可以是单条语句，也可以是多条语句。语句块必须向右缩进，如果语句块中包含多条语句，则这些语句必须具有相同的缩进量。如果语句块中只有一条语句，可以与 if 语句写在同一行，即在冒号后面直接写出条件成立时要执行的语句，但是一般不建议这样处理。

if 语句的执行流程如下：首先计算表达式的值，如果该值为 True，则执行语句块，然后执行 if 语句的后续语句；如果该值为 False，则跳过语句块，直接执行 if 语句的后续语句。if 语句的执行流程如图 3.1 所示。

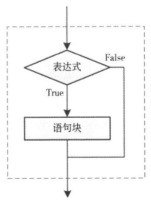

图 3.1　if 语句的执行流程

【例 3.1】从键盘输入两个整数，然后判断它们的奇偶性并输出结果。

【程序代码】

```
num = int(input('请输入一个整数：'))
parity = '奇数'          # 事先设置变量的初始值为"奇数"
```

```
if num % 2 == 0:      # 若 num 能被 2 整除,则修改 parity 变量值
    parity = '偶数'
print(f'{num}是{parity}!')
```

【运行结果】

```
请输入一个整数:6↵
6是偶数!
```

再次运行程序,结果如下。

```
请输入一个整数:9↵
9是奇数!
```

【例3.2】从键盘输入两个整数,然后按从小到大的顺序输出这两个整数。

【程序代码】

```
num1 = int(input('请输入一个整数: '))
num2 = int(input('请输入另一个整数: '))
if num1 > num2:  # 若 num1 大于 num2,则交换两个变量的值
    num1, num2 = num2, num1
print(f'{num1:d}, {num2:d}')
```

【运行结果】

```
请输入一个整数:200↵
请输入另一个整数:300↵
200, 300
```

再次运行程序,结果如下。

```
请输入一个整数:990↵
请输入另一个整数:600↵
600, 990
```

3.1.2　双分支选择结构

双分支选择结构用于处理单个条件、两个分支的情况。在 Python 中,双分支选择结构可以用 if-else 语句来实现,其一般语法格式如下。

```
if 表达式:
    语句块 1
else:
    语句块 2
```

其中,表达式表示条件,其值为布尔值,在该表达式后面必须加上半角冒号。语句块 1 和语句块 2 可以是单条语句或多条语句,这些语句块中的语句必须向右缩进,而且语句块中包含的各条语句必须具有相同的缩进量。

if-else 语句的执行流程如下:首先计算表达式的值,如果计算结果为 True,则执行语句块 1,否则执行语句块 2;执行语句块 1 或语句块 2 之后接着执行 if-else 语句的后续语句。if-else 语句的执行流程如图 3.2 所示。

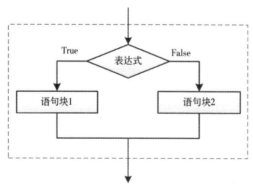

图 3.2　if-else 语句的执行流程

【例 3.3】从键盘输入一个数字，求其绝对值并输出。

【程序代码】

```
x = float(input('请输入一个数字：'))
if x < 0:
    a = -x
else:
    a = x
print('这个数的绝对值为：{0:.3f}'.format(a))
```

【运行结果】

```
请输入一个数字：1.23↵
这个数的绝对值为：1.230
```

再次运行程序，结果如下。

```
请输入一个数字：-358.369667↵
这个数的绝对值为：358.370
```

【例 3.4】从键盘输入两个整数，求出较大的数并输出。

【程序代码】

```
num1 = int(input('请输入一个整数：'))
num2 = int(input('请输入一个整数：'))
if num1 > num2:
    max = num1
else:
    max = num2
print('较大的数为：{0:d}'.format(max))
```

【运行结果】

```
请输入一个整数：123↵
请输入一个整数：456↵
较大的数为：456
```

再次运行程序，结果如下。

```
请输入一个整数：-123↵
请输入一个整数：-456↵
较大的数为：-123
```

3.1.3 多分支选择结构

多分支选择结构用于处理多个条件、多个分支的情况，可以用 if-elif-else 语句来实现，其一般语法格式如下。

```
if 表达式1：
    语句块1
elif 表达式2：
    语句块2
……
elif 表达式n：
    语句块n
[else:
    语句块n+1]
```

其中，表达式 1、表达式 2、…、表达式 n 表示多个条件，它们的值为布尔值，在这些表达式后面要加上半角冒号；语句块 1、语句块 2、…、语句块 n+1 可以是单条语句或多条语句，这些语句必须向右缩进，而且语句块中包含的多条语句必须具有相同的缩进量。

if-elif-else 语句的执行流程如下：首先计算表达式 1 的值，如果表达式 1 的值为 True，则执行语句块 1，否则计算表达式 2 的值；如果表达式 2 的值为 True，则执行语句块 2，否则计算表达式 3 的值，以此类推。如果所有表达式的值均为 False，则执行 else 后面的语句块 n+1。选择执行一个分支之后，程序将接着 if-elif-else 语句的后续语句执行。if-elif-else 语句的执行流程如图 3.3 所示。

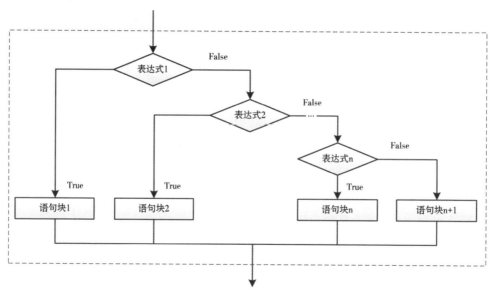

图 3.3　if-elif-else 语句的执行流程

【例 3.5】从键盘输入自变量 x 的值，计算分段函数 y 的值。

$$y = \begin{cases} 2x+15 & (x \leqslant 0) \\ 6\sqrt{x}+7x+13 & (0 < x < 2) \\ 3\sqrt[3]{x}+5x^2-6x & (x \geqslant 2) \end{cases}$$

【程序代码】

```
x = float(input('输入自变量 x 的值：'))
if x <= 0:
    y = 2 * x + 15
elif 0 < x < 2:
    y = 6 * x ** 0.5 + 7 * x + 13
else:
    y = 3 * x ** (1 / 3) + 5 * x * x - 6 * x
print(f'当 {x = :.2f}时, {y = :.2f}')
```

【运行结果】

```
输入自变量 x 的值：-3↵
当 x = -3.00 时, y = 9.00
```

再次运行程序，结果如下。

```
输入自变量 x 的值：1.6↵
当 x = 1.60 时, y = 31.79
```

再次运行程序，结果如下。

```
输入自变量 x 的值：5↵
当 x = 5.00 时, y = 100.13
```

【例 3.6】从键盘输入百分制成绩，计算成绩等级并输出。

【程序代码】

```
score = int(input('请输入百分制成绩：'))
grade = ''
if score >= 90:
    grade = '优秀'
elif score >= 80:
    grade = '良好'
elif score >= 70:
```

```
    grade = '中等'
elif score >= 60:
    grade = '及格'
else:
    grade = '不及格'
print(f'成绩: {score}; 等级: {grade}')
```

【运行结果】

```
请输入百分制成绩: 86↵
成绩: 86; 等级: 良好!
```

再次运行程序，结果如下。

```
请输入百分制成绩: 93↵
成绩: 93; 等级: 优秀!
```

再次运行程序，结果如下。

```
请输入百分制成绩: 78↵
成绩: 78; 等级: 中等!
```

【例 3.7】 从键盘输入一个算术表达式，计算其值并输出。

【程序代码】

```
print('*****算术运算*****')
x, operator, y = input('请输入 数字 1 运算符 数字 2: ').split()
result = 0
if operator == '+':
    result = float(x) + float(y)
    print(f'{x:s} {operator:s} {y:s} = {result:.2f}')
elif operator == '-':
    result = float(x) - float(y)
    print(f'{x:s} {operator:s} {y:s} = {result:.2f}')
elif operator == '*':
    result = float(x) * float(y)
    print(f'{x:s} {operator:s} {y:s} = {result:.2f}')
elif operator == '/':
    result = float(x) / float(y)
    print(f'{x:s} {operator:s} {y:s} = {result:.2f}')
else:
    print('您输入的运算符不支持! ')
```

【代码说明】

程序中变量 x 和 y 表示两个数字，变量 operator 表示算术运算符。输入函数 input() 的返回值是一个字符串，通过对该字符串调用 split() 方法，使用空格将字符串分割成不同的部分，并分别为变量 x、y 和 operator 赋值。

【运算结果】

```
请输入 数字 1 运算符 数字 2: 222 + 333↵
222 + 333 = 555.00
```

再次运行程序，结果如下。

```
请输入 数字 1 运算符 数字 2: 999 ÷ 3↵
您输入的运算符不支持!
```

3.1.4 条件运算符

Python 中有一个条件运算符，这是一个三目运算符，它对指定条件进行判断并据此返回不同的值，语法格式如下。

```
表达式 1 if 条件 else 表达式 2
```

条件运算符执行时对条件进行测试，如果条件为 True，则返回表达式 1 的值，否则返回表达式 2 的值。

条件运算符有 3 个运算对象，并与这些运算对象共同组成条件表达式，该表达式出现在可以使用表达式的任何位置，如赋值运算符的右边。需要注意的是，使用条件运算符时，不要在 if 语句和 else 语句后面使用冒号。

【例3.8】从键盘输入 3 个整数，求出其中的最大数并输出。

【程序代码】

```
a = int(input('请输入第一个数：'))
b = int(input('请输入第二个数：'))
c = int(input('请输入第三个数：'))
max = a if a > b else b
max = max if max > c else c
print(f'最大数为：{max:d}')
```

【运行结果】

```
请输入第一个数：333↵
请输入第二个数：999↵
请输入第三个数：666↵
最大数为：999
```

3.1.5 选择结构的嵌套

当使用选择结构控制程序执行流程时，如果有多个条件并且条件之间存在递进关系，则可以在一个选择结构中嵌入另一个选择结构，由此形成选择结构的嵌套。

在内层的选择结构中还可以继续嵌入选择结构，嵌套的深度是没有限制的。

使用嵌套的选择结构时，将根据代码的缩进量来确定代码的层次关系。

选择结构的嵌套主要有以下两种形式。

• 在 if 语句中嵌入 if-else 语句，一般语法格式如下。

```
if 表达式1:
    if 表达式2:
        语句块1
    else:
        语句块2
```

在这种嵌套结构中，else 与第二个 if 语句配对。

• 在 if-else 语句中嵌入 if 语句，一般语法格式如下。

```
if 表达式1:
    if 表达式2:
        语句块1
else:
    语句块2
```

在这种嵌套结构中，else 与第一个 if 语句配对。

【例3.9】编写一个模拟登录程序。从键盘输入用户名和密码，然后对输入的用户名进行验证，如果用户名正确，再对输入的密码进行验证。如果用户名和密码都与预设值匹配，则登录成功，否则登录失败。

【程序代码】

```
# 设置用户名和密码
USERNAME = 'admin'
PASSWORD = 'zhimakaimen'

# 从键盘输入用户名
username = input('请输入用户名：')
# 验证用户名
if username == USERNAME:
    # 从键盘输入密码
```

```
    password = input('请输入密码：')
    # 验证密码
    if password == PASSWORD:
        print('登录成功！')
        print(f'欢迎{username}进入系统！')
    else:
        print('密码错误，登录失败！')
else:
    print(f'用户名\"{username}\"不存在，登录失败！')
```

【运行结果】

请输入用户名：kk↵
用户名"kk"不存在，登录失败！

再次运行程序，结果如下。

请输入用户名：admin↵
请输入密码：123456↵
密码错误，登录失败！

再次运行程序，结果如下。

请输入用户名：admin↵
请输入密码：zhimakaimen↵
登录成功！
欢迎 admin 进入系统！

3.2　循环结构

循环结构是控制某个语句块重复执行的程序结构，其特点是在指定条件（循环条件）成立时重复执行某个语句块（循环体）。在 Python 中，可以通过 while 语句和 for 语句来实现循环结构，也可以通过 break 语句和 continue 语句对循环结构的执行过程进行控制，此外，还可以在一个循环结构中使用另一个循环结构，从而形成循环结构的嵌套。

3.2.1　while 语句

while 语句在指定条件成立时重复执行一个语句块，其一般语法格式如下。

```
while 表达式：
    语句块 1
[else:
    语句块 2]
```

其中，表达式表示循环条件，通常是关系表达式或逻辑表达式，也可以是能够转换布尔值的任何表达式；在表达式后面必须添加半角冒号。语句块 1 是将要重复执行的单条语句或多条语句，称为循环体。else 子句是可选的，语句块 2 是循环正常结束后将执行的单条语句或多条语句。

语句块 1 和语句块 2 中包含的语句必须向右缩进。如果语句块中包含多条语句，则这些语句必须具有相同的缩进量。如果循环体只包含单条语句，也可以将这条语句与 while 关键字写在同一行，但一般不建议这样做。

while 语句的执行流程如下：首先计算表达式的值，当计算结果为 True 时，则重复执行循环体内的语句，然后再次计算表达式的值，以此类推。如果表达式的值为 False，则结束循环并执行语句块 2（如果有的话）。while 语句的执行流程如图 3.4 所示。

在 while 语句中，如果循环条件的值恒为 False，则循环体就会一次也不执行。与此相反，如果循环条件的值恒为 True，则循环体将会无限地执行下去，这种情况称为无限循环。

为了适时结束循环过程，需要在循环体内包含能够修改循环条件的值的语句，使该值在某个时刻变为 False，从而结束循环。

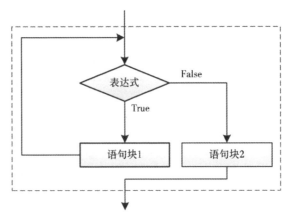

图 3.4 while 语句的执行流程

使用 while 语句时，循环体也可以什么事情都不做。在这种情况下，应在循环体中放置一条 pass 语句作为占位符，以保持程序结构的完整性。pass 语句也称为空语句，语法格式如下。

```
pass
```

【例 3.10】计算前 100 个自然数之和。

【程序代码】

```
i = 1
sum = 0
while i <= 100:
    sum = sum + i;
    i = i + 1;
else:
    print(f'循环结束时 {i = }')
print(f'1 + 2 + 3 + ... + 100 = {sum}')
```

【运行结果】

```
循环结束时 i = 101
1 + 2 + 3 + ... + 100 = 5050
```

【例 3.11】从键盘输入两个正整数，计算它们的最大公约数和最小公倍数。

【程序代码】

```
x = m = int(input('请输入一个正整数：'))
y = n = int(input('请输入另一个正整数：'))
p = m * n
while m % n != 0:
    m, n = n, m % n
print(f'{x}和{y}的最大公约数为：{n}')
print(f'{x}和{y}的最小公倍数为：{p // n}')
```

【运行结果】

```
请输入一个正整数：39↵
请输入另一个正整数：52↵
39 和 52 的最大公约数为：13
39 和 52 的最小公倍数为：156
```

【例 3.12】编写一个打字练习程序，输入 quit 或 exit 退出。

【程序代码】

```
print('*****打字程序*****')
print('输入 quit 或 exit 退出')
line = input('>>>')
while line != 'quit' and line != 'exit':
    line = input('>>>')
else:
```

```
    print('谢谢使用！')
```

【运行结果】
```
*****打字程序*****
输入 quit 或 exit 退出
>>>This is a book about Python programming.↵
>>>生命苦短，我用 Python！↵
>>>quit↵
谢谢使用！
```

3.2.2　for 语句

for 语句用于遍历序列（如字符串、元组或列表）或其他可迭代对象的元素，一般语法格式如下。

```
for 变量 in 序列对象：
    语句块 1
[else：
    语句块 2]
```

其中，变量也称为循环变量，不需要事先进行初始化。序列对象表示要遍历的字符串、列表或元组等。语句块 1 表示循环体，可以包含单条语句或多条语句。当循环体只包含单条语句时，也可以将这条语句与 for 语句写在同一行，但一般不建议这样做。else 子句是可选的，语句块 2 包含循环正常结束时将执行的单条语句或多条语句。

语句块 1 和语句块 2 中包含的语句必须向右缩进。如果语句块中包含多条语句，则这些语句必须具有相同的缩进量。

for 语句的执行流程如下：将序列对象中包含的元素依次赋给循环变量，并针对当前元素执行一次循环体，直至序列中的每个元素都已用过。当序列中的元素用尽时，将执行语句块 2（如果有的话）并结束循环。for 语句的执行流程如图 3.5 所示。

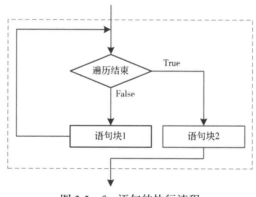

图 3.5　for 语句的执行流程

【例 3.13】4 个人中有一个人打碎了花瓶。A 说不是我，B 说是 C，C 说是 D，D 说 C 撒谎，已知有 3 个人说了真话，请根据以上对话判断是谁打碎了花瓶。

【程序分析】

打碎花瓶的人必是 4 个人中的一个，这个人的编号用变量 who 来表示。将 4 个人的编号组成字符串"ABCD"，并使用 for 语句来遍历该字符串中的每个编号，对每个人的说法进行判断，如果某人说的是真话，则关系表达式的布尔值为 True，可以转换为整数 1。在循环体中，用 if 语句判断是否满足"三人说真话"的条件，如果满足该条件，则输出结果。

【程序代码】

```
for who in 'ABCD':
    if (who != 'A') + (who == 'C') + (who == 'D') + (who != 'D') == 3:
```

```
print(f'答案：是{who}打碎了花瓶。')
```

【运行结果】
```
答案：是 C 打碎了花瓶。
```

在实际应用中，经常将 for 语句与 range 对象结合起来使用，用于循环指定的次数，语法格式如下。

```
for x in range(start, stop step):
    语句块
```

其中，x 为循环变量；range(start, stop step)是 Python 中的内置函数，亦即 range 类的构造函数，它返回一个 range 对象，由此生成一个以 step 为步长、从 start 开始（包括）到 stop 终止（不包括）的整数序列。参数 start、stop 和 step 必须是整数，如果省略 step 参数，则步长默认为 1。如果省略 start 参数，则起始值默认为 0。具体示例如下。

```
>>> for i in range(10):
        print(i, end=' ')
0 1 2 3 4 5 6 7 8 9
>>> for i in range(1, 11):
        print(i, end=' ')
1 2 3 4 5 6 7 8 9 10
>>> for i in range(0, 30, 5):
        print(i, end=' ')
0 5 10 15 20 25
```

step 步长可以是正数，也可以是负数。对于正步长，范围 r 中的元素由公式 r[i] = start + step * i 确定，循环条件为 i >= 0 且 r[i] < stop。对于负步长，范围 r 中的元素仍由公式 r[i] = start + step * i 确定，但循环条件为 i >= 0 且 r[i] > stop。如果 step 为零，则引发 ValueError。

下面给出一个使用负步长的例子。

```
>>> for i in range(-1, -11, -1):
        print(i, end=' ')
-1 -2 -3 -4 -5 -6 -7 -8 -9 -10
```

【例 3.14】 打印所有水仙花数。所谓的水仙花数是指这样的三位数，其每个数位上的数字的立方和等于它本身，如 153 就是一个水仙花数，因为 $1^3 + 5^3 + 3^3 = 153$。

【程序分析】

要判断一个整数是不是水仙花数，需要从这个整数中拆分出其百位数、十位数和个位数，然后用 if 语句判断由此得到的这些数的立方和是否等于该整数本身。由于水仙花数是三位数，所以使用 for 语句遍历整数序列 range(100, 1000)即可。

【程序代码】

```
print('水仙花数如下：')
for i in range(100, 1000):
    a = i // 100          # 百位上的数
    b = i % 100 // 10     # 十位上的数
    c = i % 10            # 个位上的数
    if a ** 3 + b ** 3 + c ** 3 == i:
        print(i, end=' ')
```

【运行结果】
```
水仙花数如下：
153   370   371   407
```

3.2.3 循环控制语句

循环语句在循环条件成立时会重复执行循环体，一旦循环条件不再满足便会执行 else 子句（如果存在）并结束循环，这是循环语句的正常执行流程。根据实际需要，也可以使用 Python 提供的如下两个循环控制语句来改变循环语句的执行流程。

1. break 语句

break 语句用来终止当前循环的执行，其语法格式如下。

```
break
```

break 语句只能嵌套在 while 语句和 for 语句中。它通常与 if 语句一起使用，可以用来跳出当前所在的循环结构，即使循环条件表达式的值仍然为 True，或者序列中还有未用过的元素，也会立即停止执行循环语句，即跳出循环体，跨过可选的 else 子句（如果有的话），转而执行循环语句的后续语句。

【例 3.15】编写一个菜单程序，用于模拟信息管理系统的运行。

【程序分析】

信息管理系统运行时，显示出系统功能菜单，其中列出所提供的各项功能，并提供一个出口，用户可以从中选择要执行的功能或退出系统。为了使用户能够连续执行多种操作，可以使用一个无限循环来模拟信息管理系统的运行。无限循环使用 while 语句来实现，将循环条件设置为常量 1 或 True，在循环体内放置一个多分支选择语句，当选择退出系统时，执行 break 语句，结束 while 语句，从而退出系统。

【程序代码】

```python
import time
menu = '''
*****信息管理系统*****
1.录入信息  2.查询信息
3.打印信息  4.退出系统
'''
while 1:
    print(menu)
    choice = int(input('请选择: '))
    if choice == 1:
        print('您选择了录入功能\n......')
        time.sleep(6)  # 延迟 6 秒钟
        print('录入完毕! ')
    elif choice == 2:
        print('您选择了查询功能\n......')
        time.sleep(6)
        print('查询完毕! ')
    elif choice == 3:
        print('您选择了打印功能\n......')
        time.sleep(6)
        print('打印完毕! ')
    elif choice == 4:
        print('谢谢使用! ')
        break  # 退出循环
```

【运行结果】

```
*****信息管理系统*****
1.录入信息  2.查询信息
3.打印信息  4.退出系统

请选择: 1
您选择了录入功能
......
录入完毕!

*****信息管理系统*****
1.录入信息  2.查询信息
3.打印信息  4.退出系统
```

```
请选择：2
您选择了查询功能
······
查询完毕！

*****信息管理系统*****
1.录入信息   2.查询信息
3.打印信息   4.退出系统

请选择：4
谢谢使用！
```

2. continue 语句

continue 语句用于跳出本次循环，其语法格式如下。

```
continue
```

与 break 语句一样，continue 语句也只能嵌套在 while 语句和 for 语句中，通常也是与 if 语句一起使用的，但两者的作用有所不同：continue 语句用来跳过当前循环中的剩余语句，然后继续进行下一轮循环；break 语句则用于结束整个循环，即跳出循环体，跨过可选的 else 子句（如果有的话），然后执行循环语句的后续语句。

【例 3.16】已知 x 是一个两位数，且满足公式 $809x = 800x + 9x$，其中 $809x$ 为四位数，$8x$ 为两位数，$9x$ 为 3 位数。求 x 的值。

【程序分析】

由于 x 是两位数，所以可以使用 for 语句遍历整数序列 range(10, 100)，针对该序列中的每个整数进行测试。对于测试的整数而言，如果它与 8 的乘积大于 99，或者与 8 的乘积小于 100，则使用 continue 语句跳过剩余步骤。在剩余步骤中，如果当前整数满足【例 3.16】中的公式，则输出结果并结束循环。

【程序代码】

```
for x in range(10, 100):
    if 8 * x > 99 or 9 * x < 100:
        continue
    if 809 * x == 800 * x + 9 * x:
        print(f'{x = }')
        break
```

【运行结果】

```
x = 12
```

3.2.4　循环结构的嵌套

在一个循环结构中可以嵌入另一个循环结构，由此形成嵌套的循环结构，也称为多重循环结构，如二重循环和三重循环。多重循环结构由外层循环和内层循环组成，当外层循环进入下一轮循环时，内层循环将重新初始化并开始执行。

如果在多重循环结构中使用 break 语句和 continue 语句，则这些语句的作用仅限于其所在层的循环。使用多重循环结构时，嵌套的深度不限，但是需要特别注意代码的缩进问题，内层循环与外层循环之间不能交叉。

【例 3.17】输出乘法口诀表。

【程序分析】

输出乘法口诀表可以通过一个二重 for 语句来实现，外层循环需要执行 9 次，每执行一次输出一行。内层循环执行的次数由行号决定，行号是多少内层循环就执行多少次，每执行一次输出一个等式；同一个内层循环输出的所有等式位于同一行。

【程序代码】

```
print('乘法口诀表')
for i in range(1, 10):
    for j in range(1, i + 1):
        print(f'{j}×{i}={i * j}\t', end='')
    print()
```

【运行结果】

```
乘法口诀表
1×1=1
1×2=2    2×2=4
1×3=3    2×3=6    3×3=9
1×4=4    2×4=8    3×4=12   4×4=16
1×5=5    2×5=10   3×5=15   4×5=20   5×5=25
1×6=6    2×6=12   3×6=18   4×6=24   5×6=30   6×6=36
1×7=7    2×7=14   3×7=21   4×7=28   5×7=35   6×7=42   7×7=49
1×8=8    2×8=16   3×8=24   4×8=32   5×8=40   6×8=48   7×8=56   8×8=64
1×9=9    2×9=18   3×9=27   4×9=36   5×9=45   6×9=54   7×9=63   8×9=72   9×9=81
```

3.3 异常处理

异常是指程序运行期间出现错误或意外情况。在一般情况下，如果 Python 无法正常处理程序就会发生一个异常。引发异常有各种各样的原因，如命名错误、语法错误及数据类型错误等。Python 语言提供了一套完整的异常处理方法，可以用来对各种可预见的错误进行处理。下面首先介绍 Python 提供的标准异常，然后讨论如何捕获和处理异常，最后讲述如何抛出异常。

3.3.1 标准异常

在 Python 中，异常是以对象的形式实现的。BaseException 类是所有异常类的基类，其子类是 Exception。除了 SystemExit、KeyboardInterrupt 和 GeneratorExit 这 3 个系统级异常，所有内置异常类和用户自定义异常类都是 Exception 的子基类。常见的标准异常如表 3.1 所示。

表 3.1　常见的标准异常

异常名称	描　　述	异常名称	描　　述
BaseException	所有异常的基类	WindowsError	系统调用失败
SystemExit	解释器请求退出	ImportError	导入模块/对象失败
KeyboardInterrupt	用户中断执行（通常是按"Ctrl+C"键）	LookupError	无效数据查询的基类
Exception	常规错误的基类	IndexError	序列中没有此索引
StopIteration	迭代器没有更多的值	KeyError	映射中没有这个键
GeneratorExit	生成器发生异常来通知退出	MemoryError	内存溢出错误
StandardError	所有的内建标准异常的基类	NameError	未声明/初始化对象（没有属性）
ArithmeticError	所有数值计算错误的基类	UnboundLocalError	访问未初始化的本地变量
FloatingPointError	浮点计算错误	ReferenceError	弱引用试图访问已经垃圾回收的对象
OverflowError	数值运算超出最大限制	RuntimeError	一般的运行时错误
ZeroDivisionError	除（或取模）零（所有数据类型）	NotImplementedError	尚未实现的方法
AssertionError	断言语句失败	SyntaxError	Python 语法错误
AttributeError	对象没有这个属性	IndentationError	缩进错误

异常名称	描　　述	异常名称	描　　述
EOFError	没有内建输入，到达 EOF 标记	TabError	制表符和空格混用
EnvironmentError	操作系统错误的基类	SystemError	一般的解释器系统错误
IOError	输入/输出操作失败	TypeError	对类型无效的操作
OSError	操作系统错误	ValueError	传入无效的参数

下面列举一些常见的异常。

在 Python Shell（IDLE）中试图显示一个变量的值时，该变量却没有定义，结果会引发 NameError，具体示例如下。

```
>>> username
Traceback (most recent call last):
  File "<pyshell#0>", line 1, in <module>
    username
NameError: name 'username' is not defined
```

在进入算术运算时，使用了无效数据类型，具体示例如下。

```
>>> 'book' / 3
Traceback (most recent call last):
  File "<pyshell#1>", line 1, in <module>
    'book' / 3
TypeError: unsupported operand type(s) for /: 'str' and 'int'
```

在进行除法或求余运算中，如果除数为 0，将引发 ZeroDivisionError，具体示例如下。

```
>>> 1 / 0
Traceback (most recent call last):
  File "<pyshell#1>", line 1, in <module>
    1 / 0
ZeroDivisionError: division by zero
```

当输入 if 语句时，如果在表达式后面未输入冒号便按"Enter"键，将会引发 SystemError，具体示例如下。

```
>>> if x != 0
SyntaxError: invalid syntax
```

在访问列表元素时，如果索引越界，将引发 IndexError，具体示例如下。

```
>>> list1 = [1, 2, 3, 4, 5]
Traceback (most recent call last):
  File "<pyshell#6>", line 1, in <module>
    list1[9]
IndexError: list index out of range
```

在访问字典元素时，如果所使用的关键字不存在，将引发 KeyError，具体示例如下。

```
>>> student = {'name': '张三', 'gender': '男', 'age': 20}
>>> student['email']
Traceback (most recent call last):
  File "<pyshell#9>", line 1, in <module>
    student['email']
KeyError: 'email'
```

3.3.2　捕获和处理异常

在 Python 中，异常处理可以通过 try-except 语句来实现。这条语句主要由 try 子句和 except 子句两部分组成，可以用来检测 try 语句块中的错误，从而使 except 子句捕获异常信息并加以处理。如果不想在异常发生时结束程序运行，只需要在 try 子句中捕获它即可。按照异常处理分支的数目，try-except 语句可以分为单分支异常处理和多分支异常处理。

1. 单分支异常处理

在单分支异常处理中，try-except 语句的语法格式如下。

```
try:
    语句块 0          # 有可能引发异常的操作
except:
    语句块 1          # 发生异常时执行的操作
[else:
    语句块 2]         # 未发生异常时执行的操作
```

其中，try 子句指定一组包含可能会引发异常的语句（语句块 0）；except 子句指定一组发生异常时执行的语句（语句块 1）；可选的 else 子句指定一组未发生异常时执行的语句（语句块 2）。所有语句块可以是单条语句或多条语句。使用单条语句时，该语句可以与 try 子句、except 子句或 else 子句位于同一行。如果使用多条语句，则这些语句必须另起一行，而且具有相同的缩进量。

单分支异常处理语句未指定异常类型，对所有异常不加区分进行统一处理，其执行流程如下：首先执行 try 子句中的语句块，如果未发生异常，则执行 else 子句中的语句块；如果 try 后面的某条语句在执行时出现错误，则停止执行 try 子句中的语句块，而是转向 except 子句中的异常处理语句块。单分支异常处理语句的执行流程如图 3.6 所示。

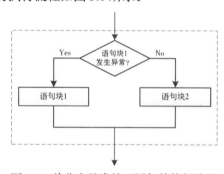

图 3.6 单分支异常处理语句的执行流程

【例 3.18】从键盘上输入两个数字，然后进行除法运算，要求添加异常处理功能。

【程序分析】

本例中程序的功能是做除法运算，即从键盘上输入两个数字，然后进行除法运算。在输入数字和进行除法运算时可能会出现各种错误，编程时可以将输入数字和进行除法运算的代码放在 try 子句中，而将异常处理的代码放在 except 子句中，对各种类型的错误不加区分，在这里进行统一处理。

【程序代码】

```
try:
    x, y = eval(input('请输入两个数字：'))
    z = x / y
    print(f'{x = :.2f}, {y = :.2f}')
    print(f'z = x / y = {z:.2f}')
except:
    print('输入错误！')
```

【程序说明】

在本例中，使用 input() 函数输入字符串内容之后，通过 Python 内置函数 eval() 对所输入的内容进行解析，执行所生成的字符串表达式并返回其值。当使用 input() 函数输入多项内容时，应以逗号来分隔这些内容，eval() 函数会根据所输入的内容确定其数据类型，无须再用类型转换函数 int() 或 float() 进行数据类型转换。如果输入了无效数据，则会发生异常，此时会提示"输入错误！"。

【运行结果】

```
请输入两个数字：369, 17↵
x = 369.00, y = 17.00
```

```
z = x / y = 21.71
```

再次运行程序，结果如下。

```
请输入两个数字: 33, 0↵
输入错误!
```

再次运行程序，结果如下。

```
请输入两个数字: 29, 'python'↵
输入错误!
```

2. 多分支异常处理

在多分支异常处理中，try-except 语句的语法格式如下。

```
try:
    语句块 0
except 异常类 1 [as 标识 1]:
    语句块 1
except 异常类 2 [as 标识 2]:
    语句块 2
……
except 异常类 n [as 标识 n]:
    语句块 n
except:
    语句块 n+1
[else:
    语句块 n+2]
```

其中，try 子句指定一组可能会引发异常的语句（语句块 0）；带表达式的各个 except 子句分别指定一组发生特定类型的异常时执行的语句（语句块 1～语句块 n）；as 标识为可选项，用于定义异常类实例，以获取异常的描述信息；不带表达式的 except 子句必须位于最后，指定一组发生任何类型异常时执行的语句（语句块 n+1），用于提供默认的异常处理操作；else 子句指定一组未发生异常时执行的语句（语句块 n+2）。各个语句块都可以包含单条语句或多条语句，使用单条语句时，该语句可以与 try 子句、except 子句或 else 子句位于同一行；使用多条语句时，这些语句必须具有相同的缩进量。

如果要在一个 except 子句中捕获多个异常类型，则应使用元组来表示，格式如下。

```
except (异常类 1, 异常类 2) as 标识:
```

多分支异常处理语句可以针对不同的异常类型进行不同的处理，其执行流程如下：首先执行 try 子句中的语句块 0，如果未发生任何异常，则不会执行任何 except 子句，而是执行 else 子句中的语句块 n+2（如果存在的话）。如果 try 子句中的某条语句引发了异常，则停止执行语句块 0 中的剩余语句，而是依次对各个带表达式的 except 子句中的异常类进行检查，试图找到所匹配的异常类型。如果找到了，则执行相应的异常处理语句块；如果未找到，则执行最后一个 except 子句中用于默认异常处理的语句块 n+1。多分支异常处理语句的执行流程如图 3.7 所示。

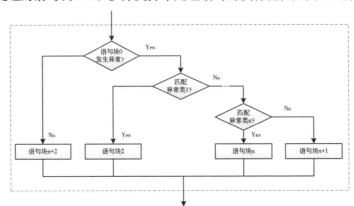

图 3.7　多分支异常处理语句的执行流程

【例3.19】从键盘上输入两个数字，然后进行除法运算，要求对错误进行分类处理。

【程序分析】

本例中程序的功能仍然是做除法运算，编程时可以将实现输入数字和进行除法运算的代码放在 try 子句中。使用 input()函数动态输入数字时可能会出现各种各样的错误，为了根据不同的错误类型分别进行不同的处理，需要将异常处理的代码放在不同的 except 子句中，并指定不同的异常类型。

【程序代码】

```
try:
    x, y = eval(input('请输入两个数字：'))
    z = x / y
    print(f'{x = :.2f}, {y = :.2f}')
    print(f'z = x / y = {z:.2f}')
except NameError as ne:
    print('输入错误：变量未初始化。')
    print(f'错误描述：{ne}。')
except TypeError as te:
    print('输入错误：数据类型错误。')
    print(f'错误描述：{te}。')
except ZeroDivisionError as zde:
    print('输入错误：使用零作为除数。')
    print(f'错误描述：{zde}')
except:
    print('输入错误！')
else:
    print('除法运算已完成。')
```

【运行结果】

```
请输入两个数字：332, 57↵
x = 332.00, y = 57.00
z = x / y = 5.82
除法运算已完成。
```

再次运行程序，结果如下。

```
请输入两个数字：2020, 0
输入错误：使用零作为除数。
错误描述：division by zero。
```

再次运行程序，结果如下。

```
请输入两个数字：x, y
输入错误：变量未初始化。
错误描述：name 'a' is not defined。
```

再次运行程序，结果如下。

```
请输入两个数字：1000, '555'
输入错误：数据类型错误。
错误描述：unsupported operand type(s) for /: 'int' and 'str'。
```

3. 执行清理任务

在 try-except 语句捕获和处理异常之后，如果要执行某种清理任务，可以通过添加一个 finally 子句来实现，该子句用于指定无论是否发生异常都会执行的代码。异常处理语句的完整格式如下。

```
try:
    语句块 0
except:
    语句块 1
else:
    语句块 2
finally:
```

```
语句块 3
```

无论在 try 子句中是否发生了异常，finally 子句总是在离开 try-except-else-finally 语句之前执行。如果在 try 子句中发生异常并且没有被 except 子句处理，或者在 except 子句或 else 子句中又发生了异常，则在 finally 子句执行之后这个异常将被重新引发。

【例 3.20】 除法运算中的异常处理，用于演示 finally 子句的应用。

【程序分析】

本例仍然是做整数除法运算，即从键盘上输入两个数字，然后进行除法运算。与【例 3.19】不同的是，本例使用通用基类 Exception 来处理所有错误，此外还添加了一个 finally 子句。

【程序代码】

```
try:
    x, y = eval(input('请输入两个数字：'))
    z = x / y
    print(f'{x = :.2f}, {y = :.2f}')
    print(f'z = x / y = {z:.2f}')
except Exception as e:
    print('输入错误！')
    print(f'错误描述：{e}')
else:
    print('除法运算正常结束。')
finally:
    print('谢谢使用！')
```

【运行结果】

```
请输入两个数字：818, 19↵
x = 818.00, y = 19.00
z = x / y = 43.05
除法运算正常结束。
谢谢使用！
```

再次运行程序，结果如下。

```
请输入两个数字：999, 5-3-2↵
输入错误！
错误描述：division by zero
谢谢使用！
```

再次运行程序，结果如下。

```
请输入两个数字：'被除数', '除数'↵
输入错误！
错误描述：unsupported operand type(s) for /: 'str' and 'str'
谢谢使用！
```

3.3.3 抛出异常

在 Python 中，程序运行期间出现错误就会引发异常，这种异常是由 Python 解释器自动引发的。在程序设计过程中，有时候需要主动抛出异常，这可以使用 raise 语句和 assert 语句来实现。

1. raise 语句

raise 语句用于显式地引发异常，该语句有以下几种用法。

- 使用不带参数的 raise 语句重新引发刚刚发生的异常，语法格式如下。

```
raise
```

请看下面的例子。

```
>>> try:
    x = 1 / 0
except:
    print('出错啦！')
```

```
    raise
出错啦！
Traceback (most recent call last):
  File "<pyshell#5>", line 2, in <module>
    x = 1 / 0
ZeroDivisionError: division by zero
```

在上述例子中，try 子句进行除法运算时引发了 ZeroDivisionError，程序跳转到 except 子句中执行打印语句，然后使用 raise 语句再次引发了刚刚发生的异常，导致程序出现错误而终止运行。

使用不带表达式的 raise 语句时，如果当前范围内没有任何异常处于活动状态，则会引发 RuntimeError，表明这是一个错误。

- 在 raise 语句中使用异常类名称创建该类的实例对象并引发异常，语法格式如下。

```
raise 异常类([描述信息])
```

其中，描述信息参数是可选的，用于对异常类指定描述信息。

请看下面的例子。

```
>>> raise Exception('主动抛出异常')
Traceback (most recent call last):
  File "<pyshell#11>", line 1, in <module>
    raise Exception('主动抛出异常')
Exception: 主动抛出异常
```

- 使用 raise-from 语句在一个异常中抛出另一个异常，语法格式如下。

```
raise 异常类或实例 from 异常类或实例
```

请看下面的例子。

```
>>> try:
    x = 1 / 0
except Exception as ex:
    raise RuntimeError("出错啦。") from ex
```

在上述例子中，try 子句中除以零引发 ZeroDivisionError，程序跳转到 except 子句中执行。except 子句能够捕获所有异常，并使用 raise-from 语句抛出 ZeroDivisionError 后再抛出 RuntimeError，运行结果如下。

```
Traceback (most recent call last):
  File "<pyshell#16>", line 2, in <module>
    x = 1 / 0
ZeroDivisionError: division by zero
The above exception was the direct cause of the following exception:
Traceback (most recent call last):
  File "<pyshell#16>", line 4, in <module>
    raise RuntimeError("出错啦。") from ex
RuntimeError: 出错啦。
```

2. assert 语句

assert 语句用于声明断言，即期望用户满足指定的约束条件，语法格式如下。

```
assert 逻辑表达式, 字符串表达式
```

其中，逻辑表达式指定一个约束条件，如果该表达式的值为 False，则会抛出 AssertionError，否则什么事情也不做；字符串表达式指定 AssertionError 的描述信息。

从逻辑上分析，assert 语句与下面的语句等效。

```
if 逻辑表达式:
    raise AssertionError(字符串表达式)
```

显然，assert 语句可以视为条件式的 raise 语句，其主要作用是帮助调试程序，以保证程序正常运行。请看下面的例子。

```
>>> x = 3
>>> assert x == 1, 'x 的值必须等于 1。'
```

```
Traceback (most recent call last):
  File "<pyshell#18>", line 1, in <module>
    assert x == 1, 'x的值必须等于1。'
AssertionError: x的值必须等于1。
```

【例3.21】从键盘输入三角形的三条边长，计算三角形的面积。

【程序分析】

已知三角形的三条边长为 a、b、c，则三角形面积计算公式为 $S=\sqrt{p(p-a)(p-b)(p-c)}$，其中 $p=(a+b+c)/2$。使用 assert 语句设置构成三角形的条件，即任何两条边之和大于第三条边。如果不满足该条件，则抛出 AssertionError。

【程序代码】

```
try:
    a, b, c = eval(input('请输入三角形的三条边长：'))
    assert a + b > c and b + c > a and c + a > b, '无效输入，不能构成三角形！'
    p = (a + b + c) / 2
    area = (p * (p - a) * (p - b) * (p - c))**0.5
    print(f'三角形面积为{area:.2f}')
except Exception as ex:
    print(f'输入有误：{ex}')
```

【运行结果】

```
请输入三角形的三条边长：3, 4, 5↵
三角形面积为6.00
```

再次运行程序，结果如下。

```
请输入三角形的三条边长：1, 2, 3↵
无效输入，不能构成三角形！
```

3.4　典型案例

作为本章知识的综合应用，下面给出两个典型案例，其中一个根据输入的出生日期计算生肖和星座，另一个则用于编写计算机猜数游戏。

3.4.1　计算生肖和星座

【例3.22】从键盘输入出生日期，据此计算生肖和星座。

【程序分析】

生肖和星座都可以根据出生日期来计算，为此首先要调用 Python 内置函数 input()来输入出生日期，然后通过调用 time.strptime()函数将日期字符串解析为时间元组，并从元组中分别取出年、月、日的数值。

十二生肖包括鼠、牛、虎、兔、龙、蛇、马、羊、猴、鸡、狗、猪，可以根据年份除以 12 所得的余数来判断：0（猴）；1（鸡）；2（狗）；3（猪）；4（鼠）；5（牛）；6（虎）；7（兔）；8（龙）；9（蛇）；10（马）；11（羊），可以使用多分支 if-elif-else 语句测试该余数来实现。

十二星座包括水瓶座、双鱼座、白羊座、金牛座、双子座、巨蟹座、狮子座、处女座、天秤座、天蝎座、射手座、摩羯座，可以根据出生月份和日子来判断：1 月 21 日—2 月 19 日（水瓶座）；2 月 20 日—3 月 20 日（双鱼座）；3 月 21 日—4 月 20 日（白羊座）；4 月 21 日—5 月 21 日（金牛座）；5 月 22 日—6 月 21 日（双子座）；6 月 22 日—7 月 22 日（巨蟹座）；7 月 23 日—8 月 23 日（狮子座）；8 月 24 日—9 月 23 日（处女座）；9 月 24 日—10 月 23 日（天秤座）；10 月 24 日—11 月 22 日（天蝎座）；11 月 23 日—12 月 21 日（射手座）；12 月 22 日—1 月 20 日（摩羯座）。为了计算星座，可将月份值扩大 100 倍加上日子数构成一个整数，并使用多分支 if-elif-else 语句对该整数进行测试。例如，对于 1 月 21 日—2 月 19 日，条件表达式应表示为"121 <= xz <= 219"；对于

12 月 22 日—1 月 20 日，条件表达式则应使用 or 运算符来组合两个条件，即表示为"1222 <= xz or xz <= 120"。

【程序代码】

```python
import time              # 导入 time 模块

zodiac_sign = ''      # 生肖
constellation = ''    # 星座
print('***计算生肖和星座***')
birthdate = input('请输入出生日期：')
date = time.strptime(birthdate, '%Y-%m-%d')
year = date.tm_year
month = date.tm_mon
day = date.tm_mday
# 计算生肖
remainder = year % 12
if remainder == 0:
    zodiac_sign = '猴'
elif remainder == 1:
    zodiac_sign = '鸡'
elif remainder == 2:
    zodiac_sign = '狗'
elif remainder == 3:
    zodiac_sign = '猪'
elif remainder == 4:
    zodiac_sign = '鼠'
elif remainder == 5:
    zodiac_sign = '牛'
elif remainder == 6:
    zodiac_sign = '虎'
elif remainder == 7:
    zodiac_sign = '兔'
elif remainder == 8:
    zodiac_sign = '龙'
elif remainder == 9:
    zodiac_sign = '蛇'
elif remainder == 10:
    zodiac_sign = '马'
elif remainder == 11:
    zodiac_sign = '羊'
# 计算星座
xz = month * 100 + day
if 121 <= xz <= 219:
    constellation = '水瓶座'
elif 220 <= xz <= 320:
    constellation = '双鱼座'
elif 321 <= xz <= 420:
    constellation = '白羊座'
elif 421 <= xz <= 521:
    constellation = '金牛座'
elif 522 <= xz <= 621:
    constellation = '双子座'
elif 622 <= xz <= 722:
    constellation = '巨蟹座'
elif 723 <= xz <= 823:
    constellation = '狮子座'
elif 824 <= xz <= 923:
```

```
        constellation = '处女座'
    elif 924 <= xz <= 1023:
        constellation = '天秤座'
    elif 1024 <= xz <= 1122:
        constellation = '天蝎座'
    elif 1123 <= xz <= 1221:
        constellation = '射手座'
    elif xz <= 120 or xz >= 1222:
        constellation = '摩羯座'
print('计算结果如下：')
print(f'生肖：{zodiac_sign}；星座：{constellation}')
```

【运行结果】

```
***计算生肖和星座***
请输入出生日期：1999-9-9↵
计算结果如下：
生肖：兔；星座：处女座
```

3.4.2 猜数游戏

【例 3.23】编写一个猜数游戏，生成一个 1～100 的随机整数作为秘密数字，允许有 6 次尝试机会，即通过键盘输入猜测的结果，并提示猜测结果是高还是低，最后输出游戏结果。

【程序分析】

编写这个猜数游戏时，首先需要导入 random 模块，并通过调用 random.randint(1, 100)函数生成一个随机数。6 次猜数尝试通过 while 语句来实现，循环条件是猜测的数字与秘密数字不相等并且猜测次数小于或等于 6。为这个 while 语句添加 else 子句，当循环结束后执行 else 子句，输出游戏结果。

【程序代码】

```
import random                   # 导入 random 模块

secret = random.randint(1, 100)  # 生成 1～100 的随机数
guess = 0                        # 初始化猜测的数字
tries = 0                        # 初始化尝试的次数
print('有一个从 1 到 100 的秘密整数。')
print('这个整数到底是什么呢？你一共有 6 次机会。')

while guess != secret and tries <= 6:
    guess = int(input('猜一猜：'))
    if guess < secret:
        print('不对，太小了！')
    elif guess > secret:
        print('糟糕，太大了！')
    tries = tries + 1
else:
    if guess == secret:
        print('恭喜你猜对了！')
    else:
        print('很遗憾，你没能猜出来。')
        print(f'告诉你吧，这个秘密数字是{secret}。')
    print('祝你下次好运！')
```

【运行结果】

```
有一个从 1 到 100 的秘密整数。
这个整数到底是什么呢？你一共有 6 次机会。
猜一猜：50↵
不对，太小了！
```

猜一猜：80↵
糟糕，太大了！
猜一猜：65
恭喜你猜对了！

再次运行程序，结果如下。

有一个从 1 到 100 的秘密整数。
这个整数到底是什么呢？你一共有 6 次机会。
猜一猜：33↵
糟糕，太大了！
猜一猜：26↵
糟糕，太大了！
猜一猜：19↵
糟糕，太大了！
猜一猜：9↵
不对，太小了！
猜一猜：10↵
不对，太小了！
猜一猜：12↵
不对，太小了！
很遗憾，你没能猜出来。
告诉你吧，这个秘密数字是 16。
祝你下次好运！

习 题 3

一、选择题

1. 在下列各项中，（   ）不属于流程控制结构。

    A. 顺序结构   B. 网状结构

    C. 循环结构   D. 选择结构

2. 在下列各项中，（   ）用于实现多分支选择。

    A. 在 if-else 的 if 中加 if   B. 在 if-else 的 else 中加 if

    C. if-elif-else   D. if-else

3. 在下列各项中，（   ）可以用来判断整数 n 是否为整数。

    A. n % 2 == 0   B. n % 2 != 1

    C. n // 2 == 0   D. n // 2 != 0

4. 下列关于 break 语句和 continue 语句的叙述中，不正确的是（   ）

    A. 在多重循环语句中，break 语句的作用仅限于其所在层的循环

    B. continue 语句执行后，继续执行循环语句的后续语句

    C. continue 语句与 break 语句类似，只能用在循环语句中

    D. break 语句结束循环，继续执行循环语句的后续语句

5. 下列语句执行后，变量 n 的值为（   ）。

```
n = 0
for i in range(1, 100, 3):
    n += 1
```

    A. 32   B. 33

    C. 34   D. 35

6. 在下列语句中，正确的是（   ）。

    A. max = x > y ? x: y   B. min = x if x < y else y

C. if (x > y) print(x)   D. while (x < 10) print(x)

7. 以 0 作为除数时将会引发（   ）。

A. ZeroDivisionError   B. AttributeError

C. IndexError   D. NameError

二、判断题

1. 若 x=30，y=90，则条件表达式 x if x>y else y 的值为 30。   （   ）

2. while 语句至少会执行一次。   （   ）

3. for 语句用于遍历任何有序序列对象中的所有元素。   （   ）

4. 循环语句可以嵌套使用。   （   ）

5. break 语句和 continue 语句均可用于循环语句中，两者的作用完全相同。   （   ）

6. 执行 try-except 语句时，首先执行 try 子句中的语句块，如果未发生异常，则不检查任何 except 子句，而转向执行 else 子句中的语句块。   （   ）

7. assert 语句可以看作条件式的 raise 语句。   （   ）

三、编程题

1. 从键盘输入一个年份，判断这一年是不是闰年。

2. 从键盘输入 3 条线段的长度，判断能否构成三角形，若能则计算三角形的面积。

3. 求解爱因斯坦的阶梯问题：有一个长阶梯，若每步上 2 阶，最后剩 1 阶；若每步上 3 阶，最后剩 2 阶；若每步上 5 阶，最后剩 4 阶；若每步上 6 阶，最后剩 5 阶；只有每步上 7 阶，最后刚好一阶也不剩。计算该阶梯至少有多少阶。

4. 利用下列公式计算圆周率π的值。

$$\frac{\pi}{4} = \left(\frac{1}{2} + \frac{1}{3}\right) - \frac{1}{3}\left(\frac{1}{2^3} + \frac{1}{3^3}\right) + \frac{1}{5}\left(\frac{1}{2^5} + \frac{1}{3^5}\right) - \cdots$$

5. 计算棋盘上的麦粒数：国际象棋棋盘由 64 个黑白相间的方格组成，假如在第 1 个方格放 1 颗麦粒，在第 2 个方格放 2 颗麦粒，在第 3 个方格放 4 颗麦粒，以后每个方格放的麦粒数都比前一个方格增加一倍，请问在第 64 个方格放的麦粒数是多少？这样摆满棋盘上的 64 个方格一共需要多少颗麦粒？

6. 从键盘输入 a、b、c 的值，在实数范围内求解一元二次方程 $ax^2+bx+c=0$。要求用 try-except 语句来处理二次项 a 的值不是数字或等于 0 等异常情况。

第4章 复合数据类型

Python 中的复合数据类型主要包括字符串、列表、元组、集合和字典等。其中，字符串和元组属于不可变类型，列表和字典属于可变类型，集合则分为可变集合和不可变集合两种类型；列表和元组均属于有序的序列类型，字典和集合则是无序的数据集合。本章主要介绍如何使用列表、元组、集合和字典，字符串将与正则表达式一起留待第5章讨论。

4.1 列表

列表（list）是一种常用的有序序列类型。一个列表可以包含任意数目的数据项，每个数据项称为一个元素。列表中的元素不需要具有相同的数据类型，可以是整数和字符串，也可以是列表和集合等。列表属于可变序列，可以通过索引和切片对列表中的元素进行修改。

4.1.1 创建列表

在 Python 中，列表是内置类 list 的对象实例。创建列表可以使用方括号运算符"[]"、列表类构造函数 list()或列表推导式来实现。

1. 使用运算符"[]"创建列表

创建列表最简单的方法是将各个元素放在一对方括号内并以逗号分隔，由此创建一个列表对象。如果要引用列表对象，则需要使用赋值语句将列表赋值给变量，语法格式如下。

```
列表名 = [元素 1, 元素 2, ...]
```

其中，列表名是一个标识符，用于标识和引用列表对象；各个元素以逗号分隔，它们可以具有相同或不相同的数据类型，可以是简单数据或复合数据。如果未在方括号内提供任何元素，则创建一个空列表。

【例 4.1】使用运算符"[]"创建列表。

【程序代码】

```
list1 = []                              # 空列表
print(f'{list1 = }')                    # 列表内容
print(f'{type(list1) = }')              # 数据类型
list2 = [1, 2, 3]                       # 列表元素为整数
print(f'{list2 = }')
list3 = [1.1, 2.2, 3.3]                 # 列表元素为浮点数
print(f'{list3 = }')
list4 = ['Python', 'C', 'C++', 'Go']    # 列表元素为字符串
print(f'{list4 = }')
list5 = [5, 'Book', 3.14, True]         # 列表元素具有不同的数据类型
print(f'{list5 = }')
```

【运行结果】

```
list1 = []
type(list1) = <class 'list'>
list2 = [1, 2, 3]
list3 = [1.1, 2.2, 3.3]
list4 = ['Python', 'C', 'C++', 'Go']
list5 = [5, 'Book', 3.14, True]
```

2. 使用 list()函数创建列表

列表是通过 Python 内置的 list 类定义的对象实例。因此，也可以使用 list 类的构造函数来创

建列表对象，语法格式如下。

```
列表名 = list([iterable])
```

其中，参数 iterable 为可选项，可以是字符串、列表、元组、集合、range 对象或其他可迭代对象。如果未给出参数，则创建一个新的空列表。

所谓迭代，是指访问序列元素的一种方式。迭代器是一个可以记住遍历的位置的对象。迭代器对象从序列的第一个元素开始访问，直到所有的元素被访问完后结束。迭代器只能往前不会后退。在 Python 中，字符串、列表和元组等类型的对象都属于可迭代对象，其共同点是可以使用 for 语句从其中依次取出数据来使用，这样的过程称为遍历。

【例 4.2】使用 list()函数创建列表。

【程序代码】

```
list1 = list()                    # 空列表
print(f'{list1 = }')
list2 = list('Python')            # 从字符串创建列表
print(f'{list2 = }')
list3 = list([1, 2, 3])           # 从列表创建列表
print(f'{list3 = }')
list4 = list((4, 5, 6))           # 从元组创建列表
print(f'{list4 = }')
list5 = list(range(1, 11))        # 从 range 对象创建列表
print(f'{list5 = }')
```

【运行结果】

```
list1 = []
list2 = ['P', 'y', 't', 'h', 'o', 'n']
list3 = [1, 2, 3]
list4 = [4, 5, 6]
list5 = [1, 2, 3, 4, 5, 6, 7, 8, 9, 10]
```

3. 使用列表推导式创建列表

列表推导式的结构是由一对方括号所包含的以下内容构成的：一个表达式，后面跟一个 for 子句，然后是 0 个或多个 for 子句或 if 子句，语法格式如下。

```
[表达式 for 变量 in 可迭代对象 [if 条件]]
```

其中，if 子句是可选的，其作用是给出变量所满足的条件。列表推导式的结果是一个新的列表，其元素由表达式依据后面的 for 子句和 if 子句的内容进行求值计算而得出。

【例 4.3】使用列表推导式创建列表。

【程序代码】

```
x = [i for i in range(1, 11)]              # 列出前 10 个自然数
print(f'{x = }')
y = [i * i for i in range(1, 11)]          # 列出 1~10 各个数字的平方
print(f'{y = }')
z = [i * i for i in range(1, 11) if i % 2 == 0]   # 列出 1~10 中所有偶数的平方
print(f'{z = }')
```

【运行结果】

```
x = [1, 2, 3, 4, 5, 6, 7, 8, 9, 10]
y = [1, 4, 9, 16, 25, 36, 49, 64, 81, 100]
z = [4, 16, 36, 64, 100]
```

4.1.2　访问列表

创建一个列表对象后，可以使用列表名访问整个列表，可以使用索引和切片获取列表中的元素。此外，可以使用 for 语句遍历列表中的每个元素，还可以通过拆分赋值将列表元素赋给多个变量。

1. 列表索引

使用方括号运算符和索引可以对列表中的元素进行访问，语法格式如下。

```
列表名[索引]
```

其中，索引表示元素在列表中的位置编号，其取值可以是正整数、负整数和 0。列表中第一个元素的索引为 0，最后一个元素的索引为最大索引值，在数值上等于元素个数减 1。使用负数索引时，最后一个元素的索引为-1，倒数第二个元素的索引为-2，以此类推。

当通过索引访问列表元素时，切记索引的值不能越界，否则会引发 IndexError。

【例 4.4】通过索引访问列表中的元素。

【程序代码】

```
x = [1, 2, 3, 4, 5]
print(f'{x = }')
print(x[0], x[1], x[2], x[3], x[4], sep=', ')      # 使用正数索引
print(x[-1], x[-2], x[-3], x[-4], x[-5], sep=', ')  # 使用负数索引
```

【运行结果】

```
x = [1, 2, 3, 4, 5]
1, 2, 3, 4, 5
5, 4, 3, 2, 1
```

2. 列表切片

Python 支持通过切片从列表中取出指定范围内的元素并返回一个新的列表对象，执行切片操作时需要提供 3 个参数，即起始索引、终止索引和步长，语法格式如下。

```
列表名[起始索引:终止索引:步长]
```

其中，起始索引指定要取出的第一个元素的索引，默认值为 0，表示列表中的第一个元素；终止索引不包括在切片范围内，默认终止元素为最后一个元素；步长为非零整数，默认值为 1，如果步长为正数则从左向右提取元素，如果步长为负数则从右向左提取元素。

【例 4.5】列表切片。

【程序代码】

```
x = list(range(1, 11))
print(f'{x = }')
print(f'{x[2:8:1] = }')
print(f'{x[3:8:2] = }')
print(f'{x[5:9] = }')
print(f'{x[3:] = }')
print(f'{x[:5] = }')
print(f'{x[-2:-6:-1] = }')
print(f'{x[-3:-8:-2] = }')
print(f'{x[:-6] = }')
```

【运行结果】

```
x = [1, 2, 3, 4, 5, 6, 7, 8, 9, 10]
x[2:8:1] = [3, 4, 5, 6, 7, 8]
x[3:8:2] = [4, 6, 8]
x[5:9] = [6, 7, 8, 9]
x[3:] = [4, 5, 6, 7, 8, 9, 10]
x[:5] = [1, 2, 3, 4, 5]
x[-2:-6:-1] = [9, 8, 7, 6]
x[-3:-8:-2] = [8, 6, 4]
x[:-6] = [1, 2, 3, 4]
```

3. 列表遍历

要逐个访问列表中的每个元素，可以通过 for 循环来实现列表遍历。

【例 4.6】遍历列表。

【程序代码】

```
x = list(range(1, 11))
print(f'{x = }')
for i in x:
    print(i, end=' ')
lang_list = ['Python', 'C', 'C++', 'Java', 'Go']
print(f'\n{lang_list = }')
for lang in lang_list:
    print(lang, end=' ')
```

【运行结果】

```
x = [1, 2, 3, 4, 5, 6, 7, 8, 9, 10]
1 2 3 4 5 6 7 8 9 10
lang_list = ['Python', 'C', 'C++', 'Java', 'Go']
Python C C++ Java Go
```

4．拆分赋值

使用赋值语句可以将一个列表中的元素赋予多个变量，语法格式如下。

```
变量1，变量2，... = 列表
```

当执行拆分赋值时，要求变量个数必须与列表元素个数相等，否则会引发 ValueError。当变量个数少于列表元素个数时，可以在变量名前面添加星号"*"，这样会将多个元素值赋予相应的变量，该变量指向由这些元素组成的列表对象。

【例 4.7】 列表拆分赋值。

【程序代码】

```
a, b, c = [1, 2, 3]
print(f'{a = }, {b = }, {c = }')
x, *y, z = [1, 2, 3, 4, 5, 6]
print(f'{x = }, {y = }, {z = }')
```

【运行结果】

```
a = 1, b = 2, c = 3
x = 1, y = [2, 3, 4, 5], z = 6
```

4.1.3 列表运算

创建一个列表对象后，除了对列表中的各个元素进行运算，还可以对整个列表对象进行如下运算。

1．列表加法

使用加号运算符可以进行列表的连接操作，操作结果是生成一个新列表，新列表中的元素是多个列表元素的有序组合，列表相加的语法格式如下。

```
列表1 + 列表2
```

【例 4.8】 列表加法。

【程序代码】

```
x = [1, 2, 3]
y = [4, 5, 6, 7, 8]
print(f'{x = }')
print(f'{y = }')
print(f'{x + y = }')
fruits1 = ['苹果', '香蕉', '葡萄']
fruits2 = ['水蜜桃', '草莓', '杧果', '雪梨']
print(f'{fruits1 = }')
print(f'{fruits2 = }')
print(f'{fruits1 + fruits2 = }')
```

【运行结果】

```
x = [1, 2, 3]
y = [4, 5, 6, 7, 8]
x + y = [1, 2, 3, 4, 5, 6, 7, 8]
fruits1 = ['苹果', '香蕉', '葡萄']
fruits2 = ['水蜜桃', '草莓', '杧果', '雪梨']
fruits1 + fruits2 = ['苹果', '香蕉', '葡萄', '水蜜桃', '草莓', '杧果', '雪梨']
```

2. 列表乘法

用整数 n 乘以一个列表会生成一个新列表，原列表中的每个元素会在新列表中重复 n 次，语法格式如下。

```
列表 * 整数
```

或

```
整数 * 列表
```

【例 4.9】列表乘法。

【程序代码】

```
x = [1, 2, 3, 4, 5]
print(f'{x = }')
print(f'{x * 3 = }')
print(f'{3 * x = }')
y = ['Python', 'C', 'Go']
print(f'{y = }')
print(f'{y * 5 = }')
```

【运行结果】

```
x = [1, 2, 3, 4, 5]
x * 3 = [1, 2, 3, 4, 5, 1, 2, 3, 4, 5, 1, 2, 3, 4, 5]
3 * x = [1, 2, 3, 4, 5, 1, 2, 3, 4, 5, 1, 2, 3, 4, 5]
y = ['Python', 'C', 'Go']
y * 5 = ['Python', 'C', 'Go', 'Python', 'C', 'Go', 'Python', 'C', 'Go', 'Python',
'C', 'Go', 'Python', 'C', 'Go']
```

3. 成员判断

使用成员运算符 in 可以判断给定对象是否包含在列表中，语法格式如下。

```
对象 [not] in 列表
```

如果给定对象包含在列表中则返回 True，否则返回 False。not in 用于判断给定对象是否不包含在列表中，如果不包含则返回 True，否则返回 False。

【例 4.10】检查成员资格。

【程序代码】

```
x = [1, 2, 3, 4, 5]
print(f'{x = }')
print(f'{3 in x = }')
print(f'{3 not in x = }')
print(f'{6 in x = }')
print(f'{6 not in x = }')
```

【运行结果】

```
x = [1, 2, 3, 4, 5]
3 in x = True
3 not in x = False
6 in x = False
6 not in x = True
```

4. 列表比较

使用关系运算符可以对两个列表进行比较，比较规则如下：首先比较两个列表的第一个元素，如果这两个元素相等，则继续比较下面两个元素；如果这两个元素不相等，则返回这两个元素的比较结果；重复这个过程，直至出现不相等的元素或比较完所有元素为止。

【例 4.11】比较列表。

【程序代码】

```
print(f'{[1, 2, 3, 4] < [1, 2, 1, 2, 3] = }')
print(f'{[2, 5, 8] > [1, 2, 6, 1] = }')
x = list(range(1, 11))
y = list(range(1, 21))
print(f'{x = }')
print(f'{y = }')
print(f'{x == y =}')
print(f'{x > y =}')
print(f'{x < y =}')
```

【运行结果】

```
[1, 2, 3, 4] < [1, 2, 1, 2, 3] = False
[2, 5, 8] > [1, 2, 6, 1] = True
x = [1, 2, 3, 4, 5, 6, 7, 8, 9, 10]
y = [1, 2, 3, 4, 5, 6, 7, 8, 9, 10, 11, 12, 13, 14, 15, 16, 17, 18, 19, 20]
x == y = False
x > y = False
x < y = True
```

4.1.4 列表操作

创建一个列表对象后，可以根据需要对该列表对象进行各种各样的操作，如添加、修改和删除列表元素，以及对列表进行复制和删除等。

1. 添加列表元素

创建列表后，可以通过调用以下实例方法为列表添加新元素。

- list1.append(x)：在列表 list1 末尾添加元素 x，等价于执行复合赋值语句 list1 += [x]。
- list1.extend(list2)：在列表 list1 末尾添加另一个列表 list2，等价于执行复合赋值语句 list1 += list2。
- list1.insert(i, x)：在列表 list1 的 i 索引位置插入元素 x，如果 i 大于列表的长度，则将元素 x 插入列表的末尾。

【例 4.12】添加列表元素。

【程序代码】

```
x = [1, 2, 3, 4, 5]
print(f'{x = }')
x.append(999)           # 在列表末尾添加元素
print(f'执行 append 后：{x = }')
y = [100, 200, 300]
x.extend(y)             # 在列表末尾添加另一个列表
print(f'执行 extend 后：{x = }')
x.insert(3, 777)        # 在索引 3 位置插入元素
print(f'执行 insert 后：{x = }')
```

【运行结果】

```
x = [1, 2, 3, 4, 5]
执行 append 后：x = [1, 2, 3, 4, 5, 999]
执行 extend 后：x = [1, 2, 3, 4, 5, 999, 100, 200, 300]
执行 insert 后：x = [1, 2, 3, 777, 4, 5, 999, 100, 200, 300]
```

2. 修改列表元素

列表属于可变序列对象。创建列表后，可以通过元素赋值对指定元素进行修改，或者通过切片赋值对指定范围内的元素进行修改。

* 元素赋值：通过索引修改列表中特定元素的值，语法格式如下。

```
列表名[索引] = 新值
```

* 切片赋值：使用一个列表修改指定范围的一组元素的值，语法格式如下。

```
列表名[起始索引:终止索引:步长] = 新列表
```

当进行切片赋值时，如果步长的值为 1，则对提供的值列表长度没有什么要求。在这种情况下，将使用与切片序列长度相等的值列表来替换切片。如果提供的值列表长度大于切片长度，则会插入新元素；如果提供的值列表长度小于切片长度，则会删除多出的元素。

当进行切片赋值时，如果步长不等于 1，则要求提供的值列表长度必须与切片长度相等，否则将引发 ValueError。

【例 4.13】修改列表元素。

【程序代码】

```
x = list(range(1, 11))      # 从 range 对象创建列表
print(f'{x = }')            # 列表内容
x[2] = 121                  # 修改索引为 2 的元素
x[5] = 333                  # 修改索引为 5 的元素
print(f'修改两个元素后：{x = }')
x[1:4] = [111, 666, 999]            # 切片赋值，值列表替换切片
print(f'切片赋值（替换）后：{x = }')
x[2:5] = [120, 130, 140, 150, 160]  # 切片赋值，插入新元素
print(f'切片赋值（插入）后：{x = }')
x[3:6] = [200, 300]                 # 切片赋值，删除多出的元素
print(f'切片赋值（删除）后：{x = }')
x[3:9:2] = ['AAA', 'BBB', 'CCC'] # 切片赋值，步长大于 1，值列表长度等于切片长度，执行替换
print(f'切片赋值（步长为 2，替换）后：{x = }')
```

【运行结果】

```
x = [1, 2, 3, 4, 5, 6, 7, 8, 9, 10]
修改两个元素后：x = [1, 2, 121, 4, 5, 333, 7, 8, 9, 10]
切片赋值（替换）后：x = [1, 111, 666, 999, 5, 333, 7, 8, 9, 10]
切片赋值（插入）后：x = [1, 111, 120, 130, 140, 150, 160, 333, 7, 8, 9, 10]
切片赋值（删除）后：x = [1, 111, 120, 200, 300, 160, 333, 7, 8, 9, 10]
切片赋值（步长为 2，替换）后：x = [1, 111, 120, 'AAA', 300, 'BBB', 333, 'CCC', 8, 9,
10]
```

3. 删除列表元素

创建列表后，可以使用列表实例方法从列表中删除部分元素或全部元素。

* list1.remove(x)：从列表 list1 中删除第一个值为 x 的元素，如果列表中不存在这样的元素，则会引发 ValueError。

也可以使用 del 语句从列表中删除指定的元素，语法格式如下。

```
del 列表名[索引]
```

如果要删除指定范围内的元素，则可以通过切片赋值来实现，语法格式如下。

```
列表名[起始索引:终止索引:步长] = []
```

* list1.pop([i])：从列表 list1 中弹出索引为 i 的元素，即删除并返回这个元素；如果未提供参数 i，则会弹出列表中的最后一个元素；如果指定的参数 i 越界，则会引发错误。
* list1.clear()：清空列表 list1 的全部元素。

【例 4.14】删除列表元素。

【程序代码】

```
x = list(range(1, 21))                      # 从 range 对象创建列表
print(f'{x = }')                            # 查看列表内容
x.remove(4)                                 # 从列表中删除值为 4 的元素
print(f'执行 remove 后：{x = }')
del x[12]                                    # 从列表中删除索引为 12 的元素
print(f'执行 del x[12]后：{x = }')
x[3:10] = []                                # 从列表中删除指定范围的元素
print(f'删除部分元素后：{x = }')
print(f'弹出元素：{x.pop() = }')             # 从列表中弹出最后一个元素
print(f'弹出元素之后：{x = }')
print(f'弹出元素：{x.pop(5) = }')            # 从列表中弹出索引为 5 的元素
print(f'弹出元素之后：{x = }')
x.clear()                                   # 清空列表
print(f'清空列表之后：{x = }')
```

【运行结果】

```
x = [1, 2, 3, 4, 5, 6, 7, 8, 9, 10, 11, 12, 13, 14, 15, 16, 17, 18, 19, 20]
执行 remove 后：x = [1, 2, 3, 5, 6, 7, 8, 9, 10, 11, 12, 13, 14, 15, 16, 17, 18, 19,
20]
执行 del x[12]后：x = [1, 2, 3, 5, 6, 7, 8, 9, 10, 11, 12, 13, 15, 16, 17, 18, 19,
20]
删除部分元素后：x = [1, 2, 3, 12, 13, 15, 16, 17, 18, 19, 20]
弹出元素：x.pop() = 20
弹出元素之后：x = [1, 2, 3, 12, 13, 15, 16, 17, 18, 19]
弹出元素：x.pop(5) = 15
弹出元素之后：x = [1, 2, 3, 12, 13, 16, 17, 18, 19]
清空列表之后：x = []
```

4. 复制列表

在 Python 中，列表复制分为浅复制和深复制两种方式。

- 列表浅复制：通过调用列表实例的 copy()来生成列表副本，语法格式如下。

```
list_copy = list1.copy()
```

当列表 list1 发生变化时，列表副本 list_copy 中的元素不会受到影响。

- 列表深复制：通过赋值语句将列表对象引用赋值给另一个变量，语法格式如下。

```
list_copy = list1
```

当列表 list1 发生变化时，列表副本 list_copy 中的元素随之发生变化。

【例 4.15】列表复制。

【程序代码】

```
list1 = list(range(1, 11))                  # 从 range 对象创建列表
print(f'{list1 = }')                        # 查看列表内容
list2 = list1.copy()                        # 列表浅复制
print(f'列表浅复制：{list2 = }')             # 查看列表副本内容
list1[3:6] = [111, 222, 333]                # 修改列表 list1
print(f'修改列表之后：{list1 = }')           # 查看列表 list1 的变化
print(f'副本保持不变：{list2 = }')           # 列表副本内容保持不变
list3 = list2                               # 列表深复制
print(f'列表深复制：{list3 = }')             # 查看列表副本 list3 内容
list2[5:8] = [666, 999]                      # 修改列表 list2
print(f'修改列表之后：{list2 = }')           # 查看列表 list2 的变化
print(f'副本随之而变：{list3 = }')           # 副本 list3 随之变化
```

【运行结果】

```
list1 = [1, 2, 3, 4, 5, 6, 7, 8, 9, 10]
列表浅复制：list2 = [1, 2, 3, 4, 5, 6, 7, 8, 9, 10]
修改列表之后：list1 = [1, 2, 3, 111, 222, 333, 7, 8, 9, 10]
```

```
副本保持不变：list2 = [1, 2, 3, 4, 5, 6, 7, 8, 9, 10]
列表深复制：list3 = [1, 2, 3, 4, 5, 6, 7, 8, 9, 10]
修改列表之后：list2 = [1, 2, 3, 4, 5, 666, 999, 9, 10]
副本随之而变：list3 = [1, 2, 3, 4, 5, 666, 999, 9, 10]
```

5. 删除列表

对于不再需要使用的列表，可以使用 del 语句将其删除，语法格式如下。

```
del 列表名
```

当删除列表后，如果在程序中引用该列表，则会出现错误。

4.1.5 列表统计

创建列表后，可以使用内置函数或列表实例方法对列表进行统计。

- len(list1)：返回列表 list1 中包含的元素个数。
- max(list1)：返回列表 list1 中元素的最大值。
- min(list1)：返回列表 list1 中元素的最小值。
- sum(list1)：返回列表 list1 中所有元素之和。
- list1.count(value)：返回列表 list1 中元素 value 出现的次数。

【例 4.16】求列表长度、元素的最大值、元素的最小值及所有元素之和。

【程序代码】

```
x = list(range(1, 31, 3))      # 从 range 对象创建列表

print(f'{x = }')
print(f'{len(x) = }')          # 求列表长度
print(f'{max(x) = }')          # 求元素的最大值
print(f'{min(x) = }')          # 求元素的最小值
print(f'{sum(x) = }')          # 求所有元素之和
print(f'{x.count(10) = }')     # 求元素 10 出现的次数
```

【运行结果】

```
x = [1, 4, 7, 10, 13, 16, 19, 22, 25, 28]
len(x) = 10
max(x) = 28
min(x) = 1
sum(x) = 145
x.count(10) = 1
```

4.1.6 列表查找

创建列表后，可以使用列表实例方法 index()查看指定元素在列表中首次出现的位置，语法格式如下。

```
list1.index(value)
```

其中，list1 为列表名，value 指定要在列表中查找的元素。如果 value 不在列表 list1 中，则会引发 ValueError。

【例 4.17】从列表中查找指定元素首次出现的位置。

【程序代码】

```
x = [3, 1, 3, 0, 2, 1, 6, 5, 9, 6]

print(f'{x = }')
print(f'{x.index(3) = }')
print(f'{x.index(1) = }')
print(f'{x.index(6) = }')
```

```
x = [3, 1, 3, 0, 2, 1, 6, 5, 9, 6]
x.index(3) = 0
x.index(1) = 1
x.index(6) = 6
```

4.1.7 列表排序

创建列表后，可以使用内置函数或列表实例方法对其进行排序。

- sorted(iterable, key=None, reverse=False)：对列表 list1 进行排序操作并返回排序后的新列表，原始输入保持不变；key 参数指定一个函数，用于实现自定义排序，默认为 None；reverse 参数指定排序规则，设置为 True 则按降序排序，默认为 False，表示按升序排序。
- list1.sort(key=None, reverse=False)：对列表 list1 进行排序，其中各个参数的含义与内置函数 sorted() 相同。使用该方法会修改原来的列表，如果要返回一个新的列表，请使用内置函数 sorted()。
- list1.reverse()：对列表 list1 中的元素反向排序。

【例 4.18】列表排序。

【程序代码】

```
x = [10, 2, 4, 3, 1, 6, 7, 5, 8, 9]
print(f'{x = }')                                    # 查看列表内容
print(f'升序排序：{sorted(x) = }')                  # 升序排序并返回新列表
print(f'降序排序：{sorted(x, reverse=True) = }')    # 降序排序并返回新列表
print(f'排序之后：{x = }')                          # 查看列表内容（保持不变）
x.sort()                                            # 列表升序排序
print(f'执行 x.sort() 后：{x = }')
x.sort(reverse=True)                                # 列表降序排序
print(f'执行 x.sort(reverse=True) 后：{x = }')
x.reverse()                                         # 反向排序
print(f'执行 x.reverse() 后：{x = }')
```

【运行结果】

```
x = [10, 2, 4, 3, 1, 6, 7, 5, 8, 9]
升序排序：sorted(x) = [1, 2, 3, 4, 5, 6, 7, 8, 9, 10]
降序排序：sorted(x, reverse=True) = [10, 9, 8, 7, 6, 5, 4, 3, 2, 1]
排序之后：x = [10, 2, 4, 3, 1, 6, 7, 5, 8, 9]
执行 x.sort() 后：x = [1, 2, 3, 4, 5, 6, 7, 8, 9, 10]
执行 x.sort(reverse=True) 后：x = [10, 9, 8, 7, 6, 5, 4, 3, 2, 1]
执行 x.reverse() 后：x = [1, 2, 3, 4, 5, 6, 7, 8, 9, 10]
```

4.1.8 多维列表

列表中的元素可以是任意数据类型的对象，可以是数值、字符串或布尔值，也可以是列表。如果一个列表以列表作为其元素，则该列表称为多维列表。

最常用的多维列表是二维列表。二维列表可以看作由行和列组成的列表。二维列表中的每行可以使用索引来访问，称为行索引。通过"列表名[行索引]"形式表示列表中的某一行，其值就是一个一维列表；每行中的值可以通过另一个索引来访问，称为列索引。通过"列表名[行索引][列索引]"形式表示指定行中某一列的值，其值可以是数字或字符串等。

例如，下面定义了一个 4 行 6 列的二维列表 m，并通过 m[i][j] 形式访问列表中的元素，其中 i 和 j 分别表示行索引与列索引。

```
>>> m = [[1, 2, 3, 4, 5, 6], [7, 8, 9, 10, 11, 12], [13, 14, 15, 16, 17, 18], [19,
20, 21, 22, 23, 24]]
>>> m[0][0]
```

```
1
>>> m[1][1]
8
>>> m[2][2]
15
>>> m[3][3]
22
```

4.2   元组

元组（tuple）与列表类似，它们同属于有序的序列类型，一些适用于序列类型的基本操作和处理函数同样适用于元组，不同之处在于列表是可变对象，元组是不可变对象，元组一经创建，其元素便不能被修改。

4.2.1   创建元组

在 Python 中，元组是内置类 tuple 的对象实例。创建元组可以使用圆括号运算符"()"、元组类构造函数 tuple()或列表推导式来实现。

1. 使用运算符"()"创建元组

元组是由放在圆括号内的一些元素组成的，这些元素之间用逗号分隔。创建元组的方法十分简单，只需要在圆括号内添加一些元素，并使用逗号隔开即可，语法格式如下。

```
元组名 = (元素 1, 元素 2, ...)
```

其中，元组名是一个标识符，用于标识和引用元组对象；各个元素以逗号分隔，它们可以具有相同或不相同的数据类型，可以是简单数据或复合数据。

如果未在圆括号内提供任何元素，则创建一个空元组。如果元组只包含一个元素，则需要在该元素后面添加逗号，以避免圆括号被视为用于改变优先级的符号。

【例 4.19】使用运算符"()"创建元组。

【程序代码】

```
tuple1 = ()                                    # 空元组
print(f'{tuple1 = }')                          # 查看元组内容
print(f'{type(tuple1) = }')                     # 查看元组类型
tuple2 = (1,)                                   # 包含单个元素的元组
print(f'{tuple2 = }')
tuple3 = (1, 2, 3, 4, 5, 6)                     # 元组元素为整数
print(f'{tuple3 = }')
tuple4 = ('mathematics', 'physics', 'chemistry')  # 元组元素为字符串
print(f'{tuple4 = }')
tuple5 = (1, 'Python', 2, 'C', 3, 'C++', 4, 'Go')  # 元组元素为数字和字符串
print(f'{tuple5 = }')
```

【运行结果】

```
tuple1 = ()
type(tuple1) = <class 'tuple'>
tuple2 = (1,)
tuple3 = (1, 2, 3, 4, 5, 6)
tuple4 = ('mathematics', 'physics', 'chemistry')
tuple5 = (1, 'Python', 2, 'C', 3, 'C++', 4, 'Go')
```

2. 使用 tuple()函数创建元素

元组是通过 Python 内置的 tuple 类定义的对象实例。因此，也可以使用 tuple 类的构造函数来创建列表对象，语法格式如下。

```
元组名 = tuple([iterable])
```

其中，参数 iterable 为可选项，可以是字符串、列表、元组、集合、range 对象或其他可迭代对象。如果未给出参数，则创建一个新的空元组。

【例 4.20】使用 tuple() 函数创建元组。

【程序代码】

```
tuple1 = tuple()
print(f'{tuple1 = }')
tuple2 = tuple((1, 2, 3, 4, 5, 6))
print(f'{tuple2 = }')
tuple3 = tuple([1, 2, 3, 4, 5, 6])
print(f'{tuple3 = }')
tuple4 = tuple('Python')
print(f'{tuple4 = }')
tuple5 = tuple(range(1, 11))
print(f'{tuple5 = }')
```

【运行结果】

```
tuple1 = ()
tuple2 = (1, 2, 3, 4, 5, 6)
tuple3 = (1, 2, 3, 4, 5, 6)
tuple4 = ('P', 'y', 't', 'h', 'o', 'n')
tuple5 = (1, 2, 3, 4, 5, 6, 7, 8, 9, 10)
```

3. 通过列表推导式创建元组

由于列表推导式可以用于创建列表，而列表属于可迭代对象，所以可以将列表推导式作为参数传入 tuple() 函数来创建新的元组。

【例 4.21】通过列表推导式创建元组。

【程序代码】

```
import random
# 从 1~60 取出随机数生成元组
tuple1 = tuple([random.randrange(1, 60) for i in range(1, 11)])
print(f'{tuple1 = }')
tuple2 = tuple([i for i in range(1, 20, 2)])
print(f'{tuple2 = }')
tuple3 = tuple([i for i in range(1, 26) if i % 2 == 0])
print(f'{tuple3 = }')
```

【运行结果】

```
tuple1 = (43, 19, 21, 32, 7, 6, 5, 13, 42, 39)
tuple2 = (1, 3, 5, 7, 9, 11, 13, 15, 17, 19)
tuple3 = (2, 4, 6, 8, 10, 12, 14, 16, 18, 20, 22, 24)
```

但是不要试图通过将列表推导式中的方括号换成圆括号来生成元组，因为由此得到的不是元组，而是生成器（generator）对象，具体示例如下。

```
x = (i for i in range(1, 11))
>>> x
<generator object <genexpr> at 0x000001650055CE48>
>>> type(x)
<class 'generator'>
```

4.2.2　访问元组

通过元组名可以访问整个元组。由于元组属于有序的序列类型，所以可以通过索引和切片访问元组中的元素，也可以使用 for 语句遍历元组中的元素。

1. 元组索引

通过索引可以访问元组中的特定元素，语法格式如下。

元组名[索引]

其中，索引用于指定元素在元组中的位置，可以是正数、负数或零。

【例 4.22】通过索引访问元组中的元素。

【程序代码】

```
x = tuple([i for i in range(1, 11)])    # 通过列表推导式生成元组
print(f'{x = }')                        # 通过元组名访问整个元组
print(f'{x[0] = }')                     # 第一个元素的索引为 0
print(f'{x[3] = }')                     # 正数索引
print(f'{x[-1] = }')                    # 负数索引
print(f'{x[-3] = }')
```

【运行结果】

```
x = (1, 2, 3, 4, 5, 6, 7, 8, 9, 10)
x[0] = 1
x[3] = 4
x[-1] = 10
x[-3] = 8
```

2. 元组切片

通过切片可以访问元组中特定范围内的元素，语法格式如下。

元组名[起始索引:终止索引:步长]

其中，起始索引指定要取出的第一个元素的索引，默认值为 0，表示列表中的第一个元素；终止索引不包括在切片范围内，默认终止元素为最后一个元素；步长为非零整数，默认值为 1，如果步长为正数则从左向右提取元素，如果步长为负数则从右向左提取元素。

【例 4.23】通过切片访问元组中特定范围的元素。

【程序代码】

```
x = tuple([i for i in range(1, 11)])
print(f'{x = }')
print(f'{x[:] = }')
print(f'{x[3:] = }')
print(f'{x[:8] = }')
print(f'{x[2:6] = }')
print(f'{x[3:8:2] = }')
print(f'{x[:-1] = }')
print(f'{x[-3:-8:-1] = }')
```

【运行结果】

```
x = (1, 2, 3, 4, 5, 6, 7, 8, 9, 10)
x[:] = (1, 2, 3, 4, 5, 6, 7, 8, 9, 10)
x[3:] = (4, 5, 6, 7, 8, 9, 10)
x[:8] = (1, 2, 3, 4, 5, 6, 7, 8)
x[2:6] = (3, 4, 5, 6)
x[3:8:2] = (4, 6, 8)
x[:-1] = (1, 2, 3, 4, 5, 6, 7, 8, 9)
x[-3:-8:-1] = (8, 7, 6, 5, 4)
```

3. 元组遍历

使用 for 语句可以遍历元组，即逐个访问元组中的每个元素，语法格式如下。

```
for 变量 in 元组对象:
    语句块
```

【例 4.24】使用 for 语句遍历元组中的元素。

【程序代码】

```
nums = tuple([i * i for i in range(1, 20, 3)])
for num in nums:
```

```
        print(num, end=' ')
print()
fruits = ('香蕉', '苹果', '葡萄', '草莓', '杧果')
for fruit in fruits:
    print(fruit, end=' ')
```

【运行结果】
```
1 16 49 100 169 256 361
香蕉 苹果 葡萄 草莓 杧果
```

4. 元组封装与拆分

元组封装是指将以逗号分隔的一组对象自动封装到一个元组中，语法格式如下。

```
变量 = 值, 值, ...
```

其中，各个值可以是简单数据类型，也可以是复合数据类型。执行赋值语句时这些值打包生成一个对象，可以通过赋值运算符左边的变量来引用该元组。这种封装操作只能用于元组对象。

元组拆分是元组封装的逆运算，可以用于将一个元组对象拆分成若干基本数据，语法格式如下。

```
变量, 变量, ... = 元组对象
```

执行赋值语句时，右边的元组对象自动拆分成一些基本数据并且分别赋值给左边的变量。

执行拆分操作时，要求赋值运算符左边的变量数目与右边元组的长度相等，如果不相等，则会引发 ValueError。如果变量数目小于元组的长度，则可以在某个变量前面添加前缀"*"，以便接收多出的数据，此时将生成一个列表对象。

这种拆分操作不仅可以用于元组对象，还可以用于列表对象（可参阅 4.1.2 节）。

【例 4.25】元组的封装和拆分。

【程序代码】
```
fruits = '香蕉', '苹果', '葡萄', '草莓', '杧果'  # 元组封装
print(f'{fruits = }')                          # 查看元组内容
print(f'{type(fruits) = }')                     # 查看数据类型
nums = 100, 200, 300
print(f'{nums = }')                             # 查看元素内容
print(f'{type(nums) = }')                        # 查看数据类型
x, y, z = nums                                  # 元组拆分
print(f'{x = }, {y = }, {z = }')
s1, *s2, s3 = ('Python', 'C', 'C++', 'Java', 'Go')  # 左边有 3 个变量，元组包含 5 个元素
print(f'{s1 = }, {s2 = }, {s3 = }')  # 带星号的变量接收多出的数据并生成一个列表对象
```

【运行结果】
```
fruits = ('香蕉', '苹果', '葡萄', '草莓', '杧果')
type(fruits) = <class 'tuple'>
nums = (100, 200, 300)
type(nums) = <class 'tuple'>
x = 100, y = 200, z = 300
s1 = 'Python', s2 = ['C', 'C++', 'Java'], s3 = 'Go'
```

4.2.3 元组运算

元组的常用运算包括加法、乘法、成员判断及关系运算等，其用法与列表中的运算类似。

【例 4.26】元组运算。

【程序代码】
```
x = (1, 2, 3)
y = (4, 5, 6, 7, 8)
print(f'{x = }, {y = }')
print(f'{x + y = }')
print(f'{3 * x = }')
```

```
fruits = ('香蕉', '苹果', '葡萄', '草莓', '杧果')
print(f'{"苹果" in fruits = }')     # 判断元组成员资格
print(f'{"苹果" not in fruits = }')
print(f'{"李子" in fruits = }')
print(f'{"李子" not in fruits = }')
tuple1 = (1, 2, 3, 4, 5)
tuple2 = (6, 7, 8, 9, 10)
print(f'{tuple1 = }, {tuple2 = }')
print(f'{tuple1 < tuple2 = }')    # 元组关系运算
```

【运行结果】
```
x = (1, 2, 3), y = (4, 5, 6, 7, 8)
x + y = (1, 2, 3, 4, 5, 6, 7, 8)
3 * x = (1, 2, 3, 1, 2, 3, 1, 2, 3)
"苹果" in fruits = True
"苹果" not in fruits = False
"李子" in fruits = False
"李子" not in fruits = True
tuple1 = (1, 2, 3, 4, 5), tuple2 = (6, 7, 8, 9, 10)
tuple1 < tuple2 = True
```

4.2.4　元组操作

元组与列表都是有序序列类型，它们在访问和运算方面有许多类似之处。但列表属于可变对象，元组则是不可变对象，创建列表后可以添加、修改和删除列表元素，创建元组后不能向该元组中添加新元素，也不能修改和删除元组中已有的元素。对于元组而言，只能从整体上进行复制和删除操作。

元组复制可以通过赋值语句实现，语法格式如下。

```
变量 = 元组对象
```

执行复制操作后，可以通过赋值运算符左边的变量来引用元组对象。

对于不再需要的元组，可以使用 del 语句将其删除，语法格式如下。

```
del 元组对象
```

元组对象一经删除，就不能在程序中继续引用，否则会引发 NameError。

【例 4.27】元组操作。

【程序代码】
```
fruits1 = ('香蕉', '苹果', '葡萄', '草莓', '杧果')
print(f'{fruits1 = }')
fruits2 = fruits1                         # 复制元组
print(f'元组副本：{fruits2 = }')          # 查看元组副本
del fruits1                               # 删除元组
print(f'删除元组后副本还在：{fruits2 = }')  # 副本仍然存在
```

【运行结果】
```
fruits1 = ('香蕉', '苹果', '葡萄', '草莓', '杧果')
元组副本：fruits2 = ('香蕉', '苹果', '葡萄', '草莓', '杧果')
删除元组后副本还在：fruits2 = ('香蕉', '苹果', '葡萄', '草莓', '杧果')
```

4.2.5　元组统计

元组与列表同属于有序序列类型，一些用于列表统计的函数也可以在元组中使用。下面列出用于元组统计的内置函数和实例方法。

- len(tuple1)：返回元组 tuple1 的长度。
- max(tuple1)：返回元组 tuple1 中元素的最大值。
- min(tuple1)：返回元组 tuple1 中元素的最小值。

- sum(tuple1)：返回元组 tuple1 中所有元素之和。
- tuple1.count(value)：返回元素 value 在元组 tuple1 中出现的次数。

【例 4.28】元组操作。

【程序代码】

```
x = tuple([i for i in range(1, 101, 5)])
print(f'{x = }')
print(f'{len(x) = }')
print(f'{min(x) = }')
print(f'{max(x) = }')
print(f'{sum(x) = }')
print(f'{x.count(36) = }')
```

【运行结果】

```
x = (1, 6, 11, 16, 21, 26, 31, 36, 41, 46, 51, 56, 61, 66, 71, 76, 81, 86, 91, 96)
len(x) = 20
min(x) = 1
max(x) = 96
sum(x) = 970
x.count(36) = 1
```

4.2.6　元组与列表的比较

元组和列表都是有序序列类型，二者有类似的访问方式（如索引、切片、遍历等）和运算（如加法、乘法等），而且可以使用相同的函数（如 len()、min()和 max()等）进行处理。但是，元组与列表也有一些区别，通过调用相关函数还可以在元组与列表之间进行相互转换。

1. 元组与列表的区别

元组和列表之间的区别主要表现在以下几个方面。

- 元组是不可变的序列类型，元组没有 append()方法、extend()方法和 insert()方法，不能向元组中添加元素，也不能使用赋值语句对元组中的元素进行修改；元组没有 pop()方法和 remove()方法，不能从一个元组中删除元素；元组没有 sort()方法和 reverse()方法，不能更改元组中元素的排列顺序。列表则是可变的序列类型，可以通过添加、插入、删除及排序等操作对列表进行修改。
- 元组是使用圆括号并以逗号分隔元素来定义的，列表则是使用方括号并以逗号分隔元素来定义的。但是，在使用索引或切片获取元素时，元组与列表都是使用方括号和一个或多个索引来获取元素的。
- 元组可以在字典中作为关键字来使用，列表则不能作为字典的关键字来使用。

2. 元组与列表的相互转换

列表类的构造函数 list()接收一个元组作为参数并返回一个包含相同元素的列表，通过调用这个构造函数可以将元组转换为列表，此时将融化元组，从而达到修改数据的目的。

元组类的构造函数 tuple()接收一个列表作为参数并返回一个包含相同元素的元组，通过调用这个构造函数可以将列表转换为元组，此时将冻结列表，从而达到保护数据的目的。

【例 4.29】元组与列表相互转换。

【程序代码】

```
tuple1 = (1, 2, 3, 4, 5)
print(f'{tuple1 = }')
list1 = list(tuple1)       # 将元组转换为列表
print(f'{list1 = }')
list1[2:5] = [66, 99]      # 对列表切片赋值
```

```
print(f'切片赋值后: {list1 = }')
tuple1 = tuple(list1)          # 将列表转换为元组
print(f'列表转换为元组: {tuple1 = }')
```

【运行结果】
```
tuple1 = (1, 2, 3, 4, 5)
list1 = [1, 2, 3, 4, 5]
切片赋值后: list1 = [1, 2, 66, 99]
列表转换为元组: tuple1 = (1, 2, 66, 99)
```

4.3　集合

在 Python 中，集合（set）是由一些不重复的元素组成的无序组合。集合分为可变集合和不可变集合。与列表和元组等有序序列不同，集合并不记录元素的位置，因此对集合不能进行索引和切片等操作。但一些用于有序序列的操作和函数也可以用于集合。

4.3.1　创建集合

集合分为可变集合和不可变集合。对于可变集合可以添加和删除集合元素，但其中的元素本身却是不可修改的，元素类型只能是数字、字符串或元组。可变集合不能作为其他集合的元素或字典的关键字使用，不可变集合则可以作为其他集合的元素和字典的关键字使用。

1. 创建可变集合

可变集合是 Python 内置类 set 的对象实例，可以使用运算符"{}"、构造函数 set() 或集合推导式来创建。

- 使用运算符"{}"创建可变集合。创建可变集合最简单的方法是使用逗号分隔一组数据并放在一对花括号中，语法格式如下。

```
集合名 = {元素 1, 元素 2, ...}
```

其中，各个元素可以是简单数据类型或复合数据类型，可以具有相同或不同的数据类型。创建集合对象后，可以通过集合名来引用该集合。

【例 4.30】使用运算符"{}"创建可变集合。

【程序代码】
```
set1 = {1, 1, 2, 3, 3, 3, 4, 5}          # 包含重复元素
print(f'{set1 = }')                       # 查看集合内容，重复元素被自动删除
print(f'{type(set1) = }')                 # 查看数据类型
set2 = {'Python', 'C', 'C++', 'Java', 'Go'}  # 各元素为字符串
print(f'{set2 = }')
set3 = {1, '苹果', 2, '葡萄', 3, '香蕉'}     # 元素为数字或字符串
print(f'{set3 = }')
```

【运行结果】
```
set1 = {1, 2, 3, 4, 5}
type(set1) = <class 'set'>
set2 = {'C++', 'Python', 'Go', 'C', 'Java'}
set3 = {1, 2, 3, '苹果', '香蕉', '葡萄'}
```

- 使用 set() 函数创建可变集合。可变集合是使用 Python 的内置类 set 定义的对象，因此可以使用集合类的构造函数 set() 来创建可变集合，语法格式如下。

```
集合名 = set([iterable])
```

其中，参数 iterable 为可选项，可以是字符串、列表、元组、range 对象等可迭代对象。如果不提供参数，则创建一个空集合。在 Python 中，创建空集合只能使用 set() 函数而不能使用运算符"{}"，如果使用后者，则会创建一个空字典。

【例4.31】使用 set()函数创建可变集合。

【程序代码】

```
set1 = set()                              # 空集合
print(f'{set1 = }')                       # 查看集合内容
print(f'{type(set1) = }')                 # 查看数据类型
set2 = set([1, 1, 2, 3, 3, 3, 4, 5])      # 从列表创建集合
print(f'{set2 = }')                       # 查看集合内容
set3 = set(('北京', '上海', '天津', '重庆'))   # 从元组创建集合
print(f'{set3 = }')                       # 查看集合内容
set4 = set('生命苦短, 我用 Python')          # 从字符串创建集合
print(f'{set4 = }')                       # 查看集合内容
```

【运行结果】

```
set1 = set()
type(set1) = <class 'set'>
set2 = {1, 2, 3, 4, 5}
set3 = {'北京', '上海', '重庆', '天津'}
set4 = {'用', ',', ' ', '我', 'y', 'o', 'P', '短', '生', 't', 'n', '命', 'h', '苦'}
```

- 使用集合推导式创建集合。集合推导式与列表推导式类似，所不同的是集合推导式使用花括号而不是方括号，语法格式如下。

```
集合名 = {表达式 for 变量 in 可迭代对象 [if 条件]}
```

【例4.32】使用集合推导式创建可变集合。

【程序代码】

```
set1 = {i for i in range(1, 11)}
print(f'{set1 = }')
set2 = {i for i in range(1, 11) if i % 2 == 0}
print(f'{set2 = }')
set3 = {i * i for i in range(1, 11) if i % 2 == 0}
print(f'{set3 = }')
```

【运行结果】

```
set1 = {1, 2, 3, 4, 5, 6, 7, 8, 9, 10}
set2 = {2, 4, 6, 8, 10}
set3 = {64, 100, 4, 36, 16}
```

2. 创建不可变集合

不可变集合又称为冻结集合，可以通过调用 frozenset()函数来创建，语法格式如下。

```
frozenset([iterable])
```

其中，参数 iterable 为可选项，可以是字符串、列表、元组、可变集合、字典及 range 对象等可迭代对象。frozenset()函数返回一个新的 frozenset 对象，即不可变集合。如果不提供参数，则会生成一个空集合。

创建不可变集合时，也可以将集合推导式作为参数传入 frozenset()函数中，此时花括号也可以省略不写。

【例4.33】使用 frozenset()函数创建不可变集合。

【程序代码】

```
fz1 = frozenset()                         # 空集合
print(f'{fz1 = }')                        # 查看集合内容
fz2 = frozenset({1, 1, 2, 3, 3, 4, 5})    # 从可变集合创建不可变集合
print(f'{fz2 = }')
fz3 = frozenset([1, 2, 2, 3, 4, 5])       # 从列表创建不可变集合
print(f'{fz3 = }')
fz4 = frozenset((1, 2, 3, 4, 5, 5))       # 从元组创建不可变集合
print(f'{fz4 = }')
fz5 = frozenset(range(1, 11))             # 从 range 对象创建不可变集合
```

```
print(f'{fz5 = }')
# 使用集合推导式创建不可变集合
fz6 = frozenset(i * i for i in range(1, 11) if i % 2 == 0)  print(f'{fz6 = }')
```

【运行结果】
```
fz1 = frozenset()
fz2 = frozenset({1, 2, 3, 4, 5})
fz3 = frozenset({1, 2, 3, 4, 5})
fz4 = frozenset({1, 2, 3, 4, 5})
fz5 = frozenset({1, 2, 3, 4, 5, 6, 7, 8, 9, 10})
fz6 = frozenset({64, 100, 4, 36, 16})
```

4.3.2 访问集合

由于集合中的元素是无序的，没有确定的位置，所以不能通过索引访问集合中的特定元素，也不能通过切片访问集合中指定范围内的元素。在 Python 中，可以通过集合名访问整个集合，也可以使用 for 语句遍历集合中的每个元素。下面以可变集合为例加以说明。

【例 4.34】访问集合。

【程序代码】
```
x = {1, 0, 3, 8, 3, 5, 9, 2, 5}
print(f'{x = }')
for i in x:
    print(i, end=' ')
fruits = {'苹果', '葡萄', '香蕉', '草莓', '杧果'}
print(f'\n{fruits = }')
for fruit in fruits:
    print(fruit, end=' ')
nums = set([i * i for i in range(10, 100, 5) if i % 3 == 0])
print(f'\n{nums = }')
for num in nums:
    print(num, end=' ')
```

【运行结果】
```
x = {0, 1, 2, 3, 5, 8, 9}
0 1 2 3 5 8 9
fruits = {'苹果', '杧果', '葡萄', '香蕉', '草莓'}
苹果 杧果 葡萄 香蕉 草莓
nums = {225, 900, 8100, 2025, 3600, 5625}
225 900 8100 2025 3600 5625
```

4.3.3 集合运算

在 Python 中，常用的运算集合主要包括以下几种：计算集合的交集、并集、差集及对称差集；使用关系运算符对两个集合进行比较，用于判断两个集合是否相等，以及一个集合是否是另一个集合的子集或超集。

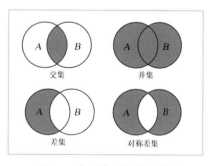

1. 传统的集合运算

对于集合这种数据结构，Python 提供了计算交集、并集、差集和对称差集等集合运算。各种集合运算的含义如图 4.1 所示。

图 4.1 各种集合运算的含义

- 交集：是指两个集合共有的元素组成的集合，可以使用运算符 "&" 或集合实例方法 intersection()计算，语法格式如下。

```
set1 & set2
```

或

```
set1.intersection(set2)
```

- 并集：是指包含两个集合所有元素的集合，可以使用运算符"|"或集合实例方法 union() 来计算，语法格式如下。

```
set1 | set2
```

或

```
set1.union(set2)
```

- 差集：对于集合 A 和集合 B，由所有属于集合 A 但不属于集合 B 的所有元素所组成的集合称为集合 A 与集合 B 的差集，可以使用运算符"−"或集合实例方法 difference()来计算，语法格式如下。

```
set1 - set2
```

或

```
set1.difference(set2)
```

- 对称差集：对于集合 A 和集合 B，由所有属于集合 A 或属于集合 B 但不属于集合 A 和集合 B 的交集的元素所组成的集合称为集合 A 与集合 B 的对称差集，可以使用运算符"^"或集合实例方法来计算，语法格式如下。

```
set1 ^ set2
```

或

```
set1.symmetric_difference(set2)
```

【例 4.35】集合运算。

【程序代码】

```
set1 = {1, 2, 3, 4, 5}
set2 = {3, 4, 5, 6, 7}
print(f'{set1 = }, {set2 = }')
print(f'{set1 & set2 = }')                          # 交集
print(f'{set1.intersection(set2) = }')              # 交集
print(f'{set1 | set2 = }')                          # 并集
print(f'{set1.union(set2) = }'                      # 并集
print(f'{set1 - set2 = }')                          # 差集
print(f'{set1.difference(set2) = }')                # 差集
print(f'{set1 ^ set2 = }')                          # 对称差集
print(f'{set1.symmetric_difference(set2) = }')      # 对称差集
```

【运行结果】

```
set1 = {1, 2, 3, 4, 5}, set2 = {3, 4, 5, 6, 7}
set1 & set2 = {3, 4, 5}
set1.intersection(set2) = {3, 4, 5}
set1 | set2 = {1, 2, 3, 4, 5, 6, 7}
set1.union(set2) = {1, 2, 3, 4, 5, 6, 7}
set1 - set2 = {1, 2}
set1.difference(set2) = {1, 2}
set1 ^ set2 = {1, 2, 6, 7}
set1.symmetric_difference(set2) = {1, 2, 6, 7}
```

2. 集合的比较

使用关系运算符或集合实例方法可以对两个集合进行比较，比较的结果是一个布尔值。

- 运算符"=="：判断两个集合是否具有相同的元素，语法格式如下。

```
set1 == set2
```

如果两个集合具有相同的元素，则称两个集合相等，此时返回 True，否则返回 False。

- 运算符"!="：判断两个集合是否具有不相同的元素，语法格式如下。

```
set1 != set2
```
如果两个集合具有不相同的元素，则称两个集合不相等，此时返回 True，否则返回 False。

- 运算符 "<"：判断一个集合是否是另一个集合的真子集，语法格式如下。

```
set1 < set2
```
如果集合 set1 不等于集合 set2，并且集合 set1 中的所有元素都是集合 set2 的元素，则集合 set1 是集合 set2 的真子集，此时返回 True，否则返回 False。

- 运算符 "<="：判断一个集合是否是另一个集合的子集，语法格式如下。

```
set1 <= set2
```
或
```
set1.issubset(set2)
```
如果集合 set1 中的所有元素都是集合 set2 的元素，则集合 set1 是集合 set2 的子集，此时返回 True，否则返回 False。

- 运算符 ">"：判断一个集合是否是另一个集合的真超集，语法格式如下。

```
set1 > set2
```
如果集合 set1 不等于集合 set2，并且集合 set2 中的所有元素都是集合 set1 的元素，则集合 set1 是集合 set2 的真超集，此时返回 True，否则返回 False。

- 运算符 ">="：判断一个集合是否是另一个集合的超集，语法格式如下。

```
set1 >= set2
```
或
```
set1.issuperset(set2)
```
如果集合 set1 中的所有元素都是集合 set2 的元素，则集合 set1 是集合 set2 的超集，此时返回 True，否则返回 False。

【例 4.36】集合比较。

【程序代码】
```
set1 = {1, 2, 3, 4, 5, 6}
set2 = {2, 1, 1, 3, 6, 3, 5, 4, 5}
print(f'{set1 = }, {set2 = }')
print(f'{set1 == set2 = }')              # 判断两个集合是否相等
print(f'{set1 != set2 = }')              # 判断两个集合是否不相等
set3 = {1, 2, 3}
set4 = {5, 1, 3, 2, 4}
print(f'{set3 = }, {set4 = }')
print(f'{set3 <= set4 = }')              # 判断集合 set3 是否是集合 set4 的子集
print(f'{set3.issubset(set4) = }')       # 用实例方法判断集合 set3 是否是集合 set4 的子集
print(f'{set3 < set4 = }')               # 判断集合 set3 是否是集合 set4 的真子集
print(f'{set4 >= set3 = }')              # 判断集合 set4 是否是集合 set3 的超集
print(f'{set4.issuperset(set3) = }')     # 用实例方法判断集合 set4 是否是集合 set3 的超集
print(f'{set4 > set3 = }')               # 判断集合 set4 是否是集合 set3 的真超集
```

【运行结果】
```
set1 = {1, 2, 3, 4, 5, 6}, set2 = {1, 2, 3, 4, 5, 6}
set1 == set2 = True
set1 != set2 = False
set3 = {1, 2, 3}, set4 = {1, 2, 3, 4, 5}
set3 <= set4 = True
set3.issubset(set4) = True
set3 < set4 = True
set4 >= set3 = True
set4.issuperset(set3) = True
set4 > set3 = True
```

4.3.4 集合操作

集合分为可变集合和不可变集合，它们在操作上有所不同。可变集合创建后，可以添加、修改和删除元素，不可变集合则不能执行这些操作。但是，对于整个集合的复制和删除操作，可以用于可变集合和不可变集合。

1. 添加集合元素

创建可变集合后，可以使用集合对象的以下实例方法向集合中添加元素。

- set1.add(x)：在集合 set1 中添加元素 x，如果元素 x 已存在于集合中，则无效。
- set1.update(set2, set3, ...)：将集合 set2 和集合 set3 等拆分成单个数据并添加到集合 set1 中。

【例 4.37】添加集合元素。

【程序代码】

```
set1 = {1, 2, 3}
print(f'{set1 = }')
set1.add(4)                              # 在集合 set1 中添加元素 4
print(f'执行 add 之后：{set1 = }')
set1.update({5, 6, 7})                   # 将集合{5, 6, 7}拆成单项添加到集合 set1 中
print(f'执行 update 之后：{set1 = }')
set1.update(set('Python'), set('Good'))  # 将两个字符串拆成单个字符添加到集合 set1 中
print(f'再次执行 update 之后：{set1 = }')
```

【运行结果】

```
set1 = {1, 2, 3}
执行 add 之后：set1 = {1, 2, 3, 4}
执行 update 之后：set1 = {1, 2, 3, 4, 5, 6, 7}
再次执行update 之后：set1 = {1, 2, 3, 4, 5, 6, 7, 'y', 'd', 'h', 'n', 'G', 'o', 'P', 't'}
```

2. 修改集合内容

创建可变集合后，可以使用集合对象的以下实例方法进行某种集合运算，并使用运算结果更新集合的内容。

- set1.intersection_update(set2, set3, ...)：求集合 set1 与集合 set2、集合 set3 等的交集，并将结果赋值给集合 set1。
- set1.difference_update(set2, set3, ...)：求属于集合 set1 但不属于集合 set2、集合 set3 等的元素，并将结果赋值给集合 set1。
- set1.symmetric_difference_update(set2)：求集合 set1 和集合 set2 的对称差集，并将结果赋值给集合 set1。

【例 4.38】修改集合内容。

【程序代码】

```
set1 = {1, 2, 3, 4, 5, 6}
print(f'{set1 = }')
set1.intersection_update({3, 4, 5, 6, 7, 8}, {5, 6, 7, 8, 9})  # 用交集更新集合 set1
print(f'用交集更新之后：{set1 = }')
set2 = {1, 2, 3, 4, 5, 6, 7, 8, 9, 10}
print(f'{set2 = }')
set2.difference_update({3, 4}, {7, 8})                         # 用差集更新集合 set2
print(f'用差集更新之后：{set2 = }')
set3 = {1, 2, 3, 4, 5, 6}
print(f'{set3 = }')
set3.symmetric_difference_update({4, 5, 6, 7, 8, 9})           # 用对称差集更新集合 set3
print(f'用对称差集更新之后：{set3 = }')
```

【运行结果】

```
set1 = {1, 2, 3, 4, 5, 6}
用交集更新之后：set1 = {5, 6}
set2 = {1, 2, 3, 4, 5, 6, 7, 8, 9, 10}
用差集更新之后：set2 = {1, 2, 5, 6, 9, 10}
set3 = {1, 2, 3, 4, 5, 6}
用对称差集更新之后：set3 = {1, 2, 3, 7, 8, 9}
```

3. 删除集合元素

创建可变集合后，可以使用集合对象的以下实例方法从集合中删除元素。

- set1.remove(x)：从集合 set1 中删除元素 x。如果 x 不存在于集合 set1 中，则会引发 KeyError。
- set1.discard(x)：从集合 set1 中删除元素 x。即使 x 不存在于集合 set1 中，也不会引发任何错误。
- set1.pop()：从集合 set1 中弹出一个元素，即删除并返回该元素。
- set1.clear()：清空集合 set1，即删除集合 set1 中的所有元素。

【例 4.39】删除集合元素。

【程序代码】

```
set1 = {1, 2, 3, 4, 5, 6}
print(f'{set1 = }')
set1.remove(4)                          # 从集合中删除元素 4
print(f'执行 remove 之后：{set1 = }')
set1.discard(4)                         # 从集合中删除元素 4，该元素不存在，不出错
print(f'弹出元素：{set1.pop() = }')     # 从集合中弹出一个元素
print(f'弹出元素之后：{set1 = }')
set1.clear()                            # 清空集合 set1
print(f'清空集合之后：{set1 = }')
```

【运行结果】

```
set1 = {1, 2, 3, 4, 5, 6}
执行 remove 之后：set1 = {1, 2, 3, 5, 6}
弹出元素：set1.pop() = 1
弹出元素之后：set1 = {2, 3, 5, 6}
清空集合之后：set1 = set()
```

4. 复制集合

集合的复制分为浅复制和深复制两种类型。浅复制通过集合对象实例方法 copy() 来实现，深复制则通过赋值运算符来实现。

5. 删除集合

对于不再使用的集合，可以使用 del 语句将其删除。

【例 4.40】复制和删除集合。

【程序代码】

```
set1 = {1, 2, 3, 4, 5}
print(f'{set1 = }')
set2 = set1.copy()                      # 集合浅复制
print(f'浅复制副本：{set2 = }')
set1.update({6, 7, 8})                  # 在集合 set1 中添加元素
print(f'添加元素之后：{set1 = }')
print(f'浅复制副本不变：{set2 = }')     # 集合副本 set2 保持不变
set3 = set1                             # 集合深复制
print(f'深复制副本：{set3 = }')
set1.difference_update({4, 5, 6})       # 修改集合 set1
print(f'修改集合之后：{set1 = }')
print(f'深复制副本随之而变：{set3 = }') # 集合副本 set3 随之变化
```

```
set1 = {1, 2, 3, 4, 5}
浅复制副本：set2 = {1, 2, 3, 4, 5}
添加元素之后：set1 = {1, 2, 3, 4, 5, 6, 7, 8}
浅复制副本不变：set2 = {1, 2, 3, 4, 5}
深复制副本：set3 = {1, 2, 3, 4, 5, 6, 7, 8}
修改集合之后：set1 = {1, 2, 3, 7, 8}
深复制副本随之而变：set3 = {1, 2, 3, 7, 8}
```

4.3.5　集合统计

创建集合后，可以使用下列 Python 内置函数对集合进行统计。

- len(set1)：返回集合 set1 中包含的元素个数。
- max(set1)：返回集合 set1 中元素的最大值。
- min(set1)：返回集合 set1 中元素的最小值。
- sum(set1)：返回集合 set1 中所有元素之和。

【例 4.41】集合统计。

【程序代码】

```
set1 = set(i * i for i in range(10, 50, 8))      # 使用集合推导式创建可变集合
print(f'{set1 = }')
print(f'{len(set1) = }')                          # 集合长度
print(f'{max(set1) = }')                          # 集合元素最大值
print(f'{min(set1) = }')                          # 集合元素最小值
print(f'{sum(set1) = }')                          # 集合元素之和
# 使用集合推导式创建不可变集合
fz1 = frozenset(round(i ** 0.5, 2) for i in range(15, 60, 5))
print(f'{fz1 = }')
print(f'{len(fz1) = }')                           # 集合长度
print(f'{max(fz1) = }')                           # 集合元素最大值
print(f'{min(fz1) = }')                           # 集合元素最小值
print(f'{round(sum(fz1), 2) = }')                 # 集合元素之和（四舍五入）
```

【运行结果】

```
set1 = {1156, 676, 100, 1764, 324}
len(set1) = 5
max(set1) = 1764
min(set1) = 100
sum(set1) = 4020
fz1 = frozenset({3.87, 4.47, 5.48, 5.0, 5.92, 6.32, 6.71, 7.07, 7.42})
len(fz1) = 9
max(fz1) = 7.42
min(fz1) = 3.87
round(sum(fz1), 2) = 52.26
```

4.4　字典

字典（dict）是由一组键（key）/值（value）对组成的无序可变集合。字典中的键就是指关键字，键与值之间用冒号分隔，所有键/值对放置在一对花括号内。键必须使用不可变类型，如字符串、数字等，值可以是简单数据或复合数据。在同一个字典中，键必须是唯一的。字典属于可变类型，可以通过键来访问和操作字典中的元素。

4.4.1　创建字典

在 Python 中，可以使用运算符"{}"、dict()函数、字典推导式或 fromkeys()方法来创建字典。

1. 使用运算符"{}"创建字典

字典是用花括号括起来的一组键/值对，每个键/值对就是字典中的一个元素或条目。使用运算符"{}"创建字典的一般语法格式如下。

```
字典名 = {键: 值, 键: 值, ... }
```

其中，键与值之间用半角冒号":"来分隔，各个元素之间用半角逗号","来分隔；键是不可变类型，如整数、字符串或元组等，同一个字典中键必须是唯一的；值可以是任意数据类型，而且不必是唯一的。如果在花括号内未提供任何元素，则生成一个空字典。

【例 4.42】使用运算符"{}"创建字典。

【程序代码】

```
dict1 = {}                          # 创建空字典
print(f'{dict1 = }')
print(f'{type(dict1) = }')          # 测试数据类型
dict2 = {'name': '张三', 'age': 20} # 键为字符串，值为字符串或整数
print(f'{dict2 = }')
dict3 = {1: 'Python', 2: 'C', 3: 'C++', 4: 'Java', 5: 'Go'}  # 键为整数，值为字符串
print(f'{dict3 = }')
```

【运行结果】

```
dict1 = {}
type(dict1) = <class 'dict'>
dict2 = {'name': '张三', 'age': 20}
dict3 = {1: 'Python', 2: 'C', 3: 'C++', 4: 'Java', 5: 'Go'}
```

2. 使用 dict()函数创建字典

字典是通过 Python 中内置的 dict 类定义的对象实例,因此也可以使用字典类的构造函数 dict()来创建字典，有以下 4 种语法格式。

- dict()：创建新的空字典。
- dict(mapping)：从映射对象的键/值对来创建字典。
- dict(iterable)：从迭代对象来创建字典，其初始化方式如下。

```
d = {}                    # 创建空字典
for k, v in iterable:     # 通过迭代方式对字典中的元素进行设置
    d[k] = v              # k 为键，v 为对应的值
```

- dict(**kwarg)：用一组 key=value 对作为参数对字典进行初始化。

【例 4.43】使用 dict()函数创建字典。

【程序代码】

```
student1 = dict()  # 创建空字典
print(f'{student1 = }')
# 从映射对象创建字典
student2 = dict(zip(['name', 'gender', 'age'], ['李明', '男', 21]))
print(f'{student2 = }')
# 从可迭代对象创建字典
student3 = dict([('name', '王亮'), ('gender', '女'), ('age', 20)])
print(f'{student3 = }')
student4 = dict(name='张三', gender='男', age=20)  # 用关键字参数创建字典
print(f'{student4 = }')
```

【运行结果】

```
student1 = {}
student2 = {'name': '李明', 'gender': '男', 'age': 21}
student3 = {'name': '王亮', 'gender': '女', 'age': 20}
student4 = {'name': '张三', 'gender': '男', 'age': 20}
```

在本例中，从映射对象创建字典时使用了 zip()函数。该函数使用可迭代对象作为参数，可以

将这些对象中的对应元素打包成由元组组成的对象并返回该对象，具体如下。

```
>>> z = zip([1, 2, 3], [4, 5, 6])
>>> z
<zip object at 0x000002A5C40BCA88>
>>> type(z)
<class 'zip'>
>>> list(z)
[(1, 4), (2, 5), (3, 6)]
```

3. 使用字典推导式创建字典

字典推导式与集合推导式类似，只是要在 for 关键字前面换成键/值对，语法格式如下。

```
字典名 = {key: value for 变量 in 可迭代对象 if 条件}
```

其中，可迭代对象可以是元组、列表、range 对象及 zip 对象等。

【例 4.44】使用字典推导式创建字典。

【程序代码】

```
dict1 = {i: i * i for i in range(1, 11, 2)}
print(f'{dict1 = }')
keys = ['name', 'gender', 'age']
values = ['张三', '男', 20]
dict2 = {key: value for key, value in zip(keys, values)}
print(f'{dict2 = }')
```

【运行结果】

```
dict1 = {1: 1, 3: 9, 5: 25, 7: 49, 9: 81}
dict2 = {'name': '张三', 'gender': '男', 'age': 20}
```

4. 使用 fromkeys()方法创建字典

使用字典类的成员方法 fromkeys()可以创建一个新字典，语法格式如下。

```
dict.fromkeys(iterable, value=None)
```

其中，参数 iterable 为可迭代对象，可以是列表、元组、集合及 range 对象等。fromkeys()方法用于创建一个新字典，并使用 iterable 对象中的元素作为各字典元素的键。参数 value 为字典中所有元素指定初始值（默认为 None）。

【例 4.45】使用 fromkeys()方法创建字典。

【程序代码】

```
dict1 = dict.fromkeys(('name', 'gender', 'age'), '')        # 从元组创建字典
print(f'{dict1 = }')
dict2 = dict.fromkeys(['Math', 'Phy', 'Chem', 'Eng'], '')   # 从列表创建字典
print(f'{dict2 = }')
dict3 = dict.fromkeys(range(1, 11), 0)                        # 从 range 对象创建字典
print(f'{dict3 = }')
```

【运行结果】

```
dict1 = {'name': '', 'gender': '', 'age': ''}
dict2 = {'Math': '', 'Phy': '', 'Chem': '', 'Eng': ''}
dict3 = {1: 0, 2: 0, 3: 0, 4: 0, 5: 0, 6: 0, 7: 0, 8: 0, 9: 0, 10: 0}
```

4.4.2 访问字典

创建字典后，可以通过字典名访问整个字典，也可以通过字典名和键访问指定元素，还可以使用 for 语句遍历字典中的每个元素。

1. 访问字典元素

字典中的键相当于列表中的索引，可以根据键来访问字典中的元素，语法格式如下。

```
字典名[键]
```

如果指定的键未包含在字典中，则会引发 KeyError。

如果字典中元素值本身也是字典，则要使用多个键来访问字典元素。如果字典中元素值是列表或元组，则要同时使用键和索引来访问字典元素。

也可以使用字典对象的 get()方法来获取元素值，语法格式如下。

```
字典名.get(键[, 默认值])
```

如果指定的键存在于字典中则返回对应的值，否则返回默认值。如果未给出默认值，则默认为 None，因而此方法绝不会引发 KeyError。

【例 4.46】访问字典元素。

【程序代码】

```
score = {'math': 92, 'english': 86}                        # 字典中的值为数字
print(f'{score = }')                                       # 通过字典名访问整个字典
print(f'{score["math"] = }, {score["english"] = }')        # 通过键访问字典元素
person = {'name': {'first name': 'Bill', 'last name': 'Gates'}} # 字典元素的值为字典
print(f'{person = }')
# 通过两个键来访问字典元素
print(f'{person["name"]["first name"] = }, person["name"]["last name"]')
student = {'name': '李明', 'score': [89, 76]} # 字典元素的值分别为字符串和列表
print(f'{student["name"] = }')                             # 通过键访问字典元素
# 通过键和索引访问字典元素
print(f'{student["score"][0] = }, { student["score"][1] = }')
# 字典元素的键分别为字符串和元组，键亦如此
score = {'name': '张三', ('math', 'phy'): (93, 86)}
print(f'{score = }')
print(f'{score["name"] = }')                               # 通过键（字符串）访问字典元素
print(f'{score["math", "phy"] = }')                        # 通过键（元组）访问字典元素
# 通过键和索引访问字典元素
print(f'{score["math", "phy"][0] = }, {score["math", "phy"][1] = }')
```

【运行结果】

```
score = {'math': 92, 'english': 86}
score["math"] = 92, score["english"] = 86
person = {'name': {'first name': 'Bill', 'last name': 'Gates'}}
person["name"]["first name"] = 'Bill', person["name"]["last name"]
student["name"] = '李明'
student["score"][0] = 89, student["score"][1] = 76
score = {'name': '张三', ('math', 'phy'): (93, 86)}
score["name"] = '张三'
score["math", "phy"] = (93, 86)
score["math", "phy"][0] = 93, score["math", "phy"][1] = 86
```

2. 遍历字典

遍历字典中的元素时，通常会使用字典对象的以下实例方法。

- dict1.keys()：返回包含字典 dict1 中所有关键字的 dict_keys 对象。
- dict1.values()：返回包含字典 dict1 中所有值的 dict_values 对象。
- dict1.items()：返回包含字典 dict1 中所有项（元组）的 dict_items 对象。

【例 4.47】遍历字典。

【程序代码】

```
student = {'name': '张三', 'gender': '男', 'age': 20}
print(f'{student = }')
print(f'{len(student) = }')              # 字典长度
print('遍历字典中的键: ')
for key in student.keys():               # 遍历字典中的每个键
    print(key, end=' ')
```

```
print('\n 遍历字典中的值: ')
for value in student.values():          # 遍历字典中的每个值
    print(value, end=' ')
print('\n 遍历字典中的键/值对: ')
for key, value in student.items():      # 遍历字典中的每个键/值对
    print('{0} = {1}'.format(key, value))
```

【运行结果】
```
student = {'name': '张三', 'gender': '男', 'age': 20}
len(student) = 3
遍历字典中的键:
name  gender age
遍历字典中的值:
张三  男  20
遍历字典中的键/值对:
name = 张三
gender = 男
age = 20
```

4.4.3 字典操作

创建字典后，可以根据需要添加、修改和删除字典中的元素，也可以对整个字典进行复制和删除操作。

1. 添加和修改字典中的元素

添加和修改字典中的元素可以使用赋值语句或相关的字典方法来实现。

- 要添加或修改单个字典元素，可以使用赋值语句来实现，语法格式如下。

```
字典名[key] = value
```

如果 key 目前未包含在字典中，则使用所指定的键/值对在字典中添加一个新元素；如果 key 已经存在于字典中，则将相应的值修改为新值。

也可以使用字典方法 setdefault()在字典中插入具有默认值的元素，语法格式如下。

```
dict1.setdefault(key [, value])
```

如果 key 包含在字典 dict1 中，则 setdefault()方法返回对应的值；如果 key 未包含在字典中，则在字典中添加一个新元素并返回 value 的值，value 的默认值为 None。

对字典元素操作之前，可以使用 in 运算符检查指定的键是否存在于字典中。

- 要添加或修改多个字典元素，可以使用字典方法 update()来实现，语法格式如下。

```
dict1.update(other)
```

其中，参数 other 可以是字典对象或键/值对的可迭代对象（以长度为 2 的元组或其他可迭代对象形式提供），也可以使用关键字参数，如 dict1(red=1, blue=2)。update()方法使用参数中的键/值对来更新字典 dict1，没有返回值。如果所指定的键已存在，则用新值覆盖。如果所指定的键不存在，则将新的键/值对添加到字典中。

【例 4.48】添加和修改字典元素。

【程序代码】
```
student = {}                                    # 创建空字典
print(f'{student = }')
print(f'{"name" in student = }')                # 检查键 'name' 是否存在于字典中
student['name'] = '张三'                         # 添加字典元素（姓名）
student['gender'] = '男'                         # 添加字典元素（性别）
print(f'{student.setdefault("gender") = }')     # 访问字典元素
print(f'{student.setdefault("age", 19) = }')    # 添加字典元素（年龄）
print(f'修改之后: {student = }')                  # 查看字典内容
student.update({'age': 20, 'hobbies': ['音乐', '电影']})  # 修改并添加字典元素
print(f'再次修改之后: {student = }')               # 查看字典内容（修改年龄，添加爱好）
```

```
student = {}
"name" in student = False
student.setdefault("gender") = '男'
student.setdefault("age", 19) = 19
修改之后: student = {'name': '张三', 'gender': '男', 'age': 19}
再次修改之后: student = {'name': '张三', 'gender': '男', 'age': 20, 'hobbies': ['音乐',
'电影']}
```

2. 删除字典中的元素

创建字典后,可以根据需要使用字典对象的以下实例方法或 del 语句从字典中删除指定元素或所有元素。

- dict1.pop(key [, value]): 从字典 dict1 中删除关键字为 key 的元素并返回相应的值,如果 key 在字典 dict1 中不存在, 则返回 value 的值 (如果给出), 否则会引发 KeyError。
- dict1.popitem(): 从字典 dict1 中删除一个元素并返回一个由键/值对构成的元组。
- dict1.clear(): 从字典 dict1 中删除所有元素,使之变成一个空字典。
- del dict1[key]: 从字典 dict1 中删除关键字为 key 的元素。

【例 4.49】删除字典元素。

【程序代码】

```
dict1 = {i: i * i for i in range(1, 11)}      # 用字典推导式创建字典
print(f'{dict1 = }')                           # 查看字典内容
print(f'第 1 次弹出元素: {dict1.pop(7) = }')    # 从字典中弹出元素并返回其值
print(f'弹出元素之后: {dict1 = }')
# 从字典中弹出元素并指定元素不存在时的返回值
print(f'第 2 次弹出元素: {dict1.pop(7, "不存在") = }')
print(f'第 3 次弹出元素: {dict1.popitem() = }')  # 从字典中弹出元素并返回由键/值对构成的元组
print(f'第 3 次弹出元素之后: {dict1 = }')
print(f'第 4 次弹出元素: {dict1.popitem() = }')  # 再弹出一个字典元素
print(f'第 4 次弹出元素之后: {dict1 = }')
del dict1[8]                                     # 删除键为 8 的字典元素
print(f'删除元素之后: {dict1 = }')
dict1.clear()                                    # 清空字典
print(f'清空字典之后: {dict1 = }')
```

【运行结果】

```
dict1 = {1: 1, 2: 4, 3: 9, 4: 16, 5: 25, 6: 36, 7: 49, 8: 64, 9: 81, 10: 100}
第 1 次弹出元素: dict1.pop(7) = 49
弹出元素之后: dict1 = {1: 1, 2: 4, 3: 9, 4: 16, 5: 25, 6: 36, 8: 64, 9: 81, 10: 100}
第 2 次弹出元素: dict1.pop(7, "不存在") = '不存在'
第 3 次弹出元素: dict1.popitem() = (10, 100)
第 3 次弹出元素之后: dict1 = {1: 1, 2: 4, 3: 9, 4: 16, 5: 25, 6: 36, 8: 64, 9: 81}
第 4 次弹出元素: dict1.popitem() = (9, 81)
第 4 次弹出元素之后: dict1 = {1: 1, 2: 4, 3: 9, 4: 16, 5: 25, 6: 36, 8: 64}
删除元素之后: dict1 = {1: 1, 2: 4, 3: 9, 4: 16, 5: 25, 6: 36}
清空字典之后: dict1 = {}
```

3. 复制字典

复制字典分为浅复制和深复制,浅复制使用字典对象的 copy()方法实现,深复制使用赋值运算符实现。

【例 4.50】复制字典。

【程序代码】

```
dict1 = {i: chr(64 + i) for i in range(1, 6)}# 用字典推导式创建字典
print(f'{dict1 = }')                          # 查看字典内容
```

```
dict2 = dict1.copy()                              # 字典浅复制
print(f'浅复制副本：{dict2 = }')                   # 查看字典副本内容
dict1[3] = 'Python'                               # 修改指定的字典元素
print(f'修改之后：{dict1 = }')                     # 查看字典内容（已修改）
print(f'修改之后：{dict2 = }')                     # 查看字典副本内容（不变）
dict3 = dict1                                     # 字典深复制
print(f'深复制副本：{dict3 = }')
dict1[5] = 'Go'                                   # 修改字典元素
print(f'修改之后：{dict1 = }')                     # 查看字典内容（已修改）
print(f'修改之后：{dict3 = }')                     # 查看字典副本内容（随之而变）
```

【运行结果】

```
dict1 = {1: 'A', 2: 'B', 3: 'C', 4: 'D', 5: 'E'}
浅复制副本：dict2 = {1: 'A', 2: 'B', 3: 'C', 4: 'D', 5: 'E'}
修改之后：dict1 = {1: 'A', 2: 'B', 3: 'Python', 4: 'D', 5: 'E'}
修改之后：dict2 = {1: 'A', 2: 'B', 3: 'C', 4: 'D', 5: 'E'}
深复制副本：dict3 = {1: 'A', 2: 'B', 3: 'Python', 4: 'D', 5: 'E'}
修改之后：dict1 = {1: 'A', 2: 'B', 3: 'Python', 4: 'D', 5: 'Go'}
修改之后：dict3 = {1: 'A', 2: 'B', 3: 'Python', 4: 'D', 5: 'Go'}
```

4．删除字典

对于不再使用的字典，可以使用 del 语句将其删除，语法格式如下。

```
del 字典名
```

字典一经删除，就不能在程序中继续引用，否则会引发 NameError。

4.5　典型案例

下面给出两个典型案例：一个用于介绍如何对二维列表进行排序，另一个基于复合数据类型实现信息录入。

4.5.1　二维列表排序

【例 4.51】创建一个 5 行 10 列的二维列表并用随机数对列表元素进行初始化，然后对二维列表进行排序，求最小元素、最大元素及所有元素之和。

【程序分析】

二维列表可视为元素为列表的一维列表。生成二维列表可以通过嵌套的列表解析来实现。遍历二维列表可以通过嵌套的 for 语句来实现，外层循环执行一次处理一行，内层循环执行一次处理一列。要对二维列表排序并计算二维列表的最小元素、最大元素和所有元素之和，可以将二维列表的元素存入一个一维列表中，这样就能够通过调用列表的成员方法来完成相应的操作，最后利用一维列表的元素修改二维列表的元素。

【程序代码】

```
import random  # 导入 random 模块

# 通过嵌套的列表解析生成二维列表
# random.randrange() 函数从 range(1, 100) 随机选取一项
aa = [[random.randrange(1, 100) for col in range(10)] for row in range(5)]
print('随机生成的二维列表：')
# 通过嵌套的 for 语句输出二维列表
for row in aa:
    for col in row:
        print('{:<4d}'.format(col), end='')
    print()
print('***********')
# 创建一个空的一维列表
```

```python
bb = []
# 将二维列表的元素存入一维列表中
for row in aa:
    for col in row:
        bb.append(col)
# 一维列表排序
bb.sort()
i, j = 0, 0
# 将一维列表的元素存入二维列表中
for i in range(5):
    for j in range(10):
        aa[i][j] = bb[i * 10 + j]
print('排序后的二维列表: ')
# 输出排序后的二维列表
for row in aa:
    for col in row:
        print(f'{col:<4d}', end='')
    print()
# 输出列表的最小元素、最大元素和元素之和
print('**********')
print(f'二维列表最小元素: {min(bb)}')
print(f'二维列表最大元素: {max(bb)}')
print(f'二维列表元素之和: {sum(bb)}')
```

【运行结果】

```
随机生成的二维列表:
33  71  11  68  39  85  80  58  60  43
81  1   57  31  2   35  23  65  33  51
75  45  65  5   71  60  92  38  28  90
15  38  13  50  50  65  46  37  61  60
48  72  50  26  26  33  93  54  6   80
**********
排序后的二维列表:
1   2   5   6   11  13  15  23  26  26
28  31  33  33  33  35  37  38  38  39
43  45  46  48  50  50  50  51  54  57
58  60  60  60  61  65  65  65  68  71
71  72  75  80  80  81  85  90  92  93
**********
二维列表最小元素: 1
二维列表最大元素: 93
二维列表元素之和: 2419
```

4.5.2　学生信息录入

【例 4.52】编写一个简单的学生信息录入程序，用于输入学生的姓名、性别和年龄信息，并以字符串的形式输出学生信息。

【程序分析】

学生信息可以存储在一个列表中，列表中包含若干字典，在字典中使用中文作为关键字，分别用于存储学生的姓名、性别和年龄。从空列表开始，通过一个条件恒为真的 while 语句进行录入，每循环一次创建一个新字典，录入数据并在字典中添加 3 个元素，然后将该字典添加到列表中。录入一条学生信息后可以选择继续或退出；按"N"键则结束循环，输出录入结果。通过 for 语句遍历字典中的所有关键字以显示字段标题；通过嵌套的 for 语句输出字段值，每执行一次外层循环处理一个字典对象，每执行一次内层循环输出字典中的一个值。

【程序代码】

```
students = []
print('***学生信息录入系统***')
while 1:
    student = {}
    student['姓名'] = input('输入姓名：')
    student['性别'] = input('输入性别：')
    student['年龄'] = int(input('输入年龄：'))
    students.append(student)
    choice = input('继续输入吗？(Y/N)')
    if choice.upper() == 'N':
        break
print('录入结果如下：')
# 遍历字典中的所有关键字
for key in students[0].keys():
    print('{0:6}'.format(key), end='')
print()
# 遍历列表中的每个字典
for stu in students:
    # 遍历字典中的每个值
    for value in stu.values():
        print('{0:<6}'.format(value), end='')
    print()
```

【运行结果】

```
***学生信息录入系统***
输入姓名：张强↵
输入性别：男↵
输入年龄：19↵
继续输入吗？(Y/N)y↵
输入姓名：李明↵
输入性别：女↵
输入年龄：18↵
继续输入吗？(Y/N)y↵
输入姓名：王华↵
输入性别：男↵
输入年龄：19↵
继续输入吗？(Y/N)n↵
录入结果如下：
姓名    性别    年龄
张强    男      19
李明    女      18
王华    男      19
```

习　题　4

一、选择题

1. 当进行拆分赋值时，为了将多个元素值赋予某个变量，可以在该变量名前面添加（　　）。

  A. *   B. **

  B. #   D. **

2. 要在列表指定位置插入新的元素，可以调用列表对象的（　　）方法。

  A. append()   B. extend()

  C. insert()   D. pop()

3. 通过赋值语句 x={1, 2, 3, 4, 5, 6}，可以将一个（　　）对象引用赋予变量 x。
   A. 列表　　　　　　　　　　　　B. 元组
   C. 集合　　　　　　　　　　　　D. 字典
4. 要计算两个集合的对称差值，应当使用（　　）运算符。
   A. &　　　　　　　　　　　　　　B. -
   C. ^　　　　　　　　　　　　　　D. |
5. 要判断一个集合是否是另一个集合的真子集，应当使用（　　）运算符。
   A. <　　　　　　　　　　　　　　B. <=
   C. >　　　　　　　　　　　　　　D. >=

二、判断题

1. 列表中的元素必须具有相同的数据类型。　　　　　　　　　　　　　（　　）
2. 通过乘法运算可以创建指定长度的列表并对其元素进行初始化。　　　（　　）
3. 通过索引访问列表元素时，索引只能是 0 或正整数。　　　　　　　　（　　）
4. 通过切片操作可以从列表中取出部分元素构成一个新的列表。　　　　（　　）
5. 通过索引可以修改列表中特定元素的值。　　　　　　　　　　　　　（　　）
6. 内置函数 sorted() 与列表对象的 sort() 的作用完全相同。　　　　　（　　）
7. 列表和元组都是可变对象。　　　　　　　　　　　　　　　　　　　（　　）
8. 当元组中只包含一个元素时，需要在该元素后面添加逗号。　　　　　（　　）
9. 元组中的元素可以通过赋值语句进行修改。　　　　　　　　　　　　（　　）
10. 拆分操作只能用于元组，封装操作可以用于元组和列表。　　　　　（　　）
11. 如果创建可变集合时使用了重复的数据项，则 Python 并不会自动删除重复的元素。
　　　　　　　　　　　　　　　　　　　　　　　　　　　　　　　　（　　）
12. 不可变集合可以通过调用 frozenset() 函数来创建。　　　　　　　（　　）
13. 使用 in 运算符可以检测指定关键字是否存在于字典中。　　　　　（　　）
14. 将一个字典作为参数传入 list() 函数可以获取该字典中所有关键字组成的列表。（　　）

三、编程题

1. 创建一个列表，计算其长度并输出整个列表。
2. 创建一个列表，通过正数索引和负数索引访问列表中的元素，通过切片操作从列表中取出部分元素。
3. 从键盘输入一些正整数组成一个列表，然后求出列表的长度、最大元素、最小元素及所有元素之和，并将列表元素按升序排序。
4. 从键盘输入一个正整数，然后以该整数作为长度生成一个列表，并用随机数对列表元素进行初始化，然后利用列表对象的成员方法对该列表进行如下操作：在末尾添加一个元素；在末尾添加一个列表；在指定位置添加元素；弹出指定位置上的元素；返回列表元素；对列表元素进行排序。
5. 从键盘输入两个字符串并存入两个变量，然后交换两个变量的内容。
6. 从键盘输入一些数字组成两个集合，然后使用相关运算符计算这两个集合的交集、并集、差集及对称差集。
7. 从键盘输入一些数字组成两个集合，然后使用相关运算符判断第一个集合是否是第二个集合的真子集、子集、真超集及超集。
8. 从键盘输入一些数字组成两个集合，然后通过调用集合对象的相关方法来判断两个集合之间的关系，并计算两个集合的交集、并集、差集和对称差集。

第 5 章　字符串与正则表达式

字符串是用单引号、双引号或三引号括起来的任意文本，是一种常用的不可变有序序列。正则表达式则是对字符串操作的一种逻辑公式，可以用来检索和替换那些符合某种规则的字符文本。本章主要介绍字符串处理和正则表达式应用的相关知识。

5.1　字符编码

作为一种复合数据类型，字符串还有一个如何编码的问题。字符编码是指将字符集中的字符编码为指定集合中的对象，以便文本在计算机中存储并通过网络进行传递。目前，世界上有各种各样的字符编码方案，其中一些只能用于特定的语言，也有一些则可以用于多种语言。

5.1.1　ASCII

ASCII 即美国国家信息交换标准代码，这种编码方案使用 7 个或 8 个二进制位对字符进行编码，数值范围为 0~255，最多可以为 256 个字符（包括字母、数字、标点符号、控制字符及其他符号）分配数值。ASCII 码用于在不同计算机硬件和软件系统中实现数据传输标准化。ASCII 码分为两个集合，即标准 ASCII 码（0~127）和扩充 ASCII 码（128~255）。

标准 ASCII 字符集共有 128 个字符，其中有 96 个可打印字符，包括字母、数字及标点符号等，另外还有 32 个控制字符。例如，65 表示大写字母 A，97 表示小写字母 a，49 表示数字 1，等等。标准 ASCII 码使用 7 个二进位对字符进行编码，对应的 ISO 标准为 ISO 646。虽然标准 ASCII 码是 7 位编码，但由于计算机的基本处理单位为字节，所以一般仍使用 1Byte 来存放 1 个 ASCII 字符。每个字节中多出来的一位（最高位）在计算机内部通常为 0，在数据传输时可以用作奇偶校验位。

标准 ASCII 字符集的字符数目有限，无法满足实际应用需求。为此，国际标准化组织又制定了 ISO 2022，规定了在保持与 ISO 646 兼容的前提下将 ASCII 字符集扩充为 8 位代码的统一方法。国际标准化组织陆续制定了一批适用于不同地区的扩充 ASCII 字符集，每种扩充 ASCII 字符集可以扩充 128 个字符，这些扩充字符的编码是高位为 1 的 8 位代码，称为扩展 ASCII 码。

【例 5.1】输出 ASCII 码 33~126 对应的字符。

【程序分析】

对于给定的 ASCII 码，可以使用 Python 内置函数 chr() 求出相应的字符；对于给定范围内的 ASCII 码，可以通过调用 range() 函数生成一个数字序列，然后使用 for 语句遍历这个数字序列，从而生成每个 ASCII 码所对应的字符。

【程序代码】

```
i = 0
for asc in range(33, 127):
    print(f'{asc:3d}->{chr(asc):3s}', end='')
    i += 1
    if i != 0 and i % 10 == 0: print()  # 控制换行
```

【运行结果】

```
33->!   34->"   35->#   36->$   37->%   38->&   39->'   40->(   41->)   42->*
43->+   44->,   45->-   46->.   47->/   48->0   49->1   50->2   51->3   52->4
53->5   54->6   55->7   56->8   57->9   58->:   59->;   60-><   61->=   62->>
63->?   64->@   65->A   66->B   67->C   68->D   69->E   70->F   71->G   72->H
73->I   74->J   75->K   76->L   77->M   78->N   79->O   80->P   81->Q   82->R
```

```
83->S   84->T   85->U   86->V   87->W   88->X   89->Y   90->Z   91->[   92->\
93->]   94->^   95->_   96->`   97->a   98->b   99->c  100->d  101->e  102->f
103->g  104->h  105->i  106->j  107->k  108->l  109->m  110->n  111->o  112->p
113->q  114->r  115->s  116->t  117->u  118->v  119->w  120->x  121->y  122->z
123->{  124->|  125->}  126->~
```

5.1.2 中文编码

中文泛指汉语语族及其书写系统。汉字数量多，结构复杂，需要使用多字节编码的字符集。中文编码是为汉字设计的一种便于输入计算机的代码，常用的中文编码方案有以下几种。

1. GB 2312—1980

GB 2311—1980 是 1981 年 5 月发布的简体中文汉字编码国家标准。GB 2312—1980 对汉字采用双字节编码，收录了 6763 个汉字和 682 个非汉字图形字符。整个字符集分成 94 个区，每个区有 94 个位。每个区位上只有一个字符，因此可以使用所在的区和位对汉字进行编码，称为区位码。将十六进制的区位码加上 2020H 可以得到国标码，再加上 8080H 即可得到计算机机内码。

2. BIG5

BIG5 是流行于中国台湾和香港地区的一套繁体字编码方案，采用双字节编码，共收录了 13 053 个中文字、408 个字符及 33 个控制字元，于 1984 年开始实施。

3. GBK

GBK 是 1995 年 12 月发布的汉字编码国家标准，是对 GB 2312—1980 编码的扩充，对汉字采用双字节编码，编码范围为 8140～FEFE，首字节为 81～FE，尾字节为 40～FE，剔除 xx7F 线（此处无字符），总计 23 940 个码位，共收录了 21 886 个汉字和 883 个图形符号，其中汉字包括国家标准 GB 13000—2010 中的全部汉字和 BIG5 编码中的所有汉字。

4. GB 18030—2005

GB 18030—2005 是 2005 年 11 月发布的汉字编码国家标准，在 GB 18030—2000 标准的基础上增加了 42 711 个汉字和我国多种少数民族文字的编码，增加的这些内容是推荐性的。GB 18030—2000 标准中的内容是强制性的，市场上销售的产品必须符合该标准。故 GB 18030—2005 为部分强制性标准，自发布之日起代替 GB 18030—2000。GB 18030—2005 的单字节编码部分、双字节编码部分和四字节编码部分的 CJK 统一汉字扩充 A（即 0x8139EE39—0x82358738）部分为强制性。

【例 5.2】输出 GBK 编码 D640～D6FE 对应的汉字。

【程序分析】

要从给定的 GBK 编码得到相应的汉字，需要以下 3 个步骤：首先使用字符串格式化运算符"%"对这个 GBK 编码进行格式化处理，将其转换为十六进制字符串形式；其次调用 bytes 类的 fromhex() 方法，从该字符串创建一个字节对象；最后调用字符串类 str 的构造方法，对字节对象进行解码，从而得到相应的汉字。对于给定范围内的 GBK 编码，可以通过调用 range() 函数生成一个数字序列，然后使用 for 语句来遍历该序列，从而生成每个 GBK 编码所对应的汉字。在遍历过程中应剔除 7F 线，否则会引发 UnicodeDecodeError。

【程序代码】

```
start = 0xd640
end = 0xd6ff
i = 0
for code in range(start, end):
    if code == 0xd67f:          # 剔除 7F 线
        i = 0
        continue
    # 十六进制数转换成字符串形式，如 0xd640 转换成'd640'
```

```
hex_str = '%x' % code
# 从十六进制字符串创建字节对象
# 如'd640'转换成 b'\xd6@',其中'@'为 ASCII 码 0x40 对应的字符
bytes_obj = bytes.fromhex(hex_str)
# 使用 GBK 编解码器对字节对象进行解码,由此得到汉字
print(f'{code:4X}->{str(bytes_obj, "gbk"):3s}', end='')
i += 1
if i % 9 == 0: print()    # 控制换行
```

【运行结果】

```
D640->謔  D641->謼  D642->諦  D643->諧  D644->謳  D645->謵  D646->諄  D647->諫  D648->謷
D649->諭  D64A->諮  D64B->諯  D64C->諰  D64D->諱  D64E->諲  D64F->諳  D650->諴  D651->諵
D652->諶  D653->諷  D654->諸  D655->諹  D656->諺  D657->諻  D658->諼  D659->諽  D65A->諾
D65B->諿  D65C->謀  D65D->謁  D65E->謂  D65F->謃  D660->謄  D661->謅  D662->謆  D663->謇
D664->謈  D665->謉  D666->謊  D667->謋  D668->謌  D669->謍  D66A->謎  D66B->謏  D66C->謐
D66D->謑  D66E->謒  D66F->謓  D670->謔  D671->謕  D672->謗  D673->謘  D674->謙  D675->謚
D676->講  D677->謜  D678->謝  D679->謞  D67A->謟  D67B->謠  D67C->謡  D67D->謢  D67E->謣
D680->謤  D681->謥  D682->謦  D683->謨  D684->謩  D685->謪  D686->謫  D687->謬  D688->謭
D689->謮  D68A->謯  D68B->謰  D68C->謱  D68D->謲  D68E->謳  D68F->謴  D690->謵  D691->謶
D692->謷  D693->謸  D694->謹  D695->謺  D696->謻  D697->謼  D698->謽  D699->謾  D69A->謿
D69B->譀  D69C->譁  D69D->譂  D69E->譃  D69F->譄  D6A0->譅  D6A1->帧  D6A2->症  D6A3->郑
D6A4->证  D6A5->芝  D6A6->枝  D6A7->支  D6A8->吱  D6A9->蜘  D6AA->知  D6AB->肢  D6AC->脂
D6AD->汁  D6AE->之  D6AF->织  D6B0->职  D6B1->直  D6B2->植  D6B3->殖  D6B4->执  D6B5->值
D6B6->侄  D6B7->址  D6B8->指  D6B9->止  D6BA->趾  D6BB->只  D6BC->旨  D6BD->纸  D6BE->志
D6BF->挚  D6C0->掷  D6C1->至  D6C2->致  D6C3->置  D6C4->帜  D6C5->峙  D6C6->制  D6C7->智
D6C8->秩  D6C9->稚  D6CA->质  D6CB->炙  D6CC->痔  D6CD->滞  D6CE->治  D6CF->窒  D6D0->中
D6D1->盅  D6D2->忠  D6D3->钟  D6D4->衷  D6D5->终  D6D6->种  D6D7->肿  D6D8->重  D6D9->仲
D6DA->众  D6DB->舟  D6DC->周  D6DD->州  D6DE->洲  D6DF->诌  D6E0->粥  D6E1->轴  D6E2->肘
D6E3->帚  D6E4->咒  D6E5->皱  D6E6->宙  D6E7->昼  D6E8->骤  D6E9->珠  D6EA->株  D6EB->蛛
D6EC->朱  D6ED->猪  D6EE->诸  D6EF->诛  D6F0->逐  D6F1->竹  D6F2->烛  D6F3->煮  D6F4->拄
D6F5->瞩  D6F6->嘱  D6F7->主  D6F8->著  D6F9->柱  D6FA->助  D6FB->蛀  D6FC->贮  D6FD->铸
D6FE->筑
```

5.1.3 Unicode

Unicode 通常称为统一码,是计算机科学领域中的一项业界标准。Unicode 是为了解决传统的字符编码方案的局限而产生的,它为每种语言中的每个字符设定了统一并且唯一的二进制编码,以满足跨语言、跨平台进行文本转换和处理的要求。Unicode 编码方案从 1990 年开始研发,于 1994 年正式公布。

1. UCS-2 和 UCS-4

任何字符在 Unicode 中都对应一个值,这个值称为代码点,通常写成 U+ABCD 格式。在 UCS-2 中,一个代码点用 2Byte 来表示,其取值范围为 U+0000~U+FFFF。对于汉字而言,其 Unicode 编码的取值范围为 4E00~9FA5。

在 UCS-4 中,一个代码点用 4Byte 表示,其取值范围为 U+00000000~U+7FFFFFFF,其中 U+00000000~U+0000FFFF 与 UCS-2 是一致的。

在 Python 中,可以使用内置函数 ord()返回单个字符的 Unicode 编码,具体如下。

```
>>> ord('A')
65
>>> hex(ord('M'))
'0x4d'
>>> hex(ord('汉'))
'0x6c49'
>>> hex(ord('啊'))
'0x554a'
```

【例 5.3】输出 Unicode 编码 8D12～8D75 对应的汉字并附上相应的 Unicode 编码。

【程序分析】

在 Python 中,字符与 Unicode 编码之间的相互转换可以使用内置函数 ord()和 chr()来实现,使用 ord()函数可以求出一个字符的 Unicode 编码,使用 chr()函数则可以求出一个 Unicode 编码所对应的字符。对于给定范围内的 Unicode 编码,可以通过调用 range()函数来生成一个数字序列,然后使用 for 语句来遍历该序列,从而生成每个 Unicode 编码所对应的字符。

【程序代码】

```
i = 0
start = 0x8d12
end = 0x8d76
for x in range(start, end, 1):
    print(f'{chr(x):s}{x:<6X}', end='')
    i += 1
    if i != 0 and i % 10 == 0: print()
```

【运行结果】

```
賒 8D12  賓 8D13  贔 8D14  贕 8D15  贖 8D16  贗 8D17  贘 8D18  贙 8D19  贚 8D1A  贛 8D1B
贜 8D1C  贝 8D1D  贞 8D1E  负 8D1F  負 8D20  贡 8D21  财 8D22  责 8D23  贤 8D24  败 8D25
账 8D26  货 8D27  质 8D28  贩 8D29  贪 8D2A  贫 8D2B  贬 8D2C  购 8D2D  贮 8D2E  贯 8D2F
贰 8D30  贱 8D31  贲 8D32  贳 8D33  贴 8D34  贵 8D35  贶 8D36  贷 8D37  贸 8D38  费 8D39
贺 8D3A  贻 8D3B  贼 8D3C  贽 8D3D  贾 8D3E  贿 8D3F  赀 8D40  赁 8D41  赂 8D42  赃 8D43
资 8D44  赅 8D45  赆 8D46  赇 8D47  赈 8D48  赉 8D49  赊 8D4A  赋 8D4B  赌 8D4C  赍 8D4D
赎 8D4E  赏 8D4F  赐 8D50  赑 8D51  赒 8D52  赓 8D53  赔 8D54  赕 8D55  赖 8D56  赗 8D57
赘 8D58  赙 8D59  赚 8D5A  赛 8D5B  赜 8D5C  赝 8D5D  赞 8D5E  赟 8D5F  赠 8D60  赡 8D61
赢 8D62  赣 8D63  赤 8D64  赥 8D65  赦 8D66  赧 8D67  赨 8D68  赩 8D69  赪 8D6A  赫 8D6B
赬 8D6C  赭 8D6D  赮 8D6E  赯 8D6F  走 8D70  赱 8D71  赲 8D72  赳 8D73  赴 8D74  赵 8D75
```

UCS-2 和 UCS-4 只规定了字符与代码点之间的对应关系,并没有规定代码点在计算机中如何存储。要规定代码点的存储方式,就需要使用 UTF(Unicode Transformation Format),即 Unicode 转换格式,包括 UTF-16、UTF-8、UTF-32,其中应用较多的是 UTF-8 和 UTF-16。

2. UTF-8

UTF-8 是互联网上应用最广泛的一种 Unicode 的实现方式,它使用 1～4Byte 表示一个字符,根据不同的字符改变字节长度。如果知道一个字符的 Unicode 代码点,就可以根据表 5.1 求出其 UTF-8 编码值(其中字母 x 表示可用的编码位)。

表 5.1　UTF-8 编码规则

Unicode 代码点(十六进制)	UTF-8 编码(字节流)
00000000～0000007F	0xxxxxxx
00000080～000007FF	110xxxxx 10xxxxxx
00000800～0000FFFF	1110xxxx 10xxxxxx 10xxxxxx
00010000～0010FFFF	11110xxx 10xxxxxx 10xxxxxx 10xxxxxx

对于英文字母而言,由于其 Unicode 编码小于 80H,所以其 UTF-8 编码与 ASCII 编码是相同的,都可以存储为 1Byte。例如,大写字母"A"的 UTF-8 编码和 ASCII 编码都是 65,小写字母"a"的 UTF-8 编码和 ASCII 编码都是 97。

对于汉字而言,由于其 Unicode 编码的范围为 4E00～9FA5,所以计算汉字的 UTF-8 编码时,需要使用 3Byte 模板 1110xxxx 10xxxxxx 10xxxxxx。

例如,汉字"啊"的 Unicode 编码为 554AH,换算成二进制是 0101 010101 001010,将这个字节流代入 3Byte 模板可以得到 11100101 10010101 10001010,这便是"啊"字的 UTF-8 编码 E5958AH。使用同样的方法,可以得到"汉"字的 UTF-8 编码为 E6B189H。

在 Python 中，可以使用字符串对象的 encode()方法求出字符串的 UTF-8 编码，这个方法的返回值是一个字节序列，每个汉字对应 3Byte，具体示例如下。

```
>>> hz = '啊'                   # 汉字
>>> hz.encode('utf-8')          # 汉字的 UTF-8 编码（字节序列）
b'\xe5\x95\x8a'                 # "啊"字的 UTF-8 编码为 e5958a
```

3．UTF-16

UTF-16 使用 2Byte 来表示一个 Unicode 代码点。UTF-16 编码分为 3 种不同的形式，即 UTF-16、UTF-16BE（Big Endian）和 UTF-16LE（Little Endian），其中 Big Endian 和 Little Endian 表示字节的存储方式。例如，编码 0xABCD，如果存储为 AB CD，即高位在前、低位在后，则称为 Big Endian（BE）；如果存储为 CD AB，即低位在前、高位在后，则称为 Little Endian（LE）。

UTF-16 需要通过称为 BOM（Byte Order Mark）的字节序列来判断编码方式是 Big Endian 还是 Little Endian，其中 BOM 是指由 2Byte 组成的 U+FEFF 字符。由于 UCS-2 中未定义 U+FFFE，所以只要出现字节序列 FF FE 或 FE FF，即可将其视为 U+FEFF。如果 BOM 为字节序列 FE FF，则属于 Big Endian；如果 BOM 字节序列为 FF FE，则属于 Little Endian。

UTF-16 与 UCS-2 完全对应，即把 UCS-2 规定的代码点通过 Big Endian 方式或 Little Endian 方式直接保存下来。例如，字符串"ABC"用不同的 UTF-16 方式编码后的结果如下。

```
UTF-16BE：                00 41 00 42 00 43
UTF-16LE：                41 00 42 00 43 00
UTF-16 (Big Endian)：     FE FF 00 41 00 42 00 43
UTF-16 (Little Endian)：  FF FE 41 00 42 00 43 00
UTF-16 (不带 BOM)：       00 41 00 42 00 43
```

在 Windows 操作系统中，默认的 Unicode 编码为 Little Endian 方式的 UTF-16。读者可以打开记事本程序，输入字符串"ABC"，然后加以保存，再用二进制编辑器查看该文件的编码结果。

在 Python 中，可以使用字符串对象的 encode()方法求出字符串的 UTF-16 编码，具体示例如下。

```
>>> x = '啊'
>>> x.encode('utf-16')
b'\xff\xfeJU'
```

从上述代码的运行结果可以看出，BOM 字节序列为 FF FE，属于 UTF-16（Little Endian），其中字母"J"和"U"的 ASCII 码分别为 4AH 与 55H（低位在前、高位在后），组合起来刚好是"啊"字的 Unicode 编码 554AH。

4．UTF-32

在 UTF-32 中，一个 Unicode 代码点用 4Byte 表示，所以完全可以表示 UCS-4 的所有代码点。与 UTF-16 类似，UTF-32 也分为 3 种编码方式，即 UTF-32、UTF-32BE 和 UTF-32LE，其中 UTF-32 同样需要 BOM 字符。

下面以字符串"ABC"为例来加以说明。

```
UTF-32BE：                00 00 00 41 00 00 00 42 00 00 00 43
UTF-32LE：                41 00 00 00 42 00 00 00 43 00 00 00
UTF-32 (Big Endian)：     00 00 FE FF 00 00 00 41 00 00 00 42 00 00 00 43
UTF-32 (Little Endian)：  FF FE 00 00 41 00 00 00 42 00 00 00 43 00 00 00
UTF-32 (不带 BOM)：       00 00 00 41 00 00 00 42 00 00 00 43
```

在 Python 中，可以使用字符串对象的 encode()方法求字符串的 UTF-32 编码，具体示例如下。

```
>>> x = '啊'
>>> x.encode('utf-32')
b'\xff\xfe\x00\x00JU\x00\x00'
```

【例 5.4】从键盘上输入一个汉字，然后求其 Unicode 编码、UTF-8 编码和 GBK 编码。

【程序分析】

要判断输入的字符是不是汉字，使用运算符 in 检查其 Unicode 编码是否位于汉字编码范围内即可。字符的 Unicode 编码可以通过调用内置函数 ord()求出。如果要获取字符的其他编码，则可以通过调用字符串对象的 encode()方法以字节对象的形式返回字符编码。

【程序代码】

```python
try:
    hz = input('请输入一个汉字：')
    assert ord(hz) in range(0x4e00, 0x9fa5 + 1), '您输入的不是汉字！'
    print('输入的汉字是：{0}'.format(hz))
    # 默认使用 Unicode 编码
    code = ord(hz)
    print(f'Unicode 编码={code:x}')
    # 使用 GBK 编码
    code = hz.encode('GBK')
    print(f'GBK 编码={code}')
    # 使用 UTF-8 编码
    code = hz.encode('UTF-8')
    print(f'UTF-8 编码={code}')
    # 使用 UTF-16 编码
    code = hz.encode('UTF-16')
    print(f'UTF-16 编码={code}')
    # 使用 UTF-32 编码
    code = hz.encode('UTF-32')
    print(f'UTF-32 编码={code}')
except Exception as ex:
    print(ex)
```

【运行结果】

```
请输入一个汉字：啊↵
输入的汉字是：啊
Unicode 编码=554a
GBK 编码=b'\xb0\xa1'
UTF-8 编码=b'\xe5\x95\x8a'
UTF-16 编码=b'\xff\xfeJU'
UTF-32 编码=b'\xff\xfe\x00\x00JU\x00\x00'
```

再次运行程序，结果如下。

```
请输入一个汉字：M↵
您输入的不是汉字！
```

5.2 字符串的基本操作

字符串是 Python 内置的 str 类定义的数据对象，并且是由一系列 Unicode 字符组成的有序序列。字符串是一种不可变对象，字符串中的字符是不能被改变的，每当修改字符串时都将生成一个新的字符串对象。学习本节读者可以掌握字符串的基本操作。

5.2.1 创建字符串

在 Python 中，可以使用引号或 str()函数创建字符串。

1. 用引号创建字符串

在 Python 中，创建字符串最简单的方法是用引号将字符串文本括起来，这里所说的引号可以是单引号、双引号或三引号。如果字符串文本为空，则创建一个空字符串。

【例 5.5】使用引号创建字符串。

【程序代码】

```python
s1 = ''                          # 空字符串
print(f'{s1 = }, {type(s1) = }') # 查看内容和类型
s2 = 'Hello, World!'             # 用单引号创建字符串
```

```
print(s2)                                    # 输出字符串内容
s3 = "人生苦短，我用 Python"                   # 用双引号创建字符串
print(s3)                                    # 输出字符串内容
'人生苦短，我用 Python'
s4 = '''白日依山尽，黄河入海流。
    欲穷千里目，更上一层楼。'''               # 用 3 个单引号创建字符串（包含换行符和制表符）
print(s4)                                    # 输出字符串内容
s5 = """Python 数据分析
    Python 机器学习
        Python 自然语言处理"""               # 用 3 个双引号创建字符串
print(s5)                                    # 输出字符串内容
```

【运行结果】

```
s1 = '', type(s1) = <class 'str'>
Hello, World!
人生苦短，我用 Python
白日依山尽，黄河入海流。
    欲穷千里目，更上一层楼。
Python 数据分析
    Python 机器学习
        Python 自然语言处理
```

2. 用 str()函数创建字符串

在 Python 中，字符串是内置 str 类的对象实例，也可以通过调用 str 类的构造方法，从给定对象创建一个新的字符串对象，语法格式如下。

```
str(object='')
str(bytes_or_buffer [, encoding [, errors]])
```

在第一种语法格式中，参数 object 可以是各种类型的对象，其默认值为空字符串。

在第二种语法格式中，参数 bytes_or_buffer 可以是字节对象或字符串；encoding 是可选参数，用于指定字符串的编码方式，其默认值可用 sys.getdefaultencoding()来检测，在 Windows 平台上就是'utf-8'；errors 也是可选参数，用于指定错误处理方式，默认值为'strict'（严格）。

【例 5.6】 使用 str()函数创建字符串。

【程序代码】

```
print(f'{str() = }')                          # 空字符串
print(f'{str("Hello, World!")}')              # 从字符串创建字符串
print(f'{str(12345) = }')                     # 从整数创建字符串
print(f'{str(3.1415626) = }')                 # 从浮点数创建字符串
print(f'{str(True) = }')                      # 从布尔值创建字符串
print(f'{str(False) = }')
print(f'{str(None) = }')                      # 从 None 值创建字符串
print(f'{str([1, 2, 3, 4, 5, 6]) = }')        # 从列表创建字符串
print(f'{str((1, 2, 3, 4, 5, 6)) = }')        # 从元组创建字符串
print(f'{str({i * i for i in range(1, 11)}) = }')  # 从集合创建字符串
print(f'{str({"name": "张三", "age": 20}) = }')    # 从字典创建字符串
bytes_obj = b'\xd6\xd0\xb9\xfa'               # 字节对象
print(f'{bytes_obj = }, {str(bytes_obj, "gbk") = }')  # 从字节对象创建字符串
```

【运行结果】

```
str() = ''
Hello, World!
str(12345) = '12345'
str(3.1415626) = '3.1415626'
str(True) = 'True'
str(False) = 'False'
str(None) = 'None'
str([1, 2, 3, 4, 5, 6]) = '[1, 2, 3, 4, 5, 6]'
```

```
str((1, 2, 3, 4, 5, 6)) = '(1, 2, 3, 4, 5, 6)'
str({i * i for i in range(1, 11)}) = '{64, 1, 4, 36, 100, 9, 16, 49, 81, 25}'
str({"name": 张三", "age": 20}) = "{'name': '张三', 'age': 20}"
bytes_obj = b'\xd6\xd0\xb9\xfa', str(bytes_obj, "gbk") = '中国'
```

5.2.2 访问字符串

创建字符串后，可以使用索引访问字符串中的特定字符，或者使用切片访问字符串中指定范围内的字符，也可以使用 for 语句遍历字符串。

1. 字符串索引

字符串是由一系列 Unicode 字符组成的有序序列，可以使用方括号运算符"[]"和一个数字索引来访问指定位置上的字符，一般语法格式如下。

字符串 [索引]

其中，字符串可以是字符串类型的常量、变量或表达式；索引可以是一个整数类型的常量、变量或表达式，用于对字符串中的字符进行编号。索引值可以是正数、负数和 0。按从左向右的顺序，左边第一个字符的索引为 0，第二个字符的索引为 1，最右边字符的索引比字符串的长度小 1。字符串的长度可以使用内置函数 len() 求出。索引值也可以是负数，负数表示从右向左进行编号，–1 表示最右边字符（即倒数第一个字符）的索引，–2 表示倒数第二个字符的索引，以此类推。字符串 s 中各个字符的索引设置如图 5.1 所示。

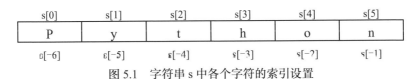

图 5.1　字符串 s 中各个字符的索引设置

通过索引访问字符串中的指定字符时，所使用的索引值必须是整数。使用正数索引时，最小值为 0，最大值比字符串长度小 1；使用负数索引时，最小值为字符串长度值的相反数，最大值为–1。

无论使用正数索引还是负数索引，索引值都不能越界，否则会出现错误信息——"IndexError: string index out of range"，表示字符串索引超出范围。

【例 5.7】使用索引访问字符串中的特定字符。

【程序代码】
```
s = 'Hello, Python'
print(f'{s = }')
print(f'{s[0] = }, {s[1] = }, {s[2] = }')      # 零索引（首字符）和正数索引
print(f'{s[-1] = }, {s[-2] = }, {s[-3] = }')   # 负数索引
```

【运行结果】
```
s = 'Hello, Python'
s[0] = 'H', s[1] = 'e', s[2] = 'l'
s[-1] = 'n', s[-2] = 'o', s[-3] = 'h'
```

由于字符串属于不可变对象，所以只能使用索引来读取字符串指定位置上的字符，而不能修改该位置上的字符。例如，如果试图对 s[0] 重新赋值，则会引发 TypeError。

2. 字符串切片

使用索引可以读取字符串指定位置上的单个字符。如果要按位置从字符串中提取一部分字符（称为子串），则可以通过切片（slice）操作来实现，其一般语法格式如下。

字符串 [开始位置 : 结束位置 : 步长]

其中，字符串可以是字符串类型的常量、变量或表达式。开始位置、结束位置和步长均为整数，它们使用半角冒号进行分隔。开始位置指定开始切片的索引值，默认值为 0；结束位置指定

结束切片的索引值，但不包括这个位置在内，默认值为字符串的长度；步长指定索引值每次增加的数值，默认值为 1；当省略步长时，也可以顺便省略最后一个冒号。

由于字符串是不可变对象，所以不要试图对字符串进行切片赋值，否则会引发 TypeError。

【例 5.8】 字符串切片。

【程序代码】

```
s = 'Python language'
print(f'{s = }')
print(f'{s[1:10:1] = }')   # 取出索引为 1~9 的字符
print(f'{s[1:10:2] = }')   # 取出索引为 1、3、5、7、9 的字符
print(f'{s[:5] = }')       # 取出索引为 0~4 的字符
print(f'{s[2:] = }')       # 切片从索引为 2 的字符开始，直至字符串结束
print(f'{s[::] = }')       # 取出所有字符
print(f'{s[::2] = }')      # 步长为 2，隔一个取一个
print(f'{s[::-1] = }')     # 步长为-1，逆序取出所有字符
print(f'{s[:100] = }')     # 结束位置越界，切片到字符串结束
print(f'{s[100:] = }')     # 开始位置越界，返回空字符串
```

【运行结果】

```
s = 'Python language'
s[1:10:1] = 'ython lan'
s[1:10:2] = 'yhnln'
s[:5] = 'Pytho'
s[2:] = 'thon language'
s[::] = 'Python language'
s[::2] = 'Pto agae'
s[::-1] = 'egaugnal nohtyP'
s[:100] = 'Python language'
s[100:] = ''
```

3. 遍历字符串

由于字符串属于序列类型，所以可以使用 for 语句遍历字符串中的每个字符。

【例 5.9】 给出一个英文句子，要求将句子中的每个英文单词打印一行。

【程序代码】

```
sentence = '''Python is a programming language that lets you work quickly
and integrate systems more effectively.'''

for letter in sentence:
    if letter == ' ':
        print()
        continue
    if letter == '\n':
        continue
    print(f'{letter}', end='')
```

【运行结果】

```
Python
is
a
programming
language
that
lets
you
work
quickly
and
```

```
integrate
systems
more
effectively.
```

5.2.3 连接字符串

在 Python 中，连接字符串可以使用加号运算符"+"或乘号运算符"*"来实现。加号运算符可以将两个字符串连接成一个新的字符串，乘号运算符则可以将一个字符串重复连接若干次而形成一个新的字符串。当用于字符串连接时，运算符"+"和"*"均支持复合赋值操作。

1. 基本连接

在 Python 中，运算符"+"可以用于连接两个或多个字符串，由此生成一个新的字符串对象，语法格式如下。

```
字符串 1 + 字符串 2 + ... + 字符串 n
```

其中，"+"作为字符串连接运算符使用；各个字符串可以是字符串常量、字符串变量或返回值为字符串的函数调用；整个字符串表达式的值也是字符串类型。

使用运算符"+"连接字符串时，要求该运算符两侧的运算对象都必须是字符串类型。如果要将字符串与数字或其他对象连接起来，则应使用内置函数 str()进行数据类型转换。

【例 5.10】用加号运算符连接字符串。

【程序代码】
```
print(f'{"Python" + "语言" + "程序" + "设计" = }')
print(f'{str(2049) + "年" + str(10) + "月" + str(1) + "日" = }')
print(f'{"列表: " + str([1, 2, 3, 4, 5, 6, 7, 8, 9, 10]) = }')
print(f'{"元组: " + str((1, 2, 3, 4, 5, 6, 7, 8, 9, 10)) = }')
print(f'{"集合: " + str({1, 2, 2, 3, 5, 5, 4, 6, 7, 8}) = }')
print(f'{"字典: " + str(dict(用户名="张三", 密码="123456")) = }')
```

【运行结果】
```
"Python" + "语言" + "程序" + "设计" = 'Python 语言程序设计'
str(2049) + "年" + str(10) + "月" + str(1) + "日" = '2049 年 10 月 1 日'
"列表: " + str([1, 2, 3, 4, 5, 6, 7, 8, 9, 10]) = '列表: [1, 2, 3, 4, 5, 6, 7, 8,
9, 10]'
"元组: " + str((1, 2, 3, 4, 5, 6, 7, 8, 9, 10)) = '元组: (1, 2, 3, 4, 5, 6, 7, 8,
9, 10)'
"集合: " + str({1, 2, 2, 3, 5, 5, 4, 6, 7, 8}) = '集合: {1, 2, 3, 4, 5, 6, 7, 8}'
"字典: " + str(dict(用户名="张三", 密码="123456")) = "字典: {'用户名': '张三', '密码':
'123456'}"
```

2. 重复连接

在 Python 中，可以使用运算符"*"对一个字符串进行重复连接，语法格式如下。

```
字符串 * 正整数
```

或

```
正整数 * 字符串
```

其中，字符串可以是字符串常量、字符串变量或返回值为字符串的函数调用；正整数用于指定这个字符串重复连接的次数。通过重复连接可以将一个字符串自身重复连接若干次，由此得到一个新的字符串对象，具体示例如下。

```
>>> 45 * '-'
'---------------------------------------------'
>>> '我' + '非常' * 6 + '喜欢' + 'Python'
'我非常非常非常非常非常非常喜欢 Python'
>>> s = 'Good '
>>> s *= n
```

```
>>> s
'Good Good Good Good Good Good Good Good Good Good '
```

【例 5.11】从键盘上输入一些单词，要求使用这些单词组成一个句子。

【程序分析】

由于输入单词的数目不确定，所以可以考虑使用条件恒真的 while 语句构建一个无限循环。当输入指定的内容时，将执行 break 语句以结束循环过程。使用字符串连接运算符连接所输入的单词，即可连词成句。

【程序代码】

```
sentence, word = '', ''
print(('请输入一些单词组成一个句子 (quit=退出): '))
while 1:
    word = input('输入单词: ')
    if word == 'quit': break
    sentence += ' ' + word
print(f'您输入的语句是: \n\t{sentence}.')
```

【运行结果】

```
请输入一些单词组成一个句子 (quit=退出):
输入单词: Python↵
输入单词: is↵
输入单词: a↵
输入单词: programming↵
输入单词: language↵
输入单词: quit↵
您输入的语句是:
        Python is a programming language.
```

5.2.4 字符串的关系运算

对字符串进行的关系运算主要包括以下几点：使用各种关系运算符对两个字符串进行比较，使用成员运算符 in 来判断一个字符串是否是另一个字符串的子串。

1. 比较字符串

比较两个字符时，是按照字符的 Unicode 编码值的大小进行比较的。西文字符是按其 ASCII 码值（与其 Unicode 编码值相等）进行比较的，按大小顺序排列，依次是空格字符、数字字符、大写字母及小写字母；中文字符是按其 Unicode 编码值进行比较的。

比较两个长度相同的字符串时，将两个字符串的字符从左向右逐个进行比较，如果所有字符相等，则两个字符串相等；如果两个字符串中有不同的字符，则以最左边第一对不同的字符的比较结果为准。

比较两个长度不相同的字符串时，首先在较短的字符串尾部补上一些空格字符，使两个字符串具有相同的长度，然后进行比较。

【例 5.12】比较字符串。

【程序代码】

```
print(f"{'a' > 'b' = }")        # 'a' 和 'b' 的 ASCII 码分别为 97 和 98
print(f"{'a' > 'A' = }")        # 'a' 和 'A' 的 ASCII 码分别为 97 和 65
print(f"{'9' < 'm' = }")        # '9' 和 'm' 的 ASCII 码分别为 57 和 109
print(f"{'啊' > '中' = }")       # 汉字 '啊' 和 '中' 的 Unicode 编码分别为 21834 和 20013
print(f"{'啊' > 'A' = }")
print(f"{'Shandong' > 'Shanxi' = }")  # 第 5 个字符 'd' 不大于 'x'
print(f"{'李小明' > '李小刚' = }")       # 汉字 '明' 和 '刚' 的 Unicode 编码分别为 26126 和 21018
print(f"{'New' < 'News' = }")      # 在单词 'New' 尾部补上的空格字符小于字母 's'
```

【运行结果】

```
'a' > 'b' = False
'a' > 'A' = True
'9' < 'm' = True
'啊' > '中' = True
'啊' > 'A' = True
'Shandong' > 'Shanxi' = False
'李小明' > '李小刚' = True
'New' < 'News' = True
```

2. 判断子串

如果字符串 s1 包含在字符串 s2 中，则称字符串 s1 是字符串 s2 的子串。在 Python 中，可以使用成员运算符 in 来判断一个字符串是否是另一个字符串的子串，语法格式如下。

```
字符串 1 [not] in 字符串 2
```

如果字符串 1 是字符串 2 的子串，则返回 True，否则返回 False。在 in 前面使用 not 时，将对运算结果取反。

【例 5.13】使用运算符 in 判断子串。

【程序代码】

```
print(f"{'yt' in 'Python' = }")
print(f"{'yt' not in 'Python' = }")
print(f"{'mn' in 'Python' = }")
print(f"{'mn' not in 'Python' = }")
```

【运行结果】

```
'yt' in 'Python' = True
'yt' not in 'Python' = False
'mn' in 'Python' = False
'mn' not in 'Python' = True
```

5.2.5　字符串统计

字符串属于有序序列类型。创建字符串后，可以使用以下内置函数对字符串进行统计。

- len(s)：返回字符串 s 的长度。
- max(s)：返回字符串 s 中的最大字符。
- min(s)：返回字符串 s 中的最小字符。

【例 5.14】字符串统计。

【程序代码】

```
s1 = 'Python is a programming language.'  # 纯英文字符串
print(f'{s1 = }')
print(f'{len(s1) = }')    # 求长度
print(f'{max(s1) = }')    # 求最大字符
print(f'{min(s1) = }')    # 求最小字符（空格的 ASCII 码为 32）
s2 = '我爱 Python'         # 中英文字符串
print(f'{s2 = }')
print(f'{len(s2) = }')    # 求长度
print(f'{max(s2) = }')    # 求最大字符（"爱"的 Unicode 编码为 29233）
print(f'{min(s2) = }')    # 求最小字符（"P"的 ASCII 码为 80）
```

【运行结果】

```
s1 = 'Python is a programming language.'
len(s1) = 33
max(s1) = 'y'
min(s1) = ' '
s2 = '我爱 Python'
```

```
len(s2) = 8
max(s2) = '爱'
min(s2) = 'P'
```

5.3 字符串的常用方法

在 Python 中，字符串类型可以看作名称为 str 的类，一个具体的字符串则可以看作由 str 类定义的对象实例。字符串对象支持很多方法，这些方法需要通过对象名和方法名来调用，其语法格式为"字符串对象.方法名(参数)"，其中字符串对象可以是字符串常量、字符串变量或返回值为字符串类型的函数调用。

5.3.1 字母大小写转换

要对字符串进行字母大小写转换，可以通过调用以下字符串方法来实现，此时将返回一个新的字符串，原字符串保持不变。

- s.upper()：使小写字母全部转换为大写字母，大写字母保持不变。
- s.lower()：使大写字母全部转换为小写字母，小写字母保持不变。
- s.swapcase()：使大写字母变成小写字母，小写字母变成大写字母。
- s.capitalize()：使整个字符串的首字母变成大写，其余字母均为小写。
- s.title()：使每个单词的首字母变成大写，其余字母均为小写。

【例 5.15】对字符串中的字母进行大小写转换。

【程序代码】

```
s1 = 'Beautiful is better than ugly.'        # Python 格言的首句
print(f'{s1 = }')
print(f'{s1.upper() = }')                      # 全部大写
print(f'{s1.lower() = }')                      # 全部小写
print(f'{s1.swapcase() = }')                   # 大小写互换
print(f'{s1.title() = }')                      # 每个单词首字母大写
s2 = 'explicit is better than implicit.'       # Python 格言的第二句
print(f'{s2 = }')
print(f'{s2.capitalize() = }')                 # 整个字符串首字母大写
```

【运行结果】

```
s1 = 'Beautiful is better than ugly.'
s1.upper() = 'BEAUTIFUL IS BETTER THAN UGLY.'
s1.lower() = 'beautiful is better than ugly.'
s1.swapcase() = 'bEAUTIFUL IS BETTER THAN UGLY.'
s1.title() = 'Beautiful Is Better Than Ugly.'
s2 = 'explicit is better than implicit.'
s2.capitalize() = 'Explicit is better than implicit.'
```

5.3.2 设置对齐方式

要设置字符串的输出宽度并设置填充字符和对齐方式，可以通过如下调用字符串方法来实现，此时将返回一个新的字符串，原字符串保持不变。

- s.ljust(width[, fillchar])：输出 width 个字符，向左对齐，右边不足部分使用 fillchar（默认为空格）填充。
- s.rjust(width[, fillchar])：输出 width 个字符，向右对齐，左边不足部分使用 fillchar（默认为空格）填充。
- s.center(width[, fillchar])：输出 width 个字符，居中对齐，两边不足部分使用 fillchar（默认为空格）填充。

- s.zfill(width)：将字符串长度变成 width，字符串右对齐，左边不足部分使用 0 填充。

【例 5.16】设置字符串的对齐方式。

【程序代码】
```
s = 'Simple is better than complex.' # Python 格言的第三句
print(f'{s = }')
print(f'{s.ljust(40, "*") = }')        # 宽度 40，填充星号 "*"，左对齐
print(f'{s.center(40, "*") = }')       # 宽度 40，填充星号 "*"，居中对齐
print(f'{s.rjust(40, "*") = }')        # 宽度 40，填充星号 "*"，右对齐
print(f'{s.zfill(40) = }')             # 宽度 40，左边用 0 填充
```

【运行结果】
```
s = 'Simple is better than complex.'
s.ljust(40, "*") = 'Simple is better than complex.**********'
s.center(40, "*") = '*****Simple is better than complex.*****'
s.rjust(40, "*") = '**********Simple is better than complex.'
s.zfill(40) = '0000000000Simple is better than complex.'
```

5.3.3 搜索和替换

搜索和替换是常用的字符串操作。在字符串中搜索子串时将返回一个整数，表示该子串开始的位置。对字符串进行替换操作时将返回一个新的字符串，原字符串保持不变。

1. 搜索字符串

对字符串进行搜索操作可以通过调用如下字符串方法来实现。

- s.find(sub[, start [, end]])：检测字符串 sub 是否包含在字符串 s 中，如果是则返回 sub 首次出现的索引值，否则返回-1。如果用 start 和 end 指定范围，则在 s[start:end]中搜索。
- s.index(sub [, start [, end]])：与 find()方法相同，只是当字符串 sub 不在字符串 s 中时会引发一个异常。
- s.rfind(sub[, start [, end]])：与 find()方法类似，但是从右边开始查找。
- s.rindex(sub[, start [, end]])：与 rfind()方法相同，只是当字符串 sub 不在字符串 s 中时会引发一个异常。
- s.count(sub[, start[, end]])：返回字符串 sub 在字符串 s 中出现的次数。如果用 start 和 end 指定范围，则返回字符串 substr 在字符串切片 s[start:end]中出现的次数。

【例 5.17】搜索字符串。

【程序代码】
```
s = 'This is a book about Python programming.'
print(f'{s = }')
print(f'{s.find("is") = }')        # 查找子串'is'首次出现的索引值
print(f'{s.find("ok") = }')        # 查找子串'ok'首次出现的索引值
print(f'{s.rfind("is") = }')       # 从右边查找子串'is'首次出现的索引值
print(f'{s.find("good") = }')      # 检测子串'good'是否包含在字符串 s 中
print(f'{s.index("oo") = }')       # 查找子串'oo'首次出现的索引值
print(f'{s.rindex("on") = }')      # 从右边查找子串'on'首次出现的索引值
print(f'{s.count("is") = }')       # 检查子串'is'出现的次数
```

【运行结果】
```
s = 'This is a book about Python programming.'
s.find("is") = 2
s.find("ok") = 12
s.rfind("is") = 5
s.find("good") = -1
s.index("oo") = 11
```

```
s.rindex("on") = 25
s.count("is") = 2
```

2. 替换字符串

要对字符串进行替换操作，可以通过调用如下字符串方法来实现，此时将返回一个新的字符串，原字符串保持不变。

- s.replace(s1, s2 [, count])：将字符串 s 中的子串 s1 替换成 s2；count 指定替换次数。
- s.strip()：移除在字符串 s 中的前导空格和尾随空格。
- s.lstrip()：移除在字符串 s 中的前导空格。
- s.rstrip()：移除在字符串 s 中的尾随空格。
- s.expandtabs([tabsize])：将字符串 s 中的 tab 符转换为 tabsiz 个空格，默认为 8 个空格。
- s.translate(table)：使用转换表 table 替换字符串 s 中的每个字符。转换表 table 必须是 Unicode 编码到 Unicode 编码、字符串或 None 的映射。
- s.maketrans(x, y=None, z=None)：创建一个可用于 str.translate() 的转换表。如果有一个参数，则它必须是字典类型。如果有两个参数，则它们必须是长度相等的字符串，第一个参数是字符串，表示要转换的原始字符串，第二个参数也是字符串，表示转换的目标字符串，两个字符串存在一一对应的关系。如果有第三个参数，则它也是字符串，指定要删除的字符。

【例 5.18】替换字符串。

【程序代码】
```
s1 = 'Hello, Python!'
print(f'{s1 = }')                               # 查看原字符串内容
print(f'{s1.replace("o", "**") = }')            # 用'**'替换'o'
s2 = '    Hello, Python!    '                    # 字符串左右都有空格
print(f'{s2 = }')                               # 查看原字符串内容
print(f'{s2.lstrip() = }')                       # 删除前导空格
print(f'{s2.rstrip() = }')                       # 删除尾随空格
print(f'{s2.strip() = }')                        # 删除前导空格和尾随空格
x = 'aeiou'                                       # 被替换的字符
y = '12345'                                       # 目标字符
z = 'thw'                                         # 要删除的字符
print(f'{x = }, {y = }, {z = }')
table1 = str.maketrans(x, y)                      # 创建转换表
print(f'转换表：{table1 = }')          # 查看转换表内容（字典类型，包含 x 与 y 之间的映射关系）
test = 'this is a string example...wow!'
print(f'{test = }')
print(f'{test.translate(table1) = }')            # 用转换表替换
table2 = str.maketrans(x, y ,z)                   # 创建另一个转换表
print(f'转换表：{table2 = }')                     # 查看转换表内容（映射为 None 的字符将被删除）
print(f'{test.translate(table2) = }')            # 用转换表替换和删除
```

【运行结果】
```
s1 = 'Hello, Python!'
s1.replace("o", "**") = 'Hell**, Pyth**n!'
s2 = '    Hello, Python!    '
s2.lstrip() = 'Hello, Python!    '
s2.rstrip() = '    Hello, Python!'
s2.strip() = 'Hello, Python!'
x = 'aeiou', y = '12345', z = 'thw'
转换表：table1 = {97: 49, 101: 50, 105: 51, 111: 52, 117: 53}
test = 'this is a string example...wow!'
test.translate(table1) = 'th3s 3s 1 str3ng 2x1mpl2...w4w!'
转换表：table2 = {97: 49, 101: 50, 105: 51, 111: 52, 117: 53, 116: None, 104: None,
119: None}
test.translate(table2) = '3s 3s 1 sr3ng 2x1mpl2...4!'
```

5.3.4 拆分和组合

字符串的拆分和组合可以通过如下调用字符串方法来实现。

- s.split(sep [, num])：以 sep 为分隔符将字符串 s 拆分为列表，默认的分隔符为空格；num 指定拆分的次数，默认值为-1，表示无限制拆分。
- s.rsplit(sep [, num])：与 split()方法类似，只是从右边开始拆分。
- s.splitlines([keepends])：按行（ "\r"、"\r\n"、"\n"）将字符串 s 拆分成列表；如果参数 keepends 为 True，则保留换行符。
- s.partition(sep)：从 sep 出现的第一个位置开始，将字符串 s 拆分成一个三元组，即(sep 左边的字符串, sep, sep 右边的字符串)；如果 s 中不包含 sep，则返回一个包含两个空字符串和原始字符串的三元组。
- s.rpartition(sep)：与 partition()方法类似，只是从字符串结尾开始搜索分隔符 sep。
- s.join(seq)：以 s 作为分隔符（可以是一个或多个字符），将序列 seq 中的所有元素合并成一个新的字符串。

【例 5.19】拆分和组合字符串。

【程序代码】

```
s1 = 'Python is a programming language that lets you work quickly.'
print(f'{s1 = }')
print(f'{s1.split(" ") = }')              # 以空格为分隔符进行拆分
print(f'{s1.split(" ", 3) = }')           # 以空格为分隔符拆分 3 次
print(f'{s1.rsplit(" ", 3) = }')          # 以空格为分隔符拆分 3 次，从右边开始
s2 = '空山新雨后\n 大气晚来秋\n 明月松间照\n 清泉石上流'
print(f'{s2 = }')
print(f'{s2.splitlines() = }')            # 按行拆分，不保留换行符
print(f'{s2.splitlines(True) = }')        # 按行拆分，保留换行符
s3 = 'www.baidu.com'
print(f'{s3 = }')
print(f'{s3.partition(".") = }')          # 以句点为分隔符拆分成三元组
print(f'{s3.rpartition(".") = }')         # 以句点为分隔符拆分成三元组，从右边开始
x = [str(i * i) for i in range(1, 11)]    # 创建列表
print(f'{x = }')
print(f'{"-".join(x) = }')                # 以 "-" 为分隔符，将列表元素连接成一个字符串
```

【运行结果】

```
s1 = 'Python is a programming language that lets you work quickly.'
s1.split(" ") = ['Python', 'is', 'a', 'programming', 'language', 'that', 'lets',
'you', 'work', 'quickly.']
s1.split(" ", 3) = ['Python', 'is', 'a', 'programming language that lets you work
quickly.']
s1.rsplit(" ", 3) = ['Python is a programming language that lets', 'you', 'work',
'quickly.']
s2 = '空山新雨后\n 天气晚来秋\n 明月松间照\n 清泉石上流'
s2.splitlines() = ['空山新雨后', '天气晚来秋', '明月松间照', '清泉石上流']
s2.splitlines(True) = ['空山新雨后\n', '天气晚来秋\n', '明月松间照\n', '清泉石上流']
s3 = 'www.baidu.com'
s3.partition(".") = ('www', '.', 'baidu.com')
s3.rpartition(".") = ('www.baidu', '.', 'com')
x = ['1', '4', '9', '16', '25', '36', '49', '64', '81', '100']
"-".join(x) = '1-4-9-16-25-36-49-64-81-100'
```

5.3.5 字符串测试

字符串内容属于何种类型可以通过调用字符串对象的如下方法来测试，所返回的测试结果是一个布尔值。

- s.isalnum()：如果字符串 s 中至少包含一个字符且全是字母或数字，则返回 True，否则返回 False。

- s.isalpha()：如果字符串 s 中至少包含一个字符且全是字母则返回 True，否则返回 False。

- s.isascii()：如果字符串 s 中的所有字符均为 ASCII，则返回 True，否则返回 False。ASCII 字符的代码点范围为 0x0000～0x007F。空字符串也是 ASCII。

- s.isdecimal()：如果字符串 s 中只包含十进制数字则返回 True，否则返回 False。

- s.isdigit()：如果字符串 s 中只包含数字则返回 True，否则返回 False。

- s.isidentifier()：如果字符串 s 是有效的 Python 标识符则返回 True，否则返回 False。要测试字符串 s 是否是 Python 的保留标识符（即关键字，如 while、for、def 和 class 等），则应使用 keyword.iskeyword()。

- s.islower()：如果字符串 s 中至少包含一个字符且全是小写字母则返回 True，否则返回 False。

- s.isnumeric()：如果字符串 s 中只包含数字字符则返回 True，否则返回 False。

- s.isprintable()：如果字符串 s 中所有字符均为可打印字符则返回 True，否则返回 False。空字符串也是可打印字符。

- s.isspace()：如果字符串 s 中只包含空格，则返回 True，否则返回 False。

- s.istitle()：如果字符串 s 的首字母大写，则返回 True，否则返回 False。

- s.isupper()：如果字符串 s 至少包含一个字符且全是大写字母则返回 True，否则返回 False。

- s.startswith(prefix[, start[, end]])：检查字符串是否是以 prefix 开头的，如果是则返回 True，否则返回 False。如果用 start 和 end 指定范围，则在该范围内检查。

- s.endswith(suffix[, start[, end]])：检查字符串 s 是否是以 suffix 结尾的，如果是则返回 True，否则返回 False。如果用 start 和 end 指定范围，则在该范围内检查。

【例 5.20】测试字符串。

【程序代码】

```
s1 = '123456abcdef'
print(f'{s1 = }')
print(f'{s1.isalnum() = }')              # s1 中全是字母和数字吗
print(f'{s1.isalpha() = }')              # s1 中全是字母吗
print(f'{s1.isascii() = }')              # s1 中全是 ASCII 字符吗
s2 = '生命苦短，我用 Python'
print(f'{s2 = }')
print(f'{s2.isascii() = }')              # s2 中全是 ASCII 字符吗
s3 = '123456'
print(f'{s3 = }')
print(f'{s3.isdecimal() = }')            # s3 中全是十进制数字吗
print(f'{s3.isdigit() = }')              # s3 只包含数字吗
s4 = s3 + 'abc'                          # 在 s3 末尾添加 3 个英文字母
print(f'{s4 = }')
print(f'{s4.isdecimal() = }')            # s4 中全是十进制数字吗
print(f'{s4.isdigit() = }')              # s4 只包含数字吗
print(f'{"username".isidentifier() = }') # 'username' 是有效标识符吗
print(f'{"user.name".isidentifier() = }')# 'user.name' 是有效标识符吗
print(f'{"this".islower() = }')          # 字符串中的字母全是小写吗
```

```python
print(f'{"This".islower() = }')                 # 字符串中的字母全是小写吗
print(f'{"123456".isnumeric() = }')             # 字符串只包含数字字符吗
print(f'{"123abc".isnumeric() = }')             # 字符串只包含数字字符吗
print(f'{"123abc".isprintable() = }')           # 字符串内容全是可打印字符吗
s5 = '123\tabc'
print(f'{s5 = }, {s5.isprintable() = }')        # 字符串内容全是可打印字符吗
print(f'{"    ".isspace() = }')                 # 字符串只包含空格吗
print(f'{"  .  ".isspace() = }')                # 字符串只包含空格吗
print(f'{"This".istitle() = }')                 # 字符串首字母为大写吗
print(f'{"this".istitle() = }')                 # 字符串首字母为大写吗
print(f'{"ABC".isupper() = }')                  # 字符串中的字母全是大写吗
print(f'{"Abc".isupper() = }')                  # 字符串中的字母全是大写吗
print(f'{"Python".startswith("Py") = }')        # 字符串是以 "Py" 开头的吗
print(f'{"Python".startswith("PY") = }')        # 字符串是以 "PY" 开头的吗
print(f'{"Python".endswith("on") = }')          # 字符串是以 "on" 结尾的吗
print(f'{"Python".endswith("om") = }')          # 字符串是以 "om" 结尾的吗
```

【运行结果】

```
s1 = '123456abcdef'
s1.isalnum() = True
s1.isalpha() = False
s1.isascii() = True
s2 = '生命苦短，我用 Python'
s2.isascii() = False
s3 = '123456'
s3.isdecimal() = True
s3.isdigit() = True
s4 = '123456abc'
s4.isdecimal() = False
s4.isdigit() = False
"username".isidentifier() = True
"user.name".isidentifier() = False
"this".islower() = True
"This".islower() = False
"123456".isnumeric() = True
"123abc".isnumeric() = False
"123abc".isprintable() = True
s5 = '123\tabc', s5.isprintable() = False
"    ".isspace() = True
"  .  ".isspace() = False
"This".istitle() = True
"this".istitle() = False
"ABC".isupper() = True
"Abc".isupper() = False
"Python".startswith("Py") = True
"Python".startswith("PY") = False
"Python".endswith("on") = True
"Python".endswith("om") = False
```

5.3.6　字符串编码

在 Python 中，通过调用字符串对象的 encode()方法可以使用已注册的编解码器对字符串进行编码并以字节对象的形式返回，调用格式如下。

```
s.encode([encoding [, errors]])
```

其中，两个参数均为可选参数，它们的取值均为字符串。encoding 指定要使用的编码方式，其默认值为'utf-8'；errors 指定要使用的错误处理方案，默认值为'strict'，表示编码错误会导致一个

UnicodeEncodeError，其他可能的值是'ignore'，'replace'，'xmlcharrefreplace'，以及注册的任何其他名称。

【例 5.21】字符串编码。

【程序代码】

```
s = '生命苦短，我用 Python'
print(f'{s = }')
print(f'{s.encode() = }')                    # 默认编码（UTF-8）
print(f'{s.encode("utf-8") = }')             # UTF-8 编码
print(f'{s.encode("utf-16") = }')            # UTF-16 编码
print(f'{s.encode("utf-32") = }')            # UTF-32 编码
print(f'{s.encode("gbk") = }')               # GBK 编码
```

【运行结果】

```
s = '生命苦短，我用 Python'
s.encode() = b'\xe7\x94\x9f\xe5\x91\xbd\xe8\x8b\xa6\xe7\x9f\xad\xef\xbc\x8c\xe6\
x88\x91\xe7\x94\xa8Python'
s.encode("utf-8") = b'\xe7\x94\x9f\xe5\x91\xbd\xe8\x8b\xa6\xe7\x9f\xad\xef\xbc\
x8c\xe6\x88\x91\xe7\x94\ xa8Python'
s.encode("utf-16") = b'\xff\xfe\x1fu}T\xe6\x82\xedw\x0c\xff\x11b(uP\x00y\x00t\
x00h\x00o\x00n\x00'
s.encode("utf-32") = b'\xff\xfe\x00\x00\x1fu\x00\x00}T\x00\x00\xe6\x82\x00\x00\
xedw\x00\x00\x0c\xff\x00\x00\x11b\x 00\x00(u\x00\x00P\x00\x00\x00y\x00\x00\x00t\x00\
x00\x00h\x00\x00\x00o\x00\x00\x00n\x00\x00\x00'
s.encode("gbk") = b'\xc9\xfa\xc3\xfc\xbf\xe0\xb6\xcc\xa3\xac\xce\xd2\xd3\
xc3Python'
```

5.3.7　字符串格式化

在 Python 中，字符串格式化可以通过调用以下字符串方法来实现。

1．用 format()方法格式化

对于字符串对象 s，可以通过调用 format()方法来返回其格式化版本，语法格式如下。

```
s.format(*args, **kwargs)
```

其中，参数 args 为元组类型的变长参数，可以接收 0 个或多个实参并封装成一个元组；参数 kwargs 为字典类型的变长参数，可以通过"键=值"格式接收 0 个或多个实参并封装成一个字典。

format()方法用于执行字符串格式化操作。调用 format()方法时，字符串 s 中可以包含普通文本或用花括号"{}"分隔的替换字段，每个替换字段包含位置参数的数字索引或关键字参数的名称（如{0:s}、{1:d}、{username:s}等）。format()方法返回字符串 s 的格式化后的副本，其中每个替换字段都用参数中的相应字符串值替换。

format()方法已在 2.2.3 节进行了相关介绍，这里不再赘述。

2．用 format_map()方法格式化

对于字符串对象 s，可以使用 format_map()方法返回其格式化版本，语法格式如下。

```
s.format_map(**mapping)
```

其中，参数 mapping 为字典类型的变长参数，可以直接以字典对象或"{键=值, 键=值}"格式接收 0 个或多个实参。

s.format_map(**mapping)与 s.format(**mapping)类似，不同的是，调用时 s.format_map(**mapping)将直接使用映射而不将其复制到字典中。调用此方法时，字符串 s 中可以包含普通文本或用花括号"{}"分隔的替换字段，每个替换字段包含关键字参数的名称（如{username:s}、{count:d}等）。

【例 5.22】用 format_map()方法实现字符串格式化。

【程序代码】

```
point1 = {'x': 2, 'y': 3}
print(f'{point1 = }')
print('x = {x}, y = {y}'.format_map(point1))
point2 = {'x': 4, 'y': 5}
print(f'{point2 = }')
print('x = {x}, y = {y}'.format_map(point2))
student1 = {'name': '张三', 'gender': '男', 'age': 20}
print(f'{student1 = }')
print('姓名：{name}；性别：{gender}；年龄：{age}'.format_map(student1))
student2 = {'name': '李明', 'gender': '女', 'age': 19}
print(f'{student2 = }')
print('姓名：{name}；性别：{gender}；年龄：{age}'.format_map(student2))
```

【运行结果】

```
point1 = {'x': 2, 'y': 3}
x = 2, y = 3
point2 = {'x': 4, 'y': 5}
x = 4, y = 5
student1 = {'name': '张三', 'gender': '男', 'age': 20}
姓名：张三；性别：男；年龄：20
student2 = {'name': '李明', 'gender': '女', 'age': 19}
姓名：李明；性别：女；年龄：19
```

5.4 字节类型

字节类型是由单个字节组成的有序序列，可以分为字节对象和字节数组，前者是由字节组成的不可变有序序列，后者则是由字节组成的可变有序序列。字节对象与字符串既有区别又有联系，对字符串进行编码可得到字节对象，对字节对象解码则可得到字符串。

5.4.1 字节对象

字节对象是由一组字节组成的不可变有序序列，其中每个字节代表一个 8 位二进制数字（取值范围为 0~255），可以是一个 ASCII 字符或十六进制数字（\x00~0xff）。

1. 创建字节对象

在 Python 中，创建字节对象可以使用引号或 bytes()函数来实现。

- 与创建字符串类似，可以使用单引号、双引号或三引号来定义字节对象，只是需要添加一个字母 b 作为前缀，具体示例如下。

```
>>> b'still allows embedded "double" quotes'          # 使用单引号，嵌入双引号
b'still allows embedded "double" quotes'
>>> b"still allows embedded 'single' quotes"          # 使用双引号，嵌入单引号
b"still allows embedded 'single' quotes"
>>> b'''3 single quotes''', b"""3 double quotes"""    # 使用三个单引号或双引号
(b'3 single quotes', b'3 double quotes')
>>> b = b'Python\x80\x65'    # 字节内容为 ASCII 字符和十六进制数字
>>> type(b)                  # 测试字节序列的数据类型
<class 'bytes'>
```

- 字节对象也可以通过调用内置类 bytes 的构造方法来创建，语法格式如下。

```
bytes([source [, encoding [, errors]]])
```

其中，3 个参数都是可选项。参数 source 可以是整数、字符串或可迭代对象。当 source 为字符串时，应使用参数 encoding 指定字符串的编码方式。errors 指定编码错误处理方式。

如果所有参数全部省略，则 bytes()方法会返回一个长度为 0 的字节对象。

当参数 source 是大于 0 的整数时，bytes()方法将返回由这个整数所指定长度的空字节（即用 0

填充）序列。

当参数 source 是字符串时，必须提供参数 encoding，以指定对字符串采用何种编码方式，此时 bytes()函数的作用等价于字符串的 encode()方法，其结果是将字符串转换成字节对象。

当参数 source 是一个可迭代对象时，其所有元素的取值范围都必须是 0~255。

【例 5.23】使用 bytes()函数创建字节对象。

【程序代码】
```python
print(f'{bytes() = }')    # 未提供参数，创建空字节对象
print(f'{bytes(10) = }') # 以正整数为参数，创建指定长度的空字节对象
# 从字符串创建字节对象，编码方式为 UTF-8
print(f'{bytes("生命苦短，我用 Python", "utf-8") = }')
print(f'{bytes("Python 程序设计", "gbk") = }')   # 从字符串创建字节对象，编码方式为 GBK
# 从列表创建字节对象，各元素的取值范围为 0~255
print(f'{bytes([i * i for i in range(1, 11)]) = }')
```

【运行结果】
```
bytes() = b''
bytes(10) = b'\x00\x00\x00\x00\x00\x00\x00\x00\x00\x00'
bytes("生命苦短，我用 Python", "utf-8") = b'\xe7\x94\x9f\xe5\x91\xbd\xe8\x8b\xa6\xe7\x9f\xad\xef\xbc\x8c\xe6\x88\x91\xe7\x94\xa8Python'
bytes("Python 程序设计", "gbk") = b'Python\xb3\xcc\xd0\xf2\xc9\xe8\xbc\xc6'
bytes([i * i for i in range(1, 11)]) = b'\x01\x04\t\x10\x19$1@Qd'
```

2. 字节对象的基本操作

创建字节对象后，可以对该对象进行如下基本操作。

- 统计：字节对象属于有序序列，可以使用如下内置函数对其进行统计。
  - ➢ len(b)：返回字节对象 b 的长度（包含的字节数）。
  - ➢ max(b)：返回字节对象 b 中的最大字节值。
  - ➢ min(b)：返回字节对象 b 中的最小字节值。
  - ➢ sum(b)：返回字节对象 b 中的所有字节之和。
- 连接：对于字节对象，可以使用连接运算符"+"和"*"进行连接操作或重复连接，语法格式如下。

```
字节对象 1 + 字节对象 2
字节对象 * 正整数
```

- 索引：使用方括号运算符和索引值可以获取指定位置的字节值，语法格式如下。

```
字节对象[索引]
```

- 切片：通过切片操作可以从字节对象中获取一部分字节，语法格式如下。

```
字节对象[起始索引：终止索引：步长]
```

- 遍历：使用 for 语句遍历字节对象中的每个字节。

【例 5.24】字节对象的基本操作。

【程序代码】
```python
b1 = bytes('我爱 Python', 'gbk')
print(f'{b1 = }')
print(f'{len(b1) = }')                          # 长度
print(f'{max(b1) = }, {hex(max(b1)) = }')        # 最大值
print(f'{min(b1) = }, {hex(min(b1)) = }')        # 最小值
print(f'{sum(b1) = }')                          # 所有字节之和
b2 = bytes('程序设计', 'gbk')
print(f'{b2 = }')
print(f'{b1 + b2 = }')                          # 连接
print(f'{b1 * 3 = }')                           # 重复连接
```

```
print(f'{b1[0] = }, {b1[2] = }, {b1[3] = }')          # 索引
print(f'{b1[-1] = }, {b1[-2] = }, {b1[-3] =}')         # 负数索引
print(f'{b1[2: 8] = }')                                 # 切片
for x in b1:                                            # 遍历
    print(f'{x:x}', end=' ')
```

【运行结果】
```
b1 = b'\xce\xd2\xb0\xaePython'
len(b1) = 10
max(b1) = 210, hex(max(b1)) = '0xd2'
min(b1) = 80, hex(min(b1)) = '0x50'
sum(b1) = 1408
b2 = b'\xb3\xcc\xd0\xf2\xc9\xe8\xbc\xc6'
b1 + b2 = b'\xce\xd2\xb0\xaePython\xb3\xcc\xd0\xf2\xc9\xe8\xbc\xc6'
b1 * 3 = b'\xce\xd2\xb0\xaePython\xce\xd2\xb0\xaePython\xce\xd2\xb0\xaePython'
b1[0] = 206, b1[2] = 176, b1[3] = 174
b1[-1] = 110, b1[-2] = 111, b1[-3] =104
b1[2: 8] = b'\xb0\xaePyth'
ce d2 b0 ae 50 79 74 68 6f 6e
```

3. 字符串与字节对象的相互转换

字符串与字节对象的相互转换分为以下几种情况。

• 使用 bytes 类的 fromhex()方法从十六进制字符串创建一个字节对象，语法格式如下。
```
bytes.fromhex(s)
```
其中，参数 s 是一个字符串，它必须包含两个十六进制数字，数字之间的空格会被忽略。fromhex()方法的返回值是一个字节对象。

• 使用字节对象的 hex()方法从字节对象创建一个十六进制字符串，语法格式如下。
```
bytes_obj.hex()
```
其中，bytes_obj 是一个字节对象；hex()方法的返回值是一个字符串。

• 使用字节对象的 decode()方法将其解码为一个字符串，语法格式如下。
```
bytes_obj.decode(encoding, errors)
```
其中，参数 encoding 用于指定解码方式，其默认值为 'utf-8'；参数 errors 用于指定错误处理方式。调用字节对象的实例方法 bytes_obj.decode(encoding, errors)的作用相当于调用字符串类的构造方法 str(bytes_obj, encoding, errors)。

【例 5.25】字符串与字节对象的相互转换。

【程序代码】
```
print(f'{bytes.fromhex("2Ef0 F1f2  ") = }')    # 十六进制字符串转换为字节对象
x = b'\xf0\xf1\xf2'
print(f'{x = }, {x.hex() = }')                  # 字节对象转换为字符串
y = b'\xd6\xd0\xb9\xfa'
print(f'{y = }, {y.decode("gbk") = }')          # 字节对象解码为字符串
z = b'\xd6\xd0\xb9\xfa'
print(f'{z = }, {str(z, "gbk") = }')
```

【运行结果】
```
bytes.fromhex("2Ef0 F1f2  ") = b'.\xf0\xf1\xf2'
x = b'\xf0\xf1\xf2', x.hex() = 'f0f1f2'
y = b'\xd6\xd0\xb9\xfa', y.decode("gbk") = '中国'
z = b'\xd6\xd0\xb9\xfa', str(z, "gbk") = '中国'
```

5.4.2　字节数组

字节对象是由字节组成的不可变的有序序列，虽然可以通过索引读取某个字节的内容，但是无法通过赋值对其进行修改。如果需要修改某个字节，则需要使用字节数组。

1. 创建字节数组

字节数组可以通过调用内置类 bytearray 的构造方法来创建，语法格式如下。

```
bytearray([source [, encoding [, errors]]])
```

其中，参数 source 可以是整数、字符串、字节对象及其他可迭代对象等；encoding 指定字符串编码方式；errors 指定错误处理方法。如果 source 为整数，则返回一个长度为 source 的字节数组；如果 source 为字符串，则按照指定的 encoding 将字符串转换为字节序列；如果 source 为可迭代对象，则其元素必须为 0~255 的整数；如果没有提供任何参数，则创建一个空数组。

使用 bytearray() 方法创建的字节数组是可变对象，可以通过赋值语句对其中的元素进行修改。通常可以使用整数作为 source 参数，由此创建一个具有给定长度且用 0 填充的字节数组，然后通过赋值操作对该数组中的指定元素进行修改。

创建字节数组后，可以使用内置函数对其进行统计，如计算长度、最大值、最小值及所有元素之和等。

【例 5.26】字节数组的创建与操作。

【程序代码】

```
b = bytearray(10)                              # 创建字节数组
print(f'{b = }')
print(f'{len(b) = }')                          # 字节数组长度
print(f'{type(b) = }')                         # 检查类型
b[0], b[1], b[2] = 100, 101, 102               # 通过赋值修改字节数组元素
print(f'赋值修改之后：{b = }')
b[5: 10] = [i for i in range(100, 107)]        # 通过切片赋值修改字节数组元素
print(f'切片修改之后：{b = }')
print(f'{max(b) = }')                          # 最大元素
print(f'{min(b) = }')                          # 最小元素
print(f'{sum(b) = }')                          # 元素之和
```

【运行结果】

```
b = bytearray(b'\x00\x00\x00\x00\x00\x00\x00\x00\x00\x00')
len(b) = 10
type(b) = <class 'bytearray'>
赋值修改之后：b = bytearray(b'def\x00\x00\x00\x00\x00\x00\x00')
切片修改之后：b = bytearray(b'def\x00\x00defghij')
max(b) = 106
min(b) = 0
sum(b) = 1024
```

2. 字节对象与字节数组之间的相互转换

字节对象和字节数组都是由一组字节组成的有序序列，但字节对象是不可变对象，字节数组是可变对象。根据需要，也可以在字节对象与字节数组之间进行相互转换。

* 通过调用 bytes() 函数可以将字节数组转换为字节对象。

```
bytes(字节数组) -> 字节对象
```

* 通过调用 bytearray() 函数可以将字节对象转换为字节数组。

```
bytearray(字节对象) -> 字节数组
```

【例 5.27】字节数组与字节对象的相互转换。

【程序代码】

```
bb = bytes(10)                                 # 创建字节对象
print(f'{bb = }')                              # 查看字节对象

ba = bytearray(bb)                             # 从字节对象创建字节数组
print(f'{ba = }')                              # 查看字节数组
```

```
ba[0:] = [i for i in range(65, 76)]    # 对字节数组进行切片赋值
print(f'修改之后：{ba = }')            # 查看修改后的字节数组

bb = bytes(ba)                          # 从字节数组创建字节对象
print(f'{bb = }')                       # 查看字节对象
```

【运行结果】
```
bb = b'\x00\x00\x00\x00\x00\x00\x00\x00\x00\x00'
ba = bytearray(b'\x00\x00\x00\x00\x00\x00\x00\x00\x00\x00')
修改之后：ba = bytearray(b'ABCDEFGHIJK')
bb = b'ABCDEFGHIJK'
```

3. 字节数组与字符串之间的相互转换

字节数组与字符串之间可以进行相互转换，通常可以分为以下几种情况。

- 使用 bytearray 类的 fromhex 方法()可以从十六进制字符串 s 创建一个字节数组，语法格式如下。
```
bytearray.fromhex(s)
```
- 使用字节数组对象的 hex()方法可以从字节数组 ba 创建一个十六进制字符串，语法格式如下。
```
ba.hex()
```
- 使用字节数组的 decode()方法可以按指定编码方式对字节数组 ba 进行解码，从而得到一个字符串，语法格式如下。
```
ba.decode(encoding, errors)
```

【例 5.28】字节数组与字符串之间的相互转换。
【程序代码】
```
s = '8af3 69ce 86de'                          # 十六进制字符串
print(f'{s = }')
print(f'{bytearray.fromhex(s) = }')           # 从十六进制字符串创建字节数组

ba = bytearray([i * i for i in range(1, 16)]) # 创建字节数组
print(f'{ba = }')                             # 查看字节数组
print(f'{ba.hex() = }')                       # 将字节数组转换为十六进制字符串

baa = b'\xe6\x88\x91\xe5\x92\x8c\xe6\x88\x91\xe7\x9a\x84\xe7\xa5\x96\xe5\x9b\xbd'
                                              # 创建字节数组
print(f'{baa = }')
print(f'{baa.decode("utf-8") = }')            # 按 UTF-8 编码方式对字节数组解码得到字符串

baaa = b'\xce\xd2\xb0\xae\xb1\xe0\xb3\xcc'    # 创建字节数组
print(f'{baaa.decode("gbk") = }')             # 按 GBK 编码方式对字节数组解码得到字符串
```

【运行结果】
```
s = '8af3 69ce 86de'
bytearray.fromhex(s) = bytearray(b'\x8a\xf3i\xce\x86\xde')
ba = bytearray(b'\x01\x04\t\x10\x19$1@Qdy\x90\xa9\xc4\xe1')
ba.hex() = '010409101924314051647990a9c4e1'
baa =
b'\xe6\x88\x91\xe5\x92\x8c\xe6\x88\x91\xe7\x9a\x84\xe7\xa5\x96\xe5\x9b\xbd'
baa.decode("utf-8") = '我和我的祖国'
baaa.decode("gbk") = '我爱编程'
```

5.5 正则表达式

正则表达式是一个特殊的字符序列，可以用来搜索、替换和解析字符串。Python 提供了 re 模

块，使其拥有全部的正则表达式功能。在 Python 中，使用正则表达式处理字符串的主要步骤如下：首先写出所需要的正则表达式，然后直接调用模块级函数，或者先编译生成正则表达式对象之后再调用该对象的相关方法，最后从函数或方法调用中获取结果。

5.5.1　正则表达式语法

正则表达式由普通字符和特殊字符组成。普通字符表示其自身，包括英文字母、汉字、数字、标点符号及其他符号；正则表达式中的特殊字符具有特殊含义，可以用来匹配满足指定条件的一组字符。

1．特殊字符

特殊字符一般都具有通用性，如"\d"可以表示匹配任意一个数字字符。特殊字符包括数量限定词、字符限定词及定位符等。正则表达式中常用的特殊字符如表 5.2 所示。

表 5.2　正则表达式中常用的特殊字符

类别	元字符	功 能 描 述
数量限定词	*	匹配前面的 0 个或多个字符。例如，'ab*'可以匹配'a'、'ab'或'abc'等
	+	匹配前面的 1 个或多个字符。例如，'ab+'可以匹配'ab'或'abb'等
	?	匹配前面的 0 个或 1 个字符。例如，'ab?'可以匹配'a'或'ab'，但不能匹配'abb'
	{n}	匹配前面的字符 n 次。例如，'ab{3}'可以匹配'abbb'，但不能匹配'ab'或'abb'
	{n,}	匹配前面的字符至少 n 次。例如，'ab{3,}'可以匹配'abbb'或'abbbb'，但不能匹配'ab'或'abb'
	{m,n}	匹配前面的字符至少 m 次，至多 n 次。例如，'ab{1,3}'可以匹配'ab'、'abb'或'abbb'
字符限定符	.	匹配换行符"\n"之外的任意字符。例如，'a.c'可以匹配'abc'、'adc'或'aec'等
	\	表示位于"\"后面的为转义字符。例如，'a\.c'可以匹配'a.c'
	|	匹配位于"|"前面或后面的字符。例如，'com|net|org'可以匹配'com'、'net'或'org'之一
	[...]	定义一个字符集，用于匹配字符集内的任意字符。例如，'[abc]'可以匹配'a'、'b'或'c'
	[^...]	定义一个字符集，用于匹配字符集外的任意字符。例如，'[^aeiou]'可以匹配任意非小写元音字母的字符
	[-]	定义一个字符集，用于匹配指定范围内的任意字符。例如，'[a-z]'可以匹配任意小写字母的字符
	[^-]	定义一个字符集，用于匹配指定范围外的任意字符。例如，'[^a-z]'可以匹配任意非小写字母的字符
	(...)	匹配括号内的任何正则表达式，并指示组的开始和结束，组可以嵌套。例如，'(ab){3}'可以匹配'ababab'
	\d	匹配任意数字字符，等价于[0-9]
	\D	匹配任意非数字字符，等价于[^0-9]
	\w	匹配任意 Unicode 单词字符，包括单词字符、数字和下画线。使用 ASCII 标志时，仅匹配[a-zA-Z0-9_]
	\W	与"\w"相反，匹配不是单词字符的任意字符。使用 ASCII 标志时，等效于[^a-zA-Z0-9_]
	\s	匹配任意空白字符，等价于[\t\n\r\f]（需要注意的是，"\t"前面有一个空格）
	\S	匹配任意非空白字符，等价于[^ \t\n\r\f]（需要注意的是，"\t"前面有一个空格）
定位符	^	匹配目标字符串的开头
	$	匹配目标字符串的结尾
	\b	匹配单词的边界（即单词与空格之间的位置）
	\B	匹配非单词边界

2．贪婪模式和非贪婪模式

按照所用的数量限定词，正则表达式对字符串的匹配分为贪婪模式和非贪婪模式。

贪婪模式是指在整个表达式匹配成功的前提下，根据前导字符匹配尽可能多的内容。在默认情况下，? + * {m, n}都是贪婪的，例如，对于字符串'aacbacbc'，使用正则表达式'a.*b'匹配到第一个'a'后，开始匹配.*，由于是贪婪模式，所以它会一直往后匹配，直到最后一个满足条件 b 为止，最终的匹配结果是整个字符串'aacbacb'。

非贪婪模式是指在整个表达式匹配成功的前提下，根据前导字符匹配尽可能少的内容。要使用非贪婪模式，在数量限定词后面直接加上一个问号"？"即可，如*?、+?、??、{n,m}?、{n,}?。对于字符串'aacbacbc'，使用正则表达式'a.*?b'匹配到第一个'a'后，开始匹配.*，由于开启了贪婪模式，匹配到第一个'b'之后不会一直往后匹配，所以匹配结果为'aacb'。

5.5.2　常用正则表达式

在编程实践中，正则表达式通常用于校验数字、字符或一些特殊要求的数据（如电子邮件地址和网址）。校验数字的常用正则表达式如表 5.3 所示。

表 5.3　校验数字的常用正则表达式

校 验 对 象	正则表达式
任意数字	^[0-9]*$
n 位数字	^\d{n}$
至少 n 位数字	^\d{n,}$
m～n 位数字	^\d{m,n}$
带有 m～n 位小数的正数或负数	^(\-)?\d+(\.\d{1,2})?$
带有 2 位小数的正实数	^[0-9]+(.[0-9]{2})?$
正整数	^[1-9]\d*$ 或 ^[1-9][0-9]*$
负整数	^-[1-9]\d*$ 或 ^-[1-9][0-9]*$
非正整数	^-[1-9]\d*|0$
非负整数	^[1-9]\d*|0$
非正浮点数	^(-([1-9]\d*\.\d*|0\.\d*[1-9]\d*))|0?\.0+|0$
非负浮点数	^[1-9]\d*\.\d*|0\.\d*[1-9]\d*|0?\.0+|0$
浮点数	^-?([1-9]\d*\.\d*|0\.\d*[1-9]\d*|0?\.0+|0)$

校验字符的常用正则表达式如表 5.4 所示。

表 5.4　校验字符的常用正则表达式

校 验 对 象	正则表达式
汉字	^[\u4e00-\u9fa5]{0,}$
长度为 m～n 的所有字符	^.{m,n}$
由英文字母组成的字符串	^[A-Za-z]+$
由大写英文字母组成的字符串	^[A-Z]+$
由小写英文字母组成的字符串	^[a-z]+$
由英文字母、数字和下画线组成的字符串	^[A-Za-z0-9_]+$
由中文、英文、数字和下画线组成的字符串	^[\u4E00-\u9FA5A-Za-z0-9_]+$

特殊要求校验的常用正则表达式如表 5.5 所示。

表 5.5　特殊要求校验的常用正则表达式

校 验 对 象	正则表达式
电子邮件地址	^\w+([-+.]\w+)*@\w+([-.]\w+)*\.\w+([-.]\w+)*$
域名	[a-zA-Z0-9][-a-zA-Z0-9]{0,62}(/.[a-zA-Z0-9][-a-zA-Z0-9]{0,62})+/.?

校 验 对 象	正则表达式
网址	(http|ftp|https):\/\/[\w\-_]+(\.[\w\-_]+)+([\w\-\.,@?^=%&:/~\+#]*[\w\-\@?^=%&/~\+#])?
固定电话号码	^(\d{4}-|\d{3}-)?(\d{8}|\d{7})$
手机号码	^((13[0-9])|(14[5,7])|(15[0-3,5-9])|(17[0,3,5-8])|(18[0-9])|166|198|199|(147))\\d{8}$
邮政编码	^[1-9]\d{5}$
身份证号	^\d{15}(\d\d[0-9xX])?$
IP 地址	^((25[0-5]|2[0-4]\d|((1\d{2})|([1-9]?\d)))\.){3}(25[0-5]|2[0-4]\d|((1\d{2})|([1-9]?\d)))$
腾讯 QQ 号	^[1-9][0-9]{4,}$
日期格式	^\d{4}-\d{1,2}-\d{1,2}$

5.5.3 re 模块内容介绍

在 Python 中，正则表达式的功能可以通过正则表达式 re 模块来实现。导入 re 模块后，便可以通过调用模块中函数或正则表达式对象来搜索、替换和解析字符串。

re 模块中的函数如表 5.6 所示。

表 5.6 re 模块中的函数

函 数	描 述
match()	将正则表达式模式匹配到字符串的开头
fullmatch()	将正则表达式模式匹配到所有字符串
search()	在字符串中搜索是否存在模式
sub()	替换在字符串中找到的模式
subn()	与 sub()函数相同，但会返回替换的次数
split()	通过模式的出现来分割字符串
findall()	查找字符串中出现的所有模式
finditer()	返回一个迭代器，为每个匹配生成一个 Match 对象
compile()	将模式编译为 Pattern 对象
purge()	清除正则表达式缓存

调用表 5.6 中的某些函数时，还可以使用表 5.7 中列出的标志位作为可选参数。

表 5.7 正则表达式的标志位

标 志 位	描 述
re.A，re.ASCII	使 "\w" "\W" "\b" "\B" "\d" "\D" 匹配相应的 ASCII 字符类别
re.I，re.IGNORECASE	使匹配对大小写敏感
re.L，re.LOCALE	进行本地化识别匹配
re.M，re.MULTILINE	进行多行匹配，影响 "^" 和 "$"
re.S，re.DOTALL	匹配包括换行符在内的所有字符
re.U，re.UNICODE	根据 Unicode 字符集解析字符，影响 "\w" "\W" "\b" "\B"
re.X，re.VERBOSE	"^" 匹配字符串和每行的行首，"$" 匹配字符串和每行的行尾

5.5.4 使用正则表达式处理字符串

使用正则表达式处理字符串，需要先导入 re 模块，然后调用该模块中的相关正则表达式函数，从而实现对字符串的处理。下面介绍常用正则表达式函数的使用。

1. 匹配函数

在 re 模块中，re.match()函数和 re.search()函数可以用来在字符串中匹配一个正则表达式（称为模式）。下面介绍这两个函数的用法。

（1）re.match()函数从字符串的起始位置进行匹配，调用格式如下。

```
m = re.match(pattern, string, flags=0)
```

其中，pattern 为模式；string 为待匹配的字符串；可选的 flags 指定标志位，用于控制正则表达式的匹配方式，如是否区分大小写、多行匹配等，常用标志位如表 5.7 所示。

如果字符串 string 开头的 0 个或多个字符与模式 pattern 匹配，则返回相应的匹配对象。如果字符串 string 与模式 pattern 不匹配，则返回 None。

当匹配成功时，可以使用匹配对象 m 的以下方法来获取匹配结果。

- m.group()或 m.group(0)：返回整个匹配字符串。
- m.group(组号 1, 组号 2, ...)：返回一个元组，其中包含各个组对应的匹配项。
- m.groups()：返回一个元组，其中包含所有组对应的匹配项。
- m.groupdict()：返回一个字典，其中包含该匹配项的所有命名组，并且是以组名称作为关键字的。

这里需要对组匹配模式加以说明。在正则表达式中，可以使用圆括号 "()" 将一个合法的正则表达式括起来，由此定义一个组（也称为子模式），语法格式如下。

```
（正则表达式）
```

其中，"(" 和 ")" 分别表示组的开始与结束。在一个正则表达式中可以定义多个组，每个组都有一个数字序号（也可以命名），0 表示整个正则表达式（不论是否使用组匹配模式），1 表示第一个组，2 表示第二个组，以此类推，最大序号为 99。如果要匹配 "(" 和 ")"，则可以使用 "\(" 和 "\)" 或 "[(]" 和 "[)]"。

除了用数字索引来标识模式中的组，还可以对组进行命名，语法格式如下。

```
(?P<组名>正则表达式)
```

其中，"?" 表示组匹配模式的扩展；P 为组名扩展标示，表示后面为组名，P 必须是大写字母；"<>" 中的内容为组名，组名必须是有效的标识符，并且在同一个模式中组名不能重复。

【例 5.29】从字符串中提取匹配项示例。

【程序代码】

```
import re
s = 'www.python.org'          # 待匹配字符串
p1 = 'w{3}'                    # 模式，用于匹配'www'
m1 = re.match(p1, s)          # 从字符串开头进行匹配
print(f'{m1 = }')
print(f'{m1.group(0) = }')
p2 = 'org'
m2 = re.match(p2, s)          # 'org'在字符串 s 末尾，s 与模式 p2 不匹配，返回 None
print(f'{m2 = }')             # m2 为 None
```

【运行结果】

```
m1 = <re.Match object; span=(0, 3), match='www'>
m1.group(0) = 'www'
m2 = None
```

【例 5.30】贪婪匹配与非贪婪匹配示例。

【程序代码】

```
import re
s = 'fooooood'
p1= 'fo+'                     # 贪婪匹配模式
m1 = re.match(p1, s)          # 匹配到第一个'o'，一直向后匹配
```

```
print(f'{m1 = }')
print(f'{m1.group() = }')
p2 = 'fo+?'                    # 数量限定词+后面加上问号"?"，启用非贪婪模式
m2 = re.match(p2, s)          # 匹配到第一个'o'，立即停止继续向后匹配
print(f'{m2 = }')
print(f'{m2.group() = }')
```

【运行结果】
```
m1 = <re.Match object; span=(0, 7), match='fooooooo'>
m1.group() = 'fooooooo'
m2 = <re.Match object; span=(0, 2), match='fo'>
m2.group() = 'fo'
```

【例5.31】组匹配模式示例。

【程序代码】
```
import re
s = 'www.baidu.com'          # 字符串
p = r'(\w+).(\w+).(\w+)'     # 模式包含3个子模式，通常用原始字符串表示法表示模式
m = re.match(p, s)
print(f'{m = }')             # 匹配对象
print(f'{m.group(0) = }')    # 与模式匹配的整个字符串
print(f'{m.group(1) = }')    # 与组号为1的子模式匹配的字符串
print(f'{m.group(2) = }')    # 与组号为2的子模式匹配的字符串
print(f'{m.group(3) = }')    # 与组号为3的子模式匹配的字符串
print(f'{m.groups() = }')    # 一个元组，包含3个子模式的匹配项
```

【运行结果】
```
m = <re.Match object; span=(0, 13), match='www.baidu.com'>
m.group(0) = 'www.baidu.com'
m.group(1) = 'www'
m.group(2) = 'baidu'
m.group(3) = 'com'
m.groups() = ('www', 'baidu', 'com')
```

（2）re.search()函数扫描整个字符串以查找模式的匹配项，如果找到匹配项，则返回一个 Match 对象，否则返回 None，调用格式如下。

```
re.search(pattern, string, flags=0)
```

其中，各个参数的含义与 re.match()函数中参数的含义相同。

re.match()函数只匹配字符串的开头，如果字符串开头与模式不符合，则匹配失败并返回 None；而 re.search()函数匹配整个字符串，直至找到一个匹配项。

【例5.32】re.search()函数与 re.match()函数的比较。

【程序代码】
```
import re
s = 'function'               # 字符串
p = 'tion'                   # 模式
m1 = re.match(p, s)          # 从字符串开头匹配
print(f'{m1 = }')            # 匹配失败，返回 None
m2 = re.search(p, s)         # 扫描整个字符串
print(f'{m2 = }')            # 查看匹配对象，找到了
print(f'{m2.group() = }')    # 查看匹配项
```

【运行结果】
```
m1 = None
m2 = <re.Match object; span=(4, 8), match='tion'>
m2.group() = 'tion'
```

【例5.33】在正则表达式中使用命名组示例。

```
import re
s = '张强的 QQ 邮箱为 668899@qq.com'                        # 字符串
p = r'(?P<user>\d+)@(?P<site>\w+)\.(?P<ext>\w+)'  # 模式中包含 3 个命名子模式
m = re.search(p, s)                        # 扫描整个字符串，以查找匹配项
print(f'{m = }')                           # 匹配对象
print(f'{m.group() = }')                   # 与模式匹配的整个字符串
print(f'{m.group("user") = }')             # 名称为 user 的子模式的匹配项
print(f'{m.group("site") = }')             # 名称为 site 的子模式的匹配项
print(f'{m.group("ext") = }')              # 名称为 ext 的子模式的匹配项
print(f'{m.groupdict() = }')               # 一个字典，其中包含所有命名子组的匹配项
```

【运行结果】

```
m = <re.Match object; span=(8, 21), match='668899@qq.com'>
m.group() = '668899@qq.com'
m.group("user") = '668899'
m.group("site") = 'qq'
m.group("ext") = 'com'
m.groupdict() = {'user': '668899', 'site': 'qq', 'ext': 'com'}
```

2. 查找函数

re 模块中有两个用于查找的函数，即 re.findall() 和 re.finditer()。下面介绍这两个函数的用法。

（1）re.findall()函数从字符串中查找模式的所有匹配字符串并返回一个列表，调用格式如下。

```
re.findall(pattern, string, flags=0)
```

其中，各参数的含义与 re.match() 函数中参数的含义相同。

re.findall()函数从左到右扫描字符串 string，以搜索模式 pattern 的所有非重叠匹配项，并按找到的顺序以列表形式返回这些匹配项。如果未找到匹配项，则返回一个空列表。

如果模式中不包含圆括号或只包含一个圆括号，则返回一个字符串列表。如果模式中包含两个或多个圆括号，则返回一个元组列表。

【例 5.34】从字符串中查找匹配子串示例。

【程序代码】

```
import re
print(f'{re.findall("ab", "abcdefghabcdef") = }')          # 模式中没有组，返回字符串列表
print(f'{re.findall("ac", "abcdefghabcdef") = }')          # 未找到匹配项，返回空列表
print(f'{re.findall("(abc)d", "abcdefghabcdef") = }')      # 模式中有一个组，返回字符串列表
# 模式中包含两个组，返回元组列表
print(f'{re.findall("(ab)cd(ef)", "abcdefghabcdef") = }')
# 嵌套组（包含两个子组），返回元组列表
print(f'{re.findall("((ab)cd(ef))", "abcdefghabcdef") = }')
s = 'Python Java PHP Go'  # 待匹配字符串
p1 = r'(\w+)\s+\w+'        # 模式中包含一个组，返回字符串列表
print(f'{re.findall(p1, s) = }')
p2 = r'((\w+)\s+\w+)'      # 模式中包含一个嵌套组（包含一个子组），返回元组列表
print(f'{re.findall(p2, s) = }')
```

【运行结果】

```
re.findall("ab", "abcdefghabcdef") = ['ab', 'ab']
re.findall("ac", "abcdefghabcdef") = []
re.findall("(abc)d", "abcdefghabcdef") = ['abc', 'abc']
re.findall("(ab)cd(ef)", "abcdefghabcdef") = [('ab', 'ef'), ('ab', 'ef')]
re.findall("((ab)cd(ef))", "abcdefghabcdef") = [('abcdef', 'ab', 'ef'),('abcdef',
'ab', 'ef')]
re.findall(p1, s) = ['Python', 'PHP']
re.findall(p2, s) = [('Python Java', 'Python'), ('PHP Go', 'PHP')]
```

（2）re.finditer()函数从字符串中查找模式的所有匹配字符串并作为一个迭代器返回，调用格式

如下。

```
re.finditer(pattern, string, flags=0)
```

其中，各个参数的含义与 re.match()函数中参数的含义相同。

re.finditer()函数从左到右搜索字符串 string，以查找模式 pattern 的所有非重叠匹配项，并基于该模式的所有非重叠匹配生成一个迭代器。对于每次匹配，该迭代器都会返回一个 Match 对象。调用 re.finditer()函数后，可以通过 for 语句来遍历由该函数所返回的迭代器，并使用匹配对象的 group()方法获取找到的内容。

【例 5.35】从字符串提取电子邮件地址和文件名。

【程序代码】

```
import re
s1 = '张三邮箱: zhangsan@sina.com 王强邮箱: wangqiang@gmail.com 李明邮箱:
liming@163.com'
p1 = r'\w+@\w+\.+com'                # 模式中没有组
it1 = re.finditer(p1, s1)           # 查找字符串并返回迭代器
print('提取的邮箱: ')
for m in it1:                       # 遍历迭代器，输出匹配项
    print(m.group())
p2 = r'(\w+)@(\w+)\.+com'           # 模式中有两个组
it2 = re.finditer(p2, s1)           # 查找字符串并返回迭代器
print('提取的邮箱: ')
for m in it2:                       # 遍历迭代器，输出匹配项
    print(m.group(0), m.group(1), m.group(2))
s2 = '1readme.txt2demo.py3helloworld.java'
p3 = r'\d[a-z]+\.[a-z]{1,4}'                # 模式中没有组
it3 = re.finditer(p3, s2)
print('提取的文件名: ')
for m in it3:
    print(m.group())
p4 = r'(\d)([a-z]+)\.([a-z]{1,4})'    # 模式中有 3 个组
print('提取的文件名: ')
it4 = re.finditer(p4, s2)
for m in it4:
    print(m.group(0), m.group(1), m.group(2), m.group(3))
```

【运行结果】

```
提取的邮箱:
zhangsan@sina.com
wangqiang@gmail.com
liming@163.com
提取的邮箱:
zhangsan@sina.com zhangsan sina
wangqiang@gmail.com wangqiang gmail
liming@163.com liming 163
提取的文件名:
1readme.txt
2demo.py
3helloworld.java
提取的文件名:
1readme.txt 1 readme txt
2demo.py 2 demo py
3helloworld.java 3 helloworld java
```

3. 替换函数

re 模块中有两个用于替换的函数，即 re.sub()和 re.subn()。下面介绍这两个函数的用法。

（1）re.sub()函数使用指定的字符串对模式的匹配项进行替换，调用格式如下。

```
re.sub(pattern, repl, string, count=0, flags=0)
```

其中，pattern 为正则表达式；repl 为替换字符串或函数；string 为源字符串；count 为模式匹配后替换的最大次数，默认值为 0，表示替换所有匹配项；flags 为标志位。

re.sub()函数使用 repl 替换源字符串 string 中模式 pattern 的匹配项并返回替换后的字符串，源字符串 string 保持不变。如果未找到匹配项，则不执行替换操作并返回未修改的字符串。repl 可以是字符串，也可以是函数。如果 repl 是字符串，则处理其中的反斜杠转义；如果 repl 是函数，则将其传递给 Match 对象，并且必须返回要使用的替换字符串。

（2）re.subn()函数使用指定的字符串对模式的匹配项进行替换，调用格式如下。

```
re.subn(pattern, repl, string, count=0, flags=0)
```

其中，各个参数的含义与 re.sub()函数中参数的含义相同。

re.subn()函数返回一个包含(new_string, number)的二元组。其中，new_string 是通过用 repl 替换源字符串中模式匹配项而得到的字符串。number 是进行替换的次数。如果未找到匹配项，则不执行替换操作并返回未修改的字符串。repl 可以是字符串或函数。如果 repl 是字符串，则处理其中的反斜杠转义；如果 repl 是函数，则将其传递给 Match 对象，并且必须返回要使用的替换字符串。

【例 5.36】替换字符串示例。

【程序代码】

```
import re
s = 'Hello World!'
result1 = re.sub(r'w\w+d', 'Python', s)   # 未找到匹配项，不进行替换
print(f'{result1 = }')
result2 = re.subn('world', 'Python', s)   # 返回字符串和替换次数
print(f'{result2 = }')
result3 = re.sub(r'w\w+d', 'Python', s, 0, re.I)   # 不区分大小写，找到匹配项并进行替换
print(f'{result3 = }')
result4 = re.subn(r'w\w+d', 'Python', s, 0, re.I) # 返回新字符串和替换次数
print(f'{result4 = }')
```

【运行结果】

```
result1 = 'Hello World!'
result2 = ('Hello World!', 0)
result3 = 'Hello Python!'
result4 = ('Hello Python!', 1)
```

4. 拆分函数

re 模块中有一个拆分函数 re.split()，该函数使用正则表达式指定分隔符并对源字符串进行拆分，调用格式如下。

```
re.split(pattern, string, maxsplit=0, flags=0)
```

其中，pattern 为正则表达式；string 为源字符串；maxsplit 为拆分次数，默认值为 0，表示不限制拆分次数；flags 为标志位。

re.split()函数通过模式的出现来拆分源字符串，并返回一个列表，其中包含各个子字符串。如果在模式中使用了捕获括号，则模式中所有组的文本也将作为结果列表的一部分返回。如果 maxsplit 不为 0，则最多执行 maxsplit 次分割，并将字符串的其余部分作为列表的最后一个元素返回。

【例 5.37】拆分字符串示例。

【程序代码】

```
import re
s1 = 'Python C C++ Java Go'                  # 用空格作为分隔符
```

```
result1 = re.split(r'[\s]', s1)
print(f'{result1 = }')
result2 = re.split(r'[\s]', s1, 2)        # 拆分两次
print(f'{result2 = }')
s2 = 'w!w@w%w^w'
result3 = re.split(r'[!@%^]', s2)         # 用不同字符作为分隔符
print(f'{result3 = }')
```

【运行结果】
```
result1 = ['Python', 'C', 'C++', 'Java', 'Go']
result2 = ['Python', 'C', 'C++ Java Go']
result3 = ['w', 'w', 'w', 'w', 'w']
```

5. 编译正则表达式对象

在正则表达式 re 模块中提供了一个 compile()函数，其功能是将字符串形式的正则表达式编译为正则表达式对象，调用格式如下。

```
p = compile(pattern, flags=0)
```

其中，pattern 为正则表达式模式；flags 为标志位。compile()函数将正则表达式模式编译成正则表达式对象并返回该对象。

创建正则表达式对象后，即可通过调用该对象的相关方法来进行字符串处理，这些方法的作用与模块级函数类似，只是在调用时可以直接传入字符串参数，不再需要指定要匹配的正则表达式和标志位参数，因为编译正则表达式对象已经设置了这些参数。

例如，要获取与正则表达式匹配的全部子串，可以通过调用正则表达式对象的 findall()方法来实现，语法格式如下。

```
p.findall(string)
```

findall()方法在字符串中找到正则表达式所匹配的所有子串，并返回一个列表，如果没有找到匹配项，则返回一个空列表。

【例 5.38】从一个字符串中提取数字。

【程序代码】
```
import re
s = '12abc369mno268xyz789'
p = re.compile(r'\d+')                    # 编译生成模式对象
printf(f'{p.findall(s) = }')              # 调用模式对象的 findall()方法
it = p.finditer(s)                        # 调用模式对象的 finditer()方法
for m in it:
    print(m.group(), end=' ')
```

【运行结果】
```
p.findall(s) = ['12', '369', '268', '789']
12 369 268 789
```

5.6 典型案例

下面给出正则表达式应用的两个典型案例，其中一个是使用正则表达式从字符串中提出中文和英文，另一个是使用正则表达式对用户输入的信息进行校验。

5.6.1 将字符串分成中文和英文

【例 5.39】从字符串中分别提取中文字符和英文字符。

【程序分析】

中文字符可以使用正则表达式"[\u4e00-\u9fa5]+"来匹配。英文字符可以使用正则表达式"[A-Za-z]+"来匹配。两次调用 re.findall()方法，用于搜索中文字符和英文字符。找到匹配项时，通过调用字符串对象的join()方法将列表中的元素连接成一个字符串。

【程序代码】

```
import re

s = '中国 CHINA 北京 BEIJING 电子工业出版社 PHEI'
print(f'字符串内容为：\n{s}')
m = re.findall('[\u4e00-\u9fa5]+', s)        # 搜索中文字符
if m:
    hz = '·'.join(m)                          # 将列表元素连接成字符串
    print(f'中文内容是：\n{hz}')
else:
    print('未找到中文信息！')
m = re.findall('[A-Za-z]+', s)               # 搜索英文字符
if m:
    m.reverse()
    en = ' '.join(m)                          # 将列表元素连接成字符串
    print(f'英文内容是：\n{en}')
else:
    print('未找到英文信息！')
```

【运行结果】

```
字符串内容为：
中国 CHINA 北京 BEIJING 电子工业出版社 PHEI
中文内容为：
中国·北京·电子工业出版社
英文内容为：
PHEI BEIJING CHINA
```

5.6.2 校验用户输入

【例 5.40】从键盘输入学生的姓名、性别、出生日期和身份证号码等信息，除了性别，其他信息均使用正则表达式进行校验。

【程序分析】

本例用一个字典列表来存储学生信息，每个字典存储一条学生信息。使用一个条件恒真的 while 语句来实现信息的输入。当使用正则表达式校验输入的内容时，如果未通过校验，则执行 continue 语句，跳过剩余的语句；如果通过了校验，则将输入的内容存入字典中。在循环体尾部，提示是否继续输入，如果输入"Y"，则将字典变量重置为空，继续输入下一条信息；如果输入"N"，则执行 break 语句，结束循环，并显示录入结果。

【程序代码】

```
import re

students = []
student = {}
pattern = ''

print('***录入学生信息***')
while 1:
    if 'name' not in student.keys():
        name = input('姓名：')
        pattern = '^[\u4e00-\u9fa5]{0,}$'
        if not re.match(pattern, name) or name == '':
            print('姓名必须是中文！')
            continue
        student['name'] = name
    if 'gender' not in student.keys():
        gender = input('性别：')
```

```python
        if gender != '男' and gender != '女':
            print('输入无效！')
            continue
        student['gender'] = gender
    if 'birthdate' not in student.keys():
        birthdate = input('出生日期: ')
        pattern = '^\d{4}-\d{1,2}-\d{1,2}$'
        if not re.match(pattern, birthdate):
            print('日期格式无效！')
            continue
        student['birthdate'] = birthdate
    if 'id_card' not in student.keys():
        id_card = input('身份证号码: ')
        pattern = '^\d{15}(\d\d[0-9xX])?$'
        if not re.match(pattern, id_card):
            print('身份证号码格式无效！')
            continue
        student['id_card'] = id_card
    if 'email' not in student.keys():
        email = input('电子邮箱: ')
        pattern = '^\w+([-+.]\w+)*@\w+([-.]\w+)*\.\w+([-.]\w+)*$'
        if not re.match(pattern, email):
            print('电子邮箱格式无效！')
            continue
        student['email'] = email
        students += [student]
    if (choice := input('是否继续(Y/N): ').upper()) == 'N':
        break
    elif choice == 'Y':
        student = {}

print('学生信息如下: ')
for student in students:
    for v in student.values():
        print(v, end='\t')
    print()
```

【运行结果】

```
***录入学生信息***
姓名：张强↵
性别：男↵
出生日期：2002-5↵
日期格式无效！
出生日期：2002-5-19↵
身份证号码：11010120020519397↵
身份证号码格式无效！
身份证号码：110101200205193971↵
电子邮箱：zq@↵
电子邮箱格式无效！
电子邮箱：zq@sina.com↵
是否继续(Y/N): y↵
姓名：刘梅↵
性别：女↵
出生日期：20020822↵
日期格式无效！
出生日期：2002-8-22↵
身份证号码：110101200208223582↵
电子邮箱：lm@163.com↵
```

习 题 5

一、选择题

1. 在下列中文编码中收录汉字最多的是（　　）。
   - A. GB 2312—1980
   - B. BIG5
   - C. GBK
   - D. GB 18030—2005

2. 关于字符串，以下说法中错误的是（　　）。
   - A. 字符串是由一系列 Unicode 字符组成的有序序列
   - B. 通过索引可以读取指定位置的单个字符并对其进行修改
   - C. 通过切片可以从给定的字符串中获取某个子串
   - D. 使用加号运算符可以将两个字符串连接成一个新的字符串

3. 按位置从字符串提取子串的操作是（　　）。
   - A. 连接
   - B. 赋值
   - C. 切片
   - D. 索引

4. 欲使英文句子中每个单词的首字母大写，其余字母均为小写，可以调用（　　）方法。
   - A. s.upper()
   - B. s.lower()
   - C. s.capitalize()
   - D. s.title()

5. 欲设置字符串为指定输出宽度且居中对齐，可以调用（　　）方法。
   - A. s.ljust()
   - B. s.rjust()
   - C. s.center()
   - D. s.zfill()

6. 若要检测一个字符串是否包含在另一个字符串中并返回开始的索引值，可以调用（　　）方法。
   - A. s.find()
   - B. s.rfind()
   - C. s.count()
   - D. s.startswith()

7. 若要匹配前面的 1 个或多个字符，可以在正则表达式中使用的元字符是（　　）。
   - A. *
   - B. +
   - C. ?
   - D. #

二、判断题

1. ASCII 码的取值范围为 1～256。　　　　　　　　　　　　　　　　　（　　）

2. UTF-8 使用 1～4Byte 表示一个符号。　　　　　　　　　　　　　　（　　）

3. 使用 chr()函数可以将一个字符转换为相应的 ASCII 编码值或 Unicode 编码值，使用 ord() 函数则可以将一个整数转换为相应的 Unicode 字符。　　　　　　　　　（　　）

4. 字符串的索引值可以是正数、负数和 0。　　　　　　　　　　　　（　　）

5. 使用身份运算符 is 可以判断一个字符串是否是另一个字符串的子串。　（　　）

6. s.split()方法可以将字符串 s 拆分为列表，默认的分隔符为逗号。　（　　）

7. 字节对象是由一些字节组成的有序的不可变序列，但将其作为参数传入函数 bytearray() 可以创建可变的字节数组。　　　　　　　　　　　　　　　　　（　　）

8. 使用 bytes.fromhex()方法可以将十六进制字符串转换为字节对象，使用字符串对象的 hex() 方法可以将字节对象转换为十六进制字符串。　　　　　　　　　　　　　（　　）

9. 使用 match()函数可以搜索字符串并以列表的形式返回全部能匹配正则表达式的子串。

（　　）

三、编程题

1. 根据 ASCII 编码输出所有数字和字母。

2. 根据 Unicode 编码输出所有汉字。

3. 从键盘上输入一个汉字，然后求出其 Unicode 编码、UTF-8 编码和 GBK 编码。

4. 从键盘上输入一个字符串，然后以相反的顺序输出该字符串。

5. 从键盘上输入一些字符串，然后将这些字符串起来。

6. 从键盘上输入两个字符串，比较它们的大小并判断第一个字符串是否是第二个字符串的子串。

7. 输出 GBK 编码为 A240H～B296H 的汉字。

8. 从键盘上输入一行只包含中文和英文的字符串，然后从中分别提取中文字符和英文字符。

9. 从键盘上输入一行包含数字的字符串，然后从中提取出所有数字字符。

10. 从键盘上输入一行只包含中文和英文的字符串，然后将其中包含的英文字符全部替换为星号"*"。

第6章 函数、模块和包

在设计比较复杂的程序时，一般采用自顶向下、逐步细化的方法，将一个大问题分解成若干小问题，再对各个小问题进行分解，直到分解为比较容易解决的问题，此时通过编写函数和类即可达到分而治之的目的，这就是模块化程序设计。一组相关的变量、函数和类定义及可执行语句等可以放在以.py 为扩展名的文件中，这样的文件就是模块；一组相关模块存储在一个目录中并在该目录中创建一个名为__init__.py 的文件，便构成了包。本章讨论如何在 Python 中使用函数、模块和包进行程序设计。

6.1 函数的定义和调用

函数是事先编写的用于实现某项功能的代码段，可供重复调用。利用函数可以实现程序模块化并提供代码的可读性和重复利用。Python 提供了许多内置函数，这些内置函数可以在程序中直接调用，为应用开发带来诸多便利。根据需要，也可以将经常重复使用的代码定义成函数，然后在需要时调用函数，以完成所预期的功能。

6.1.1 函数定义

函数由函数名、参数和函数体组成，可以使用 def 语句来定义，语法格式如下。

```
def 函数名([形式参数列表]):
    函数体
```

定义函数时以 def 关键词开头，后接函数名、圆括号及冒号。函数名是一个标识符，应当遵循标识符命名规则。在圆括号内可以定义一些参数，表明需要为某种运算或操作提供必要的信息，在函数定义中这些参数并没有值的概念，因此称为形式参数，简称形参。形参必须放在圆括号内，多个形参用逗号分隔。定义函数时形参列表是可选的，是否需要形参可以根据实际需要而定。即使没有形参，函数名后面的圆括号也不能省略。

函数体是向右缩进的代码块，用于实现函数的功能。如果函数体只有一行代码，也可以紧接着 def 关键字后面的冒号来写。

在函数体的第一行定义文档字符串（可选），用于描述函数的功能、参数及返回值等信息，文档字符串通常是使用三引号注释的多行字符串。

在 Python 中，可以使用内置函数 help()或函数的__doc__属性来查看函数的文档字符串，语法格式如下。

```
help(函数名)
print(函数名.__doc__)
```

在函数体中可以包含一个或多个 return 语句，用于结束函数的运行，并选择性地返回一个值给函数的调用方，语法格式如下。

```
return [表达式]
```

其中，表达式用指定函数的返回值，可以是简单类型，也可以是复合类型，如列表、元组或字典等。如果要返回多个值，可以用这些值构成一个元组并用在 return 语句中。如果未使用 return 语句，或者使用了不带表达式的 return 语句，则函数的返回值为 None。

例如，下面定义了一个不带参数的 greet()函数，用于显示欢迎信息，该函数没有返回值。

```
def greet():
    print('*************************')
    print('*   Welcome To Python   *')
    print('*************************')
```

下面的例子定义了一个带参数的 add()函数，用于返回两个数字相加所得到的和。

```
def add(x, y):
    z = x + y
    return z
```

也可以在函数体中仅使用一个 pass 语句，这样将定义一个空函数。执行空函数什么事情也不做，但在程序开发中经常使用空函数，这是为了在函数定义处表明要定义某个函数但尚未编写，在函数调用处表示在这个地方要调用该函数。

例如，下面定义了一个空函数。

```
def empty_function():
    pass
```

【例 6.1】定义一个空函数并查看其文档字符串。

【程序代码】

```
def my_function():
    '''Do nothing, but document it.

    No, really, it doesn't do anything.
    '''
    pass

help(my_function)
```

【运行结果】

```
Help on function my_function in module __main__:

my_function()
    Do nothing, but document it.

    No, really, it doesn't do anything.
```

6.1.2 函数标注

定义函数时，可以使用可选的函数标注来描述用户自定义函数中所使用类型的元数据。函数标注包括形参标注和返回值标注两个部分。在包含函数标注的情况下，使用 def 关键字定义函数的语法格式如下。

```
def 函数名(形参: 类型=表达式, 形参: 类型=表达式) -> 类型:
    函数体
```

其中，类型表示形参或返回值的数据类型；形参与类型之间用冒号分隔；"=表达式"是可选的，用于指定形参的默认值；右圆括号 ")" 与返回值类型之间用组合符号 "->" 分隔。

函数标注以字典形式存放在函数的__annotations__属性中，并且不会影响到函数的任何其他部分。如果定义函数时添加了标注，在 IDLE 或 PyCharm 中输入函数调用时就会出现关于函数形参和返回值的标注信息。

【例 6.2】函数标注示例。

【程序代码】

```
def f(x: float = 2, y: float = 3) -> float:    # 定义函数时包含标注，设置了形参默认值
    print(f'函数标注: {f.__annotations__}')       # 打印标注内容
    z = (x * x + y * y) ** 0.5
    return z
if __name__ == '__main__':
    print(f'{f() = }')                          # 调用函数，未提供实参，将使用默认值
    print(f'{f(4, 5) = }')                      # 调用函数，传递了两个实参
```

【运行结果】

```
函数标注: {'x': <class 'float'>, 'y': <class 'float'>, 'return': <class 'float'>}
```

```
f() = 3.605551275463989
函数标注: {'x': <class 'float'>, 'y': <class 'float'>, 'return': <class 'float'>}
f(4, 5) = 6.4031242374328485
```

6.1.3 函数调用

定义函数实际上就是创建了一段拥有名称并且能够实现特定功能的代码块。如果希望执行这段代码块来完成相应的功能，则必须通过调用函数来实现。

调用函数时，需要给出函数名、圆括号及实参列表，语法格式如下。

```
函数名([实参列表])
```

不论函数是否带有参数，函数名后面的圆括号都是不能省略的。

调用有参数函数时，需要在函数名之后的圆括号内传入相应的参数，可以是常量、变量、表达式、函数调用或函数名等，这些参数称为实际参数，简称实参。如果提供了多个实参，则用逗号加以分隔。调用函数时所提供的实参应当与定义该函数时指定的形参按顺序一一对应，而且参数的数据类型要保持兼容。

不论函数是否有返回值，函数调用均可作为语句使用。如果函数有返回值，则可以在调用函数后将返回值传递出来，此时可以将函数调用作为一个值用在表达式中，或者作为参数传入其他函数。对于有返回值的函数，如果在语句中调用它，就会忽略其返回值。

函数定义和函数调用可以放在同一个程序文件（模块）中，此时函数定义必须位于函数调用之前。函数定义和函数调用也可以放在不同的程序文件（模块）中，在这种情况下，必须先使用 import 语句导入函数定义所在的模块，然后才能调用该模块中的函数。

在一个程序中可以定义多个函数，通常需要定义一个 main()函数作为主函数，即程序的入口（自动执行），并在主函数中调用其他函数，以完成总体调度功能，程序结构如下。

```
def fun1():        # 定义函数 fun1()
    ...
def fun2():        # 定义函数 fun2()
    ...
...
def main():        # 定义主函数 main()
    fun1()         # 调用函数 fun1()
    fun2()         # 调用函数 fun2()
    ...
main()             # 调用主函数 main()
```

所有 Python 模块都有一个内置属性__name__，该属性的值取决于如何应用模块。如果导入了一个模块，则该模块的__name__属性值通常就是模块文件名，不带路径或文件扩展名。

也可以直接运行 Python 模块中包含的语句。在这种情况下，模块的__name__属性值将是'__main__'。据此，也可以将程序结构改成以下形式。

```
def fun1():                   # 定义函数 fun1()
    ...
def fun2():                   # 定义函数 fun2()
    ...
...
if __name__ == '__main__':    # 如果直接运行模块，则执行以下代码（相当于主函数）
    fun1()                    # 调用函数 fun1()
    fun2()                    # 调用函数 fun2()
    ...
```

【例 6.3】定义一个函数，用于计算两个数的平方和。

【程序代码】

```
def sum_of_square(x, y):      # 定义函数
    z = x * x + y * y
```

```
        return z                        # 返回变量 z 的值
    if __name__ == '__main__':          # 如果直接运行当前模块
        a, b = 2, 3
        c = sum_of_square(a, b)         # 调用函数并使用其返回值
        print(f'{a} * {a} + {b} * {b} = {c}')
        a, b = 4, 5
        c = sum_of_square(a, b)         # 改变实参，再次调用函数
        print(f'{a} * {a} + {b} * {b} = {c}')
```

【运行结果】
```
2 * 2 + 3 * 3 = 13
4 * 4 + 5 * 5 = 41
```

6.2　函数参数的传递

如果定义函数时指定了形参，则调用函数时必须传入相应的实参，通过形参和实参的结合可以实现调用函数与被调用函数之间的数据传递。下面首先介绍 Python 中的函数参数传递机制，然后讨论如何使用各种类型的函数参数。

6.2.1　参数传递机制

执行函数时引入一个用于函数局部变量（包括形参在内）的新符号表，函数中所有的变量赋值都将存储在局部符号表中。在函数内部引用变量时首先会在这个局部符号表中查找，然后是外层函数的局部符号表，最后是内置名称表。在函数内部可以引用全局变量和外层函数的变量，但不能直接对它们赋值。

调用函数时会在被调用函数的本地符号表中引入实参。因此，实参是通过按值调用传递的，其中值始终是对象引用而不是对象的值。当一个函数调用另外一个函数时，会为该调用创建一个新的本地符号表。

函数定义会将函数名称引入当前的符号表。函数名称的值将被 Python 解释器识别为用户定义函数类型（即 function）。这个值可以分配给另一个变量，该变量也可以作为一个函数使用。

在 Python 中，函数参数传递机制采用的是对象引用传递方式，所传递的始终是对象引用而不是对象的值。那么，在函数内部修改形参是否会影响实参？

这取决于对象本身的性质。Python 对象分为可变对象和不可变对象。可变对象包括列表和字典等，不可变对象包括数字、字符串和元组等。向函数传递参数时，如果参数属于可变对象（如列表和字典），则修改形参会影响相应的实参；如果参数属于不可变对象（如数字、字符串和元组），则修改形参不会影响相应的实参。

【例 6.4】 向函数中传入不同数据类型的参数，查看修改形参是否会影响实参的值。

【程序代码】
```
def change(num, string, lst, dic):
    '''函数 change()用于演示参数传递方式
    形参：num=数字, string=字符串, lst=列表, dic=字典
    '''
    num += 100                      # 整数（不可变），修改变量 num，使变量 num 绑定到新的整数
    string = string.upper()         # 字符串（不可变），转换为大写，使变量 string 绑定到新的字符串
    lst.sort()                      # 列表（可变），排序
    dic[2] = '已修改'               # 字典（可变），修改字典元素
    print('在函数 change()内部：')
    print(f'整数形参：{num = }')
    print(f'字符串形参：{string = }')
    print(f'列表形参：{lst = }')
    print(f'字典形参：{dic = }')
    print('-' * 39)
```

```
if __name__ == '__main__':
    x = 123
    s = 'Python'
    list1 = [3, 1, 2, 5]
    dict1 = {1: 'AAA', 2: 'BBB', 3: 'CCC'}
    print('调用函数 change()之前: ')
    print(f'整数实参: {x = }')
    print(f'字符串实参: {s = }')
    print(f'列表实参: {list1 = }')
    print(f'字典实参: {dict1 = }')
    print('-' * 39)
    change(x, s, list1, dict1)      # 调用函数 change()
    print(f'整数实参: {x = }')
    print(f'字符串实参: {s = }')
    print(f'列表实参: {list1 = }')
    print(f'字典实参: {dict1 = }')
```

【运行结果】

```
调用函数 change()之前:
整数实参: x = 123
字符串实参: s = 'Python'
列表实参: list1 = [3, 1, 2, 5]
字典实参: dict1 = {1: 'AAA', 2: 'BBB', 3: 'CCC'}
---------------------------------------
在函数 change()内部:
整数形参: num = 223
字符串形参: string = 'PYTHON'
列表形参: lst = [1, 2, 3, 5]
字典形参: dic = {1: 'AAA', 2: '已修改', 3: 'CCC'}
---------------------------------------
整数实参: x = 123
字符串实参: s = 'Python'
列表实参: list1 = [1, 2, 3, 5]
字典实参: dict1 = {1: 'AAA', 2: '已修改', 3: 'CCC'}
```

6.2.2 位置参数

调用函数时，通常按照位置匹配的方式传递参数，即按照从左到右的顺序将各个实参依次传递给相应的形参，此时要求实参的数目与形参的数目相等。如果实参的数目与形参的数目不相等，则会引发 TypeError。

【例 6.5】位置参数应用示例。

【程序代码】

```
def show(x, y):         # 定义函数，包含两个形参
    print(f'{x = }, {y = }')
if __name__ == '__main__':
    show(200, 300)      # 200->x, 300->y
    show(300, 500)      # 300->x, 500->y
```

【运行结果】

```
x = 200, y = 300
x = 300, y = 500
```

6.2.3 参数默认值

定义函数时，可以为一个或多个形参指定默认值，语法格式如下。

```
def 函数名(形参, 形参, 形参名称=默认值, 形参名称=默认值, ...):
    函数体
```

默认参数必须位于形参列表的最右端。如果对一个形参设置了默认值，则必须对其右边的所有形参设置默认值，否则会引发 SyntaxError。

调用这样的函数时，传递的实参数目可以少于形参数目。指定了默认值的参数是可选参数，如果没有为可选参数提供实参，则该参数取默认值。

【例6.6】参数默认值示例。

【程序代码】

```
# 1 个位置参数，4 个可选参数
def show_text(text, font_name='宋体', font_size=12, fg='black', bg='white'):
    divtag = f'<div style="font-family: {font_name}; font-size: {font_size}px; color: {fg}; ' \
             f'background-color: {bg}">{text}</div>'
    return divtag


if __name__ == '__main__':
    s ='我爱 Python! '
    print(show_text(s))                      # 只传递位置参数
    print(show_text(s,'黑体'))                # 传递 1 个位置参数和 1 个可选参数
    print(show_text(s, '仿宋', 14))           # 传递 1 个位置参数和 2 个可选参数
    print(show_text(s, '楷体', 18, 'red'))    # 传递 1 个位置参数和 3 个可选参数
    # 传递 1 个位置参数和 4 个可选参数
    print(show_text(s, '微软雅黑', 20, 'yellow', 'blue'))
```

【运行结果】

```
    <div style="font-family: 宋体; font-size: 12px; color: black; background-color:
white">我爱 Python! </div>
    <div style="font-family: 黑体; font-size: 12px; color: black; background-color:
white">我爱 Python! </div>
    <div style="font-family: 仿宋; font-size: 14px; color: black; background-color:
white">我爱 Python! </div>
    <div style="font-family: 楷体; font-size: 18px; color: red; background-color:
white">我爱 Python! </div>
    <div style="font-family: 微软雅黑; font-size: 20px; color: yellow;
background-color: blue">我爱 Python! </div>
```

默认值只会设置 1 次。函数会存储在后续调用中传递给它的参数，这样可以在后续调用之间共享默认值。这条规则在默认值为可变对象（列表和字典等）时很重要。

【例6.7】共享参数默认值示例。

【程序代码】

```
def f(x, L=[]):
    L.append(x)
    return L
if __name__ == '__main__':
    print(f'{f(1) = }')
    print(f'{f(2) = }')
    print(f'{f(3) = }')
    print(f'{f(4) = }')
```

【运行结果】

```
f(1) = [1]
f(2) = [1, 2]
f(3) = [1, 2, 3]
f(4) = [1, 2, 3, 4]
```

如果不想在后续调用之间共享参数的默认值，可以按如下形式改写这个函数。

```
def f(a, L=None):
    if L is None:
        L = []
```

```
        L.append(a)
        return L
```

6.2.4　关键字参数

调用函数时，可以使用形如 kwarg=value 的关键字参数来指定要将实参值传递给哪个形参，语法格式如下。

```
函数名(位置参数, 位置参数, 关键字=值, 关键字=值, ...)
```

在函数调用中，关键字参数必须跟随在位置参数的后面。传递的所有关键字参数必须与函数的形参之一匹配，它们的顺序并不重要，允许实参的顺序与形参的顺序不一样，但不能对同一个参数多次赋值。

【例6.8】关键字参数示例。

【程序代码】

```
def student(name: str, gender: str, age: int) -> str: # 定义函数
    return f'{name = }, {gender = }, {age = }'         # 返回值为 f-string


if __name__ == '__main__':
    print(student('张三', '男', 20))                    # 3 个位置参数
    print(student('刘梅', age=19, gender='女'))          # 1 个位置参数, 2 个关键字参数
    print(student(age=21, name='李明', gender='男'))      # 3 个关键字参数
```

【运行结果】

```
name = '张三', gender = '男', age = 20
name = '刘梅', gender = '女', age = 19
name = '李明', gender = '男', age = 21
```

6.2.5　变长参数

定义函数时，如果参数数目不固定，则可以使用元组类型或字典类型来定义变长参数，这样在调用函数时就可以接收任意多个实参。

1. 元组类型变长参数

定义函数时，可以在形参名称前面冠以星号"*"，这样的形参可以用来接收任意多个实参并将其封装成一个元组。如果函数还有其他形参，则必须放在变长参数之前。定义元组类型变长参数的语法格式如下。

```
def 函数名(形参, 形参, *形参):
    函数体
```

这种元组类型的变长参数可以看作可选参数，调用函数时可以向其传递任意多个实参值，各个实参值之间用逗号分隔，但不必放在圆括号中；对于元组类型的变长参数也可以不提供任何实参，此时相当于提供了一个空元组作为参数。

【例6.9】定义一个函数，用于计算若干数字之和。

【程序代码】

```
def add(x, y, *z):
    total = x + y
    for t in z:
        total += t
    return total
if __name__ == '__main__':
    print(f'{add(1, 2) = }')
    print(f'{add(1, 2, 3) = }')
    print(f'{add(1, 2, 3, 4) = }')
    print(f'{add(1, 2, 3, 4, 5) = }')
```

```
add(1, 2) = 3
add(1, 2, 3) = 6
add(1, 2, 3, 4) = 10
add(1, 2, 3, 4, 5) = 15
```

2. 字典类型变长参数

定义函数时，可以定义字典类型的变长参数，方法是在形参名称前面加两个星号"**"。如果函数还有其他形参，则必须放在变长参数之前。字典类型变长参数的语法格式如下。

```
def 函数名(形参, 形参, **形参):
    函数体
```

调用函数时，字典类型变长参数可以接收任意多个实参，不同实参之间用逗号分隔，实参的格式为"关键字1=值1, 关键字2=值2, ..."。关键字和相应的值组成一个元素添加到字典中。这种字典类型变长参数也可以看作可选参数，如果没有对其提供任何实参，则相当于提供了一个空字典作为参数。

如果定义函数时存在元组类型变长参数，则字典类型变长参数必须位于元组类型变长参数的后面，否则会出现语法错误。

【例 6.10】字典类型变长参数示例。

【程序代码】

```
# 源文件: prog06_10.py
def foo(arg, *args, **kwargs):
    print(f'位置参数: {arg}')
    for x in args:
        print(f'元组参数: {x}')
    for k, v in kwargs.items():
        print(f'字典参数: {k}->{v}')
if __name__ == '__main__':
    print('传递一个参数: ')
    foo(100)
    print('传递两个参数: ')
    foo(100, 200, 300)
    print('传递三个参数: ')
    foo(100, 200, 300, x=400, y=500)
```

【运行结果】

```
传递一个参数:
位置参数: 100
传递两个参数:
位置参数: 100
元组参数: 200
元组参数: 300
传递三个参数:
位置参数: 100
元组参数: 200
元组参数: 300
字典参数: x->400
字典参数: y->500
```

定义函数时，如果同时设置了位置参数和字典参数，则通过字典参数传递的键名不能与位置名称相同，否则会引发错误。在下面的例子中，位置参数与字典参数发生了冲突。

```
>>> def bar(name, **kwargs):  # 第一个参数可以通过位置或关键字传递，第二个参数为字典
        return 'name' in kwargs

>>> bar('张三', age=20)        # 通过字典参数传递的键名不是 name，正常调用
False
```

```
# 位置参数名称 name 在字典参数中作为关键字出现，引发 TypeError
>>> bar('张三', name='zhangsan')
Traceback (most recent call last):
  File "<pyshell#13>", line 1, in <module>
    bar('张三', name='zhangsan')
TypeError: bar() got multiple values for argument 'name'
```

在上述例子中，由于关键字 name 始终绑定到第一个参数，所以不可能通过调用 foo()函数返回 True。

3. 序列解包

序列解包，是指在调用函数时通过在实参前面添加一个星号 "*" 或两个星号 "**" 将列表、元组或字典等可迭代对象中的元素分别传递给不同的形参变量。如果实参是列表或元组类型，则应在实参前面添加一个星号 "*"；如果实参是字典类型，则应在实参前面添加两个星号 "**"。

【例 6.11】序列解包示例。

【程序代码】

```
def f(x: int, y: int, z: int) -> int:
    return x ** 3 + y ** 2 + z

if __name__ == '__main__':
    print(f'{f(*[1, 2, 3]) = }')
    print(f'{f(**{"x": 3, "y": 4, "z": 5}) = }')
```

【运行结果】

```
f(*[1, 2, 3]) = 8
f(**{"x": 3, "y": 4, "z": 5}) = 48
```

6.2.6　特殊参数

在默认情况下，调用函数时可以按位置或通过关键字传递参数。为了提高可读性和性能，在 Python 中允许对参数传递的方式进行限制，以便开发人员仅查看函数定义即可确定是仅按位置、按位置或关键字还是仅按关键字来传递参数。

在函数定义中可以使用符号正斜杠 "/" 和星号 "*" 来限制参数传递方式，语法格式类似于下列形式。

```
def f(pos1, pos2, /, pos_or_kwd, *, kwd1, kwd2):
              |           |        |
              |           |        |
              |    按位置或关键字    |
              |                   └─仅按关键字
              └─仅按位置
```

其中，符号 "/" 和 "*" 是可选的。如果函数定义中不存在符号 "/" 和 "*"，则可以按位置或关键字将参数传递给函数。如果在函数定义中使用了符号 "/" 和 "*"，则可以将参数传递给函数的方式设置为仅按位置、按位置或关键字或仅按关键字。

1. 标准参数

如果函数定义中不存在符号 "/" 和 "*"，则调用函数时可以按位置或关键字将参数传递给函数，这种参数也称为标准参数。前面介绍的函数参数基本上都属于这种情况。

【例 6.12】标准参数示例。

【程序代码】

```
def standard_arg(arg1, arg2):           # 标准参数，可通过位置或关键字传递
    print(f'{arg1 = }, {arg2 = }')

if __name__ == '__main__':
```

```
            standard_arg(100, 200)                 # 通过位置传递参数
            standard_arg(300, arg2=400)            # 一个位置参数和一个关键字参数
            standard_arg(arg2=600, arg1=500)       # 两个关键字参数
```

【运行结果】

```
arg1 = 100, arg2 = 200
arg1 = 300, arg2 = 400
arg1 = 500, arg2 = 600
```

2. 仅位置参数

如果要将某些参数标记为仅位置参数，则应将这些参数放在符号"/"之前，通过这个符号在逻辑上将仅位置参数与其余参数分开。如果函数定义中没有符号"/"，则没有仅位置参数。符号"/"后面的参数可以是位置或关键字参数或仅关键字参数。

如果定义函数时在仅位置参数后面还有字典参数，则调用函数时允许使用位置参数名称作为关键字参数中的键名，在这种情况下不会发生任何歧义。对于仅位置参数，调用函数时必须按形参的先后顺序来传递相应的实参，并且不能通过关键字传递参数，否则会出现错误。

如果不希望用户使用参数名称，则可以使用仅位置参数。当参数名称没有什么实际含义时，如果要在调用函数时强制执行参数的顺序，或者需要使用一些位置参数和任意关键字，此功能将非常有用。

【例 6.13】 仅位置参数示例。

【程序代码】

```
def pos_only_arg(arg1, arg2, /):  # 2 个仅位置参数，只能通过位置传递，不能通过关键字传递
    print(f'{arg1 = }, {arg2 = }')
def bar(name, /, **kwds):              # 1 个仅位置参数和 1 个字典参数
    return 'name' in kwds
if __name__ == '__main__':
    pos_only_arg(100, 200)              # 通过位置传递参数，正常调用
    # 通过位置和关键字（序列解包）传递参数，键名与位置参数名称相同，合法
    x=bar(1, **{'name': 2})
    print(f'{x = }')
```

【运行结果】

```
arg1 = 100, arg2 = 200
x = True
```

3. 仅关键字参数

如果要将某些参数标记为仅关键字参数，即指示参数必须通过关键字参数传递，则应在参数列表中的第一个仅关键字参数之前放置一个星号"*"。

只有当参数名称具有含义并且通过使用名称能使函数定义更易于理解，或者要防止用户依赖传递的参数的位置时，才应使用仅关键字参数。

一般来说，这些变长参数将安排在形参列表的末尾，因为它们收集传递给函数的所有剩余输入参数。出现在*args参数之后的任何形参都是仅关键字参数，换言之，它们只能作为关键字参数而不能作为位置参数。

【例 6.14】 仅关键字参数示例。

【程序代码】

```
def kwd_only_arg(*, arg1, arg2):                   # 参数只能通过关键字传递，不能通过位置传递
    print(f'{arg1 = }, {arg2 = }')


if __name__ == '__main__':
    kwd_only_arg(arg1=100, arg2=200)               # 通过关键字传递参数
    kwd_only_arg(arg1='Python', arg2='Go')         # 通过关键字传递参数
```

```
arg1 = 100, arg2 = 200
arg1 = 'Python', arg2 = 'Go'
```

在本例中，如果在调用 kwd_only_arg()函数时通过位置传递参数，将引发 TypeError。

【例6.15】各种参数的组合形式示例。

【程序代码】

```
# 第一个仅位置参数，第二个标准参数，第三个仅关键字参数
def combined_arg(pos_only, /, standard, *, kwd_only):
    print(f'{pos_only = }, {standard = }, {kwd_only = }')


if __name__ == '__main__':
    # 第一个为仅位置参数，第二个为标准参数，第三个为仅关键字参数，因此第二个参数可用两种方式传递
    combined_arg(1, 2, kwd_only=3)
    # 第一个为仅位置参数，第二个为标准参数，第三个为仅关键字参数，因此第二个参数可用两种方式传递
    combined_arg(3, standard=4, kwd_only=5)
```

【运行结果】

```
pos_only = 1, standard = 2, kwd_only = 3
pos_only = 3, standard = 4, kwd_only = 5
```

在本例中，由于 combined_arg()函数的第一个参数为仅位置参数，不允许通过关键字传递参数，而第三个参数为仅关键字参数，不允许通过位置传递参数，所以调用该函数时既不能全部通过关键字传递参数，也不能全部按位置传递参数。

6.2.7　高阶函数

在 Python 中，不带圆括号的函数名表示函数对象引用，而不是函数调用。调用函数时也可以将其他函数作为实参来使用，这种能够接收函数作为参数的函数称为高阶函数。

1. 函数式编程

Python 支持函数式编程，既可以将函数赋值给一个变量，也可以将函数作为另一个函数的参数和返回值，将函数作为参数传入另一个函数，或者从函数中返回另一个函数。

【例6.16】从键盘输入一个算术表达式，计算并显示结果。

【程序代码】

```
import re

def add(x, y):                      # 定义加法函数
    return x + y
def subtrac(x, y):                  # 定义减法函数
    return x - y
def multiply(x, y):                 # 定义乘法函数
    return x * y
def divide(x, y):                   # 定义除法函数
    return x / y
def arithmetic(x, y, operate):      # 定义算术运算函数（高阶函数），形参 operate 表示运算函数
    return operate(x, y)

if __name__ == '__main__':
    expr = input('请输入一个算术表达式（如2+3）: ')
    p = r'^(\d+)\s+([\+\-\*/])\s+(\d+)$'
    m = re.match(p, expr)
    if m:
        a = int(m.group(1))         # 第一个操作数
        b = m.group(2)              # 算术运算符
        c = int(m.group(3))         # 第二个操作数
        # 函数名作为字典键值，对应不同的运算符
```

```
        ops = {'+': add, '_': subtrac, '*': multiply, '/': divide}
        op = ops[b]                    # 由输入的运算符获取相应的运算函数
        # 实参 op 指向某个函数，函数作为参数
        print(f'{a} {b} {c} = {arithmetic(a, c, op)}')
    else:
        print('无效表达式！')
```

【运行结果】

```
请输入一个算术表达式（如 2+3）：123 + 456↵
123 + 456 = 579
```

再次运行程序，结果如下。

```
请输入一个算术表达式（如 2+3）：256 * 3↵
256 * 3 = 768
```

2. map()函数

Python 提供的内置函数 map()是一个可用于序列对象的高阶函数，其调用格式如下。

```
map(func, *iterables)
```

其中，参数 func 指定映射函数；iterables 指定可迭代对象。map()函数根据提供的函数对指定序列进行映射，将函数 func 作用到 iterables 中的每个元素并组成新的 map 对象返回。

map 对象可以通过 for 语句进行遍历，也可以将该对象作为参数传入 list()函数并返回一个新的列表。

【例 6.17】map()函数应用示例。

【程序代码】

```
def square(x):                                # 定义函数，计算参数的平方
    return x * x


if __name__ == '__main__':
    x = list(map(square, [1, 2, 3, 4, 5]))       # 自定义函数 square 作为 map()函数的实参
    print(x)
    # str.title 作为 map()函数的实参
    y = list(map(str.title, ['photoshop', 'premiere', 'animate']))
    print(y)
```

【运行结果】

```
[1, 4, 9, 16, 25]
['Photoshop', 'Premiere', 'Animate']
```

3. filter()函数

Python 提供的内置函数 filter()也是一个可用于筛选序列的高阶函数，调用格式如下。

```
filter(func, iterable)
```

其中，参数 func 指定筛选函数；iterable 指定可迭代对象。filter()函数将参数 func 作用于 iterable 中的每个元素，并根据参数 func 的返回值是 True 或 False 判断是保留还是丢弃该元素。

filter()函数的返回值是一个 filter 对象。filter 对象可以通过 for 语句进行遍历，也可以将该对象作为参数传入 list()函数并返回一个新的列表。

【例 6.18】filter()函数应用示例。

【程序代码】

```
def is_odd(n):  # 定义奇数筛选函数
    return n % 2 == 1
def is_sqr(x):  # 定义完全平方筛选函数
    return x ** 0.5 % 1 == 0
if __name__ == '__main__':
    x = list(filter(is_odd, [i for i in range(1, 21)]))   # 筛选出 1~20 中的所有奇数
    print(x)
    # 筛选出 1~100 中的所有完全平方数
```

```
    y = list(filter(is_sqr, [i for i in range(1, 101)]))
    print(y)
```

【运行结果】
```
[1, 3, 5, 7, 9, 11, 13, 15, 17, 19]
[1, 4, 9, 16, 25, 36, 49, 64, 81, 100]
```

6.3　特殊函数

在 Python 中有几种比较特殊的函数，包括匿名函数、递归函数、嵌套函数和生成器函数。匿名函数是指没有名称的函数，递归函数是指自我调用的函数，嵌套函数是在函数内部定义的函数，生成器函数则是包含 yield 语句的函数。下面依次介绍这些函数的用法。

6.3.1　匿名函数

使用 def 语句创建用户自定义函数时必须指定一个函数名称，以后需要时便可以通过该名称来调用函数，这样有助于提高代码的复用性。如果某项计算功能只需要临时使用一次而不需要在其他地方重复使用，则可以考虑通过定义匿名函数来实现这项功能。

1. 匿名函数的定义

在 Python 中，匿名函数是通过关键字 lambda 来定义的，语法格式如下。
```
lambda 参数列表: 表达式
```
其中，关键字 lambda 表示匿名函数，因此匿名函数也称为 lambda 函数；冒号前面是匿名函数的参数，该函数可以有多个参数，不同参数之间用逗号分隔；冒号后面的表达式用于确定匿名函数的返回值，这个表达式中可以包含冒号前面的参数，而该表达式的值就是匿名函数的返回值。

在匿名函数中只有一个表达式，不能使用 return 语句，也不能使用其他语句。使用匿名函数有一个好处，由于函数没有名称，所以不必担心函数名称冲突。具体示例如下。
```
lambda x: x%2 == 1
```
如果使用 def 语句定义的函数来实现这个匿名函数的功能，应该是如下形式。
```
def func(x):
    return x % 2 == 1
```

2. 匿名函数的调用

函数式编程是匿名函数的主要应用场景。虽然没有函数名称，但匿名函数仍然是函数对象，在程序中可以将匿名函数赋值给一个变量，然后通过该变量来调用匿名函数。定义匿名函数时可以设置默认值，调用匿名函数时也可以通过关键字来传递参数。

【例 6.19】匿名函数应用示例。

【程序代码】
```
foo = lambda x, y: x + y
print(f'{foo(3, 5) = }')              # 未提供参数b和c的值，它们使用默认值
bar = lambda a, b=6, c=3: b * b - 4 * a * c
print(f'{bar(2) = }')
print(f'{bar(3, 20) = }')             # 未提供参数c的值，它使用默认值
print(f'{bar(5, 9, 1) = }')
print(f'{bar(c=2, a=3, b=10) = }')    # 使用关键字参数
```

【运行结果】
```
foo(3, 5) = 8
bar(2) = 12
bar(3, 20) = 364
bar(5, 9, 1) = 61
bar(c=2, a=3, b=10) = 76
```

3. 匿名函数作为高阶函数的参数

当调用高阶函数时，需要将函数作为参数传入，此时这种函数参数既可以是系统函数（包括类的成员方法），也可以是自定义函数，还可以是一个匿名函数。

【例 6.20】匿名函数作为高阶函数的参数应用示例。

【程序代码】

```
x = filter(lambda x: x % 2 == 1, range(1, 21))
print(list(x))
y = filter(lambda x: x ** 0.5 % 1 == 0, [i for i in range(1, 101)])
print(list(y))
```

【运行结果】

```
[1, 3, 5, 7, 9, 11, 13, 15, 17, 19]
[1, 4, 9, 16, 25, 36, 49, 64, 81, 100]
```

4. 匿名函数作为序列或字典的元素

在列表、元组或字典中，也可以将匿名函数作为其元素来使用。在这种情况下，可以通过引用列表、元组或字典元素来调用匿名函数。

【例 6.21】匿名函数作为字典元素应用示例。

【程序代码】

```
op = {'add': lambda x, y: x + y, 'sub': lambda x, y: x - y, 'mult': lambda x, y:
x * y, 'div': lambda x, y: x / y}
print(f'{op["add"](2, 3) = }')
print(f'{op["sub"](5, 2) = }')
print(f'{op["mult"](2, 3) = }')
print(f'{op["div"](12, 2) = }')
```

【运行结果】

```
op["add"](2, 3) = 5
op["sub"](5, 2) = 3
op["mult"](2, 3) = 6
op["div"](12, 2) = 6.0
```

5. 匿名函数作为函数的返回值

使用 def 语句定义函数时，也可以在 return 语句中使用匿名函数名称，即以匿名函数作为函数的返回值。

【例 6.22】匿名函数作为函数的返回值应用示例。

【程序代码】

```
def arithmetic(op):
    if op == 'add':
        return lambda x, y: x + y
    elif op == 'sub':
        return lambda x, y: x - y
    elif op == 'mult':
        return lambda x, y: x * y
    elif op == 'div':
        return lambda x, y: x / y
if __name__ == '__main__':
    print(f'{arithmetic("add")(2, 3) = }')
    print(f'{arithmetic("mult")(2, 3) = }')
```

【运行结果】

```
arithmetic("add")(2, 3) = 5
arithmetic("mult")(2, 3) = 6
```

6.3.2　递归函数

在一个函数内部可以调用其他函数。如果一个函数在其内部直接或间接地调用该函数本身，则这个函数就是递归函数。

递归函数具有以下特性：必须有一个明确的递归结束条件（称为递归出口），否则会造成死循环；每当进入更深一层的递归时，问题规模相比上次递归都应有所减少；相邻两次重复之间有紧密的联系，前一次要为后一次做准备，通常将前一次的输出作为后一次的输入。

【例 6.23】使用递归函数计算阶乘 $n!$。

【程序代码】

```python
def fact(n):
    if n == 1:                    # 1! = 1
        return 1
    return n * fact(n - 1)    # fact(n) = n * fact(n - 1)
if __name__ == '__main__':
    for i in range(1, 7):
        print('fact({0}) = {1}'.format(i, fact(i)))
```

【运行结果】

```
fact(1) = 1
fact(2) = 2
fact(3) = 6
fact(4) = 24
fact(5) = 120
fact(6) = 720
```

6.3.3　嵌套函数

嵌套函数是指在一个函数（外层函数）中定义了另外一个函数（内层函数）。定义嵌套函数时，可以在内层函数中使用外层函数的形参和变量。内层函数只能在外层函数中调用，而不能在外层函数的外部直接调用。但是，如果将内层函数作为外层函数的返回值，则可以在外层函数外部间接调用内层函数。

【例 6.24】嵌套函数应用示例。

【程序代码】

```python
def outer_sum(*args):               # 外层函数
    def inner_sum():                # 内层函数
        x = 0
        for n in args:
            x += n
        return x
    return inner_sum                # 外层函数的返回值为内层函数

if __name__ == '__main__':
    foo = outer_sum(1, 2, 3, 4, 5)     # 调用外层函数，返回值为内层函数
    print(f'{foo = }')
    print(f'{foo() = }')            # 间接调用内层函数
    bar = outer_sum(1, 3, 5, 7, 9)     # 调用外层函数
    print(f'{bar = }')
    print(f'{bar() = }')            # 间接调用内层函数
```

【运行结果】

```
foo = <function outer_sum.<locals>.inner_sum at 0x000001A912C6B0D0>
foo() = 15
bar = <function outer_sum.<locals>.inner_sum at 0x000001A912C6B160>
bar() = 25
```

6.3.4 生成器函数

生成器函数是指定义中包含 yield 语句的函数。yield 语句的语法格式如下。

```
yield 表达式
```

yield 语句仅在定义生成器函数时使用，并且只能用在生成器函数的函数体内部。在函数定义中使用 yield 语句使所定义的是生成器函数而不是普通函数。

生成器函数的返回值为生成器（generator）对象，可以使用内置函数 next()或生成器对象的__next__()方法来获取 yield 表达式的值，取完所有值之后将会引发 StopIteration 异常。此外，也可以使用 for 语句来遍历生成器对象。

yield 语句的作用与 return 语句的作用类似，也是用来从函数中返回一个值的。yield 语句与 return 语句的区别如下：一旦执行 return 语句就会立即结束函数的运行，每次执行 yield 语句返回一个值后会暂停或挂起，yield 语句后面的语句暂时不会执行，一直到下次通过调用内置函数 next()、生成器对象的__next__()方法或 for 语句遍历生成器对象或其他方式获取数据时才会恢复执行。

【例 6.25】使用生成器函数生成斐波那契（Fibonacci）数列。斐波那契数列从第 3 项开始，每项都等于前两项之和。

【程序代码】

```
def fib(max):
    n, a, b = 0, 0, 1
    while n < max:
        yield b
        a, b = b, a + b
        n += 1
if __name__ == '__main__':
    f1 = fib(10)  # 生成斐波那契数列的前 10 项
    print(f'{f1 = }')
    print('前 10 项：')
    for i in f1:
        print(i, end=' ')
    f2 = fib(20)  # 生成斐波那契数列的前 20 项
    print('\n 前 20 项：')
    while 1:
        try:
            print(f2.__next__(), end=' ')
        except StopIteration:
            break
```

【运行结果】

```
f1 = <generator object fib at 0x000002A9640DF900>
前 10 项：
1 1 2 3 5 8 13 21 34 55
前 20 项：
1 1 2 3 5 8 13 21 34 55 89 144 233 377 610 987 1597 2584 4181 6765
```

6.4 变量的作用域

一个 Python 程序通常是由若干函数组成的，每个函数都要用到一些变量。程序中能够对变量进行存取操作的范围称为变量的作用域。根据作用域可将变量分为局部变量和全局变量。函数内部定义的局部变量只能在函数内部使用；外层函数定义的局部变量在内层函数中也可以使用；全局变量是在模块级别所有函数之外定义的变量，可以在多个函数中使用。下面首先介绍局部变量和全局变量的概念，然后讨论闭包的使用。

6.4.1 局部变量

在一个函数体中定义的变量称为局部变量。局部变量的作用域就是定义它的函数体，只能在这个作用域中对局部变量进行存取操作，而不能在这个作用域之外对局部变量进行存取操作。对于带参数的函数而言，其形参的作用域就是函数体。如果在函数外部引用函数体中定义的局部变量或函数的形参，则会引发 NameError。

请看下面的例子。

```
>>> def test(x, y):
    a = x + y
    b = x - y
    print(a, b)
>>> test(20, 10)
30 10
>>> a
Traceback (most recent call last):
  File "<pyshell#25>", line 1, in <module>
    a
NameError: name 'a' is not defined
>>> x
Traceback (most recent call last):
  File "<pyshell#26>", line 1, in <module>
    x
NameError: name 'x' is not defined
```

在上述例子中，定义函数 test() 时定义了形参变量 x 和 y，然后在函数体内又定义了局部变量 a 和 b，这些变量的作用域均为该函数体内部。因此，在函数外部引用这些变量时就会引发 NameError。

对于嵌套函数而言，在外层函数中定义的局部变量可以直接在内层函数中使用。在默认情况下，不属于当前局部作用域的变量具有只读性质，可以直接对其进行读取，但如果对其进行赋值，则会在当前作用域中定义一个新的同名局部变量。

如果在外层函数和内层函数中定义了同名变量，则在内层函数中将优先使用自身所定义的局部变量；在存在同名变量的情况下，如果要在内层函数中使用外部作用域中定义的局部变量，则应使用关键字 nonlocal 将该变量显式地声明为非局部变量。

【例 6.26】局部变量作用域测试。

【程序代码】

```
def outer():                 # 定义外层函数
    x, y, z = 3, 4, 5
    def inner():             # 定义内层函数
        nonlocal x           # 声明 x 为非本地变量
        x = 6                # 对外层变量 x 赋值
        y = 7                # 通过赋值在内层函数中新定义的变量 y
        print(f'在函数 inner 中：\n{x = }', end=', ')
        print(f'{y = }', end=', ')
        print(f'{z = }')     # 在内层函数中读取外层函数中的变量 z

    inner()                  # 调用内层函数
    print(f'在函数 outer 中：\n{x = }', end=', ')
    print(f'{y = }', end=', ')
    print(f'{z = }')
if __name__ == '__main__':
    outer()
```

```
在函数 inner 中：
x = 6, y = 7, z = 5
在函数 outer 中：
x = 6, y = 4, z = 5
```

6.4.2　全局变量

在模块级别于所有函数外部定义的变量称为全局变量，它可以在多个函数中进行存取操作。如果在某个函数内部定义的局部变量与全局变量同名，则优先使用局部变量，在这种情况下，如果要在函数内部使用全局变量，则应使用 global 关键字对该变量进行声明。

在默认情况下，在 Python 中引用变量的优先顺序如下：当前作用域局部变量 > 外层作用域变量 > 当前模块中的全局变量 > Python 内置变量。

在局部作用域中，如果出现在赋值号左边的变量与全局变量同名，则 Python 将定义一个新的局部变量。在默认情况下，全局变量在局部作用域中是只读的，需要用 global 关键字将其显式地声明为非局部变量才能修改。

通过定义全局变量可以在函数之间提供直接传递数据的通道。将一些参数值存放在全局变量中，可以减少调用函数时传递的数据量。如果将函数的执行结果保存在全局变量中，则可以使函数返回多个值。

正因为全局变量可以在多个函数中使用，所以在一个函数中更改了全局变量的值时，可能会对其他函数的执行产生影响。因此，在程序中不宜过多使用全局变量。

【例 6.27】全局变量和局部变量作用域测试。
【程序代码】
```python
x = 'global'           # 定义全局变量
y = 'other global'

def outer():           # 定义外层函数
    x = 'enclosing'    # 外层函数中的局部变量
    global y           # 声明全局变量
    y = 'I was modified'

    def inner():       # 定义内层函数
        x = 'local'    # 内层函数中的局部变量
        print(f'在函数 inner 中：\n{x = }, {y = }')

    inner()
    print(f'在函数 outer 中：\n{x = }, {y = }')

if __name__ == '__main__':
    outer()
    print(f'在模块级别：\n{x = }, {y = }')
```
【运行结果】
```
在函数 inner 中：
x = 'local', y = 'I was modified'
在函数 outer 中：
x = 'enclosing', y = 'I was modified'
在模块级别：
x = 'global', y = 'I was modified'
```

6.4.3　闭包

在具有嵌套关系的函数中，如果在内层函数中引用了在外层函数中定义的局部变量，并且外层函数又返回了内层函数引用，则这个内层函数称为闭包。

【例 6.28】简单的闭包示例。

【程序代码】

```
def foo(name):            # 定义外层函数
    count = 0
    def bar():            # 定义内层函数
        nonlocal count    # 声明非局部变量
        count += 1        # 修改外层局部变量 count
        print(f'Hello, {name}! ...{count:2d} time(s).')
    return bar            # 返回内层函数引用
if __name__ == '__main__':
    say_hello = foo('Python')
    for i in range(3):
        say_hello()
```

【运行结果】

```
Hello, Python! ... 1 time(s).
Hello, Python! ... 2 time(s).
Hello, Python! ... 3 time(s).
```

本例中函数 foo()和 bar()具有嵌套关系。bar()是在 foo()中定义的嵌套函数，在 bar()中引用了外层变量 count 并对其进行了修改，foo()函数的返回值被 bar()函数引用，bar()函数就是一个闭包。当该闭包执行以后，仍能够保持变量 count 的值，并且可以通过改变该变量得到不同的结果。

6.5 装饰器

在 Python 中，装饰器（decorator）是在闭包的基础上发展起来的。装饰器在本质上也是一种高阶函数，其外层函数接收一个函数作为参数，并返回另一个函数。装饰器通常用于包装现有函数，即在不修改任何代码的前提下为现有函数增加额外的功能。

6.5.1 无参数装饰器

引入装饰器是为了在不修改原函数定义和函数调用代码的情况下拓展程序的功能。装饰器是在闭包的基础上传递了一个函数，然后覆盖原来函数的执行入口，以后调用这个函数时即可额外添加一些功能。

1. 定义装饰器

在 Python 中，装饰器其实就是一个高阶函数，其参数是要装饰的目标函数，其返回值是完成装饰的目标函数，其作用是为已经存在的目标函数对象添加额外的功能，其特点是不需要对原有函数做任何代码上的变动。定义装饰器时涉及以下 3 个函数。

- 装饰器函数：在函数嵌套关系中作为外层函数出现，其函数体内容是定义一个用于完成装饰功能的内层函数，通过 return 语句返回该内层函数。
- 目标函数：即被装饰的函数，作为装饰器函数的形参出现，该函数的定义则出现在调用装饰器的地方。
- 装饰函数：在函数嵌套关系中是作为内层函数出现的，用于为目标函数添加额外的功能。在这个内层函数中要调用目标函数，并为目标函数添加一些新的功能。

根据以上分析，可以得到一个装饰器定义模板。

```
def 装饰器名(目标函数):
    def 装饰函数名(形参列表):   # 形参传入目标函数
        # 目标函数执行前添加功能
        # 目标函数调用（若目标函数有返回值，则用在 return 语句中）
        # 目标函数执行后添加功能
```

```
            return 装饰函数名
```

2. 调用装饰器

调用装饰器时要在其名称前加上符号"@"，后面是要装饰的目标函数的定义，语法格式如下。

```
@装饰器名称
def 目标函数名称(形参列表):
    函数体
目标函数调用
```

【例6.29】装饰器的定义和调用示例。

【程序代码】

```
def decorator(func):                    # 定义装饰器, 形参 func 表示目标函数
    def wrapper(*args, **kwargs):        # 定义装饰函数
        print(f'调用函数: {func.__name__}()')
        print('传入参数: ', end=' ')
        for arg in args:
            print(arg, end=' ')
        for k, v in kwargs.items():
            print(f'{k}={v}', end=' ')
        return func(*args, **kwargs)     # 调用目标函数并返回其值
    return wrapper                       # 返回装饰函数引用

@decorator                               # 调用装饰器
def add(*args, **kwargs):                # 定义目标函数
    sum = 0
    for arg in args:
        sum = sum + arg
    for v in kwargs.values():
        sum = sum + v
    return sum

@decorator
def mult(*args, **kwargs):
    product = 1
    for arg in args:
        product = product * arg
    for v in kwargs.values():
        product = product * v
    return product

if __name__ == '__main__':
    print(f'\n运算结果: {add(10, 20, 30, x=40, y=50) = }')
    print('-' * 36)
    print(f'\n运算结果: {mult(3, 6, 9, x=2, y=5) = }')
```

【运行结果】

```
调用函数: add()
传入参数: 10 20 30 x=40 y=50
运算结果: add(10, 20, 30, x=40, y=50) = 150
------------------------------------
调用函数: mult()
传入参数: 3 6 9 x=2 y=5
运算结果: mult(3, 6, 9, x=2, y=5) = 1620
```

6.5.2 有参数装饰器

按照调用时是否需要提供参数可将装饰器分为无参数装饰器和有参数装饰器。无参数装饰器的调用格式是"@装饰器名称"，有参数装饰器的调用格式是"@装饰器名称(参数列表)"。通过提

供参数，可以为装饰器的定义和调用带来更高的灵活性。

无参数装饰器本质上就是一个双层结构的高阶函数，有参数装饰器则是一个三层结构的高阶函数。有参数装饰器可以看作在无参数装饰器外面又封装了一层函数，所谓"有参数"是指最外层装饰器函数可以有一个或多个参数，这些参数可以在内部各层函数中使用，而且最外层装饰器的返回值就是内层装饰器引用。

【例 6.30】有参数装饰器的定义和调用示例。

【程序代码】

```python
def hint(sep='-', num=36):                    # 定义有参数的装饰器
    def decorator(func):                       # 定义装饰器，形参 func 表示目标函数
        def wrapper(*args, **kwargs):          # 定义装饰函数
            print(f'调用函数：{func.__name__}()')
            # print(f'代码编写：{coder}')
            print('传入参数：', end='')
            for k, v in kwargs.items():
                print(f'{k}={v}', end=' ')
            print('\n' + sep * num, end='')
            return func(*args, **kwargs)        # 调用目标函数并返回其值
        return wrapper                          # 返回装饰函数引用
    return decorator                            # 返回内层装饰函数引用


@hint('-+-', 12)                                # 调用装饰器，传入参数
def add(*args, **kwargs):                       # 定义目标函数
    sum = 0
    for arg in args:
        sum = sum + arg
    for v in kwargs.values():
        sum = sum + v
    return sum


@hint(sep='-*-', num=12)                        # 调用装饰器，传入参数
def mult(*args, **kwargs):                      # 定义目标函数
    product = 1
    for arg in args:
        product = product * arg
    for v in kwargs.values():
        product = product * v
    return product


if __name__ == '__main__':
    print(f'\n 运算结果：{add(1, 2, 3, x=5, y=6) = }')
    print(f'\n 运算结果：{mult(2, 5, 8, x=3, y=6) = }')
```

【运行结果】

```
调用函数：add()
传入参数：x=5 y=6
-+--+--+--+--+--+--+--+--+--+--+--+-
运算结果：add(1, 2, 3, x=5, y=6) = 17
调用函数：mult()
传入参数：x=3 y=6
-*--*--*--*--*--*--*--*--*--*--*--*-
运算结果：mult(2, 5, 8, x=3, y=6) = 1440
```

6.5.3 多重装饰器

多重装饰器是指使用多个装饰器来修饰同一个目标函数。多重装饰器的执行顺序如下：调用目标函数之前从外到内执行装饰器，调用目标函数之后从内到外执行装饰器。

【例 6.31】多重装饰器示例。
【程序代码】

```
def decorator1(func):                          # 定义第一个装饰器
    def inner(*args, **kwargs):
        print("认证成功")
        result = func(*args, **kwargs)         # 调用目标函数
        print("谢谢使用")
        return result
    return inner
def decorator2(func):                          # 定义第二个装饰器
    def inner(*args, **kwargs):
        print("欢迎进入系统")
        result = func(*args, **kwargs)         # 调用目标函数
        print("操作成功")
        return result
    return inner
@decorator1                                    # 调用外层装饰器
@decorator2                                    # 调用内层装饰器
def f(name, work):                             # 定义目标函数
    print(f'{name}正在执行{work}...')
if __name__ == '__main__':
    f('李明', '数据分析')                        # 调用目标函数
```

【运行结果】

```
认证成功
欢迎进入系统
李明正在执行数据分析...
操作成功
谢谢使用
```

6.6 模块

为了便于组织和维护程序代码，通常将相关代码存放在一个扩展名为.py 的 Python 源文件中，这就是一个程序模块（module），简称模块。创建一个模块后，便可以在其他地方导入该模块，并引用其中的函数和变量。在编写程序的过程中经常需要引用一些模块，包括用户自定义模块、Python 标准模块及来自第三方的模块。

6.6.1 模块的定义与使用

在 Python 中，模块分为标准模块和用户自定义模块。

标准模块是 Python 自带的函数模块，随 Python 一起安装，也称为标准库。Python 提供了丰富的标准模块，可以用于数学运算、字符串处理、文件操作、通用操作系统服务、网络和 Internet 编程、图形绘制、多媒体服务、图形用户界面构建及数据库访问等，为 Python 应用程序开发带来了极大的便利。编写 Python 程序时，只要导入相关的标准模块，就可以调用该模块中所包含的函数来完成特定的任务。

用户自定义模块就是用户自己编写的 Python 源程序文件，其中可以定义函数、类和变量，也可以包含可执行代码。创建一个模块并在其中定义某些函数和变量后，可以根据需要在其他文件中导入该模块并调用其中的函数。

在 Python 中，可以通过导入一个模块来读取该模块的内容。导入就是在一个模块文件中载入另一个模块文件，以便读取该模块的内容，调用该模块中的函数、类和变量。

1. 导入整个模块

无论是标准模块还是用户自定义模块，都可以使用 import 语句来导入，语法格式如下：

```
import 模块名 as 别名, 模块名 as 别名, ...
```

其中，模块名是去掉扩展名.py后的文件名。导入多个模块时，各个模块名之间需要使用逗号分隔。导入模块时还可以为模块指定别名，如果模块名比较长，可以为其指定一个简短的别名。

不管执行了多少次import语句，一个模块只会被导入一次。这样可以防止导入一个模块一遍又一遍地重复执行。如果指定的模块不存在，或者该模块未包含在Python搜索路径中，则执行import语句时会引发ModuleNotFoundError。

导入一个模块后，即可调用该模块中的函数，调用格式如下。

```
模块名或别名.函数名(参数)
```

也可以将"模块名.函数名"赋值给一个变量，然后通过该变量来调用模块中的函数。

2. 从模块中导入指定项目

如果要从一个模块中导入指定的项目，则可以使用from-import语句，语法格式如下。

```
from 模块名 import 项目, 项目, ...
```

如果指定的项目未包含在模块中，则执行from-import语句时会引发ImportError。

通过这种方式只是导入了模块中的指定项目，在这种情况下可以直接调用函数，而不必再添加模块名作为函数名的前缀。

如果要从指定模块中导入所有项目，则可以在from-import语句中使用星号"*"来表示所有项目，语法格式如下。

```
from 模块名 import *
```

【例6.32】模块的定义和使用示例。

【程序分析】

在同一个目录中编写两个模块，文件名分别为 prog06_32_a.py 和 prog06_32_b.py。在prog06_32_b.py中定义一个名为greet的函数，然后在prog06_32_a.py中导入并调用该函数。

【程序代码】

```
# 主程序源文件: prog06_32_a.py
import prog06_32_b as m
s = 'Python'
m.greet(s)
# 模块源文件: prog06_32_b.py
def greet(s):
    print(f'Hello, {s}!')
```

【运行结果】

```
Hello, Python!
```

6.6.2　设置模块搜索路径

当Python解释器遇到import语句时，如果所指定的模块包含在当前搜索路径中，就会导入该模块。搜索路径是Python解释器进行搜索的所有目录的列表。

Python导入模块的搜索路径可以通过sys.path对象来查看，该对象是一个列表，其中第一个元素为当前程序文件所在的目录，此外还包括标准模块所在的目录、通过PYTHONPATH环境变量配置的目录和在.pth文件中设置的目录。

在Python中，设置模块搜索路径可以通过以下3种方式来实现。

1. 动态添加模块搜索路径

在Python环境中，可以通过调用sys.path.insert(0, path)方法或sys.path.append(path)方法动态地添加模块搜索路径，将指定的目录添加到搜索路径中。

请看下面的例子。

```
import sys
sys.path.insert(0, r'C:\mypythonlib')
```

使用这种方法添加的模块搜索目录是临时性的，只在程序运行期间有效。当退出 Python 开发环境后，搜索路径设置将自动失效。

2．通过环境变量配置模块搜索路径

要永久设置 Python 模块搜索路径，可以使用 PYTHONPATH 环境变量进行配置，即在 PYTHONPATH 环境变量中添加要搜索的目录，不同的目录之间用逗号分隔。所设置的路径会自动添加到 sys.path 列表中，而且可以在不同的 Python 版本中共享。

3．使用.pth 文件设置模块搜索路径

要永久设置 Python 模块搜索路径，也可以在 Python 安装路径下的 Lib\site-packages 文件夹中创建一个扩展名为.pth 的文件，然后将 Python 模块的搜索路径添加进去，每个目录单独占用一行。

下面给出一个扩展名为.pth 文件的例子。

```
# 项目中使用的.pth 文件（此行为注释）
E:\DjangoWord
E:\DjangoWord\mysite
E:\DjangoWord\mysite\polls
```

6.6.3　模块探微

在 Python 中，模块也是对象。加载一个模块之后，可以使用内置函数 dir() 来列出该模块中所包含的类、函数和全局变量的列表。

假如有一个文件名为 demo.py 的模块，源代码如下。

```
'''
    模块名：demo
    内容：变量 x 和 y，函数 greet
    功能：用于演示模块
'''
x = 123
y = 'Demo'
def greet(s):
    '''
    函数名：greet
        参数：s=要问候的对象名称
        功能：向指定的对象打招呼
        返回值：无
    '''
    print(f'Hello, {s}!')

greet('World')
```

在这个模块中包含变量 x、y 和函数 greet() 的定义，也包含关于模块和函数的文档字符串，还包含一行可以直接运行的代码（即函数调用，运行程序的入口）。

在交互环境中，使用 import 语句导入 demo 模块时会执行 greet() 函数，结果如下。

```
>>> import demo
Hello, Python!
```

此时，可以使用内置函数 dir() 来查看 demo 模块中包含的变量和函数，结果如下。

```
>>> dir(demo)
['__builtins__', '__cached__', '__doc__', '__file__', '__loader__', '__name__',
'__package__', '__spec__', 'greet', 'x', 'y']
```

将模块名传入 dir() 函数时，将返回一个列表对象，其中包括在该模块中定义的所有变量名称和函数名称，还有一些内置全局变量的名称。Python 内置全局变量如表 6.1 所示。

表 6.1　Python 内置全局变量

全局变量	描 述
__builtins__	对 Python 内置模块的引用，该模块在 Python 启动后首先加载，该模块中的函数即内置函数，可直接使用
__cached__	当前模块经过编译后生成的字节码文件（.pyc）的路径
__doc__	当前模块的文档字符串
__file__	当前模块的完整路径
__loader__	用于加载模块的加载器
__name__	当前模块执行过程中的名称，若当前程序运行在该模块中，则模块名称为__main__，否则为该模块的名称
__package__	当前模块所在的包，获取导入文件的路径，多层目录以点分隔；若当前模块是顶层，则其值为空字符串
__spec__	当前模块的规范（名称、加载器和源文件）

在交互模式下，可以将模块名传入内置函数 help()，以查看关于该模块的名称、函数变量及文件路径等信息，具体示例如下。

```
>>> help(demo)
Help on module demo:

NAME
    demo

DESCRIPTION
    模块名：demo
    内容：变量 x 和 y，函数 greet
    功能：用于演示模块

FUNCTIONS
    greet(s)
        函数名：greet
        参数：s=要问候的对象名称
        功能：向指定的对象打招呼
        返回值：无

DATA
    x = 123
    y = 'Demo'

FILE
    d:\python\demo.py
```

也可以将模块中的函数名传入 help()，以查看关于该函数的帮助信息，具体示例如下。

```
>>> help(demo.greet)
Help on function greet in module demo:

greet(s)
    函数名：greet
    参数：s=要问候的对象名称
    功能：向指定的对象打招呼
    返回值：无
```

一个 Python 程序通常由一个主程序和若干模块组成。主程序定义了程序的主控流程，是程序运行的启动模块；模块则是用户自定义函数的集合，相当于子程序。在主程序中可以调用自定义模块或标准模块中的函数，在模块中也可以调用其他自定义模块或标准模块中的函数。

在 Python 模块中可以定义一些变量、函数和类，由其他模块导入和调用；模块中也可以包含能直接运行的代码。例如，上面的模块 demo.py 就同时包含函数定义和函数调用的代码，主程序和模块合二为一。当导入该模块时,不仅导入了一些变量和函数,还直接调用了自定义函数 greet()。

在很多情况下,我们希望模块在直接运行时才执行主程序代码,在模块被其他模块导入时则不执行主程序代码。这两种情况可以通过 Python 的内置全局变量 __name__ 来加以区分。当模块直接运行时内置全局变量 __name__ 的值就是 "__main__",当模块被其他模块导入时内置全局变量 __name__ 的值则是该模块的名称。因此,如果希望一个模块既可以被其他模块导入和调用,又可以作为可执行程序直接运行,则需要在程序入口处添加一个 if 语句对当前运行模式进行判断。

例如,模块 demo.py 的内容可以按以下方式进行改写。

```
...
if __name__=="__main__":
    greet('World')
```

【例 6.33】动态添加模块搜索路径并导入指定位置的用户自定义模块,然后对该模块的相关属性进行测试。

【程序代码】
```
# 主程序源文件: prog06_33_a.py
import sys
sys.path.insert(0, r'd:\python\06\modules')
import prog06_33_b as m
print('自定义模块 prog06_33_b 的相关信息')
print(f'模块名称: {m.__name__}')
print(f'模块文件: {m.__file__}')
print('模块中的内置全局变量: ')
for x in dir(m):
    if x.find('_') != -1:
        print(x, end=' ')
print()
print('模块中的自定义函数和全局变量: ')
for x in dir(m):
    if x.find('_') == -1:
        print(x, end=' ')
print()
print(f'x = {m.x}, y = {m.y}')
func = m.greet
func('World')
# 模块源文件: modules\prog06_33_b.py
x = 12345
y = '模块中的全局变量'
def greet(s):
    print(f'Hello, {s}!')
if __name__ == '__main__':
    greet('Python')
```

【运行结果】
```
自定义模块 prog06_33_b 的相关信息
模块名称: prog06_33_b
模块文件: d:\python\06\modules\prog06_33_b.py
模块中的内置全局变量:
__builtins__ __cached__ __doc__ __file__ __loader__ __name__ __package__
__spec__
模块中的自定义函数和全局变量:
greet x y
x = 12345, y = 模块中的全局变量
Hello, World!
```

6.6.4 常用标准模块

Python 提供了大量的标准模块并专门发布了帮助文档。对于程序员而言，标准模块与语言本身同样重要，在标准模块中可以找到各种常见任务的解决方案。使用标准模块时，可以通过内置函数 dir() 来查看标准模块中的内容，也可以通过内置函数 help() 来查看标准模块的帮助信息。下面介绍一些常用标准模块中的函数。

1. time 模块

time 模块提供与时间相关的各种功能，常用函数如下。

- time.time()：返回当前时间的时间戳（1970 年之后经过的浮点秒数）。
- time.asctime([tupletime])：接收时间元组并返回一个字符串形式的日期和时间。
- time.localtime([secs])：将以秒表示的时间戳转换为 struct_time 表示的本地时间。如果未提供 secs 或使用 None，则返回当前时间的时间戳。struct_time 是一个命名元组对象，可以通过表 6.2 列举的索引和属性名访问相应元素的值。

表 6.2 struct_time 元组中的元素

索　引	属　性　名	描　　　述
0	tm_year	年（如 2021）
1	tm_mon	月（1～12）
2	tm_mday	日（1～31）
3	tm_hour	时（0～23）
4	tm_min	分（0～59）
5	tm_sec	秒（0～59）
6	tm_wday	星期几（0～6，0 表示星期一）
7	tm_yday	一年中的第几天（1～365）
8	tm_isdst	是否是夏令时（默认为 0）

- time.strftime(format[, t])：接收时间元组并返回以字符串表示的当地时间，格式由参数 format 决定，可选的参数 t 是一个时间元组对象。可用的时间日期格式符如表 6.3 所示。

表 6.3 可用的时间日期格式符

格式符	描　　　述	格式符	描　　　述
%y	2 位数的年份表示（00～99）	%B	本地完整的月份名称
%Y	4 位数的年份表示（000～9999）	%c	本地相应的日期表示和时间表示
%m	月份（01～12）	%j	年内中的一天（001～365）
%d	月内中的一天（0～31）	%p	本地 A.M. 或 P.M. 的等价符
%H	24 小时制小时数（0～23）	%U	一年中的星期数（00～53），星期日为星期的开始
%I	12 小时制小时数（01～12）	%w	星期（0～6），星期日为星期的开始
%M	分钟数（00～59）	%W	一年中的星期数（00～53），星期一为星期的开始
%S	秒（00～59）	%x	本地相应的日期表示
%a	本地简化的星期名称	%X	本地相应的时间表示
%A	本地完整的星期名称	%Z	当前时区的名称
%b	本地简化的月份名称	%%	百分号 "%" 本身

- time.sleep(secs)：推迟调用线程的运行，参数 secs 表示进程挂起的秒数。

2. calendar 模块

calendar 模块用来处理年历和月历，常用函数如下。

- calendar.calendar(year, w=2, l=1, c=6)：以多行字符串格式返回由 year 指定的年份的年历，3 个月一行，间隔距离为 c。每日宽度间隔为 w 个字符。每行长度为 21×w+18+2×c。l 是每星期行数。
- calendar.firstweekday()：返回当前每星期起始日期的设置。在默认情况下，首次载入 calendar 模块时返回 0，即每星期的第一天是星期一。
- calendar.isleap(year)：若由 year 指定的年份是闰年，则返回 True，否则返回 False，具体示例如下。

```
>>> import calendar
>>> print(f'2020 年是闰年吗？{calendar.isleap(2020)}')
2020 年是闰年吗？True
```

- calendar.month(year, month, w=2, l=1)：返回一个多行字符串格式的 year 年 month 月的日历，两行标题，一个星期占用一行。每日宽度间隔为 w 个字符。每行的长度为 7×w+6。l 是每星期的行数。例如，下面的代码用于打印 2020 年 1 月的日历。

```
>>> import calendar
>>> print(calendar.month(2020, 1, w=6, l=1))
          January 2020
   Mon    Tue    Wed    Thu    Fri    Sat    Sun
                   1      2      3      4      5
     6      7      8      9     10     11     12
    13     14     15     16     17     18     19
    20     21     22     23     24     25     26
    27     28     29     30     31
```

【例 6.34】获取和显示当前系统日期和时间。

【程序代码】

```
# 源文件：prog06_34.py
import time, calendar
week = ['星期一', '星期二', '星期三', '星期四', '星期五', '星期六', '星期日']
now = time.localtime()
year = now.tm_year
wd = week[now.tm_wday]
print(time.strftime(f'%Z %Y 年%m 月%d 日 {wd} %H:%M:%S', time.localtime()))
print(f'今天是{year}年的第{now.tm_yday}天')
print(f'{year}年{"是" if calendar.isleap(year) else "不是"}闰年')
```

【运行结果】

```
中国标准时间 2019 年 11 月 03 日 星期日 07:43:10
今天是 2019 年的第 307 天
2019 年不是闰年
```

3. os 模块

os 模块提供了很多用来处理文件和目录的函数，下面介绍几个常用的方法。

- os.environ：返回包含环境变量映射关系的字典。例如，使用 os.environ["PATH"]可以得到环境变量 PATH 的值。
- os.chdir(path)：改变当前工作目录。
- os.getcwd()：返回当前工作目录。
- os.listdir(path)：返回 path 指定的文件夹包含的文件或文件夹的名称的列表。
- os.getlogin()：获取用户登录名称。

- os.getenv(name)：获取由参数 name 指定的环境变量的值。
- os.putenv(name)：设置由参数 name 指定的环境变量的值。
- os.system(cmd)：通过系统调用运行 cmd 命令。

例如，下面的代码用于列出 IDLE 的工作目录及该目录包含的内容。

```
>>> import os
>>> os.getcwd()
'C:\\Program Files\\Python38'
>>> os.listdir(os.getcwd())
['DLLs', 'Doc', 'include', 'Lib', 'libs', 'LICENSE.txt', 'NEWS.txt', 'python.exe',
'python3.dll', 'python38.dll', 'pythonw.exe', 'Scripts', 'tcl', 'Tools',
'vcruntime140.dll']
```

4. sys 模块

sys 模块提供了一些变量和函数，这些变量可能被解释器使用，也可能由解释器提供，常用的变量和函数如下。

- sys.argv：返回包含所有命令行参数的列表。
- sys.stdout，sys.stdin，sys.stderr：分别表示标准输出、标准输入、错误输出的文件对象。例如，sys.stdin.readline()从标准输入读取并返回一行字符，sys.stdout.write("abc")向屏幕输出"abc"并返回输出的字符数。
- sys.modules：返回一个字典，表示系统中所有可用的模块。
- sys.platform：获取当前运行的操作系统环境。
- sys.path：返回一个列表，指明查找模块和包的搜索路径。例如，通过调用 sys.path.insert(0, path)方法或 sys.path.append(path)方法可以将指定的目录添加到搜索路径中。
- sys.version：返回一个字符串，其中包含 Python 解释器的版本号，以及有关内部版本号和所使用编译器的其他信息。
- sys.exit（[arg]）：从 Python 退出，这是通过引发 SystemExit 异常来实现的。可选参数 arg 可以是表示退出状态的整数（默认为零），也可以是其他类型的对象。

【例 6.35】sys 模块应用示例。

【程序代码】

```
# 源文件：prog06_35.py
import sys
print(f'操作系统平台：{sys.platform}')
print(f'Python 版本：{sys.version}')
sys.exit(0)
```

【运行结果】

```
操作系统平台：win32
Python 版本：3.8.1 (tags/v3.8.1:1b293b6, Dec 18 2019, 23:11:46) [MSC v.1916 64 bit
(AMD64)]
```

5. random 模块

random 模块用于生成随机数，常用的函数如下。

- random.random()：用于生成[0, 1]的随机浮点数。
- random.uniform(a, b)：用于生成指定范围内的随机浮点数。如果 a<b，则随机数位于[a, b]；如果 a>b，则随机数位于[b, a]。
- random.randint(a, b)：用于生成[a, b]的随机整数，a 为下限，b 为上限。
- random.randrange(start, stop, step)：用于生成指定范围内的随机整数，其中 start 为初始值，

stop 为终止值（不包括），step 为步长。

- random.choice(seq)：从序列对象 seq 中随机获取一个元素。
- random.shuffle(x, random=None)：用于打乱列表 x 中的元素，其中 random 为无参函数，用于返回[0.0, 1.0)的浮点值，默认为 None，表示使用标准的 random.random。
- random.sample(population, k)：从序列对象 population 中随机获取指定长度的片段，k 表示片段的长度。

【例 6.36】生成随机数示例。

【程序代码】

```python
import random
print('生成[0, 1]的随机浮点数：')
for i in range(1, 6):
    print(f'{random.random():.4}', end=' ')
print('\n 生成[1, 10]的随机浮点数：')
for x in range(1, 6):
    print(f'{random.uniform(1, 10):.6}', end=' ')
print('\n 生成[1, 100]的随机整数：')
for i in range(1, 10):
    print(f'{random.randint(1, 100)}', end=' ')
print('\n 从列表中随机选取整数：')
seq = [i for i in range(1, 101, 5)]
for i in range(1, 6):
    print(f'{random.choice(seq)}', end=' ')
print('\n 从列表中随机获取片段：')
for x in random.sample(seq, 6):
    print(x, end=' ')
```

【运行结果】

```
生成[0, 1]的随机浮点数：
0.5314  0.2883  0.806  0.6208  0.4401
生成[1, 10]的随机浮点数：
7.02317  9.63547  9.00014  6.88059  5.13605
生成[1, 100]的随机整数：
59  95  4  5  24  54  95  1  74
从列表中随机选取整数：
31  66  91  11  61
从列表中随机获取片段：
96  31  41  66  11  46
```

6. glob 模块

glob 模块是最简单的模块之一，可以用来查找符合特定规则的文件路径名。搜索查找文件可以使用匹配符：星号 "*" 匹配 0 个或多个字符；问号 "?" 匹配单个字符；方括号 "[]" 匹配指定范围内的字符，如[0-9]匹配数字。glob 模块中常用的函数如下。

- glob.glob(pathname)：返回所有匹配的文件路径列表。参数 pathname 指定文件路径匹配规则，可以是绝对路径或相对路径。
- glob.iglob(pathname)：获取一个可遍历对象，可以用来逐个获取匹配的文件路径名。参数 pathname 指定文件路径匹配规则，可以是绝对路径或相对路径。

【例 6.37】获取匹配文件示例。

【程序代码】

```python
import os
import glob
path = r'C:\Program Files\Python38'
```

```
os.chdir(path)
print(f'exe 文件: \n{glob.glob("*.exe")}')
print('dll 文件: ')
for file in glob.iglob('*.dll'):
    print(f'{file}', end=' ')
```

【运行结果】

```
exe 文件:
['python.exe', 'pythonw.exe']
dll 文件:
python3.dll python38.dll vcruntime140.dll
```

6.7 包

创建许多模块后，可能希望将某些功能相近的模块组织在同一个文件夹中，这时就需要使用包的概念。包是一个分层次的文件目录结构，定义了一个由模块和子包，以及子包下的子包等组成的 Python 的应用环境。

6.7.1 包的创建

包是 Python 模块文件所在的目录。在包目录中必须有一个名为 __init__.py 的包定义文件，用于进行包的初始化操作，如设置列表变量 __all__ 的值，用于指定使用"from 包名 import *"语句导入的全部模块。包定义文件的内容也可以为空。在包目录中还有一些模块文件和子目录，假如某个子目录中也包含 __init__.py 文件，则该子目录就是这个包的子包。

要创建 Python 包，需要先创建一个目录作为包目录（目录名称即包名），然后在包目录中创建包定义文件 __init__.py，最后在包目录中创建一些子包或模块。

包是一种通过用"带点号的模块名"来构造 Python 模块命名空间的方法。例如，模块名 A.B 表示 A 包中名为 B 的子模块。正如模块的使用使不同模块的作者不必担心彼此的全局变量名称相同，使用加点的模块名可以使 NumPy 或 Pillow 等多模块软件包的作者不必担心彼此的模块名称相同。

假设想为声音文件和声音数据做统一处理，设计一个模块集合，从而构成一个包。声音文件有多种不同的格式，通常由文件扩展名来识别，如.wav、.aiff、.au 等。为了在不同文件格式之间进行转换，可能需要创建和维护一个不断增长的模块集合。也可能还想对声音数据进行很多不同的处理，如混声、添加回声、使用均衡器功能及创造人工立体声效果等。为了达到这些目的，可以另外写一个无穷尽的模块流。

这样，包的结构可以通过分层文件系统的形式表示为如下形式。

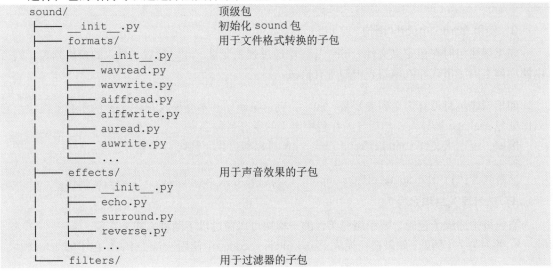

```
sound/                          顶级包
├── __init__.py                 初始化 sound 包
├── formats/                    用于文件格式转换的子包
│   ├── __init__.py
│   ├── wavread.py
│   ├── wavwrite.py
│   ├── aiffread.py
│   ├── aiffwrite.py
│   ├── auread.py
│   ├── auwrite.py
│   └── ...
├── effects/                    用于声音效果的子包
│   ├── __init__.py
│   ├── echo.py
│   ├── surround.py
│   ├── reverse.py
│   └── ...
└── filters/                    用于过滤器的子包
```

```
          ├──  __init__.py
          ├──  equalizer.py
          ├──  vocoder.py
          ├──  karaoke.py
          └──  ...
```

当导入这个包时，Python 将搜索 sys.path 中的目录，以查找包的子目录。

6.7.2 包的导入

创建包之后，要使用其中的模块，需要先在程序中导入要使用的模块，然后才能使用其中的类、函数和变量。

1. 使用 import 语句

要导入包中的模块或子包，可以使用 import 语句来实现，语法格式如下。

```
import item.subitem.subsubitem
```

其中，除了最后一项，每项都必须是包；最后一项可以是模块或包，但不能是前一项中定义的类、函数或变量。

例如，可以从包中导入单独的模块。

```
import sound.effects.echo
```

这会加载子模块 sound.effects.echo，但引用其中的函数时必须使用全名。

```
sound.effects.echo.echofilter(input, output, delay=0.7, atten=4)
```

2. 使用 from...import 语句

也可以使用 from...import 语句导入子模块，语法格式如下。

```
from package import item
```

其中，item 可以是包的子包或子模块，也可以是包中定义的函数、类或变量的名称。执行该语句时，Python 首先测试是否在包中定义了 item，如果没有，则假定它是一个模块并尝试加载它。如果找不到它，则会引发 ImportError。

例如，下面的语句用于从 sound.effects 中导入 echo 子模块。

```
from sound.effects import echo
```

在这种情况下，调用子模块 echo 中的函数时可以不加包前缀，但要加模块前缀。

```
echo.echofilter(input, output, delay=0.7, atten=4)
```

也可以使用 from...import 语句直接导入所需要的函数或变量。

```
from sound.effects.echo import echofilter
```

在这种情况下，允许不加任何前缀直接调用函数。

```
echofilter(input, output, delay=0.7, atten=4)
```

3. 使用 from...import *语句

如果创建包时在包定义文件 __init__.py 中通过列表变量 __all__ 设置了导入的模块列表，则可以使用如下语法格式导入该列表中的所有模块。

```
from pacakge import *
```

如果创建包时没有定义列表变量 __all__，则这条语句并不会导入 package 的所有子模块，它只保证包 package 被导入，然后导入在包中定义的所有名称。

例如，包定义文件 sound/effects/__init__.py 可以包含以下代码。

```
__all__ = ['echo', 'surround', 'reverse']
```

这意味着执行 from sound.effects import *语句时将导入 sound 包的 3 个命名子模块。

4. 绝对导入与相对导入

当包被构造成子包时，要引用兄弟包的子模块可以通过以下两种方式来实现。

- 绝对导入。例如，如果要在模块 sound.filters.vocoder 中使用 sound.effects 包中的 echo 模块，

可以使用如下形式的绝对导入。

```
from sound.effects import echo
```

- 相对导入。这种导入形式使用前导点来指示相对导入中涉及的当前包和父包，当前包用"."表示，父包用".."表示。例如，如果在 surround 模块中可以使用其他模块，则可以使用如下形式的相对导入。

```
from . import echo                  # 从当前包中导入子模块
from .. import formats              # 从父包中导入子包
from ..filters import equalizer     # 从父包的 filters 子包中导入子模块
```

相对导入是基于当前模块的名称进行导入的。由于主模块的名称总是__main__，所以 Python 应用程序的主模块必须始终使用绝对导入。

6.7.3 第三方包的安装

第三方包的安装文件主要有两种格式：一种是扩展名为.tar.gz 的压缩文件，其中包含主要入口模块文件 setup.py，这种文件可以使用压缩工具进行解压缩；另一种是扩展名为.whl 的压缩文件，其中包含模块文件（.py）和经过编译的文件（.pyd）。

1. 安装.tar.gz 包

使用解压工具对第三方包进行解压，然后进入命令提示符窗口，并通过 CD 命令进入第三方包的存放目录，最后在提示符下依次输入如下命令。

```
python setup.py build
python setup.py install
```

2. 安装.whl 包

首先进入命令提示符窗口，通过 CD 命令进入第三方包的存放目录，然后使用第三方包管理工具 pip 进行安装，即输入如下命令。

```
pip install xxxx.whl
```

pip 工具是 Python 自带的第三方包安装工具，在 Python 安装过程中自动完成安装，无须进行独立安装。pip 工具存放在 Python 安装目录下的 Scripts 子文件夹中。

6.8 典型案例

下面给出两个典型案例：第一个案例用于打印 10 000 以内的回文素数，第二个案例用于求解汉诺塔问题。

6.8.1 打印回文素数

【例 6.38】打印 10 000 以内的回文素数。

【程序分析】

素数也称为合数，是指大于 1 的自然数，其特点是除了 1 和其本身不再有其他因数。要判断一个自然数 n 是不是素数，可以通过编写一个函数来进行判断，即通过一个 for...in range()循环语句，使用范围为 $2\sim\sqrt{n}+1$ 的自然数对 n 进行整除，如果能够整除，则 n 不是素数，如果这组自然数都不能整除 n，则 n 就是素数。

回文数是指正序（从左向右）和倒序（从右向左）读都是一样的自然数，如 1 234 321 就是一个回文数，1 234 567 则不是回文数。要判断一个自然数是不是回文数，也可以通过编写一个函数来进行判断，即数据类型转换和字符串切片得到倒序的自然数，如果倒序的自然数与原来的自然数相等，则是回文数，否则不是回文数。

【程序代码】

```
def is_prime(num):          # 判断素数
```

```
    if num == 1:
        return False

    for i in range(2, int(num ** 0.5 + 1)):
        if num % i == 0:
            return False
        else:
            return True

def is_palindrome(num):   # 判断回文数
    s1 = str(num)
    s2 = s1[::-1]
    num2 = int(s2)
    if num == num2:
        return True
    else:
        return False

if __name__ == '__main__':
    j = 1
    for i in range(1, 10000):
        if is_prime(i) and is_palindrome(i):
            print(i, end='\t')
            if j % 10 == 0:
                print()
            j += 1
```

【运行结果】

```
2    3    5    7    11   101  131  151  181  191
313  353  373  383  727  757  787  797  919  929
```

6.8.2　求解汉诺塔问题

微课视频

【例 6.39】求解汉诺塔（Hanoi）问题。有 3 根立柱 A、B、C，其中立柱 A 上堆放了 n 个盘子，盘子大小不等，大盘在下，小盘在上，如图 6.1 所示。要求将这 n 个盘子移到立柱 C 上，在移动过程中可以借助立柱 B 作为中转装置，每次只能移动一个盘子，并且在 3 根立柱上都要保持大盘在下，小盘在上。试编写程序打印出移动盘子的具体步骤。

图 6.1　汉诺塔问题

【程序分析】

汉诺塔问题是一个典型的递归问题，可以编写两个函数来求解，其中一个是递归函数 hanio(n, a, b, c)，其功能是将立柱 A 上的 n 个盘子借助立柱 B 移到立柱 C 上；另一个是普通函数 move(n, x, y)，其功能是将第 n 号盘子从一个立柱移到另一个立柱上。

如果立柱 A 上有 n 个盘子，则首先调用递归函数将立柱 A 上的 $n-1$ 个盘子借助立柱 C 移到立柱 B 上：hanio(n-1, a, c, b)；然后将立柱 A 上的第 n 个盘子移到立柱 C 上：move(n, a, c)；最后通过调用递归函数借助立柱 A 将立柱 B 上的 $n-1$ 个盘子移到立柱 C 上：hanio(n-1, b, a, c)。如果立柱 A 上只剩下第 n 号盘子，则直接将这个盘子从立柱 A 上移到立柱 C 上即可：move(n, a, c)，从而结束递归过程。

【程序代码】

```
num = 0  # 全局变量，用于统计移动次数
def move(n, x, y):
    print(f'第{num}步：{n}号盘{x}->{y}')


def hanio(n, a, b, c):
    global num
    if n > 1:
        hanio(n - 1, a, c, b)
        num += 1
        move(n, a, c)
        hanio(n - 1, b, a, c)
    elif n == 1:
        num += 1
        move(n, a, c)


if __name__ == '__main__':
    print('***求解汉诺塔问题***')
    n = int(input('请输入盘子数目：'))
    print(f'将{n}个盘子从立柱A上移到立柱C上的步骤如下：')
    hanio(n, 'A', 'B', 'C')
```

【运行结果】

```
***求解汉诺塔问题***
请输入盘子数目：4
将4个盘子从立柱A上移到立柱C上的步骤如下：
第1步：1号盘A->B
第2步：2号盘A->C
第3步：1号盘B->C
第4步：3号盘A->B
第5步：1号盘C->A
第6步：2号盘C->B
第7步：1号盘A->B
第8步：4号盘A->C
第9步：1号盘B->C
第10步：2号盘B->A
第11步：1号盘C->A
第12步：3号盘B->C
第13步：1号盘A->B
第14步：2号盘A->C
第15步：1号盘B->C
```

习　题　6

一、选择题

1. 向函数传递（　　）参数时将使用引用传递方式。

　　A. 列表　　　　　　　　　　　　　B. 数字

　　C. 字符串　　　　　　　　　　　　D. 元组

2. 定义函数时，必须在（　　）名称前面添加两个星号"**"。

　　A. 默认值参数　　　　　　　　　　B. 元组类型变长参数

　　C. 字典类型变长参数　　　　　　　D. 函数对象参数

3. 定义函数时，必须在仅位置参数前面添加（   ）。

    A. ,@
                        B. ,/

    C. ,*
                        D. ,#

4. 定义函数时，如果没有在 return 语句中指定返回值，或者未使用 return 语句，则函数返回值为（   ）。

    A. 空格
                        B. -1

    C. None
                      D. False

5. 在 Python 程序中，优先级别最高的变量为（   ）。

    A. 当前作用域的局部变量
          B. 外层作用域的变量

    B. 当前模块中的全局变量
          D. Python 内置的变量

6. 调用装饰器的语法格式是（   ）。

    A. 装饰器名()
                   B. $装饰器名

    C. &装饰器名
                   D. @装饰器名

7. 在下列方式中，不能设置 Python 模块搜索路径的是（   ）。

    A. 调用 sys.path.insert(0, path)或 sys.path.append(path)方法

    B. 设置 PYTHONPATH 环境变量

    C. 设置 PATH 环境变量

    D. 使用.pth 文件设置模块搜索路径

8. 通过 Python 内置全局变量（   ）可以获取当前模块文件的完整路径。

    A. __doc__
                   B. __file__

    C. __loader__
                 D. __name__

9. 要获取当前工作目录，可以调用（   ）。

    A. os.chdir(path)
             B. os.getcwd()

    C. os.listdir(path)
          D. os.system(cmd)

10. 包是 Python 模块文件所在的目录，在该包目录中必须有一个文件名为（   ）的包定义文件。

    A. __init__.py
             B. init.py

    C. _init_.py
            D. __init.py

二、判断题

1. 函数的文档字符串从函数体的第一行开始，是使用双引号注释的多行字符串。　　（   ）

2. 如果在函数体中使用了不带表达式的 return 语句或未使用 return 语句，则函数返回 False 值。
　　（   ）

3. 如果对一个形参设置了默认值，则必须对其右边所有形参设置默认值，否则会出现错误。
　　（   ）

4. 定义函数时，元组类型变长参数名称前面要加一个星号"*"。　　（   ）

5. 对于带元组或字典类型变长参数的函数，调用时至少要传递一个参数。　　（   ）

6. 匿名函数中可以使用任何语句。　　（   ）

7. 使用 from...import...语句导入模块中的指定项目后，引用该项目时不必添加模块名作为前缀。
　　（   ）

三、编程题

1. 定义一个计算三角形面积的函数，并判断三条边能否构成三角形。若能，则计算三角形的面积；若不能，则返回 None。从键盘输入三条边的边长，并通过调用该函数来计算三角形的面积。

2. 从键盘输入两个数字并选择一种四则运算，然后输出运算结果。要求用不同的函数来实现四则运算，并定义一个接收两个操作数和一个函数名称的函数，函数名称指定要做哪种运算。

3. 从前 200 个自然数中筛选出所有奇数和平方根是整数的数字。要求通过 Python 内置函数 filter()来实现该筛选功能。

4. 从键盘输入一个正整数，计算并输出其阶乘。要求通过递归函数来实现这个功能。

5. 定义两个函数，分别用于实现加法和减法运算。要求定义一个装饰器，为所定义的前两个函数添加参数输出功能。

6. 从键盘输入长和宽，计算并输出矩形的面积。要求程序由两个模块组成，在一个模块中定义一个计算矩形面积的函数，在另一个模块中调用这个函数。

7. 通过导入相关模块，在程序中显示当前系统的日期和时间。

8. 通过导入相关模块，列出当前目录中的所有文件。

第 7 章　面向对象编程

面向对象编程是一种程序设计思想，其基本原则是将对象作为程序的基本单元，而对象包含了数据和操作数据的函数。Python 从设计之初就是一种面向对象的编程语言，在 Python 中通过创建类和对象来开发应用程序是很方便的。本章介绍 Python 面向对象编程的基本方法。

7.1　面向对象编程概述

面向对象编程将程序视为一组对象的集合，而每个对象都可以接收其他对象发过来的消息并处理这些消息，程序的执行就是一系列消息在各个对象之间进行传递。

7.1.1　面向对象的基本概念

要使用 Python 进行面向对象编程，首先需要对以下几个基本概念有所了解。

1. 对象

对象是人们要进行研究的任何事物，从最简单的整数到复杂的宇宙飞船等都可以看作对象。对象不仅能表示具体的事物，还能表示抽象的规则、计划或事件。对象的状态和特征通过数据表示就是属性；对象的状态可以通过对象的操作来改变，这些操作通过程序代码来实现就是方法。对象实现了数据和操作的结合，数据和操作封装于对象这个统一体中。

在 Python 中，一切皆是对象。每执行一次赋值语句就会创建一个新的数据对象；从数值、字符串和布尔值，到列表、元组、字典和集合，从函数、模块到包，无一不是对象。

2. 类

类是对象的模板，是对一组具有相同属性和相同操作的对象的抽象。类实际上就是一种数据类型，一个类所包含的数据和方法用于描述一组对象的共同属性与行为。类的属性是对象的状态的抽象，可以用数据结构来描述；类的操作是对象的行为的抽象，可以用操作名和实现该操作的方法来描述。属性和方法统称为类的成员。类是对象的抽象化，对象则是类的具体化，是类的实例，在一个类中可以创建多个对象。

Python 提供了许多内置类，这些类可以创建相应的对象。例如，整数是 int 类的对象，浮点数是 float 类的对象，字符串是 str 类的对象，列表是 list 类的对象，元组是 tuple 类的对象，字典是 dict 类的对象，集合是 set 类的对象，等等。此外，还可以根据需要创建用户自定义类。定义类并创建其对象，然后访问对象的属性和方法，构成了面向对象编程的基本内容。

3. 消息

一个程序中通常包含多个对象，不同对象之间通过消息相互联系、相互作用。消息由某个对象发出，请求另一个对象执行某项操作，或者回复某些信息。给对象发消息实际上就是调用对象对应的函数，称为对象的方法。在对象的操作中，当发送者将一个消息发送给某个对象时，消息包含接收对象去执行某种操作的信息。发送一条消息至少要包括接收消息的对象名、发送给该对象的消息名（即对象名和方法名），一般还要对参数加以说明，参数可以是认识该消息的对象所知道的变量名，也可以是所有对象都知道的全局变量名。

4. 封装

封装是指将对象的数据（属性）和操作数据的过程（方法）结合起来所构成的单元，其内部信息对外界是隐藏的，外界不能直接访问对象的属性，只能通过类对外部提供的接口对该对象进行各种操作，从而保证程序中数据的安全性。类是实施数据封装的工具；对象则是封装的具体实现，是封装的基本单位。定义类时将其成员划分为公有成员、私有成员和保护成员，从而形成了类的访问机制，使外界不能随意存取对象的内部数据（即成员属性和成员方法）。

5. 继承

继承是指在一个类的基础上定义一个新的类，原有的类称为基类、超类或父类，新生成的类称为派生类或子类。

子类通过继承会从父类中得到所有的属性和方法，也可以对所得到的这些方法进行重写和覆盖，同时还可以添加一些新的属性和方法，从而扩展父类的功能。

一个父类可以派生出多个子类，每个子类都可以通过继承和重写拥有自己的属性与方法，父类体现出对象的共性和普遍性，子类则体现出对象的个性和特殊性，父类的抽象程度高于子类。

继承具有传递性，从子类也可以派生出新一代孙类，相对于孙类而言，子类又成了父类。继承反映了抽象程度不同的类之间的关系，即共性和个性的关系、普遍性和特殊性的关系。程序员可以在原有类的基础上定义和实现新类，从而实现程序代码的重用性。

6. 多态

多态是指一个名称相同的方法产生了不同的动作行为，即不同对象收到相同的消息时产生了不同的行为方式。多态允许通过赋值将父对象设置为其子对象，赋值之后父对象可以根据当前赋值给它的子对象的特性以不同的方式运作。

多态可以通过两种方式来实现，即覆盖和重载。覆盖是指在子类中重新定义父类的成员的方法；重载则是指允许存在多个同名函数，而这些函数的参数列表有所不同。

7.1.2 面向过程与面向对象的比较

面向过程和面向对象是两种不同的编程方式。

面向过程编程就是通过算法分析列出解决问题的步骤，将程序划分为若干功能模块，然后通过函数来实现这些功能模块，在解决问题的过程中根据需要调用相关的函数。

面向对象编程则是将构成问题的事务分解成各个对象，根据对象的属性和操作抽象出类的定义，然后基于类创建对象实例，其目的是描述某个事物在整个解决问题的过程中的行为，而不是为了实现一个过程。

面向对象编程是一种以对象为基础，以事件或消息来驱动对象执行处理的程序设计方法，其主要特征是抽象性、封装性、继承性及多态性。

面向过程编程与面向对象编程的区别主要表现在以下几个方面。

- 面向过程编程通过函数来描述对数据的操作，但又将函数与其操作的数据分离开来；面向对象编程将数据和对数据的操作封装在一起，作为一个对象来处理。
- 面向过程编程以功能为中心来设计功能模块，程序难以维护；面向对象编程以数据为中心来描述系统，数据相对于功能而言具有较强的稳定性，因此程序更容易维护。
- 面向过程程序的控制流程由程序中预定顺序来决定；面向对象程序的控制流程由运行时各种事件的实际发生来触发，而不再由预定顺序来决定，因此更符合实际需要。

在实际应用中，应根据具体情况选择使用哪种编程方式。例如，要开发一个小型应用程序，代码量比较小，开发周期短，在这种情况下采用面向过程编程就是一个不错的选择，如果使用面向对象编程反而会增加代码量，降低工作效率。如果要开发一个大型应用程序，采用面向对象编程会更好一些。

Python 同时支持面向过程编程和面向对象编程。函数就是面向过程编程的基本单元，函数是Python 内建支持的一种封装，通过把大段代码拆成函数并一步一步地调用函数，就可以把一个复杂的任务分解成一系列简单的任务，这是典型的面向过程编程。

面向对象编程将对象作为程序的基本单元，一个对象包含了数据和操作数据的函数。在 Python 中，所有数据类型都可以看作对象。除了 Python 提供的内置类型，也可以定义自定义对象数据类型，自定义对象数据类型便是面向对象中的类的概念。整个编程过程将围绕类展开，通过定义新的类来构建程序要完成的功能，并通过主程序和相关函数使用类创建所需的对象，体现了面向对象编程的理念。

7.2 类与对象

在 Python 中，类是一种自定义的复合数据类型，也是功能最强大的数据类型。面向对象编程的基本步骤如下：首先通过定义类来设置数据类型的数据和行为，然后基于类创建对象实例，并通过存取对象的属性或调用对象的方法来完成所需要的操作。

7.2.1 类的定义

类可以通过 class 语句来定义，语法格式如下。

```
class 类名:
    """类说明"""
    类体
```

定义一个类时，以关键字 class 开始，后跟类名和冒号。类名是一个标识符，应遵循 Python 标识符命名规则，其首字母通常采用大写形式。类体用于定义类的所有细节，向右缩进对齐。

类说明是可选的，用于添加类的文档说明符，对类的功能进行描述。

在类体中可以定义类的变量成员和函数成员。变量成员即类的属性，用于描述对象的状态和特征，类属性可以被用作实例属性的默认值，它们将被所有类实例共享。函数成员即类的方法，用于实现对象的行为和操作。通过定义类实现了数据和操作的封装。

在类体中也可以只包含一个 pass 语句，此时将定义一个空类。

与函数定义一样，类定义必须被执行才会起作用。

类体内的语句通常都是函数定义，这些函数定义具有一种特别形式的参数列表，这是方法调用的约定规范所指明的。

当进入类定义时，将创建一个新的命名空间并将其用作局部作用域。因此，所有对局部变量的赋值都在这个新命名空间之内，函数定义也会绑定到这个命名空间。

定义类时便创建了一个新的自定义类型对象，简称类对象，它基本上是一个包围在类定义所创建命名空间内容周围的包装器（这是 Python 的官方定义）。类对象将绑定到类定义所给出的类名称。在 Python 中，所有属性都可以按照如下标准语法格式来引用。

```
对象名.属性名
```

其中，对象可以是由类创建的对象，也可以是类对象本身；属性名是类对象被创建时存在于类命名空间中的所有名称，包括变量和函数。

【例 7.1】类对象属性引用示例。

【程序代码】

```python
class MyClass:    # 定义类
    """这是一个简单的类实例"""
    x = 123      # 类属性
    def f(self): # 类方法，其中参数 self 表示类实例
        return 'Hello World'
if __name__ == '__main__':
    print(f'{MyClass = }')           # 打印类对象本身
    print(f'{MyClass.x = }')         # 打印类属性（变量）
    print(f'{MyClass.f = }')         # 打印类属性（函数）
```

```
print(f'{MyClass() = }')              # 打印类实例
print(f'{MyClass().f() = }')          # 打印类方法调用结果
print(f'{MyClass.__doc__ = }')        # 打印类的文档字符串
```

【运行结果】
```
MyClass = <class '__main__.MyClass'>
MyClass.x = 123
MyClass.f = <function MyClass.f at 0x000001D2822AC0D0>
MyClass() = <__main__.MyClass object at 0x000001D281D89430>
MyClass().f() = 'Hello World'
MyClass.__doc__ = '这是一个简单的类实例'
```

7.2.2 类的实例化

可以将类对象视为返回该类的一个新实例的函数，通过调用该函数可以创建类的一个新实例，这个过程称为类的实例化，语法格式如下。

```
变量 = 类名([参数])
```

实例化操作是通过"调用"类对象来实现的，这将会创建一个空对象。为了在定义类时创建带有特定初始状态的实例对象，需要在类定义中包含一个名为__init__()的特殊方法（构造方法），该方法至少要包含一个参数（通常命名为 self）。

如果在类定义中包含__init__()方法，则类的实例化操作会自动为新创建的类实例发起调用__init__()方法，以进行初始化操作。

为了实现更高的灵活性，__init__()方法除了 self 参数还可以有其他参数。在这种情况下，执行类实例化操作时就需要传递相应的参数，这些参数将被传入__init__()方法。

创建对象之后，该对象就拥有类中定义的所有属性和方法，此时可以通过实例对象与圆点运算符来访问这些属性和方法，语法格式如下。

```
对象名.属性名
对象名.方法名(参数)
```

【例 7.2】类实例化示例。

【程序代码】
```
class Student:                        # 定义类
    def __init__(self, sid, name):    # 定义构造方法
        self.sid = sid                # 实例属性
        self.name = name              # 实例属性
if __name__ == '__main__':
    st1 = Student('20200001', '张强')  # 类实例化
    print(f'{st1.sid = }, {st1.name =}')
    st2 = Student('20200002', '李明')  # 类实例化
    print(f'{st2.sid = }, {st2.name =}')
```

【运行结果】
```
st1.sid = '20200001', st1.name ='张强'
st2.sid = '20200002', st2.name ='李明'
```

7.3 成员属性

在类体中定义的变量就是属性。属性按所属的对象可以分为类属性和实例属性：类属性是类对象所拥有的属性，属于该类的所有实例对象；实例属性是该类的实例对象所拥有的属性，属于该类的某个特定实例对象。

7.3.1 类属性

类属性是类拥有的属性，被类的所有对象实例所共有，在类体中可以通过赋值语句定义变量来创建。

类属性分为公有属性、保护属性和私有属性。如果属性名以单个下画线 "_" 开头，则是保护属性；如果属性名以双下画线 "__" 开头，则是私有属性；如果不以下画线开头，则是公有属性。在类定义外部还可以通过赋值语句 "类名.属性名=值" 动态增加新的属性。

在类定义中，方法外部可以直接通过变量名来访问所有属性，方法内部则要通过 "类名.属性名" 格式来访问。

在类定义外部，公有属性可以通过 "类名.属性名" 或 "对象名.属性名" 格式来访问。保护属性可以通过类对象本身和子类对象访问，在一般情况下不建议在类的外部直接访问类的保护属性。

在一般情况下，不允许也不提倡在类的外部访问类的私有属性。如果一定要在类的外部对类的私有属性进行访问，则必须使用一个新的属性名来访问该属性，该名称以一条下画线开头，后面依次写上类名和私有属性名。

例如，如果在类 MyClass 内部定义了一个名为 __x 的私有属性，则在类方法之外可以直接通过 __attr 形式访问该私有属性，在类方法中则应通过如下形式来访问它。

```
MyClass.__x
```

在类的外部，这个私有属性必须通过如下形式来访问，但一般不建议这样做。

```
MyClass._MyClass__x
```

在 Python 中，类对象有一个 __dict__ 属性，通过该属性获取类对象的所有属性和方法的一个字典。在类属性中还包括一些由系统定义的特殊成员，它们的名称都是以一个或多个下画线结束的。

【例 7.3】类的公有属性、保护属性和私有属性示例。

【程序代码】

```
from inspect import isfunction

class MyClass:              # 定义类
    attr1 = 111             # 定义公有属性
    _attr2 = 222            # 定义保护属性
    __attr3 = 333           # 定义私有属性
    attr4 = attr1 + _attr2 + __attr3  # 定义公有属性，引用了另外 3 个属性

    def show_attrs(self):                       # 定义类的实例方法，形参 self 表示当前实例
        for k, v in self.__class__.__dict__.items():   # 遍历类的属性和方法组成的字典
            if isfunction(k):                          # 若当前成员是函数
                print(f'成员方法：{k}')
            elif type(v) == int:
                if k.find('_MyClass') == 0:  # 若名称不包含'_MyClass'，则为公有属性
                    print(f'私有属性：{k} = {v}')
                elif str(k).startswith('_'):
                    print(f'保护属性：{k} = {v}')
                else:
                    print(f'公有属性：{k} = {v}')
if __name__ == '__main__':
    MyClass().show_attrs()                  # 调用实例方法
    print('-*-' * 12)
    MyClass.attr1 = 555                     # 对公有属性赋值
    MyClass._MyClass__attr2 = 777           # 对私有属性赋值
    MyClass.attr4 = 666                     # 为类添加新的公有属性
    MyClass.attr5 = 999                     # 添加另一个公有属性
    MyClass().show_attrs()                  # 再次调用实例方法
```

【运行结果】

```
公有属性：attr1 = 111
保护属性：_attr2 = 222
私有属性：_MyClass__attr3 = 333
公有属性：attr4 = 666
```

```
-*--*--*--*--*--*--*--*--*--*--*-
公有属性: attr1 = 555
保护属性: _attr2 = 222
私有属性: _MyClass__attr3 = 333
公有属性: attr4 = 666
私有属性: _MyClass__attr2 = 777
公有属性: attr5 = 999
```

7.3.2 实例属性

与类属性不同，实例属性是类的实例对象所拥有的属性，它仅属于类的这个特定实例对象。与普通变量类似，实例属性也可以通过赋值语句来创建。

- 在类的内部，定义类的构造方法__init__()或其他实例方法时，通过在赋值语句中使用 self 关键字、圆点运算符和属性名来创建实例属性，语法格式如下。

```
self.属性名 = 值
```

其中，self 是实例方法的第一个形参，代表类的当前实例。所谓实例方法就是类的对象实例能够使用的方法。定义实例方法时，必须设置一个用于接收类的当前实例的形参，而且该形参必须是第一个参数。在实例方法中，可以通过"self.属性名"形式来访问实例属性。

- 在类的外部，可以通过在赋值语句中使用实例对象名、圆点运算符和属性名来创建新的实例属性，语法格式如下。

```
对象名.属性名 = 值
```

其中，对象名表示类的一个实例。

在类的外部，可以通过"对象名.属性名"形式来读取已经存在的实例属性的值。

在 Python 中，通过类的实例化创建对象之后，可以通过对象的__dict__属性来检查该对象中包含哪些实例属性，也可以通过对象的__class__属性来检查对象所属的类。

【例 7.4】实例属性应用示例。

【程序代码】

```
from inspect import isfunction

class Student:            # 定义 Student 类
    career = '学生'      # 类属性
    def __init__(self, name, gender, age):      # 定义构造方法，首个形参为 self
        self.name = name                        # 定义实例属性
        self.gender = gender
        self.age = age
    def show_info(self):                        # 定义实例方法，首个形参为 self
        print(f'类名: {self.__class__}')
        for k, v in self.__class__.__dict__.items():
            if not k.startswith('__') and not isfunction(v):
                print(f'{k}: {v}')
        for k, v in self.__dict__.items():  # 通过__dict__属性获取对象中的所有实例属性
            print(f'{k}: {v}')                  # k 表示属性名，v 表示属性值
if __name__ == '__main__':
    student1 = Student('张强', '男', 19)        # 创建类的实例
    student1.show_info()                        # 调用实例方法
    print('-*-' * 12)
    student2 = Student('李娇', '女', 18)        # 创建类的实例
    student2.bobby = '唱歌，跳舞'               # 添加新的实例属性
    student2.show_info()
```

【运行结果】

```
类名: <class '__main__.Student'>
career: 学生
```

```
name：张强
gender：男
age：19
-*--*--*--*--*--*--*--*--*--*-
类名：<class '__main__.Student'>
career：学生
name：李娇
gender：女
age：18
bobby：唱歌，跳舞
```

7.3.3 类属性与实例属性的比较

类属性与实例属性的关系是既相互区别又相互联系，搞清楚这种关系对掌握 Python 面向对象编程是很重要的。

1. 类属性与实例属性的区别

类属性与实例属性的区别表现在以下几个方面。

- 所属的对象不同：类属性属于类对象本身，可以由类的所有实例共享，在内存中只存在一个副本；实例属性则属于类的某个特定实例。如果存在同名的类属性和实例属性，则两者相互独立、互不影响。
- 定义的位置和方法不同：类属性是在类中所有成员方法外部以"类名.属性名"形式定义的，实例属性则是在构造方法或其他实例方法中以"self.属性名"形式定义的。
- 访问的方法不同：类属性是通过类对象以"类名.属性名"形式访问的，实例属性则是通过类实例以"对象名.属性名"形式访问的。

2. 类属性与实例属性的联系

类属性与实例属性的共同点和联系表现在以下几个方面。

- 类对象和实例对象都是对象，它们所属的类都可以通过__class__属性来获取，类对象属于 type 类，实例对象则属于创建该实例时所调用的类。
- 类对象和实例对象的属性值都可以通过__dict__属性来获取，该属性的取值是一个字典，每个字典元素的关键字和值分别对应属性名与属性值。
- 如果要读取的某个实例属性不存在，但在类中定义了一个与其同名的类属性，则 Python 就会以这个类属性的值作为实例属性的值，同时还会创建一个新的实例属性。此后修改该实例属性的值时，将不会影响同名的类属性。

【例 7.5】类属性与实例属性应用示例。

【程序代码】

```
class MyClass:           # 定义 MyClass 类
    x = 10               # 定义类属性
if __name__ == '__main__':
    obj1 = MyClass()     # 创建一个类实例
    obj2 = MyClass()     # 创建另一个类实例
    print(f'类属性：{MyClass.x = }')
    print(f'obj1 中的实例属性：{obj1.__dict__ = }')
    print(f'obj2 中的实例属性：{obj2.__dict__ = }')
    print(f'{MyClass.x = }，{obj1.x = }，{obj2.x = }')# obj1.x 和 obj2.x 均引用类属性
    print('-*-' * 12)
    obj2.x += 5                          # 引用类属性并创建 obj2 的实例属性
    print(f'类属性：{MyClass.x = }')       # 类属性保持不变
    print(f'obj1 中的实例属性：{obj1.__dict__ = }')
```

```
        print(f'obj2 中的实例属性: {obj2.__dict__ = }')
        # obj1.x 引用类属性, obj2.x 引用实例属性
        print(f'{MyClass.x = }, {obj1.x = }, {obj2.x = }')
        print('-*-' * 12)
        MyClass.x += 10                          # 修改类属性
        print(f'类属性: {MyClass.x = }')
        # obj1.x 引用类属性, obj2.x 引用实例属性
        print(f'{MyClass.x = }, {obj1.x = }, {obj2.x = }')
```

【运行结果】
```
类属性: MyClass.x = 10
obj1 中的实例属性: obj1.__dict__ = {}
obj2 中的实例属性: obj2.__dict__ = {}
MyClass.x = 10, obj1.x = 10, obj2.x = 10
-*--*--*--*--*--*--*--*--*--*--*--*-
类属性: MyClass.x = 10
obj1 中的实例属性: obj1.__dict__ = {}
obj2 中的实例属性: obj2.__dict__ = {'x': 15}
MyClass.x = 10, obj1.x = 10, obj2.x = 15
-*--*--*--*--*--*--*--*--*--*--*--*-
类属性: MyClass.x = 20
MyClass.x = 20, obj1.x = 20, obj2.x = 15
```

7.4   成员方法

通常会在类中定义一些函数，这些函数一般与类对象或类实例对象绑定在一起，因此称为方法。类的成员方法分为内置方法、类方法、实例方法和静态方法，内置方法是由 Python 提供的具有特殊作用的方法，类方法属于类，实例方法属于对象，类方法和实例方法至少需要定义一个参数，静态方法则是类中的普通函数，可以不定义参数。类的成员方法分为公有方法和私有方法，前者可以在类的外部调用，后者则限于在类的内部调用。

7.4.1   内置方法

在 Python 中，每当定义一个类时，系统都会自动地为它添加一些默认的内置方法，这些方法通常由特定的操作触发，无须显式调用，它们的命名也有特殊的约定，即方法名以两个下画线开始并以两个下画线结束。下面介绍两个常用的内置方法，即构造方法和析构方法。

1. 构造方法

构造方法__init__(self, ...)是在创建新对象时自动调用的,可以用来对类的实例对象进行一些初始化操作,如设置实例属性的初始值等。如果在类中未定义构造方法,则系统将执行默认的构造方法。构造方法支持重载,定义类时可以根据需要重新编写构造方法。

定义构造方法时,第一个参数为 self,这个名称只是一种习惯用法,也可以用其他名称,如 this、me 等。self 参数用于接收类的当前实例,每当创建类的新实例时 Python 会自动将当前实例传入构造方法,因此不必在类名后面的圆括号中写入这个参数。

除了 self 参数,构造方法还可以包含其他参数,这些参数在创建类的新实例时必须提供,即写在类名后面的圆括号中。

【例 7.6】构造方法示例。

【程序代码】
```
class Car:                                     # 定义 Car 类
    def __init__(self, brand, color, length):  # 定义构造方法
        self.brand = brand
        self.color = color
        self.length = length
```

```
            def run(self):                                        # 定义实例方法
                print(f'{self.color}的{self.brand}在行驶中...')
        if __name__ == '__main__':
            car1 = Car('宝马 X5', '黑色', 4909)
            car1.run()
            car2 = Car('保时捷 Cayenne', '蓝宝石色', 4918)
            car2.run()
```

【运行结果】
```
黑色的宝马 X5 在行驶中...
蓝宝石色的保时捷 Cayenne 在行驶中...
```

2. 析构方法

析构方法__del__(self)在对象被删除之前自动调用，不需要在程序中显式调用。当程序运行结束时，在程序中创建的对象会被删除，此时将自动调用析构方法。当离开某个作用域（如函数）时，在该作用域中创建的对象会被删除，此时析构方法也会被调用一次，这样可以用来释放内存空间。

析构方法支持重载，通常可以通过该方法执行一些释放资源的操作。

【例 7.7】析构方法示例。

【程序代码】
```
class MyClass:                              # 定义类
    counter = 0                            # 定义类属性
    def __init__(self, name):              # 定义构造方法
        self.name = name                   # 定义实例属性
        self.__class__.counter += 1        # 修改类属性
        print(f'创建{self.name}实例；当前一共有{self.__class__.counter}个实例')
    def __del__(self):                     # 定义析构方法
        self.__class__.counter -= 1        # 修改类属性
        print(f'删除{self.name}实例；当前剩下了{self.__class__.counter}个实例')
def func(x):                               # 定义函数
    print('函数调用开始')
    x = MyClass(x)                         # 在函数中创建对象
    print('函数调用结束')
if __name__ == '__main__':
    print('程序运行开始')
    aa = MyClass('AAA')                    # 在主程序中创建对象
    func('BBB')
    bb = MyClass('CCC')
    func('DDD')
    cc = MyClass('EEE')
    print('程序运行结束')
```

【运行结果】
```
程序运行开始
创建 AAA 实例；当前一共有 1 个实例
函数调用开始
创建 BBB 实例；当前一共有 2 个实例
函数调用结束
删除 BBB 实例；当前剩下了 1 个实例
创建 CCC 实例；当前一共有 2 个实例
函数调用开始
创建 DDD 实例；当前一共有 3 个实例
函数调用结束
删除 DDD 实例；当前剩下了 2 个实例
创建 EEE 实例；当前一共有 3 个实例
程序运行结束
```

删除 AAA 实例；当前剩下了 2 个实例
删除 CCC 实例；当前剩下了 1 个实例
删除 EEE 实例；当前剩下了 0 个实例

7.4.2 类方法

类方法是类对象本身拥有的成员方法，通常可以用于对类属性进行修改。要将一个成员函数定义成类方法，必须将该函数作为装饰器 classmethod 的目标函数，而且以类对象本身作为其第一个参数，语法格式如下。

```
@classmethod
def 函数名(cls, ...):
    函数体
```

其中，第一个参数用于接收类对象本身，按照惯例第一个形参的名称是 cls，但也可以使用其他名称。

定义类方法之后，可以通过类对象或实例对象来访问它，语法格式如下。

```
类名.方法名([参数])
对象名.方法名([参数])
```

其中，参数是除类对象外的其他参数。不论使用哪种方式调用类方法，都不需要将类名作为参数传入，否则会出现 TypeError，此时只需要传入其他参数就可以。

【例 7.8】利用类方法求解一元二次方程 $ax^2 + bx + c=0$ 的根。

【程序代码】

```
# 源文件：prog07_08.py
class QuadraticEequation:              # 类属性
    a = None
    b = None
    c = None
    @classmethod                       # 类方法
    def set_attr(cls, a1, a2, a3):
        cls.a = a1
        cls.b = a2
        cls.c = a3
    @classmethod                       # 类方法
    def get_root(cls):
        x1 = (-cls.b + (cls.b * cls.b - 4 * cls.a * cls.c) ** 0.5) / (2 * cls.a)
        x2 = (-cls.b - (cls.b * cls.b - 4 * cls.a * cls.c) ** 0.5) / (2 * cls.a)
        return x1, x2
if __name__ == '__main__':
    a, b, c = eval(input('请输入 a, b, c(a≠0): '))
    if a == 0:
        print('二次项系数不能为 0! ')
    else:
        QuadraticEequation.set_attr(a, b, c)
        root1, root2 = QuadraticEequation.get_root()
        print(f'当{a = }, {b = }, {c = }时，一元二次方程的两个根如下：')
        print(f'{root1 = }, {root2 = }')
```

【运行结果】

```
请输入 a, b, c(a≠0): 2, -11, 15↵
当 a = 2, b = -11, c = 15 时，一元二次方程的两个根如下：
root1 = 3.0, root2 = 2.5
```

再次运行程序，结果如下。

```
请输入 a, b, c(a≠0): 1, 2, 3↵
当 a = 1, b = 2, c = 3 时，一元二次方程的两个根如下：
```

```
root1 = (-0.9999999999999999+1.4142135623730951j), root2 =
(-1-1.4142135623730951j)
```

7.4.3 实例方法

类中的实例方法是类的实例对象所拥有的成员方法。定义实例方法时，至少需要定义一个参数，而且必须以类的实例对象作为第一个参数，按照惯例该参数的名称应为 self（但也可以使用其他名称），语法格式如下。

```
def 函数名(self, ...):
    函数体
```

对于实例方法，在外部可以通过对象名、圆点运算符和方法名来调用它，而且不需要将对象实例作为参数传入方法中，语法格式如下。

```
对象名.方法名([参数])
```

其中，参数是除实例对象外的其他参数。通过对象名调用实例方法时，当前实例对象会自动传入实例方法，无须再次传入实例对象，否则会出现 TypeError。

在外部也可以通过类名来调用实例方法，此时必须显式传入类的实例对象作为第一个参数，以明确指定要访问哪个实例对象的方法。

【例 7.9】利用类的实例方法计算三角形的面积。

【程序代码】

```
class Triangle:                             # 定义类 Triangle
    def __init__(self, a1, a2, a3):    # 定义构造方法，用于设置三角形的边长
        self.a = a1
        self.b = a2
        self.c = a3
    def is_triangle(self):  # 定义实例方法 is_triangle()，用于判断是否满足构成三角形的条件
        return self.a + self.b > self.c and self.b + self.c > self.a and self.c +
self.a > self.b
    def get_area(self):        # 定义实例方法 get_area()，用于计算并返回三角形的面积
        p = (self.a + self.b + self.c) / 2
        area = (p * (p - self.a) * (p - self.b) * (p - self.c)) ** 0.5
        return area
if __name__ == '__main__':
    a, b, c = eval(input('输入三角形的三条边长 a, b, c：'))
    tri = Triangle(a, b, c)
    if tri.is_triangle():
        print(f'三角形的面积为：{tri.get_area()}')
    else:
        print('a, b, c 不能构成三角形！')
```

【运行结果】

```
输入三角形的三条边长 a, b, c：12, 13, 16↵
三角形的面积为：77.68727078205352
```

再次运行程序，结果如下。

```
输入三角形的三条边长 a, b, c：1, 100, 2↵
a, b, c 不能构成三角形！
```

7.4.4 静态方法

类中的静态方法既不属于类对象，也不属于实例对象，它只是类中的一个普通的成员函数。与类方法和实例方法不同，静态方法可以带任意数量的参数，也可以不带任何参数。此外，如果要将类中的一个成员函数定义静态方法，还必须将其作为修饰器 staticmethod 的目标函数，语法格式如下。

```
@staticmethod
```

```
def 函数名([参数列表])
    函数体
```

定义类时，可以在类的静态方法中通过类名来访问类属性，但是不能在静态方法中访问实例属性。在类的外部，可以通过类对象或实例对象来调用静态方法，语法格式如下。

```
类名.静态方法名([参数])
对象名.静态方法名([参数])
```

【例7.10】利用类的静态方法计算两个整数的最大公约数和最小公倍数。

【程序代码】

```
class Calc:                    # 定义 Calc 类
    x = None                   # 定义类属性
    y = None

    @staticmethod              # 定义静态方法 set_attr()，用于设置类属性
    def set_attr(m, n):
        Calc.x = m
        Calc.y = n
    @staticmethod              # 定义静态方法，用于计算最大公约数
    def get_gcd():
        a, b = Calc.x, Calc.y
        while a % b != 0:
            a, b = b, a % b
        return b
    @staticmethod              # 定义静态方法，用于计算最小公倍数
    def get_lcm():
        a, b = Calc.x, Calc.y
        return int(a * b / Calc.get_gcd())

if __name__ == '__main__':
    x, y = eval(input('请输入两个整数: '))

    Calc.set_attr(x, y)    # 通过类名调用静态方法
    print(f'{x}和{y}的最大公约数是{Calc.get_gcd()}')
    print(f'{x}和{y}的最小公倍数是{Calc.get_lcm()}')
```

【运行结果】

```
请输入两个整数: 39, 65
39 和 65 的最大公约数是13
39 和 65 的最小公倍数是195
```

7.4.5　私有方法

在默认情况下，在类中定义的各种方法都属于公有方法，可以在类的外部调用这些公有方法，当以现有类作为父类创建新的子类时可以在子类中继承这些公有方法。根据需要，也可以在类中创建一些各种类型的私有方法，包括类方法、实例方法和静态方法。

在类中创建某种类型的私有方法的过程与创建相同类型的公有方法类似，当定义实例方法时需要使用第一个形参来接收当前实例对象；当定义类方法时需要将成员函数作为装饰器classmethod 的目标函数，并且通过第一个形参来接收类对象本身；定义类静态方法时需要将成员函数作为装饰器 staticmethod 的目标函数，可以有形参也可以没有形参。所不同的是，在定义私有方法时，成员函数名必须以两个下画线"__"开头。

私有方法只能在类的内部使用，其调用方法与公有方法类似，即私有实例方法通过当前对象实例来调用，私有类方法和私有静态方法则通过类对象来调用。

不允许在类的外部使用私有方法。如果一定要在类的外部调用私有方法，则需要使用一个特殊的方法名，即以一个下画线开头，后跟类名和私有方法名，但不建议这样做。

【例 7.11】查看类中包含哪些公有方法和私有方法。

【程序代码】

```
class MyClass:
    def fff1(self):          # 定义公有方法
        pass
    def fff2(self):          # 定义公有方法
        pass
    def __fff3(self):        # 定义私有方法
        print('这是一个私有方法')
    def __fff4(self):        # 定义私有方法
        print('这是另一个私有方法')
if __name__ == '__main__':
    obj = MyClass()
    public = filter(lambda s: s.find('_') == -1, dir(obj))
    private = filter(lambda s: s.find('MyClass') != -1, dir(obj))
    print(f'所有成员列表：\n{dir(obj)}')
    print(f'公有方法列表：\n{list(public)}')
    print(f'私有方法列表：\n{list(private)}')
    obj._MyClass__fff3()  # 调用私有方法
    obj._MyClass__fff4()
```

【运行结果】

```
所有成员列表：
['_MyClass__fff3', '_MyClass__fff4', '__class__', '__delattr__', '__dict__',
'__dir__', '__doc__', '__eq__', '__format__', '__ge__', '__getattribute__', '__gt__',
'__hash__', '__init__', '__init_subclass__', '__le__', '__lt__', '__module__',
'__ne__', '__new__', '__reduce__', '__reduce_ex__', '__repr__', '__setattr__',
'__sizeof__', '__str__', '__subclasshook__', '__weakref__', 'fff1', 'fff2']
公有方法列表：
['fff1', 'fff2']
私有方法列表：
['_MyClass__fff3', '_MyClass__fff4']
这是一个私有方法
这是另一个私有方法
```

7.5　类的继承

继承是指在一个父类的基础上定义一个新的子类。子类通过继承将从父类中得到所有的属性和方法，也可以对所得到的这些属性和方法进行重写与覆盖，同时还可以添加一些新的属性和方法，从而扩展父类的功能。

7.5.1　单一继承

单一继承是指基于单个父类定义子类，可以使用 class 语句来实现，语法格式如下。

```
class 子类名(父类名):
    类体
```

其中，子类名表示要新建的子类；父类名必须放在圆括号内。在单一继承中，圆括号中只有一个父类名。

创建新的子类之后，该子类将拥有其父类中的所有公有属性和所有成员方法，这些成员方法包括构造方法、析构方法、类方法、实例方法和静态方法。

除了继承父类的所有公有成员，还可以在子类中扩展父类的功能，这可以通过两种方式来实现：一种是在子类中增加新的成员属性和成员方法，另一种是对父类已有的成员方法进行重定义，从而覆盖父类的同名方法。

在某些情况下，可能希望在子类中继续保留父类的功能，此时就需要调用父类的方法。在子类的方法中可以通过父类的父名或 super()函数来调用父类的方法。

在 Python 中，类对象拥有内置的__name__属性和__bases__属性，分别用于获取类对象的类名和类对象所属的若干父类组成的元组。实例对象拥有内置的__class__属性，用于获取该对象属性的类。

此外，还可以使用内置函数 isinstance()来判断一个对象是否属于一个已知的类型，该函数与内置函数 type()类似。isinstance()函数与 type()函数的区别在于：type()函数不考虑继承关系，不会认为子类是一种父类类型；isinstance()函数则考虑继承关系，会认为子类是一种父类类型。

【例 7.12】类的单一继承示例。

【程序代码】

```python
class Person:                                          # 定义 Person 类
    def __init__(self, name, gender, age):             # 定义构造方法
        self.name = name
        self.gender = gender
        self.age = age
    def show_info(self):                               # 定义实例方法
        print(f'姓名：{self.name}', sep='', end='; ')
        print(f'性别：{self.gender}', sep='', end='; ')
        print(f'年龄：{self.age}', sep='')
    @classmethod                                       # 定义类方法
    def show_class(cls):
        print(f'当前类名：{cls.__name__}', sep='')
        print(f'所属父类：{cls.__bases__[0].__name__}', sep='')
class Student(Person):                                 # 基于 Person 类创建 Student 类
    def __init__(self, sid, name, gender, age):        # 重写构造方法
        super().__init__(name, gender, age)            # 调用父类的构造方法
        self.sid = sid
        self.chn = -1
        self.math = -1
        self.phy = -1
        self.chem = -1
    def set_scores(self, chn, math, phy, chem):        # 增加一个实例方法
        self.chn = chn
        self.math = math
        self.phy = phy
        self.chem = chem
    def show_info(self):                               # 重写实例方法
        print(f'学号：{self.sid}', sep='', end='; ')
        super().show_info()
        print(f'语文：{self.chn}', sep='', end='; ')
        print(f'数学：{self.math}', sep='', end='; ')
        print(f'物理：{self.phy}', sep='', end='; ')
        print(f'化学：{self.chem}', sep='')
if __name__ == '__main__':
    person = Person('张强', '男', 19)                  # 创建父类实例
    print('个人信息')
    person.show_info()
    person.show_class()
    print('-*-' * 20)
    student = Student('180001', '李明', '男', 18)      # 创建子类实例
    student.set_scores(86, 79, 91, 72)                 # 调用子类实例方法（新增）
    print('学生个人信息')
    student.show_info()                                # 调用子类的实例方法（覆盖）
    student.show_class()                               # 调用子类的类方法（继承）
```

```
个人信息
姓名：张强；性别：男；年龄：19
当前类名：Person
所属父类：object
-*--*--*--*--*--*--*--*--*--*--*--*--*--*--*-

学生个人信息
学号：180001；姓名：李明；性别：男；年龄：18
语文：86；数学：79；物理：91；化学：72
当前类名：Student
所属父类：Person
```

7.5.2　多重继承

除了单一继承，Python 还允许子类从多个父类继承，这种继承关系称为多重继承。与单一继承类似，多重继承也可以使用 class 语句来实现，语法格式如下。

```
class 子类名(父类名 1，父类名 2，...)：
    类体
```

在多重继承中，子类将从指定的多个父类中继承所有公有成员。为了扩展父类的功能，通常需要在子类中使用 super()函数来调用父类中的方法。

如果多个父类拥有同名的成员方法，使用 super()函数时将会调用哪个父类的方法呢？

要搞清楚这个问题，就需要对 Python 中类的继承机制有所了解。对于继承链上定义的各个类，Python 将对所有父类进行排列并计算出一个方法解析顺序（Method Resolution Order，MRO），通过类的__mro__属性可以返回一个元组，其中包含方法解析顺序的各个类。当调用子类的某个方法时，Python 将从方法解析顺序最左边的子类开始，从左向右依次查找，直至找到所需要的方法为止。如果同一个方法在不同层次的类中都存在，则从前面的类中进行选择，以保证每个父类只继承一次，避免重复继承。

【例 7.13】类的多重继承中方法解析顺序示例。

【程序代码】

```
class A:                                    # 定义类 A
    def __init__(self):                     # 定义构造方法
        print('A __init__', self)
    def say(self):                          # 定义实例方法
        print('A say: Hello!', self)
    @classmethod                            # 定义类方法
    def show_mro(cls):
        print(cls.__name__, cls.__mro__)    # 输出类名和方法解析顺序
class B(A):                                 # 基于 A 定义类 B
    def __init__(self):                     # 定义构造方法
        print('B __init__', self)
    def eat(self):                          # 新增实例方法 eat()
        print('B Eating:', self)
class C(A):                                 # 基于 A 定义类 C
    def __init__(self):                     # 定义构造方法
        print('C __init__', self)
    def eat(self):                          # 新增实例方法 eat()
        print('C Eating:', self)
class D(B, C):                              # 基于 B 和 C 定义类 D
    def __init__(self):
        super().__init__()      # 父类 B 和 C 均有构造方法，将调用方法解析顺序中 B 的构造方法
        print('D __init__', self) # 新增操作
    def say(self):                          # 定义实例方法 say()
        super().say()                       # B 和 C 均无 say()方法，查找方法解析顺序时找到了 A
```

```
            print('D say: Hello!', self)   # 新增操作
        def dinner(self):                   # 新增实例方法 dinner()
            self.say()                      # 将调用 A 和 D 的同名方法
            super().say()                   # 将调用 A 的同名方法
            self.eat()                      # 从方法解析顺序中找到了 B
            super().eat()                   # 从方法解析顺序中又找到了 B
            C.eat(self)                     # 忽略方法解析顺序，调用 C 的 eat() 方法并传入当前实例
if __name__ == '__main__':
    A.show_mro()
    B.show_mro()
    C.show_mro()
    D.show_mro()
    print('-*-' * 22)
    d = D()
    print('-*-' * 16)
    d.say()
    print('-*-' * 16)
    d.dinner()
```

【运行结果】
```
A (<class '__main__.A'>, <class 'object'>)
B (<class '__main__.B'>, <class '__main__.A'>, <class 'object'>)
C (<class '__main__.C'>, <class '__main__.A'>, <class 'object'>)
D (<class '__main__.D'>, <class '__main__.B'>, <class '__main__.C'>, <class
'__main__.A'>, <class 'object'>)
-*--*--*--*--*--*--*--*--*--*--*--*--*--*--*--*--*--*--*--*--*--
-*--*-
B __init__ <__main__.D object at 0x000001846A7D69D0>
D __init__ <__main__.D object at 0x000001846A7D69D0>
-*--*--*--*--*--*--*--*--*--*--*--*--*--*--*--
A say: Hello! <__main__.D object at 0x000001846A7D69D0>
D say: Hello! <__main__.D object at 0x000001846A7D69D0>
-*--*--*--*--*--*--*--*--*--*--*--*--*--*--*--
A say: Hello! <__main__.D object at 0x000001846A7D69D0>
D say: Hello! <__main__.D object at 0x000001846A7D69D0>
A say: Hello! <__main__.D object at 0x000001846A7D69D0>
B Eating: <__main__.D object at 0x000001846A7D69D0>
B Eating: <__main__.D object at 0x000001846A7D69D0>
C Eating: <__main__.D object at 0x000001846A7D69D0>
```

7.6 面向对象高级编程

前面介绍了 Python 面向对象编程的基本内容。下面介绍面向对象高级编程的内容，主要包括托管属性、魔法方法及枚举类等。

7.6.1 托管属性

Python 提供了一种定义类属性的特殊方法，即使用内置函数 property() 来定义托管属性，这样就可以将成员属性和成员方法的优点结合起来，既可以像普通成员属性那样进行访问，又能像成员方法那样对值进行必要的检查。

定义类时，要将一个类属性定义成托管属性，只需要将 property() 函数的返回值赋给该属性即可，语法格式如下。

```
类属性 = property(fget=None, fset=None, fdel=None, doc=None)
```

其中，fget 是用于获取属性值的函数，fset 是用于设置属性值的函数，fdel 是用于删除属性值的函数，doc 是为属性对象创建的文档字符串。

调用 property()函数时，根据传入参数的不同，可以创建不同种类的属性对象，可以是只读属性、只写属性、可读写属性，以及可读写且可删除属性。具体调用方式如下。

```
类属性 = property(fn)              # 只读属性
类属性 = property(None, fn)        # 只写属性
类属性 = property(fn1, fn2)        # 可读写属性
类属性 = property(fn1, fn2, fn3)   # 可读写且可删除属性
```

【例 7.14】使用 property()函数定义托管属性示例。

【程序代码】

```
class C:                           # 定义类
    def __init__(self):            # 定义构造方法
        self._x = None             # 设置实例属性_x
    def getx(self):                # 获取属性值
        return self._x
    def setx(self, value):         # 设置属性值
        self._x = value
    def delx(self):                # 删除属性
        print('x 属性被删除')
        del self._x
    # 定义类属性 x（托管属性），通过 x 访问_x
    x = property(getx, setx, delx, "我是 x 属性")
if __name__ == '__main__':
    help(C.x) = }
    c = C()                        # 创建类实例
    c.x = 'Hello Python'           # 将调用 setx
    print(f'{c.x = }')             # 将调用 getx
    del c.x                        # 将调用 delx
```

【运行结果】

```
Help on property:

    我是 x 属性

c.x = 'Hello Python'
x 属性被删除
```

在实际应用中，property()函数通常可以作为装饰器@property 来使用，用来创建类的属性对象。该属性对象具有 getter、setter 及 deleter 方法，它们可以用作装饰器来创建该属性的副本，并将相应的访问函数设为所装饰的函数。

【例 7.15】使用@property 定义托管属性示例。

【程序代码】

```
class Student:
    def __init__(self, sid, name):
        self._sid = sid
        self._name = name
        self._score = None
    @property
    def score(self):
        return self._score
    @score.setter
    def score(self, value):
        if not isinstance(value, int):
            raise ValueError('成绩必须是一个整数！')
        if value < 0 or value > 100:
            raise ValueError('成绩必须在 0 至 100 之间！')
        self._score = value
    def show_info(self):
```

```
        print(f'学号 = {self._sid}, 姓名 = {self._name}, 成绩 = {self._score}')
if __name__ == '__main__':
    try:
        stu1 = Student('20200001', '张强')
        stu1.score = 88
        stu1.show_info()
        stu2 = Student('202000002', '李明')
        stu2.score = 96.6
        stu2.show_info()
    except Exception as e:
        print(f'成绩输入错误：{e}')
```

【运行结果】
```
学号 = 20200001, 姓名 = 张强, 成绩 = 88
成绩输入错误：成绩必须是一个整数！
```

7.6.2　魔法方法

在 Python 中，类中包含许多名称形如__xxx__的特殊方法，这些方法是由系统定义的，称为魔法方法。例如，前面介绍的构造方法__init__(self, ...)和析构方法__del__(self)都属于魔法方法。下面介绍另外几个魔法方法。

1.　__call__

__call__(self, *args, **kwargs)方法用于模拟可调用对象。当对象实例作为一个函数被调用时会自动调用此方法。如果在类中定义了此方法，则 x(arg1, arg2, ...)就相当于 x.__call__(arg1, arg2, ...)的快捷方式。通过 callable()函数可以判断一个对象是否为可调用对象。

【例 7.16】定义__call__方法示例。

【程序代码】
```
class Student:
    def __init__(self, sid, name):
        self._sid = sid
        self._name = name
        self._score = None
    @property
    def score(self):
        return self._score
    @score.setter
    def score(self, value):
        if not isinstance(value, int):
            raise ValueError('成绩必须是一个整数！')
        if value < 0 or value > 100:
            raise ValueError('成绩必须在 0 至 100 之间！')
        self._score = value
    def __call__(self, *args, **kwargs):
        print('学生信息如下：')
        print(f'学号 = {self._sid}')
        print(f'姓名 = {self._name}')
        for x in args:
            print(f'{x = }')
        for k, v in kwargs.items():
            print(f'{k} = {v}')
        print(f'成绩 = {self._score}')
if __name__ == '__main__':
    stu = Student('20200001', '张三')
    if callable(stu):
        stu(性别='男', 年龄=20)
```

```
学生信息如下:
学号 = 20200001
姓名 = 张三
性别 = 男
年龄 = 20
成绩 = 92
```

2. __str__ 和 __repr__

__str__(self)方法用于生成对象实例的字符串表示形式,其返回值必须是一个字符串对象,其作用是将实例对象按照自定义格式用字符串形式显示出来,以提高可读性。

当打印实例化对象时会默认调用__str__方法,如果在类中没有重写这个方法,则会调用父类 object 的__str__方法。由于 object 的__str__方法的内容为 pass,所以打印的是内存地址。如果在类中重写了该方法,则会自动调用重写后的方法。

__repr__(self)方法的功能与__str__方法类似,其返回值也必须是一个字符串对象。如果有可能,返回值应是一个有效的表达式,能够用来重建具有相同取值的对象,否则应返回形式如<...some useful description...>的字符串。

如果需要以字符串形式表示对象实例,只需要重写__str__或__repr__之一即可。如果对这两个方法都进行了重写,当在命令行以交互模式运行程序时,使用 print()打印对象时将调用__str__方法,使用表达式查看对象时则调用__repr__方法。当对象作为列表、元组或集合的元素时,也会调用__repr__方法。

【例 7.17】定义__str__和__repr__方法示例。

【程序代码】

```python
class Circle:
    def __init__(self, radius):
        self._radius = radius
    def __str__(self):
        return f'圆对象实例(半径: {self._radius}) '
    def __repr__(self):
        return f'Circle object (radius: {self._radius})'
if __name__ == '__main__':
    print('C1 = %s' % Circle(10))
    print('C2 = {0}'.format(Circle(12)))
    print(f'{Circle(16) = }')
    list1 = [Circle(i) for i in range(5, 20, 5)]
    print(f'{list1 = }')
```

【运行结果】

```
C1 = 圆对象实例(半径: 10)
C2 = 圆对象实例(半径: 12)
Circle(16) = Circle object (radius: 16)
list1 = [Circle object (radius: 5), Circle object (radius: 10), Circle object
(radius: 15)]
```

3. __getattr__ 和 __setattr__

__getattr__(self, name)方法用于定义当试图访问一个不存在的属性时的行为。因此,重载该方法可以实现捕获错误拼写,然后进行重定向,或者对一些废弃的属性进行警告。

__setattr__(self, name, value)方法用于定义对属性进行赋值和修改操作时的行为。不管对象的某个属性是否存在,都允许对该属性进行赋值,可以为属性值进行自定义操作。

当以如下方式使用__setattr__方法时将会出现无限递归错误。

```
def __setattr__(self, name, value):
```

```
        self.name = value    # 每次对属性赋值时，都会调用__setattr__
```
正确的写法应该是如下形式。
```
def__setattr__(self, name, value):
    self.__dict__[name] = value
```
【例7.18】定义__getattr__和__setattr__方法示例。

【程序代码】
```
class Student:
    def __getattr__(self, item):
        return item + '属性不存在'
    def __setattr__(self, key, value):
        self.__dict__[key] = value
if __name__ == '__main__':
    stu = Student()
    print(stu.name)
    print(stu.gender)
    stu.name = '张三'
    stu.gender = '男'
    print(f'{stu.name = }')
    print(f'{stu.gender = }')
    print(f'{stu.__dict__ = }')
```

【运行结果】
```
name 属性不存在
gender 属性不存在
stu.name = '张三'
stu.gender = '男'
stu.__dict__ = {'name': '张三', 'gender': '男'}
```

4. __iter__和__next__

__iter__(self)方法在需要为容器创建迭代器时被调用。此方法应该返回一个新的迭代器对象，它能够逐个迭代容器中的所有对象。

__next__(self)方法从容器中返回下一项。如果已经没有项可以返回，则会引发 StopIteration 异常。

【例7.19】通过定义__iter__和__next__方法实现斐波那契数列。

【程序代码】
```
class Fib:
    def __init__(self, n):
        self.a, self.b = 0, 1        # 初始化两个计数器a 和b
        self.n = n
    def __iter__(self):
        return self                  # 实例本身就是迭代对象，返回自己
    def __next__(self):
        self.a, self.b = self.b, self.a + self.b  # 计算下一个值
        if self.a > self.n:          # 退出循环的条件
            raise StopIteration()
        return self.a                # 返回下一个值
if __name__ == '__main__':
    for i in Fib(50000):             # 打印 50000 以内斐波那契数列的各项
        print(f'{i:6}', end=' ')
        if i % 8 == 0:
            print()
```

【运行结果】
```
    1     1     2     3     5     8
   13    21    34    55    89   144
  233   377   610   987  1597  2584
 4181  6765 10946 17711 28657 46368
```

7.6.3　枚举类

枚举是一组命名常量（枚举成员）集合。如果一个变量只有几种可能的取值，则可以将其值设置为枚举常量。Python 没有直接提供枚举类型，使用枚举类型时需要首先导入标准模块 enum，然后基于其中的枚举类来定义枚举子类。enum 模块定义了 Enum、IntEnum、Flag 和 IntFlag 这 4 个枚举类，可以用来定义名称和值的不重复集合。此外，该模块还定义了一个装饰器 unique()和一个辅助类 auto，前者用于确保枚举值的唯一性，后者用于自动指定枚举值。

1. 定义枚举类

枚举类可以使用 class 语法来创建，语法格式如下。

```
import enum
class 枚举类(枚举基类):
    枚举成员 = 值
    枚举成员 = 值
    ...
```

其中，枚举类是要定义的枚举子类的名称，枚举基类可以是 Enum、IntEnum、Flag 和 IntFlag，比较常用的是 Enum。枚举成员的名称通常用大写字母表示，成员的值可以是任意类型，如整数、字符串等。

定义枚举类后，在程序中可以使用下列语法格式来访问枚举成员。

```
枚举类.枚举成员
枚举类['成员名']
枚举类(成员值)
```

枚举成员的类型就是它所从属的枚举类。每个枚举成员具有 name 属性和 value 属性，分别表示枚举成员的名称和值。

不允许有同名的枚举成员，但是，允许两个枚举成员有相同的值。假定两个成员 A 和 B 有相同的值且 A 先被定义，则 B 就是 A 的一个别名。按值查找 A 和 B 的值将返回 A，按名称查找 B 也将返回 A。

枚举类有一个特殊属性__members__，其值为 mappingproxy 对象，即成员名称→值的映射。该对象与字典类似，具有 items()方法、keys()方法和 values()方法。枚举类支持按照定义顺序进行迭代，也可以使用 list(枚举类)来生成包含各个枚举成员的列表。

【例 7.20】创建枚举类示例。

【程序代码】

```
from enum import Enum

class Color(Enum):    # 定义枚举类
    RED = '#ff0000'   # 定义枚举成员
    GREEN = '#00ff00'
    BLUE = '#0000ff'
if __name__ == '__main__':
    # 访问枚举成员
    print(f'{Color.RED = }\n{Color["GREEN"] = }\n{Color("#0000ff") = }')
    print(f'{type(Color) = }, {type(Color.RED) = }')          # 枚举及其成员的类型
    print(f'{isinstance(Color.RED, Color) = }')
    print(f'{Color.RED.name = }, {Color.RED.value = }')       # 枚举成员的名称和值
    for color in Color:                                       # 遍历枚举
        print(color, end=' ')
    print()
    for name, member in Color.__members__.items():            # 遍历枚举
        print(f'{member = }, {name = }, {member.value =}')
```

【运行结果】

```
Color.RED = <Color.RED: '#ff0000'>
Color["GREEN"] = <Color.GREEN: '#00ff00'>
Color("#0000ff") = <Color.BLUE: '#0000ff'>
type(Color) = <class 'enum.EnumMeta'>, type(Color.RED) = <enum 'Color'>
isinstance(Color.RED, Color) = True
Color.RED.name = 'RED', Color.RED.value = '#ff0000'
Color.RED Color.GREEN Color.BLUE
member = <Color.RED: '#ff0000'>, name = 'RED', member.value ='#ff0000'
member = <Color.GREEN: '#00ff00'>, name = 'GREEN', member.value ='#00ff00'
member = <Color.BLUE: '#0000ff'>, name = 'BLUE', member.value ='#0000ff'
```

2. 确保唯一枚举值

在默认情况下，枚举允许有多个名称作为某个相同值的别名。如果要确保唯一的枚举值，可以使用@enum.unique 装饰器来确保每个值在枚举中只被使用一次，具体示例如下。

```
>>> from enum import Enum, unique
>>> @unique
    class Mistake(Enum):
        ONE = 1
        TWO = 2
        THREE = 3
        FOUR = 3

Traceback (most recent call last):
...
ValueError: duplicate values found in <enum 'Mistake'>: FOUR -> THREE
```

3. 自动设置枚举值

定义枚举时，如果枚举成员具体的值不重要，则可以使用辅助类 auto 来设置其值，具体示例如下。

```
>>> from enum import Enum, auto
>>> class Fruit(Enum):
        APPLE = auto()
        BANANA = auto()
        ORANGE = auto()
>>> list(Fruit)
[<Fruit.APPLE: 1>, <Fruit.BANANA: 2>, <Fruit.ORANGE: 3>]
```

4. 使用 Enum()函数创建枚举类

Enum 类属于可调用对象，因此也可以通过调用 Enum()函数来创建枚举类，此时至少要传入两个参数，第一个参数是要创建的枚举名称，第二个参数是该枚举中包含的枚举成员名称，可以是一个用空格分隔的名称字符串、名称序列、键/值对二元组序列或字典等，具体示例如下。

```
>>> Animal = Enum('Animal', 'ANT BEE CAT DOG')
>>> Animal
<enum 'Animal'>
>>> Animal.ANT
<Animal.ANT: 1>
>>> Animal.ANT.value
1
>>> list(Animal)
[<Animal.ANT: 1>, <Animal.BEE: 2>, <Animal.CAT: 3>, <Animal.DOG: 4>]
```

7.7 典型案例

下面给出两个典型案例：一个用于计算圆台的体积和表面积，另一个用于模拟员工信息管理系统。

7.7.1　计算圆台的体积和表面积

【例7.21】从键盘输入圆台的两个半径和高度，计算圆台的体积和表面积。

【程序分析】

从数学中可以知道，如果圆台的下底半径为 r_1，上底半径为 r_2，高度为 h，母线为 l，则圆台的体积和表面积公式为

$$V=\frac{1}{3}\pi h\left(r_1^2+r_2^2+r_1 r_2\right)$$

$$S=\pi\left(r_1^2+r_2^2+r_1 l+r_2 l\right)$$

其中，$l=\sqrt{\left(r_1-r_2\right)^2+h_2}$ 。

为了计算圆台的体积和表面积，可以定义一个类，并通过该类的构造方法对圆台的两个半径和高度进行设置，体积和表面积则可以通过实例方法进行计算。

【程序代码】

```python
import math

PI = math.pi
class YuanTai:
    def __init__(self, r1, r2, h):
        self.radius1 = r1
        self.radius2 = r2
        self.height = h

    def get_volume(self):
        return PI * self.height * (self.radius1 ** 2 + self.radius2 ** 2 + self.radius1 *
self.radius2) / 3

    def get_surface_area(self):
        l = ((self.radius1 - self.radius2) ** 2 + self.height ** 2) ** 0.5
        return PI * (self.radius1 ** 2 + self.radius2 ** 2 + self.radius1 * l +
self.radius2 * l)

if __name__ == '__main__':
    print('***计算圆台的体积和表面积***')
    r1 = float(input('请输入下底半径: '))
    r2 = float(input('请输入上底半径: '))
    h = float(input('请输入高度: '))
    yt = YuanTai(r1, r2, h)
    print(f'当r1 = {yt.radius1}, r2 = {yt.radius2}, h = {yt.height}时: ')
    print(f'体积V = {yt.get_volume():.2f}')
    print(f'表面积S = {yt.get_surface_area():.2f}')
```

【运行结果】

```
***计算圆台的体积和表面积***
请输入下底半径: 50↵
请输入上底半径: 20↵
请输入高度: 60↵
当r1 = 50.0, r2 = 20.0, h = 60.0时:
体积V = 245044.23
表面积S = 23862.73
```

7.7.2　员工信息管理系统

【例7.22】编写一个员工信息管理系统，可以录入、打印、查询、修改和删除员工信息。

【程序分析】

员工信息使用 Staff 类来表示，在其构造方法中对员工 ID、姓名、性别和出生日期进行设置，并对其__str__(self)方法进行重定义，以生成对象实例的字符串表示形式。使用列表表示一组员工信息，列表中的每个元素都是一个 Staff 对象。定义一些函数，分别用于显示系统菜单、录入员工信息、显示员工信息、查询员工信息、修改员工信息及删除员工信息。程序运行时，首先显示系统菜单，当选择某个功能时调用相关函数来实现该功能。

【程序代码】

```python
staffs = []
class Staff:
    def __init__(self, sid, name, gender, birthdate):
        self.sid = sid
        self.name = name
        self.gender = gender
        self.birthdate = birthdate
    def __str__(self):
        return f'{self.sid}\t{self.name}\t{self.gender}\t{self.birthdate}'

def show_menu():
    menu = '''***员工信息管理系统***
    1. 录入信息        2. 打印信息
    3. 查询信息        4. 修改信息
    5. 删除信息        0. 退出系统'''
    print(menu)
def add():
    print('**录入信息**')
    sid = input('员工ID: ')
    name = input('姓名: ')
    gender = input('性别: ')
    birthdate = input('出生日期: ')
    staff = Staff(sid, name, gender, birthdate)
    staffs.append(staff)
    print('数据已保存! ')
    choice = input('继续录入吗(Y/N)? ')
    if choice.upper() == 'Y':
        add()
    elif choice.upper() == 'N':
        return
def display():
    print('**打印信息**')
    for staff in staffs:
        print(staff)
    print('请按 Enter 键继续. . .', end='')
    input()
def query():
    sid = input('请输入要查询的员工ID: ')
    for staff in staffs:
        if sid == staff.sid:
            print('已经找到，该员工信息如下: ')
            print(staff)
            break
    else:
        print('查无此人')
    print('请按 Enter 键继续. . .', end='')
    input()
def modify():
```

```python
        print('**修改信息**')
        sid = input('请输入要修改的员工ID：')
        for staff in staffs:
            if sid == staff.sid:
                print('原有信息：', staff)
                if name := input('姓名：'):
                    staff.name = name
                if gender := input('性别：'):
                    staff.gender = gender
                if birthdate := input('出生日期：'):
                    staff.birthdate = birthdate
                print('修改之后：', staff)
                break
        else:
            print('查无此人')
        print('请按Enter键继续...', end='')
        input()
def delete():
    global staffs
    print('**删除信息**')
    sid = input('请输入要删除的员工ID：')
    for i in range(len(staffs)):
        if sid == staffs[i].sid:
            del staffs[i]
            print('信息删除成功！')
            break
    else:
        print('查无此人')
    print('请按Enter键继续...', end='')
    input()


if __name__ == '__main__':
    while 1:
        show_menu()
        choice = int(input('请输入你的选择(0-5)：'))
        if choice == 1:
            add()
        elif choice == 2:
            display()
        elif choice == 3:
            query()
        elif choice == 4:
            modify()
        elif choice == 5:
            delete()
        elif choice == 0:
            print('系统已退出，谢谢使用！')
            break
        else:
            print('无效选择！')
```

【运行结果】

```
***员工信息管理系统***
    1．录入信息      2．打印信息
    3．查询信息      4．修改信息
    5．删除信息      0．退出系统
请输入你的选择(0-5)：1↵
**录入信息**
```

员工 ID：000001↵
姓名：张三↵
性别：男↵
出生日期：2002-06-18↵
数据已保存！
继续录入吗(Y/N)？y↵
录入信息
员工 ID：000002↵
姓名：刘倩↵
性别：女↵
出生日期：2002-12-12↵
数据已保存！
继续录入吗(Y/N)？n↵
员工信息管理系统
　　1．录入信息　　　2．打印信息
　　3．查询信息　　　4．修改信息
　　5．删除信息　　　0．退出系统
请输入你的选择(0-5)：2↵
打印信息
000001　张三 男　2002-06-18
000002　刘倩 女　2002-12-12
请按 Enter 键继续．．．
员工信息管理系统
　　1．录入信息　　　2．打印信息
　　3．查询信息　　　4．修改信息
　　5．删除信息　　　0．退出系统
请输入你的选择(0-5)：3↵
请输入要查询的员工 ID：000002
已经找到，该员工信息如下：
000002　刘倩 女　2002-12-12
请按 Enter 键继续．．．
员工信息管理系统
　　1．录入信息　　　2．打印信息
　　3．查询信息　　　4．修改信息
　　5．删除信息　　　0．退出系统
请输入你的选择(0-5)：4↵
修改信息
请输入要修改的员工 ID：000001↵
原有信息：000001　张三 男　2002-06-18
姓名：张山↵
性别：↵
出生日期：↵
修改之后：000001　张山 男　2002-06-18
请按 Enter 键继续．．．
员工信息管理系统
　　1．录入信息　　　2．打印信息
　　3．查询信息　　　4．修改信息
　　5．删除信息　　　0．退出系统
请输入你的选择(0-5)：5↵
删除信息
请输入要删除的员工 ID：000002↵
信息删除成功！
请按 Enter 键继续．．．
员工信息管理系统
　　1．录入信息　　　2．打印信息
　　3．查询信息　　　4．修改信息
　　5．删除信息　　　0．退出系统

```
请输入你的选择(0-5)：2↵
**打印信息**
000001   张山 男   2002-06-18
请按 Enter 键继续．．．
***员工信息管理系统***
      1．录入信息          2．打印信息
      3．查询信息          4．修改信息
      5．删除信息          0．退出系统
请输入你的选择(0-5)：0↵
系统已退出，谢谢使用！
```

习　题　7

一、选择题

1. 下列说法中不正确的是（　　　）。

    A. 类是对象的模板，对象是类的实例

    B. 如果属性名以双下画线"＿＿"开头，则它就是私有属性

    C. 类属性可以通过类名或实例对象名来访问

    D. 静态方法的第一个参数为类对象本身

2. 在下列各项中，不属于面向对象编程基本特征的是（　　　）。

    A. 继承　　　　　　B. 可维护性　　　　　C. 封装　　　　　　　D. 多态

3. 若要将一个成员函数定义成类方法，则必须对它应用（　　　）装饰器。

    A. @classmethod　　B. @class　　　　　　C. @staticmethod　　　D. @static

4. 若要在类中定义构造方法，函数名必须是（　　　）。

    A. init　　　　　　B. _init_　　　　　　C. __init__　　　　　D. __init

5. 使用（　　　）定义当试图访问一个不存在的属性时的行为。

    A. __call__　　　　B. __str__　　　　　　C. __next__　　　　　D. __getattr__

二、判断题

1. 定义类时将创建一个新的自定义类型对象。　　　　　　　　　　　　　　　　（　　）

2. 定义类的属性时，如果属性名以双下画线开头，则该属性就是公有属性，否则就是私有属性。

   　　　　　　　　　　　　　　　　　　　　　　　　　　　　　　　　　（　　）

3. 类属性是在类体中所有方法之外定义的成员变量。　　　　　　　　　　　　　（　　）

4. 实例属性是在实例方法中使用 self 关键字、圆点运算符和属性名定义的成员变量。

   　　　　　　　　　　　　　　　　　　　　　　　　　　　　　　　　　（　　）

5. 类方法只能通过类对象来访问，而不能通过实例对象来访问。　　　　　　　　（　　）

6. 在 Python 中，子类只能从单个父类中继承。　　　　　　　　　　　　　　　（　　）

三、编程题

1. 从键盘输入圆的半径，计算并输出圆的周长和面积。要求使用类和对象来实现。

2. 从键盘输入 a、b、c 的值，求解一元二次方程 $ax^2+bx+c=0$。要求使用类属性和类方法来实现。

3. 从键盘输入梯形的上边长、下边长及高，计算并输出梯形的面积。要求使用类和对象、实例属性和实例方法来实现。

第8章 文件操作

文件是存储在计算机硬盘等载体上的数据集合，使用计算机进行信息处理时经常要进行各种各样的文件操作。Python 提供了许多用于文件操作的内置函数，可以用来在程序中对文件进行读写，从而实现数据的输入和输出，即首先请求操作系统打开指定的文件，然后通过操作系统提供的编程接口从文件中读取数据，并按需要对数据进行处理，最后将处理后的数据按一定的格式输出到文件中。本章介绍如何通过使用 Python 程序实现文件操作。

8.1 文件的基本概念

计算机中的数据以文件形式存储在外部存储器的不同目录中。文件按编码不同分为文本文件和二进制文件。操作系统是以文件为单位对数据进行管理的，从磁盘等外部存储器上读取数据时，必须按照文件名找到指定的文件，然后才能从文件中读取数据。如果要在外部存储器上存储数据，则需要新建一个文件或打开一个现有文件，然后将数据写入文件中。

8.1.1 文件和目录

文件是存储在计算机磁盘等外部存储器上的数据集合。软件、数据、文字、图像、动画、音频、视频等信息均以文件形式存储在计算机的外部存储器中。文件是通过目录来进行组织和管理的，目录提供了指向对应磁盘空间的路径地址。

目录一般采用树状结构，每个磁盘有一个根目录，它包含若干文件和子目录。子目录还可以包含下一级子目录，由此形成多级目录结构。如果要访问一个文件，就需要知道该文件所在的目录路径。路径按照参考点不同可以分为绝对路径和相对路径，绝对路径是指从根目录开始标识文件所在位置的完整路径，相对路径则是相对于程序所在目录建立起来的引用文件所在位置的路径。

假设在 D 盘的 Python 目录的 data 子目录中存放着文件 demo.txt，则该文件的绝对路径应该由盘符、各级目录及文件名这 3 部分组成，即 D:\Python\data\demo.txt。在 Python 中，可以使用以下字符串来表示该文件的绝对路径：'D:\\Python\\data\\demo.txt'、r'D:\Python\data\demo.txt' 或 'D:/Python/data/demo.txt'。

假如 Python 源程序文件本身保存在 Python 目录中，则上述文件的相对路径可以表示为'data\\demo.txt'、r'data\demo.txt'或'data/demo.txt'。使用相对路径时，"."表示当前目录，".."表示上一级目录。

8.1.2 文本文件

文本文件是一种常用的计算机文件，并且是一种典型的顺序文件，其文件逻辑结构属于流式文件。在文本文件中，英文、数字等字符存储的是 ASCII 码，汉字存储的是机内码。在文本文件中除了存储有效字符（包括回车符、换行符等）信息，不能存储其他任何信息。文本文件是由若干行字符构成的，通常通过在文本文件最后一行后放置文件结束标志来指明文件的结束。文本文件只包含纯文本，文本文件是指一种容器，而纯文本是指一种内容。文本文件可以在 UNIX、Macintosh、Windows、DOS 及其他操作系统之间自由交互，而其他格式的文件是很难做到这一点的。由于结构比较简单，文本文件广泛应用于记录信息，它能够避免其他文件格式遇到的一些问题。

在 Windows 中，如果一个文件的扩展名为.txt，则系统就认为它是一个文本文件。出于特殊的目的，某些文本文件也使用其他扩展名，如 Python 源程序文件的扩展名为.py。

在英文文本文件中，ASCII 字符集是最常见的格式，在许多场合也是默认的格式。对于其他非 ASCII 字符，必须选择一种字符编码格式。在很多系统中，字符编码是由计算机的区域设置决定的。由于许多编码方式只能表达有限的字符，所以只能用于表达几种语言。Unicode 制定了一种试图能够表达所有已知语言的标准，Unicode 字符集非常大，囊括了大多数已知的字符集。Unicode 有多种字符编码，其中最常见的是 UTF-8，这种编码能够向后兼容 ASCII，相同内容的 ASCII 文本文件与 UTF-8 文本文件完全一致。

在 Windows 中，各种文本文件都可以使用记事本程序打开，而且可以按照指定的编码方式来存储。如果要以指定的编码方式来存储文本文件，可以执行以下操作：在"文件"菜单中选择"另存为"命令，以打开"另存为"对话框，然后可以从"编码"下拉列表中选择 ASNI、UTF-16 LE、UTF-16 BE、UTF-8、带有 BOM 的 UTF-8 等编码方式，如图 8.1 所示。

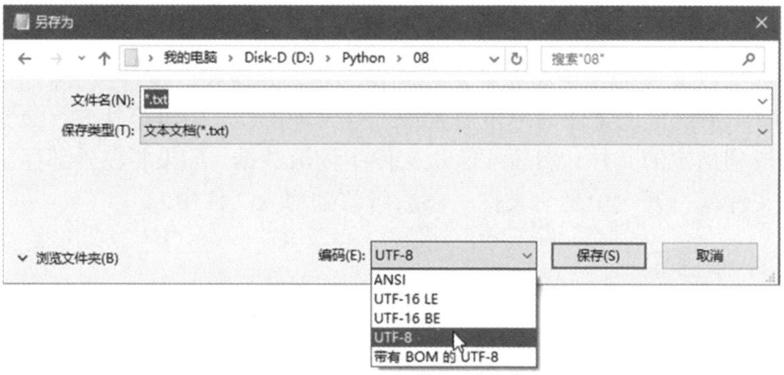

图 8.1   在记事本中选择文本文件的编码方式

在 Python 3.x 版本中，文本文件的默认编码格式为 UTF-8，文本文件是以字符的 Unicode 编码进行存储和编码的，字符串采用 Unicode 编码。所有文本类型均使用 Unicode 编码，可以使用 Python 提供的内置函数 ord() 来获取单个字符的 Unicode 编码，也可以使用字符串对象的 encode() 方法对字符串进行编码，从而得到字符的 UTF-8 编码。如果知道文本的某种编码值，则可以使用字节对象的 decode() 方法将其解码成文本。

【例 8.1】文本的各种编码示例。

【程序代码】

```python
from enum import Enum

class Encode(Enum):
    GBK = 'gbk'
    UTF8 = 'utf-8'
    UTF16 = 'utf-16'

class Text:
    def __init__(self, text):
        self.text = text

    def encode(self, encoding):
        return self.text.encode(encoding)  # 返回字符串的 UTF-8 编码

if __name__ == '__main__':
    s = Text('我喜欢 Python')
    print(f'字符串内容：{s.text}')
    print(f'GBK 编码：{s.encode(Encode.GBK.value)}')
    print(f'UTF-8 编码：{s.encode(Encode.UTF8.value)}')
    print(f'UTF-16 编码：{s.encode(Encode.UTF16.value)}')
```

【运行结果】

```
字符串内容：我喜欢 Python
GBK 编码：b'\xce\xd2\xcf\xb2\xbb\xb6Python'
UTF-8 编码：b'\xe6\x88\x91\xe5\x96\x9c\xe6\xac\xa2Python'
UTF-16 编码：b'\xff\xfe\x11b\x9cU"kP\x00y\x00t\x00h\x00o\x00n\x00'
```

8.1.3　二进制文件

二进制文件是指使用 ASCII 及扩展 ASCII 字符编写的数据或程序文件，Word 文档、图像文件、音频文件、视频文件及各种计算机程序文件都属于二进制文件，这些文件含有特殊的格式及计算机代码。

广义的二进制文件即指文件，由文件在外部设备的存放形式为二进制而得名。狭义的二进制文件是指除文本文件以外的文件。文本文件编码是定长的，译码相对容易一些；二进制文件编码是变长的，可以灵活使用，但译码要麻烦一些，不同的二进制文件需要采用不同的译码方式。如果试图通过记事本程序打开二进制文件，则可能会看到各种奇形怪状的字符。

从本质上来说，二进制文件与文本文件之间没有什么区别，因为它们在硬盘上都是以二进制形式存储的。每个字符由一个或多个字节组成，而每个字节都是用 0～255 的数值来表示的，0～255 还有一些数据没有对应的字符。如果一个文件中的每个字节的内容都可以表示成字符数据，不包含字符以外的其他数据，则这个文件就是文本文件。从这个意义上讲，文本文件只是二进制文件的一种特例。为了与文本文件进行区分，通常将除文本文件外的文件都称为二进制文件。

如果想以十六进制形式查看和编辑二进制文件的字节内容，建议使用一款名为 UltraEdit（简称 UE）的文本编辑器。如果要修改某个字节的内容，必须事先知道该字节所表示的确切含义，否则可能会造成一种意想不到的结果。

使用二进制文件有以下几个好处。

- 占用存储空间小。存储字符型数据时二进制文件与文本文件并没有差别。但是，在存储数字特别是浮点数时，二进制文件更节省空间，如存储浮点数 3.141 592 7 时使用文本文件需要 9Byte，分别用于存储数字字符 3、.、1、4、1、5、9、2、7 的 ASCII 编码值，而二进制文件只需要 4Byte（DB 0F 49 40）就够了。
- 存储速度快。在内存中参加计算的数据都是用二进制无格式存储起来的，因此使用二进制存储到文件会更快捷。如果存储为文本文件，则需要一个转换过程。当数据量很大时，两者就会有明显的速度差别。
- 存储精度高。对于一些比较精确的数据，使用二进制存储不会造成有效位的丢失。

8.1.4　文本文件与二进制文件的比较

计算机中数据的存储在物理上都是通过二进制形式实现的，文本文件与二进制文件在物理上并没有什么区别，它们的区别主要体现在逻辑结构上，即所采用的编码方式有所不同。

文本文件是基于字符编码的文件，常见的编码有 ASCII、Unicode 和 UTF-8 等；二进制文件是则基于值编码的文件，可以视为自定义编码，即根据具体应用来指定某个值。基于字符的文本文件基本上采用定长编码，每个字符的编码是固定的，ASCII 码占用 1Byte，Unicode 码一般占 2Byte；也有非定长编码，如 UTF-8 码根据字符不同占用 1～4Byte；基于值编码的二进制文件则是变长编码的，多少个字节代表一个值完全由自己决定。

二进制文件只是存储数据，并不写明数据类型和具体含义。面对一个二进制文件，需要事先知道其数据存储方式的说明，以了解第几个字节到第几个字节是什么类型的数据，存储的数据是什么含义，否则只能望"数"兴叹。

使用文本工具打开一个文件，首先读取文件物理上所对应的二进制数据流，然后按照所选择的解码方式来解释这个数据流，并将解释结果显示出来。如果按 ASCII 码进行解码，则 1Byte 表示 1 个字符；如果按 Unicode 编码进行解码，则 2Byte 表示 1 个字符。就这样逐字节来解释这个文件流，最终得到文件的文本内容。使用记事本程序无论打开什么文件都是按既定字符编码进行解释的。当打开变长编码的二进制文件时，由于编码和解码不匹配，所以会出现乱码现象。

在 Python 中，根据文件的逻辑结构将文件看作数据流，并且按顺序以一维方式来组织和存储数据。文件数据流按照数据编码方式分为字符流和二进制字节数据流，在 Python 中对它们的处理方式是有所不同的。

8.2 文件的打开和关闭

无论是文本文件还是二进制文件，在进行读写操作之前都需要打开文件，完成操作之后则应该及时关闭文件，以释放所占用的系统资源。

8.2.1 打开文件

文件操作是由操作系统提供的基本功能。打开文件是指在程序与操作系统之间建立某种联系，程序将要操作文件的基本信息通知操作系统，这些信息包括文件的路径、读写方式及读写位置等。如果要读取文件，则首先需要检查该文件是否存在；如果要写入文件，则需要检测在目标位置上是否存在同名文件，如果存在则先删除该文件，然后创建一个新文件并定位到文件开头，准备执行写入操作。

在 Python 中，可以使用内置函数 open()打开指定的文件并返回相应的文件对象，如果无法打开指定的文件，则会引发 OSError。open()函数的调用格式如下。

```
file = open(文件路径[, 打开模式,[ 缓冲区[, 编码]]])
```

其中，文件路径参数指定要打开文件的路径，可以是绝对路径或相对路径。打开模式参数是一个可选的字符串，用于指定打开文件的模式，默认值为"rt"，表示在文本模式下打开文件并用于读取。可用的文件打开模式如表 8.1 所示。

表 8.1　可用的文件打开模式

打开模式	描　　述
rt	以只读方式打开文本文件，文件指针将被定位于文件开头，这是默认模式
wt	以只写方式打开文本文件。若该文件已存在，则将其覆盖；若该文件不存在，则创建新文件
at	以追加方式打开文本文件。若该文件已存在，则将文件指针定位于文件结尾，追加的内容将被写入原有内容之前；若该文件不存在，则创建新文件进行写入
rb	以只读方式打开二进制文件。文件指针将被定位于文件开头
wb	以只写方式打开二进制文件。若该文件已存在，则将其覆盖；若该文件不存在，则创建新文件
ab	以追加方式打开二进制文件。若该文件已存在，则将文件指针定位于文件结尾，追加的内容将被写入原有内容之前；若该文件不存在，则创建新文件进行写入
rt+	以读写方式打开文本文件，文件指针将被定位于文件开头
wt+	以读写方式打开文本文件。若该文件已存在，则将其覆盖；若该文件不存在，则创建新文件
at+	以读写方式打开文本文件。若该文件已存在，则将文件指针定位于文件结尾，追加的内容将被写入原有内容之前；若该文件不存在，则创建新文件进行写入
rb+	以读写方式打开二进制文件，文件指针将被定位于文件开头
wb+	以读写方式打开二进制文件。若该文件已存在，则将其覆盖；若该文件不存在，则创建新文件
ab+	以读写方式打开二进制文件。若该文件已存在，则将文件指针定位于文件结尾，追加的内容将被写入原有内容之前；若该文件不存在，则创建新文件进行写入

在打开模式参数中，字母 b 表示以二进制方式操作文件，字母 t 表示以文本方式操作文件（这是默认方式），字母 t 可以省略不写，字母 r、w 和 a 分别表示读取、写入与追加，加号"+"表示打开文件进行更新，即可以对文件进行读写操作。

缓冲区参数是一个整数，用于设置缓冲策略。该参数的默认值为-1，表示使用缓冲存储并使用默认的缓冲区大小；如果将该参数设置为 0（仅适用于二进制文件），则表示不使用缓冲存储；如果将该参数设置为 1（仅适用于文本文件），则表示使用行缓冲；如果将该参数设置为大于 1 的整数，则表示使用缓冲存储，并且缓冲区大小由该参数指定。

编码参数指定用于指定文件所使用的编码格式，该参数仅适用于文本文件。该参数没有默认值，默认编码依赖于平台。在 Windows 平台上默认的文本文件编码格式为 ANSI，在简体中文 Windows 操作系统中，ANSI 编码实际上就是 GBK 编码，相应的代码页（Code Page）为 cp936。如果要使用 GBK 编码，则可以省略编码参数。其他常用的编码方式有 UTF-8、UTF-16 和 UTF-32 等。

【例 8.2】查看文件对象的成员。

【程序分析】

要查看文件对象拥有的成员，可以使用内置函数 open()以只写方式创建并打开一个新文件，然后将文件对象作为参数传入 dir()函数来获取其成员名称列表。为了获取与文件操作相关的成员，在遍历成员名称列表时可以将那些名称以下画线开头的成员过滤掉。

【程序代码】

```
file = open('data/data08_02.txt', 'w')
i = 0

for m in dir(file):
    if not m.startswith('_'):
        i += 1
        print(f'{m:13}', end='')
        if i % 5 == 0: print()
```

【运行结果】

```
buffer        close         closed        detach        encoding
errors        fileno        flush         isatty        line_buffering
mode          name          newlines      read          readable
readline      readlines     reconfigure   seek          seekable
tell          truncate      writable      write         write_through
writelines
```

8.2.2　关闭文件

使用内置函数 open()成功地打开一个文件时会返回一个文件对象，使用该对象的相关属性和方法可以对文件进行各种操作。完成文件操作后，需要及时地关闭文件，以释放文件对象，并防止文件中的数据丢失。

在 Python 中，可以通过调用文件对象的 close()方法来关闭文件，语法格式如下。

```
文件对象.close()
```

close()方法用于关闭之前用 open()方法打开的文件，将缓冲区中的数据写入文件，然后释放文件对象。

文件关闭之后，便不能再访问文件对象的属性和方法。如果想继续使用文件，则必须用 open()函数再次打开文件。

【例 8.3】打开文件并查看相关信息，然后关闭文件。

【程序代码】

```
# 以读写方式打开文件，使用系统默认编码
file = open('data/data08_03.txt', 'w+')
```

```
print('执行open函数之后，文件的相关信息如下：')
print(f'文件名：{file.name}')
print(f'文件对象类型：{type(file)}')
print(f'文件编码格式：{file.encoding}')
print(f'文件缓冲区：{file.buffer}')
print(f'文件打开模式：{file.mode}')
print(f'文件是否可读：{file.readable()}')
print(f'文件是否可写：{file.writable()}')
print(f'文件是否关闭：{file.closed}')
file.close()
print('-*-' * 12)
print('执行close方法之后')
print(f'文件是否关闭：{file.closed}')
```

【运行结果】
```
执行open函数之后，文件的相关信息如下：
文件名：data/data08_03.txt
文件对象类型：<class '_io.TextIOWrapper'>
文件编码格式：cp936
文件缓冲区：<_io.BufferedRandom name='data/data08_03.txt'>
文件打开模式：w+
文件是否可读：True
文件是否可写：True
文件是否关闭：False
-*--*--*--*--*--*--*--*--*--*--*-
执行close方法之后
文件是否关闭：True
```

8.2.3　上下文管理语句

在 Python 程序中访问文件资源时，可以使用 with 语句对文件资源进行自动管理，确保无论操作过程中是否发生异常都会执行必要的清理工作，在操作文件后自动关闭文件。with 语句的语法格式如下。

```
with context_expression [as target(s)]:
    with-body
```

其中，context_expression 返回一个上下文管理器对象，该对象并不赋值给 as 子句中的 target(s)。如果指定了 as 子句，则会将上下文管理器的__enter__()方法的返回值赋给 target(s)。target(s)可以是单个变量，也可以是由圆括号括起来的元组。

Python 对一些内建对象（如文件对象、数据库连接对象等）进行改进时，添加了对上下文管理器协议的支持。在文件操作中，可以使用 with 语句来自动关闭文件。

使用 with 语句操作文件对象的语法格式如下。

```
with open(r'filename') as file:
    # 在这里对文件进行操作
```

如果使用传统的 try...finally...语句，则使用如下所示的代码。

```
file = open(r'filename')
try:
    # 文件操作语句
finally:
    file.close()
```

使用 with 语句可以同时打开两个文件。例如，同时打开两个文件，一个用于读，另一个用于写，这样可以省略两个 with 语句的嵌套，代码如下。

```
with open('fileToRead.txt', 'r') as reader, open('fileToWrite.txt', 'w') as writer:
    writer.write(reader.read())
```

8.3 文本文件操作

文本文件是基于字符编码的文件，常见的编码有 ANSI、Unicode 和 UTF-8 等，文本文件基本上采用定长编码，每个字符的编码是固定的，也有非定长编码。在 Python 语言中，使用内置函数 open()以文本模式打开一个文件后，通过调用文件对象的相关方法很容易实现文本文件的读写操作。

8.3.1 读取文本文件

以只读模式或读写模式打开一个文本文件后，可以通过调用文件对象的 read()方法、readline() 方法或 readlines()方法从文本文件中读取文本内容。

1．使用 read()方法读取文本内容

通过调用文件对象的 read()方法，可以从文本流当前位置读取指定数量的字符并以字符串形式返回，语法格式如下。

```
变量 = 文件对象.read([size])
```

其中，参数 size 是一个可选的非负整数，指定从文本流当前位置开始读取的字符数量，如果该参数为负值或省略该参数，则从文件当前位置开始读取，直至文件结束。如果参数 size 的值大于从当前位置到文件末尾的字符数，则仅读取并返回这些字符。

刚打开文件时，当前读取位置就在文件开头。每次读取内容之后，读取位置会自动移到下一个字符，直至到达文件末尾。如果当前处在文件末尾，则返回一个空字符串。

【例 8.4】使用 read()方法读取 UTF-8 编码格式的文本文件并分别提取出中英文内容，然后分两次读取这个文件的内容。

【文本文件】
在记事本程序中输入以下文本内容。

```
我喜欢 Python 程序设计
```

以 UTF-8 编码保存文件，文件名为 data08_04.txt，保存在源文件目录下的 data 子目录中。

【程序代码】

```
import re

with open('data/data08_04.txt', 'r', encoding='utf-8') as file:
    s = file.read()
    print(f'全部内容：{s}')
    pattern = re.compile('[A-Za-z]')
    en = ''.join(pattern.findall(s))
    print(f'英文内容：{en}')
    pattern = re.compile('[\u4e00-\u9fa5]')
    cn = ''.join(pattern.findall(s))
    print(f'中文内容：{cn}')
    print('-*-' * 12)
    file.seek(0)   # 将文件指针重新定位到文件开头
    s = file.read(9)
    print(f'前 9 个字符：{s}')
    s = file.read()
    print(f'剩余内容：{s}')
```

【运行结果】

```
全部内容：我喜欢 Python 程序设计
英文内容：Python
中文内容：我喜欢程序设计
-*--*--*--*--*--*--*--*--*--*--*--*-
前 9 个字符：我喜欢 Python
```

2. 使用 readline()方法读取文本内容

通过调用文件对象的 readline()方法，从文本流当前行的当前位置开始读取指定数量的字符并以字符串形式返回，语法格式如下。

```
变量 = 文件对象.readline([size])
```

其中，参数 size 是一个可选的非负整数，用于指定从文本流当前行的当前位置开始读取的字符数。如果省略参数 size，则读取从当前行的当前位置到当前行末尾的全部内容，包括换行符"\n"。如果参数 size 的值大于从当前位置到行末尾的字符数，则仅读取并返回这些字符，包括换行符"\n"在内。

刚打开文件时，当前读取位置在第一行。每读完一行，当前读取位置自动移至下一行，直至到达文件末尾。如果当前处在文件末尾，则返回一个空字符串。

【例 8.5】使用 readline()方法分行、分批读取 UTF-8 编码格式的文本文件，要求过滤掉文本行末尾的换行符。

【文本文件】

在记事本程序中输入以下文本内容。

```
白日依山尽，黄河入海流。
欲穷千里目，更上一层楼。
```

以 UTF-8 编码保存文件，文件名为 data08_05.txt，保存在源文件目录下的 data 子目录中。

【程序代码】

```
with open('data/data08_05.txt', 'r', encoding='utf-8') as file:
    line = file.readline(6)
    print(line)
    line = file.readline()
    print(line[:-1])
    line = file.readline(6)
    print(line)
    line = file.readline()
    print(line)
```

【运行结果】

```
白日依山尽，
黄河入海流。
欲穷千里目，
更上一层楼。
```

3. 使用 readlines()方法读取文本内容

通过调用文件对象的 readlines()方法，可以从文本流上读取所有可用的行并返回这些行所构成的列表，语法格式如下。

```
变量 = 文件对象.readlines()
```

readlines()方法返回一个列表，列表中的元素即每行的字符串，包括换行符"\n"在内。如果当前处在文件末尾，则返回一个空列表。

【例 8.6】使用 readlines()方法一次性读取 UTF-8 编码格式的文本文件，要求删除行中的换行符，并针对不同的行做不同的处理。

【文本文件】

在记事本程序中输入以下文本内容。

```
赠汪伦
李白
李白乘舟将欲行，
忽闻岸上踏歌声。
桃花潭水深千尺，
```

不及汪伦送我情。

以 UTF-8 编码保存文件，文件名为 data08_06.txt，保存在源文件目录下的 data 子目录中。

【程序代码】

```
# 源文件: prog08_06.py
with open('data/data08_06.txt', 'r', encoding='utf-8') as file:
    lines = file.readlines()
    for line in lines:
        if line.find('\n') != -1:
            line = line[:-1]
        if line.find(', ') == -1 and line.find('。') == -1:
            print('{0:^25}'.format(line))
        elif line.find(', ') != -1:
            print(line, sep='', end='')
        else:
            print(line)
```

【运行结果】

```
              赠汪伦
              李白
李白乘舟将欲行，忽闻岸上踏歌声。
桃花潭水深千尺，不及汪伦送我情。
```

8.3.2 写入文本文件

当以只写模式或读写模式打开一个文本文件后，可以通过调用文件对象的 write()方法和 writelines()方法向该文件中写入文本内容。

1. 使用 write()方法写入文本内容

通过调用文件对象的 write()方法，可以在文本流的当前位置写入字符串并返回写入的字符个数，语法格式如下。

```
文件对象.write(字符串)
```

其中，文件对象参数是通过调用 open()函数以 "w" "w+" "a" 或 "a+" 模式打开文件时返回的文件对象；字符串参数指定要写入文本流的文本内容。当以可读写模式打开文件时，因为完成写入操作后处在文件末尾，所以此时无法直接读取到文本内容，除非使用 seek()方法将文件指针移动到文件开头。

【例 8.7】创建一个 UTF-8 编码格式的文本文件，并从键盘上输入文本内容，然后输出该文件中的文本内容。

【程序代码】

```
with open('data/data08_07.txt', 'w+', encoding='utf-8') as file:
    print('请输入文本内容（Q=退出）')
    print('-*-' * 12)
    line = input('请输入：')
    while line.upper() != 'Q':
        file.write(line + '\n')
        line = input('请输入：')
    # 由文件当前位置移到文件开头
    file.seek(0)
    print('-*-' * 12)
    print('输入的文本内容如下：')
    print(file.read())
```

【运行结果】

```
请输入文本内容（Q=退出）
-*--*--*--*--*--*--*--*--*--*--*--*-
请输入：早发白帝城  李白↵
```

请输入：朝辞白帝彩云间，千里江陵一日还。↵
请输入：两岸猿声啼不住，轻舟已过万重山。↵
请输入：q↵
—*——*——*——*——*——*——*——*——*——*——*—

输入的文本内容如下：
早发白帝城 李白
朝辞白帝彩云间，千里江陵一日还。
两岸猿声啼不住，轻舟已过万重山。

2. 使用 writelines()方法写入文本内容

通过调用文件对象的 writelines()方法，可以在文本流当前位置依次写入指定列表中的所有字符串，语法格式如下。

```
文件对象.writelines(字符串列表)
```

其中，文件对象参数是通过调用 open()函数以"w""w+""a"或"a+"模式打开文件时所返回的文件对象；字符串列表参数指定要写入文本流的文本内容。当以可读写模式打开文件时，因为完成写入操作后文件指针位于文件末尾，所以此时无法直接读取到文本内容，除非使用 seek()方法将文件指针移动到文件开头。

【例 8.8】通过追加可读写模式打开【例 8.7】中创建的文本文件，并从键盘上输入文本内容添加到该文件末尾，然后输出文件中的所有文本内容。

【程序代码】

```python
# 源文件：prog08_08.py
with open('data/data08_07.txt', 'a+', encoding='utf-8') as file:
    print('请输入文本内容（Q=退出）')
    print('-*-' * 12)
    lines = []
    line = input('请输入：')
    while line.upper() != 'Q':
        lines.append(line + '\n')
        line = input('请输入：')
    file.writelines(lines)
    file.seek(0)
    print('-*-' * 12)
    print(f'文件{file.name}中的文本内容如下：')
    print(file.read())
```

【运行结果】

```
请输入文本内容（Q=退出）
-*--*--*--*--*--*--*--*--*--*--*--*-
请输入：望庐山瀑布 李白↵
请输入：日照香炉生紫烟，遥看瀑布挂前川。↵
请输入：飞流直下三千尺，疑是银河落九天。↵
请输入：q↵
-*--*--*--*--*--*--*--*--*--*--*--*-
文件 data/data08_07.txt 中的文本内容如下：
早发白帝城 李白
朝辞白帝彩云间，千里江陵一日还。
两岸猿声啼不住，轻舟已过万重山。
望庐山瀑布 李白
日照香炉生紫烟，遥看瀑布挂前川。
飞流直下三千尺，疑是银河落九天。
```

8.4　二进制文件操作

二进制文件是基于值编码的文件，可以视为自定义编码，其存储内容是字节码。二进制文件可以看作由一系列字节组成的二进制数据流。使用二进制文件时需要事先知道其数据存储方式，即第几个字节到第几个字节存储的是什么类型的数据，以及所存储的数据代表什么含义。在 Python 中，使用内置函数 open()以二进制模式打开文件后，可以根据需要在文件中定位文件指针并进行读写操作。

8.4.1 在文件中定位

在文本文件进行读写操作时，文件当前读写位置会随着文本内容的读写而自动发生变化，这个当前读写位置也称为文件指针。在 Python 中，可以使用文件对象的 tell()方法了解文件指针的位置，也可以使用文件对象的 seek()方法改变文件指针的位置。

1. 使用 tell()方法获取文件指针的位置

使用内置函数 open()打开一个文本文件或二进制文件后将创建一个文件对象，此时可以通过调用文件对象的 tell()方法来获取文件指针的当前位置，语法格式如下。

```
文件对象.tell()
```

其中，文件对象参数表示先前使用 open()函数打开文件时返回的文件对象。tell()方法返回一个数字，表示当前文件指针所在的位置，即相对于文件开头的字节数。每次文件读写操作都是在当前文件指针指向的位置上进行的。

下面的例子说明在向文本文件写入内容时文件指针的变化情况。刚打开文件时，文件指针指向文件开头，写入第一个字符串（5 个字符）后 tell()方法的返回值为 10，说明文件指针向后移动了 10Byte；写入第二个字符串（7 个字符）后 tell()方法的返回值为 24，说明文件指针向后又移动了 14Byte。当前处于文件末尾，使用 read()方法读取时返回一个空字符串。

```
>>> file = open(r'd:/test.txt', 'w+')
>>> file.tell()
0
>>> file.write('中国北京\n')
5
>>> file.tell()
10
>>> file.write('电子工业出版社')
7
>>> file.tell()
24
>>> file.read()
''
>>>
```

2. 使用 seek()方法移动文件指针

使用 open()函数以二进制模式打开一个文件后，可以通过调用文件对象的 seek()方法来改变文件指针的位置，语法格式如下。

```
文件对象.seek(偏移量[, 参考点])
```

其中，文件对象参数是先前使用 open()函数打开文件时返回的文件对象。seek()方法改变文件指针的位置并返回一个整数，表示当前文件指针的位置。

偏移量参数是一个整数，用于指定相对于参考点移动的字节数。如果偏移量为正数，则表示向文件末尾方向移动；如果偏移量为负数，则表示向文件开头方向移动。

参考点参数是一个可选的非负整数，用于指定文件指针移动的参考位置，默认值为 0，表示以文件开头作为参考点，1 表示以当前位置作为参考点，2 表示以文件末尾作为参考点。

【例 8.9】以默认编码方式创建一个文本文件，然后以二进制模式打开该文件并以不同方式移动文件指针。

【程序代码】

```python
# 源文件：prog08_09.py
with open('data/data08_09.txt', 'w+') as file:     # 创建文本文件
    lines = ['PHP\n', 'Java\n', 'Python\n']
    file.writelines(lines)                          # 向文本文件中写入 3 行
    file.seek(0)                                    # 文件指针移到文件开头
    print(f'1.文本内容：{file.readlines()}')         # 读取文件中的所有行
    file.close()                                    # 关闭文件
    # 以二进制模式读取文本文件时，会将换行符"\n"转换成"\r\rn"，多出一个字符
    file = open('data/data08_09.txt', 'rb')         # 以二进制模式打开文本文件
    print(f'2.字节内容：{file.readlines()}')         # 读取文件中的所有行
    print(f'3.{file.tell() = }')                    # 输出当前文件指针位置
    print(f'4.{file.seek(0) = }')                   # 移到文件开头
    print(f'5.{file.seek(10, 0) = }')               # 移到第十个字节处
    print(f'6.{file.seek(2, 1) = }')                # 相对于当前位置向后移动 2Byte
    print(f'7.{file.seek(-3, 1) = }')               # 相对于当前位置向前移动 3Byte
    print(f'8.{file.seek(0, 2) = }')                # 移到文件末尾
    print(f'9.{file.seek(10, 2) = }')               # 相对于文件末尾向后移动 10Byte
    print(f'10.{file.seek(-12, 2) = }')             # 相对于文件末尾向前移动 12Byte
```

【运行结果】

```
1.文本内容：['PHP\n', 'Java\n', 'Python\n']
2.字节内容：[b'PHP\r\n', b'Java\r\n', b'Python\r\n']
3.file.tell() = 19
4.file.seek(0) = 0
5.file.seek(10, 0) = 10
6.file.seek(2, 1) = 12
7.file.seek(-3, 1) = 9
8.file.seek(0, 2) = 19
9.file.seek(10, 2) = 29
10.file.seek(-12, 2) = 7
```

使用 open()函数以文本模式打开一个文件后，也可以通过调用文件对象的 seek()方法来改变文件指针的位置。但是，此时只能使用 seek(p, 0)形式，或者简写为 seek(p)，其作用是相对于文件开头将文件指针移动到第 p 个字节处，这属于绝对移动。如果参考点设置为 1 或 2，则偏移量只能为 0，seek(0, 1)保持在当前位置上，seek(0, 2)则定位到文件末尾，如果此时使用了非零偏移量，则会引发 io.UnsupportedOperation 异常。

文本文件有各种编码格式，常用的有 ASNI（即扩展 ASCII）、UTF-16 和 UTF-8。采用 UTF-16和 UTF-8 编码格式时又分为两种情况，即带 BOM 标签和不带 BOM 标签。BOM 即字节顺序标记，亦称为 Unicode 标签。采用 UTF-8 编码时，BOM 占用 3Byte；采用 UTF-16 编码时，BOM 占用2Byte。在不同编码方案中，中英文字符占用的字节数各不相同。在 ASNI 编码中，每个英文字符占 1Byte，每个中文字符占 2Byte；在 UTF-8 编码中，每个英文字符占 1Byte，每个中文字符占 3Byte；在 UTF-16 编码中，每个中文字符和英文字符均占 2Byte。鉴于以上情况，在文本文件中移动文件指针时要格外小心，设置移动偏移量既要考虑 BOM 占用的字节数，也要考虑单个字符占用的字节数，以防止可能出现各种意外情况。

【例 8.10】 以 UTF-16 编码格式创建一个文本文件，然后通过不同的方式移动文件指针。

【程序代码】

```python
with open('data/data08_10.txt', 'w+', encoding='utf-16') as file:
    lines = ['Python 语言, Python 程序设计']
    file.writelines(lines)
    print('写操作完成时')
    print(f'1.文件指针：{file.tell()}')
    print(f'2.读取内容：{file.read()}')
```

```
print('-*-' * 15)
print('定位到文件开头')
print(f'1.读取之前文件指针：{file.seek(0)}')
print(f'2.读取文件的所有内容：{file.read()}')
print(f'3.读取之后的文件指针：{file.tell()}')
print('-*-' * 15)
print(f'1.移动文件指针到：{file.seek(14)}')
print(f'2.读取 9 个字符：{file.read(9)}')
print(f'3.读取之后的文件指针：{file.tell()}')
print('-*-' * 15)
print('设置参考点为 1 或 2')
print(f'1.{file.seek(0, 1) = }')
print(f'2.{file.seek(0, 2) = }')
```

【运行结果】

```
写操作完成时
1.文件指针：40
2.读取内容：
-*--*--*--*--*--*--*--*--*--*--*--*--*--*-

定位到文件开头
1.读取之前文件指针：0
2.读取文件的所有内容：Python 语言，Python 程序设计
3.读取之后的文件指针：40
-*--*--*--*--*--*--*--*--*--*--*--*--*--*-

1.移动文件指针到：14
2.读取 9 个字符：语言，Python
3.读取之后的文件指针：32
-*--*--*--*--*--*--*--*--*--*--*--*--*--*-

设置参考点为 1 或 2
1.file.seek(0, 1) = 32
2.file.seek(0, 2) = 40
```

8.4.2　读写二进制文件

当使用内置函数 open()打开文件时，可以通过打开模式参数来设置是以文本模式还是二进制模式打开指定的文件。如果在打开模式参数中包含字母"b"，如"rb""rb+""wb""wb+""ab"或"ab+"，则以二进制模式打开指定的文件。

以二进制模式打开文件时，应当将文件的内容看作二进制字节流。在这种情况下，首先需要了解二进制字节流的组成规则，即在文件的第几个字节到第几个字节存储的是什么类型的数据，该数据代表的具体含义是什么，在这个基础上可以使用文件对象的相关方法对二进制文件进行定位和读取操作。

【例 8.11】根据 Unicode 编码方案将汉字存储在一个文本文件中，然后以二进制模式打开该文件，检测该文件的字节顺序标记（Byte Order Mark，BOM）并输出前 100 个汉字。

【程序分析】

在 Unicode 编码方案中汉字的编码范围为 4E00～9FA5，遍历这个编码范围并使用内置函数 chr()将每个编码转换为汉字后写入文本文件。文本文件的 BOM 存放在文件开头的两个字节中，根据这两个字节的内容可以判断文件是 UTF-16LE 格式还是 UTF-16BE 格式。以二进制模式读取该文件时，跳过 BOM 后每两个字节解码为一个汉字。

【程序代码】

```
# 定义函数 bom()，用于获取 UTF-16 文件的 BOM 并判断文件格式
def bom(f):
    bb = f.read(2)          # 读取 2Byte 后，文件指针向后移动 2Byte
    if hex(bb[0]) == '0xff' and hex(bb[1]) == '0xfe':
```

```python
            return 'UTF16_LE'         # UTF-16 小尾序
        elif hex(bb[0]) == '0xfe' and hex(bb[1]) == '0xff':
            return 'UTF16_BE'         # UTF-16 大尾序
# 定义函数 hz()，参数 file 指定要读取的文件对象，order 指定汉字的序号
def hz(f, order):
    f.seek(2 * order)                # 定位文件指针在偶数字节：2、4、6 等
    ch = f.read(2).hex()             # 读取两个字节的内容
    h = ch[2:4] + ch[0:2]            # 高位字节和低位字节互换后重新组合
    return chr(int(h, 16))           # 返回编码对应的汉字


if __name__ == '__main__':
    path = 'data/data08_11.dat'
    file = open(path, 'w', encoding='utf-16')        # 创建文本文件
    for x in range(0x4e00, 0x9fa6):                  # 遍历汉字的 Unicode 编码范围
        file.write(chr(x))                           # 向文本文件中写入汉字
    file.close()
    file = open(path, 'rb')                          # 以二进制读取模式打开文件
    print(f'文件{file.name}的编码格式为：{bom(file)}')  # 检测文件的 BOM
    print('-*-' * 16)
    i = 1
    print('前 100 个汉字如下：')
    for n in range(1, 101):                          # 输出前 100 个汉字
        print(hz(file, n), end='')
        if i % 25 == 0:                              # 每行 25 个汉字
            print()
        i += 1
    file.close()
```

【运行结果】

```
文件 data/data08_11.dat 的编码格式为：UTF16_LE
-*--*--*--*--*--*--*--*--*--*--*--*--*--*--*--*-

前 100 个汉字如下：
一丁丂七丄丅丆万丈三上下丌不与丏丐丑丒专且丕世丗丘
丙业丛东丝丞丟北丠丢丣两严並丧丨丩个丫丬中丮丯丰丱
串丳临举丶丷丸丹为主丼丽举丿乀乁乂乃乄久乆乇么义乊
之乌乍乎乏乐乑乒乓乔乕乖乗乘乙乚乛乜九乞也习乡乢乣
```

8.4.3 二进制数据的打包与解包

    二进制文件是基于值编码的文件，二进制文件的内容可以看作二进制字节数据流。打开一个二进制文件后，可以使用文件对象的 read()方法从该文件中读取数据，或者使用文件对象的 write() 方法向该文件中写入数据。在 Python 中，可以将字节对象视为字节流，以这种方式处理二进制文件的读写操作比较方便。在实际应用中，经常需要将一组相关的数据一起打包成字节对象后写入文件，或者从文件中读取字节对象并进行数据解析。Python 提供了一个 struct 模块，可以用来实现二进制数据的打包和解包。

1. 数据打包

    导入 struct 模块后，可以使用 struct.pack()函数按照指定的格式化字符串将一组数据项打包成一个字节对象并返回该字节对象，语法格式如下。

```
struct.pack(format, v1, v2, ...)
```

    其中，参数 format 表示格式化字符串，由格式符和数字组成，用于指定待打包数据项的数据类型和长度等信息，可用的格式符如表 8.2 所示。v1 和 v2 等指定要打包的数据项，可以是各种数据类型，如整型数、浮点数、布尔值及字节对象等。如果要对字符串进行打包，则必须事先将字符串转换为字节对象。

表 8.2　打包格式符

格式符	数据类型	字节数	格式符	数据类型	字节数
c	单个字符	1	L	整型	4
b	整型	1	q	整型	8
B	整型	1	Q	整型	8
?	布尔型	1	f	浮点型	4
h	整型	2	d	浮点型	8
H	整型	2	s	字符串	
i	整型	4	p	字符串	
I	整型	4	P	整型	

在每个格式符前可以有一个数字，用于表示该类型数据项的个数。例如，6s 表示长度为 6 的字符串，3i 表示 3 个整型数。

在对数据项打包时，可以使用 struct.calcsize()函数来计算指定的格式化字符串所描述的字节对象的长度，语法格式如下。

```
struct.calcsize(format)
```

其中，参数 format 表示格式化字符串。

【例 8.12】定义几个不同类型的变量，然后使用 struct.pack()函数将这些变量的值打包成一个字节对象。

【程序代码】
```
import struct

s1 = b'Python'                         # 定义字节对象
s2 = bytes('Python 语言', 'utf-8')      # 将字符串转换为字节对象
x = 123                                # 定义整型变量
y = 3.1415926                          # 定义浮点型变量
b = True                               # 定义布尔型变量
print('数据项如下：')
print(f'{s1 = }, {len(s1) = }')
print(f'{s2 = }, {len(s2) = }')
print(f'{x = }, {y = }, {b = }')
frm = str(len(s1)) + 's' + str(len(s2)) + 's' + 'if?'
print(f'格式化字符串：{frm}')
bb = struct.pack(frm, s1, s2, x, y, b)    # 将不同类型的数据打包成字节对象
ll = struct.calcsize(frm)
print(f'打包结果（长度为{ll}）如下：\n{bb}')
```

【运行结果】
```
数据项如下：
s1 = b'Python', len(s1) = 6
s2 = b'Python\xe8\xaf\xad\xe8\xa8\x80', len(s2) = 12
x = 123, y = 3.1415926, b = True
格式化字符串：6s12sif?
打包结果（长度为29）如下：
b'PythonPython\xe8\xaf\xad\xe8\xa8\x80\x00\x00{\x00\x00\x00\xda\x0fI@\x01'
```

2．数据解包

使用 struct.pack()函数对一些数据项打包时将生成一个包含这些数据项的字节对象。如果要从这样一个字节对象中拆分出原来的数据项，可以使用 struct.unpack()函数根据格式化字符串 format 从缓冲区中解包并返回一个元组，调用格式如下。

```
struct.unpack(format, buffer)
```

其中，参数 format 表示格式化字符串，用于指定解包时要拆分的数据项的数据类型和长度等信息，必须与打包时使用的格式化字符串相同。参数 buffer 指定要进行解包的字节对象，也称为缓冲区，其大小以字节为单位，必须与格式化字符串所要求的大小相符。struct.unpack()函数将根据格式化字符串 format 的要求从缓冲区中解包，其结果是一个元组，即使缓冲区中只包含一个数据项。

【例 8.13】数据打包与解包示例。

【程序代码】

```python
from struct import pack, unpack, calcsize
from enum import Enum

class Gender(Enum):
    MALE = '男'
    FEMALE = '女'
class Student:
    def __init__(self, sid, name, gender, age):
        self.sid = sid
        self.name = name
        self.gender = gender
        self.age = age

if __name__ == '__main__':
    stu = Student('20200001', '张强', Gender.MALE.value, 20)
    frm = str(len(stu.sid.encode('utf-8'))) + 's'
    frm += str(len(stu.name.encode('utf-8'))) + 's'
    frm += str(len(stu.gender.encode('utf-8'))) + 's' + 'i'
    print(f'格式化字符串: {frm}')
    bb = pack(frm, stu.sid.encode('utf-8'), stu.name.encode('utf-8'),
stu.gender.encode('utf-8'), stu.age)
    print(f'打包结果（长度{calcsize(frm)}）: \n{bb}')
    data = unpack(frm, bb)
    print(f'解包结果: \n{data}')
    for i in range(4):
        if isinstance(data[i], bytes):
            print(f'data[{i}].decode("utf-8") = {data[i].decode("utf-8")}')
        elif isinstance(data[i], int):
            print(f'data[{i}] = {data[i]}')
```

【运行结果】

```
格式化字符串: 8s6s3si
打包结果（长度24）:
b'20200001\xe5\xbc\xa0\xe5\xbc\xba\xe7\x94\xb7\x00\x00\x00\x14\x00\x00\x00'
解包结果:
(b'20200001', b'\xe5\xbc\xa0\xe5\xbc\xba', b'\xe7\x94\xb7', 20)
data[0].decode("utf-8") = 20200001
data[1].decode("utf-8") = 张强
data[2].decode("utf-8") = 男
data[3] = 20
```

8.4.4　数据对象的加载与转储

Python 提供了一个 pickle 模块，可以用来创建各种数据对象的可移植序列化表示。pickle 模块中主要有两对函数：一对是 pickle.dumps()函数和 pickle.loads()函数，用于将各种数据对象转储到字节对象或从字节对象加载数据对象；另一对是 pickle.dump()函数和 pickle.load()函数，用于将各种数据对象转储到文件或从文件中加载数据对象。

1. pickle.dumps()函数和 pickle.loads()函数

pickle.dumps()函数的功能是将各种数据对象转储为一个字节对象（称为 pickle 对象）并返回该对象，语法格式如下。

```
pickle.dumps(数据对象)
```

其中，数据对象参数指定要转储的数据对象，可以是各种类型的 Python 对象，如数字、字符串、列表、元组及字典等。

pickle.loads()函数用于从 pickle 字节对象中返回原来的数据对象，调用格式如下。

```
pickle.loads(字节对象)
```

其中，字节对象是先前使用 pickle.dumps()函数转储数据对象时创建的字节对象。pickle.loads()函数的返回值是一个元组，其中包含原来的各个数据对象。

【例 8.14】使用 pickle.dumps()函数将各种类型的数据对象转储到一个字节对象中，然后使用 pickle.loads()函数从该字节对象中返回原来的数据对象。

【程序代码】

```
import pickle

xx = 123                                        # 定义整型变量
print(f'整数：{xx = }')
print(f'打包：{pickle.dumps(xx)}')
bb = pickle.dumps(xx)                           # 将整数转储为字节对象
print(f'解包：{pickle.loads(bb)}')
ff = 3.1415926                                  # 定义浮点变量
print(f'浮点数：{ff = }')
print(f'打包：{pickle.dumps(ff)}')
bb = pickle.dumps(ff)                           # 将浮点数转储为字节对象
print(f'解包：{pickle.loads(bb)}')
ss = 'Python 语言'                              # 定义字符串变量
print(f'字符串：{ss = }')
print(f'打包：{pickle.dumps(ss)}')              # 将字符串转储为字节对象
bb = pickle.dumps(ss)
print(f'解包：{pickle.loads(bb)}')
dd = {'name': '李明', 'gender': '男', 'age': 19} # 定义字典
print(f'字典：{dd = }')
print(f'打包：{pickle.dumps(dd)}')              # 将字典转储为字节对象
bb = pickle.dumps(dd)
print(f'解包：{pickle.loads(bb)}')
```

【运行结果】

```
整数：xx = 123
打包：b'\x80\x04K{.'
解包：123
浮点数：ff = 3.1415926
打包：b'\x80\x04\x95\n\x00\x00\x00\x00\x00\x00\x00G@\t!\xfbM\x12\xd8J.'
解包：3.1415926
字符串：ss = 'Python 语言'
打包：
b'\x80\x04\x95\x10\x00\x00\x00\x00\x00\x00\x8c\x0cPython\xe8\xaf\xad\xe8\xa8\x
80\x94.'
解包：Python 语言
字典：dd = {'name': '李明', 'gender': '男', 'age': 19}
打包：
b'\x80\x04\x95,\x00\x00\x00\x00\x00\x00\x00}\x94(\x8c\x04name\x94\x8c\x06\xe6\x9d\
x8e\xe6\x98\x8e\x94\x8c
\x06gender\x94\x8c\x03\xe7\x94\xb7\x94\x8c\x03age\x94K\x13u.'
解包：{'name': '李明', 'gender': '男', 'age': 19}
```

2．pickle.dump()函数和 pickle.load()函数

pickle.dump()函数用于将各种类型的数据对象写入已打开的文件中，语法格式如下。

```
pickle.dump(数据对象，文件对象)
```

其中，数据对象参数指定要写入文件中的对象，可以是各种类型的 Python 数据对象。文件对象参数表示以写入方式打开的二进制文件对象，通过调用其 write()方法可以向文件中写入字节对象。这个文件既可以是实际的物理文件，也可以是任何与文件类似的对象，该对象具有 write()方法，可以接收单个的字节对象参数。

pickle.load()函数的功能是从存储 pickle 对象的文件中读取数据并作为一个对象返回，语法格式如下。

```
pickle.load(文件对象)
```

其中，文件对象参数是一个以读取方式打开的二进制文件对象，通过调用该对象的 read()方法和 readline()方法可以从文件返回字节对象。pickle.load()函数返回包含在 pickle 对象中的数据对象。pickle.load()函数一次只读取一次 dump 的数据，如果多次 dump，则要多次 load。

【例 8.15】使用 pickle.dump()函数将一个包含各种数据对象的元组转储在一个二进制文件中，然后使用 pickle.load()函数从该文件返回 pickle 对象中包含的数据对象。

【程序代码】

```
import pickle

path = 'data/data.bin'
obj = ('Python 语言', 123, 3.14, [1, 2, 3], {'姓名': '李明', '性别': '男', '年龄': 19})
print('数据对象如下：')
print(f'{obj = }')
file = open(path, 'wb')
pickle.dump(obj, file)
print('数据保存成功！')
file = open(path, 'rb')
obj = pickle.load(file)
print('从文件中读取的数据如下：')
print(obj)
file.close()
```

【运行结果】

```
数据对象如下：
obj = ('Python 语言', 123, 3.14, [1, 2, 3], {'姓名': '李明', '性别': '男', '年龄': 19})
数据保存成功！
从文件中读取的数据如下：
('Python 语言', 123, 3.14, [1, 2, 3], {'姓名': '李明', '性别': '男', '年龄': 19})
```

8.5 文件管理和目录管理

Python 的 os 模块和 shutil 模块提供了文件与目录的管理功能，导入这些模块后，即可通过调用相关函数来实现文件和目录的管理功能，如重命名、复制、移动及删除等。

8.5.1 文件管理

文件管理功能主要包括重命名、复制、移动和删除等，对一个文件进行操作之前最好先检查该文件是否存在。

1．检查文件的存在性

使用 os.path.isfile()函数可以检查指定的文件是否存在，语法格式如下。

```
os.path.isfile(路径)
```

其中，路径为字符串，表示要检查文件的路径，可以是绝对路径或相对路径。如果该文件存

在，则返回 True，否则返回 False。具体示例如下。

```
>>> os.path.isfile('C:/Program Files/Python38/python.exe')
True
>>> os.path.isfile('Lib/tkinter/dialog.py')
True
```

2. 重命名文件

使用 os.rename()函数可以对指定的文件进行重命名，语法格式如下。

```
os.rename(源文件, 目标文件)
```

其中，源文件名和目标文件名既可以使用绝对路径，也可以使用相对路径，但它们必须位于相同的目录中。例如，使用下面的代码可以将当前目录下的文本文件 aaa.txt 更名为 bbb.txt。

```
>>> import os
>>> os.rename("aaa.txt", "bbb.txt")
```

3. 复制文件

复制文件可以通过调用 shutil 模块中的以下两个函数来实现。

- shutil.copyfile()函数将源文件内容复制到目标文件并返回目标文件的路径，具体调用格式如下。

```
shutil.copyfile(源文件, 目标文件)
```

其中，源文件和目标文件是以字符串形式给出的路径名。如果源文件与目标文件是相同的文件，则会则引发 SameFileError。具体示例如下。

```
>>> import shutil
>>> shutil.copyfile("c:/demo.bin", "c:/test/demo.bin")
'c:/test/demo.bin'
```

- shutil.copy()函数将源文件复制到目标文件或目录，语法格式如下。

```
shutil.copy(源文件, 目标文件)
```

其中，源文件和目标文件参数均为字符串。如果目标文件指定了一个目录，则源文件将复制到目标目录中并返回新创建的文件的路径。具体示例如下。

```
>>> import shutil
>>> shutil.copy("c:/data.bin", "e:/test")
'e:/test\\data.bin'
```

4. 移动文件

使用 shutil.move()函数可以实现移动文件操作并返回目标文件的路径，语法格式如下。

```
shutil.move(源文件, 目标文件)
```

其中，源文件和目标文件参数均为字符串。如果目标文件指定了一个现有目录，则将源文件移到该目录中。如果目标文件已经存在，则它可能会被覆盖。具体示例如下。

```
>>> import shutil
>>> shutil.move("c:/data.bin", "e:/test/data.dat")
'e:/test/data.dat'
```

5. 删除文件

使用 os.remove()函数可以删除指定的文件，语法格式如下。

```
os.remove(文件路径)
```

其中，文件路径是一个字符串，指定要删除文件的路径。如果所指定的文件不存在，则会引发 FileNotFoundError。如果将文件路径设置为一个目录，则会引发 OSError。具体示例如下。

```
>>> import os
>>> os.remove('e:/test/data.dat')
```

8.5.2 目录管理

目录管理功能主要包括创建目录、重命名目录、获取和更改当前工作目录、显示目录中的内容、复制目录、移动目录及删除目录等，对一个目录进行操作之前最好先检查该目录是否存在。

1. 检查目录的存在性

使用 os.path.isdir()函数可以检查指定的目录是否存在，语法格式如下。

```
os.path.isdir(路径)
```

其中，路径为字符串，表示要检查目录的路径，可以是绝对路径或相对路径。如果该目录存在，则返回 True，否则返回 False。具体示例如下。

```
>>> os.path.isdir('C:/Program Files/Python38')
True
>>> os.path.isdir('Lib/tkinter')
True
>>> os.path.isdir('../Microsoft Office')
True
```

2. 创建目录

创建目录分为创建单个目录和创建多级目录两种情况：创建单个目录可以使用 os.mkdir()函数来实现，创建多级目录则可以使用 os.makedirs()函数来实现。

os.mkdir()函数用于创建单个目录，语法格式如下。

```
os.mkdir(路径)
```

其中，路径参数为字符串，用于指定要创建目录的路径。如果指定的目录已经存在，则会引发 FileExistsError。如果指定路径中包含不存在的目录，则会引发 FileNotFoundError。具体示例如下。

```
>>> import os
>>> os.mkdir("c:/demo")
```

os.makedirs()函数用于创建多级目录，语法格式如下。

```
os.makedirs(路径)
```

如下示例使用 os.makedirs()函数在 C 盘根目录中创建了一个名为 python 的目录，并在该目录中创建了一个子目录，其名称为 examples。

```
>>> import os
>>> os.makedirs("c:/python/examples")
```

3. 重命名目录

与重命名文件一样，重命名目录也是通过调用 os.rename()函数来实现的，语法格式如下。

```
os.rename(源目录, 目标目录)
```

如下示例将位于 C 盘根目录中的 demo 目录更名为 test。

```
>>> import os
>>> os.rename("c:/demo", "c:/test")
```

4. 获取和更改当前工作目录

使用 os.getcwd()函数可以获取当前工作目录，语法格式如下。

```
os.getcwd()
```

这个函数不带参数，并且返回一个表示当前工作目录的字符串。

如果要更改当前工作目录，则可以通过调用 os.chdir()函数来实现，语法格式如下。

```
os.chdir(路径)
```

其中，路径参数指定新的工作目录的路径。若指定的路径不存在，则引发 FileNotFoundError。

如下示例首先查看当前工作目录的位置，然后更改当前目录，最后再次查看当前工作目录。

```
>>> import os
>>> os.getcwd()
'C:\\Program Files\\Python38'
>>> os.chdir('C:/Program Files/Microsoft Office')
>>> os.getcwd()
'C:\\Program Files\\Microsoft Office'
>>>
```

5．显示目录中的内容

使用 os.listdir()函数可以返回指定目录中包含的文件和目录组成的列表，语法格式如下。

```
os.listdir(路径)
```

其中，路径参数为字符串，指定要查看目录的路径。

如下示例使用 os.listdir()函数列出了 D 盘的 Python 目录中包含的所有文件和目录。

```
>>> import os
>>> os.listdir('D:/Python')
['.idea', '01', '02', '03', '04', '05', '06', '07', '08', '09', 'venv', 'venv2']
>>> os.listdir('D:/Python/01')
['build', 'dist', 'prog01_01.py', 'prog01_03.py', 'prog01_03.spec',
'__pycache__']
```

os.listdir()函数不支持在路径中使用星号"*"或问号"?"通配符。如果希望在查找文件时使用通配符，则需要使用 Python 提供的 glob 模块。glob 模块提供了以下两个函数。

- glob.glob()函数返回所有匹配的文件路径列表，语法格式如下。

```
glob.glob(路径)
```

其中，路径参数是一个字符串，用于指定文件路径匹配规则，可以是绝对路径或相对路径。查找文件可以使用 3 个匹配符，即星号"*"、问号"?"和方括号"[]"。星号"*"匹配 0 个或多个任意字符；问号"?"匹配单个任意字符；方括号匹配指定范围内的字符，如[0-9]匹配数字。

如下示例在 glob.glob()函数中使用星号"*"通配符列出所有 PNG 格式的图像文件。

```
>>> import glob
>>> glob.glob("e:/demo/*.png")
['e:/demo\\icon.png', 'e:/demo\\logo.png', 'e:/demo\\sa.png',
'e:/demo\\sa@2x.png', 'e:/demo\\sa@3x.png']
```

- glob.iglob()函数返回一个可迭代对象，可以用来逐个获取匹配的文件路径名，具体调用格式如下。

```
glob.iglob(路径)
```

其中，路径参数是一个字符串，用于指定文件路径匹配规则，可以是绝对路径或相对路径。具体示例如下。

```
>>> import glob
>>> files = glob.iglob('e:/demo/*.png')
>>> for file in files:
        print(file)
e:/demo\icon.png
e:/demo\logo.png
```

6．复制目录

复制目录可以使用 shutil.copytree()函数来实现，语法格式如下。

```
shutil.copytree(源目录, 目标目录)
```

其中，源目录和目标目录均为字符串，分别表示源目录和目标目录的路径，并且目标目录必须不存在。如果指定的目标目录已经存在，则会引发 FileExistsError。具体示例如下。

```
import shutil
>>> shutil.copytree('e:/vb', 'd:/vb')
'd:/vb'
```

7．移动目录

移动目录可以使用 shutil.move()函数来实现，语法格式如下。

```
shutil.move(源目录, 目标目录)
```

其中，源目录和目标目录都是字符串，分别表示源目录和目标目录的路径。如果目标目录是现有目录，则将源目录复制到目标目录中；如果目标目录不存在，则创建该目录并将源目录的内容复制到新建目录中。具体示例如下。

```
import shutil
>>> shutil.move('d:/test', 'd:/demo')
'd:/demo'
```

8. 删除目录

删除一个空目录可以使用 os.rmdir()函数来实现，语法格式如下。

```
os.rmdir(路径)
```

其中，路径参数为字符串，用于指定要删除目录的路径。该目录必须是一个空目录，即其中不包含任何文件或目录。如果指定的目录非空，则会引发 OSError；如果指定的目录不存在，则会引发 FileNotFoundError。具体示例如下。

```
import shutil
os.rmdir('d:/test')
```

删除一个目录及其包含的所有内容可以使用 shutil.rmtree()函数来实现，语法格式如下。

```
shutil.rmtree(路径)
```

其中，路径参数为字符串，表示要删除目录的路径。具体示例如下。

```
>>> import shutil
>>> shutil.rmtree('d:/test')
```

8.6 典型案例

作为本章知识的综合应用，本节给出两个典型案例，其中一个基于文本文件实现用户的注册与登录，另一个基于数据对象的加载和转储实现图书信息的录入与打印。

8.6.1 用户注册与登录

【例 8.16】基于文本文件实现用户注册与登录，可以多次注册，登录共有 3 次机会。

【程序分析】

注册用户时，从键盘输入用户名和密码，并将这些信息写入文本文件，用户名和密码各占 1 行。登录时输入用户名和密码，从文本文件中读取信息，并检查该用户名是否已经注册过。如果已经注册过，则进一步检查密码与注册时设置的密码是否匹配，如果匹配则登录成功，否则登录失败。如果用户名不存在，则登录失败。3 次登录过程可以通过 while 循环来实现。

【程序代码】

```
def register():              # 注册函数
    print('**注册新用户**')
    username = input('请输入用户名：')
    password = input('请输入密码：')
    with open('data/user.txt', mode='a') as file:
        file.write(f'{username}\n{password}\n')
    print('用户注册成功！')
def login():                 # 登录函数
    count = 3
    print('**系统登录**')
    while count > 0:
        count -= 1
        with open('data/user.txt', mode='r') as file:
            lines = file.readlines()
            info = list(map(str.strip, lines))
            username = input('请输入用户名：')
            if username in info:
                u_index = info.index(username)
                p_index = u_index + 1
                password = info[p_index]
                if password == input('请输入密码：'):
```

```
                print('登录成功！')
                print('欢迎你进入用户管理系统')
                break
            else:
                print('密码错误，登录失败！')
        else:
            print('此用户名不存在，登录失败！')
        if count > 0:
            print(f'你还有{count}次机会。')
        elif count == 0:
            print('3次机会已用完了。')
    else:
        print('欢迎下次再来。')
def show_menu():      # 菜单函数
    print('***用户管理系统***')
    menu = '1.注册用户\n2.系统登录\n0.退出系统'
    print(menu)
if __name__ == '__main__':
    while 1:
        show_menu()
        choice = int(input('请输入你的选择(0-2)：'))
        if choice == 1:
            register()
        elif choice == 2:
            login()
            break
        elif choice == 0:
            print('系统已退出。')
            break
```

【运行结果】
```
***用户管理系统***
1.注册用户
2.系统登录
0.退出系统
请输入你的选择(0-2)：1↵
**注册新用户**
请输入用户名：张三↵
请输入密码：123456↵
用户注册成功！
***用户管理系统***
1.注册用户
2.系统登录
0.退出系统
请输入你的选择(0-2)：2↵
**系统登录**
请输入用户名：李白↵
此用户名不存在，登录失败！
你还有2次机会。
请输入用户名：张三↵
请输入密码：abcdef↵
密码错误，登录失败！
你还有1次机会。
请输入用户名：张三↵
请输入密码：123456↵
登录成功！
欢迎你进入用户管理系统
```

8.6.2　图书信息录入

【例8.17】基于二进制文件编写一个简单的图书信息录入系统，要求通过数据对象的转存和加载来实现。

【程序分析】

从键盘输入书名、作者、出版社和价格信息，并将这些信息组成一个字典添加到列表中。当结束录入时，使用 pickle.dump()函数将图书信息列表转存到二进制文件中并关闭该文件，然后以读取方式打开这个二进制文件，并使用pickle.load()函数从该文件中一次性读出所录入的图书信息，最后通过遍历列表和字典打印输出图书信息。

【程序代码】

```python
import pickle

with open('data/books1.dat', 'ab') as write_file:
    books = []
    print('***图书信息录入系统***')
    while 1:
        title = input('输入书名: ')
        author = input('输入作者: ')
        press = input('输入出版社: ')
        price = float(input('输入价格: '))
        book = {'title': title, 'author': author, 'press': press, 'price': price}
        books.append(book)
        choice = input('继续录入吗(Y/N)? ')
        if choice.upper() == 'N':
            break
    pickle.dump(books, write_file)

with open('data/books.dat', 'rb') as read_file:
    print('已录入的图书信息如下: ')
    while 1:
        try:
            books = pickle.load(read_file)
            for book in books:
                for x in book.items():
                    print(x[1], '\t', end='')
                print()
        except:
            break
```

【运行结果】

```
***图书信息录入系统***
输入书名: Spark深度学习指南↵
输入作者: 黄友良↵
输入出版社: 电子工业出版社↵
输入价格: 109↵
继续录入吗(Y/N)? y↵
输入书名: 前端技术架构与工程↵
输入作者: 周俊鹏↵
输入出版社: 电子工业出版社↵
输入价格: 69↵
继续录入吗(Y/N)? n↵
已录入的图书信息如下:
Spark深度学习指南  黄友良      电子工业出版社        109.0
前端技术架构与工程  周俊鹏      电子工业出版社        69.0
```

习 题 8

一、选择题

1. 在下列文件中，（　　）属于文本文件。
   A. PNG 图像
   B. MP3 音乐
   C. Word 文档
   D. Python 源程序

2. 对文件进行读写之前，需要使用（　　）函数来创建文件对象。
   A. open()
   B. create()
   C. file()
   D. folder()

3. 关于语句 file=open("test.xt", "r")，下列说法中不正确的是（　　）。
   A. 文件 test.txt 必须已经存在
   B. 只能从文件 test.txt 中读数据，而不能向该文件中写数据
   C. 只能向文件 test.txt 中写数据，而不能从该文件中读数据
   D. 文件的默认打开方式是 "r"

4. 欲以追加模式打开一个二进制文件，则应将 open() 函数中的打开模式参数设置为（　　）。
   A. rt
   B. wt
   C. wb
   D. ab

5. 如果从文本文件读取所有内容并以字符串形式返回，则应调用文件对象的（　　）方法。
   A. read()
   B. readall()
   C. readline()
   D. readlines()

6. 使用 seek() 方法移动文件指针时，参考点参数为（　　）时表示以文件开头为参考点。
   A. −1
   B. 1
   C. 2
   D. 3

7. 使用 struct.pack() 函数对数据进行打包时，格式符（　　）不表示整型数据。
   A. ?
   B. h
   C. H
   D. i

8. 在下列函数中，（　　）将各种类型的数据对象写入文件中。
   A. pickle.dumps()
   B. pickle.loads()
   C. pickle.dump()
   D. pickle.load()

二、判断题

1. 以只读模式打开文件时，要求指定的文件必须已经存在。　　　　　　　　　（　　）
2. 以只写模式打开文件时，要求指定的文件必须已经存在。　　　　　　　　　（　　）
3. 以追加模式打开文件时，文件位置指针位于文件开头。　　　　　　　　　　（　　）
4. 如果文件指针位于文件末尾，则 read() 方法将返回一个空字符串。　　　　（　　）
5. 打开文本文件后，调用 seek(0, 1) 可以将文件指针定位于文件末尾。　　　（　　）
6. 使用 os.listdir() 函数可以返回指定目录中包含的文件和目录组成的列表。　（　　）
7. glob.glob() 函数返回一个可迭代对象，可以用来逐个获取匹配的文件路径名。（　　）
8. 复制目录可以使用 shutil.copytree() 函数来实现。　　　　　　　　　　　（　　）

三、编程题

1. 编写程序，使用 read() 方法读取 Unicode 编码格式的文本文件并提取出中英文内容。

2. 创建一个 ASNI 编码格式的文本文件并从键盘上输入文本内容，然后输出该文件中的文本内容。

3. 根据 Unicode 编码方案将汉字存储到一个文本文件，然后以二进制模式打开该文件，检测该文件的字节顺序标记并输出前 100 个汉字。

第 9 章 图形用户界面设计

图形用户界面（Graphical User Interface, GUI）是指采用图形方式显示的计算机操作用户界面。图形用户界面是一种人与计算机通信的界面显示形式，允许用户使用鼠标等输入设备对屏幕上的图标或菜单选项进行操作，以选择命令、打开文件、启动程序或执行其他日常任务，从而使操作者在人机对话过程中获取更好的用户体验。Python 有大量可用的 GUI 框架（或工具包），从自带的 tkinter 到许多其他跨平台解决方案，以及与特定平台的绑定技术。本章介绍如何使用 Python 进行图形用户界面设计。

9.1 图形用户界面设计概述

使用 Python 进行图形用户界面编程需要借助某个 GUI 工具包来实现。下面首先简要介绍一些可用的 Python GUI 框架，然后对使用 tkinter 工具包进行 GUI 设计的步骤加以说明。

9.1.1 Python GUI 框架介绍

Python 有大量可用的主要跨平台（Windows、macOS X、类 UNIX）GUI 工具包，其中比较常用的有以下几种。

1．tkinter

tkinter 软件包（Tk 接口）是 Tk GUI 工具包的标准 Python 接口。Tk 和 tkinter 在大多数 UNIX 平台及 Windows 系统上都是可用的。虽然 Tk 本身不是 Python 的一部分，但它会与 Python 一起安装。在命令行中运行 python -m tkinter，应该会弹出一个 Tk 窗口（见图 9.1），表明 tkinter 包安装正确。

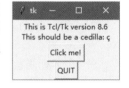

图 9.1 Tk 窗口

2．PyGObject

PyGObject 使用 GObject 提供针对 C 库的内省绑定。GTK+ 3 可视化部件集就是此类函数库中的一个。GTK+附带的部件比 tkinter 所提供的更多。

3．PyGTK

PyGTK 提供了对较旧版本的库 GTK+ 2 的绑定。它使用面向对象接口，比 C 库的抽象层级略高。此外，也有对 GNOME 的绑定。

4．PyQt

PyQt 是一个针对 Qt 工具集通过 sip 包装的绑定。Qt 是一个庞大的 C++ GUI 应用开发框架，同时适用于 UNIX、Windows 和 macOS X。sip 是一个用于为 C++库生成 Python 类绑定的库，并且是针对 Python 特别设计的。

5．PySide

PySide 是一个较新的针对 Qt 工具集的绑定，由 Nokia 提供。与 PyQt 相比，PySide 的许可方案对非开源应用更友好。

6．wxPython

wxPython 是一个针对 Python 的跨平台 GUI 工具集，是基于热门的 wxWidgets（原名 wxWindows）C++工具集构建的。它为 Windows、macOS X 和 UNIX 系统上的应用提供了原生的外观效果，在可能的情况下尽量使用各平台的原生可视化部件。除了包含庞大的可视化部件集，

wxPython 还提供了许多类用于在线文档和上下文感知帮助、打印、HTML 视图、低层级设备上下文绘图、拖放操作、系统剪贴板访问、基于 XML 的资源格式等，并且包含一个不断增长的用户贡献模块库。wxPython 是开源的，任何人都可以免费使用它。

PyGTK、PyQt、wxPython 都拥有比 tkinter 更现代的外观效果和更多的可视化部件。此外，还存在许多其他适用于 Python 的 GUI 工具集，既有跨平台的，也有特定平台专属的。

9.1.2 tkinter 编程步骤

在 Python 中可以使用 tkinter 模块来创建 GUI 应用程序，其编程步骤如下：创建主窗口；在主窗口中添加各种控件并设置其属性；调整控件的大小和位置并设置其布局方式；为控件添加事件处理程序；进入主事件循环过程，等待用户操作并做出相应的响应。

1. 创建主窗口

tkinter 模块是 Python 提供的标准 GUI 工具包，创建 GUI 程序首先要导入该模块。

```
from tkinter import *
```

主窗口是图形用户界面的基本容器，是 tkinter 顶层控件的实例，所有其他控件都要添加到这个窗口中。创建 GUI 应用程序通常就是从主窗口开始的。

导入 tkinter 模块之后，便可以通过调用 Tk 类的无参数构造方法 Tk()来创建应用程序的主窗口对象，其调用格式如下。

```
root = Tk()
```

tkinter 窗口实例的常用属性如表 9.1 所示。

表 9.1　tkinter 窗口实例的常用属性

属性名称	描　　述	属性名称	描　　述
bd	设置边框宽度	cursor	设置鼠标悬停光标
borderwidth	设置边框宽度	height	设置高度
menu	设置菜单	padx	设置水平扩展像素
relief	设置 3D 浮雕样式	pady	设置垂直扩展像素
bg	设置背景颜色	width	设置宽度

如下示例用于设置窗口的宽度、高度和背景颜色。

```
root['width'] = 300      # 设置窗口的宽度
root['height'] = 200     # 设置窗口的高度
root['bg'] = 'skyblue'   # 设置窗口的背景颜色
```

也可以使用窗口的 geometry()方法对其大小和位置进行设置，调用格式如下。

```
root.geometry('宽度 x 高度±x 坐标±y 坐标')
```

其中，宽度和高度用于指定主窗口的大小，以像素为单位，它们之间用字母 x 分隔。x 坐标和 y 坐标用于设置窗口在屏幕上的位置。对于 x 坐标值而言，正号表示主窗口距屏幕左边缘的距离，负号表示主窗口距屏幕右边缘的距离；对于 y 坐标值而言，正号表示主窗口距屏幕上边缘的距离，负号表示主窗口距屏幕下边缘的距离。

如下示例用于设置主窗口的大小并将其定位于屏幕左上角。

```
root.geometry('300x200+0+0')
```

主窗口的标题文字可以通过调用窗口对象的 title()方法来修改，调用格式如下。

```
root.title(['标题文字'])
```

如果省略标题文字参数，则 title()方法将返回当前标题文字。

在默认情况下，主窗口大小是可以调整的。通过调用主窗口对象的 resizable()方法可以设置窗口的宽度和高度是否可以调整，调用格式如下。

```
root.resizable(width=True, height=True)
```

其中，width 和 height 都是关键字参数，默认值均为 True。如果将某个参数设置为 False，则不允许对相应的尺寸进行调整。

在默认情况下，使用 tkinter.Tk()方法创建的主窗口显示之后会立刻消失。如果希望主窗口保持在屏幕上，则可以通过调用主窗口对象的mainloop()方法来实现，调用格式如下。

```
root.mainloop()
```

调用 mainloop()方法将使应用程序进入主事件循环过程，直至单击"关闭"按钮关闭窗口，从而结束应用程序运行。此外，也可以使用窗口实例的 destory()方法或 quit()方法来结束应用程序。

【例 9.1】创建主窗口并使其显示在屏幕中央。

【程序代码】

```
from tkinter import *
root = Tk()                                    # 创建主窗口
sw = root.winfo_screenwidth()                  # 屏幕宽度
sh = root.winfo_screenheight()                 # 屏幕高度
w, h = 500, 300                                # 窗口的宽度和高度
x, y = int((sw - w) / 2), int((sh - h) / 2)    # 窗口位置坐标
root.geometry(f'{w}x{h}+{x}+{y}')              # 设置窗口大小和位置
root.title('Tk 版本号: ' + str(TkVersion))      # 设置窗口标题
root.mainloop()                                # 进入主循环
```

【运行结果】

程序运行时在屏幕中央显示主窗口，如图 9.2 所示。

图 9.2　创建和显示主窗口

2．添加控件

要在主窗口中添加某种 tkinter 控件，首先需要通过调用相应控件类的构造方法来创建控件实例，然后对该控件实例调用某种布局方法，即在创建主窗口实例与进入主窗口主循环事件之间添加以下两行代码。

```
控件实例 = 控件类(父容器, [属性=值, 属性=值, ...])
控件实例.布局方法()
```

其中，控件类是由 tkinter 模块提供的，常用的 tkinter 控件类如表 9.2 所示。父容器可以是主窗口或其他容器控件实例。在父容器参数之后可以对控件实例的各种属性进行设置，常用控件的通用属性如表 9.3 所示。

表 9.2　常用的 tkinter 控件类

控 件 类	功 能 描 述
Button	创建按钮控件，通过单击按钮可以触发事件
Canvas	创建画布，在画布上可以绘制图形或绘制特殊控件
CheckButton	创建复选框，允许用户进行多项选择

控 件 类	功 能 描 述
Entry	创建文本输入框，允许用户输入单行文本
Frame	创建框架，可以对窗口上的控件进行分组
Label	创建标签，可以用来显示单行文本
Listbox	创建列表框，可以用来显示一组数据项
Menu	创建菜单，允许用户从菜单中选择操作命令
Message	创建信息，可以用来显示多行文本
Radiobutton	创建单选按钮，允许进行单项选择
Scale	创建滑块，允许通过鼠标拖曳改变数值形成可视化交互
Scrollbar	创建滚动条，允许通过鼠标拖曳改变数值，常与文本框、列表框和画布配合使用
Text	创建多行文本框，允许用户输入多行文本
Toplevel	创建窗口容器，可以用来在顶层创建新窗口

表 9.3　常用控件的通用属性

属 性	功 能 描 述
anchor	设置文本的起始位置，有以下取值：NW、N、NE、E、SE、S、SW、W、CENTER
bg	设置背景颜色，取值为英文颜色名称或十六进制颜色值，如 "blue" 或 "#0000ff"
bd	设置边框粗细
bitmap	设置黑白二值图标，有以下取值：error、hourglass、info、questhead、question、warning 等
cursor	设置鼠标悬停光标，有以下取值：arrow、circle、clock、cross、heart、man、mouse、pirate、plus、spider 等
font	设置字体，取值为一个元组，其中包含 3 个元素，分别指定字体名称、字体大小和字体样式
fg	设置前景颜色，取值为英文颜色名称或十六进制颜色值，如 "red" 或 "#ff0000"
height	设置高度，文本控件的高度以行为单位
image	设置要显示的图像，取值为通过调用 PhotoImage(file=…)函数创建的图像对象
justify	设置文本的对齐方式，有以下取值：CENTER（默认）、LEFT、RIGHT、TOP、BOTTOM
padx	设置水平扩展像素
pady	设置垂直扩展像素
relief	设置 3D 浮雕样式，有以下取值：FLAT、RAISED、SUNKEN、GROOVE、RIDGE
state	设置控件实例状态是否可用，有以下取值：NORMAL（默认）、DISABLED
width	设置宽度，文本控件的宽度以列为单位

创建控件实例后，还必须通过调用某种布局方法将控件实例注册到主窗口系统，这样才能使其呈现在屏幕上。tkinter 控件有以下 3 种布局方法。

（1）pack 布局方式：通过调用控件的 pack()方法来实现，其特点是将所有控件组织成一行或一列。如果没有提供任何参数，则会按照调用 pack()方法的先后顺序将各个控件自上而下地添加到主窗口或容器控件中。调用 pack()方法时，可以向其传递下列关键字参数。

- side：指定控件在主窗口或父容器控件中的停靠位置。
- fill：设置控件如何填充空间。
- expand：设置控件如何使用额外空间。
- ipadx 和 ipady：设置控件在水平方向和垂直方向的内间距。
- padx 和 pady：设置控件在水平方向和垂直方向的外间距。

（2）grid 布局方式：通过调用控件的 grid()方法来实现，其特点是将容器或框架看作一个由行和列组成的二维表格，并将控件放置到表格的单元格中。调用 grid()方法时，可以向其传递以下关键字参数。

- row: 设置控件的起始行号，最上边的行为第 0 行。
- rowspan: 设置控件跨越的行数，默认为 1 行。该参数用于合并多行。
- column: 设置控件的起始列号，最左边的列为第 0 列。
- columnspan: 设置控件跨越的列数，默认为 1 列。该参数用于合并多列。
- ipadx 和 ipady: 设置控件内部在水平方向和垂直方向的间距。
- padx 和 pady: 设置控件外部在水平方向和垂直方向的间距。
- sticky: 设置控件的对齐方式，

（3）place 布局方式：通过调用控件的 place()方法来实现，其特点是直接设置控件在主窗口或框架中的位置坐标。调用 place()方法可以向其传递下列关键字参数。

- anchor: 设置控件的锚点在主窗口或框架中的位置。
- x 和 y: 设置控件在主窗口或框架中水平方向和垂直方向上布局的起始位置。
- relx 和 rely: 设置控件在主窗口或框架中水平方向和垂直方向上布局的相对位置。
- width 和 height: 设置控件的宽度和高度。
- relwidth 和 relheight: 设置控件相对于主窗口的宽度和高度的比例。

对控件进行布局时，place()方法与 grid()方法可以混合使用。

3. 设置控件的属性

tkinter 控件拥有各种各样的属性，应根据设计要求对控件的属性进行设置。设置控件的属性有下列几种方式。

（1）创建控件实例时，通过向控件类构造方法中传递关键字参数来设置控件的属性，这种方式适用于对控件进行初始化。例如，创建标签实例时可以设置标签的文本内容、文本颜色、文本字体和字体大小。

```
lb = Label(root, text='标签文本内容', fg='red', font=('楷体', 16))
```

（2）创建控件实例后，通过资源名称获取或设置控件的属性，这种方式在程序运行期间对控件属性进行修改。例如，如下示例用于修改标签的文本内容。

```
lb['text'] = '修改后的标签文本内容'
```

（3）通过调用控件实例的 config()方法修改控件的属性，调用格式如下。

```
控件实例名.config(属性=值, 属性=值, ...)
```

例如，如下示例用于更改标签的文本内容和文本颜色。

```
lb.config(text='新文本内容', fg='blue')
```

（4）将控件实例的 textvariable 属性绑定到 tkinter 内部类型变量，用于获取或设置控件的文本内容。例如，可以通过如下方式获取或设置文本框的内容。

```
var = StringVar()                      # 创建变量
et = Entry(root, textvariable=var)     # 创建控件时将 textvariable 属性绑定到变量
et['textvariable'] = var               # 创建控件后将 textvariable 属性绑定到变量
var.set('修改文本内容')                  # 设置文本框的内容
print(f'标签文本内容: {var.get()}')      # 获取标签文本内容
```

【例 9.2】创建系统登录对话框并模拟登录过程。

【程序代码】

```
from tkinter import *
def login():           # 登录函数
    username = et1.get() # 获取用户名
    password = et2.get() # 获取密码
    if username == 'admin' and password == '123456':   # 校验用户名和密码
        lb3['fg'] = 'blue'
        lb3['text'] = '登录成功，欢迎使用本系统！'
```

```
        else:
            lb3['fg'] = 'red'
            lb3['text'] = '用户名或密码错误，登录失败！'
def reset():                       # 重置函数
    et1.delete(0, END)      # 清空"用户名"文本框
    et2.delete(0, END)      # 清空"密码"文本框
    lb3['text'] = ''           # 清空标签内容
if __name__ == '__main__':
    root = Tk()                    # 创建主窗口对象
    root.title('系统登录')
    root.geometry('300x200')
    root.resizable(width=FALSE, height=FALSE)
    # 创建控件实例，包括标签、文本框和按钮
    lb0 = Label(root, text='系统登录', width=30, font=('宋体', 12, 'bold'))# 创建标签实例
    lb1 = Label(root, text='用户名：')            # 创建标签控件
    et1 = Entry(root, width=18)                  # 创建文本框控件
    lb2 = Label(root, text='密码：')             # 创建标签控件
    et2 = Entry(root, width=18)                  # 创建文本控件
    et2['show'] = '*'
    btn1 = Button(root, text='登录', width=6)    # 创建按钮控件
    btn1['command'] = login                      # 设置单击"登录"按钮时执行的函数
    btn2 = Button(root, text='重置', width=6)    # 创建按钮控件
    btn2['command'] = reset                      # 设置单击"重置"按钮时执行的函数
    lb3 = Label(root)
    # 创建一个 4 行 2 列的布局网格，将控件分别放在不同的单元格内
    lb0.grid(row=0, column=0, columnspan=2, pady=10)        # 标签放在第 0 行第 0 列
    lb1.grid(row=1, column=0, pady=0, sticky=E)             # 标签放在第 1 行第 0 列
    et1.grid(row=1, column=1, pady=8, sticky=W)            # 文本框放在第 1 行第 1 列
    lb2.grid(row=2, column=0, pady=8, sticky=E)             # 标签放在第 2 行第 0 列
    et2.grid(row=2, column=1, pady=8, sticky=W)            # 文本框放在第 2 行第 1 列
    btn1.grid(row=3, column=0, pady=12, sticky=E)           # 按钮放在第 3 行第 0 列
    btn2.grid(row=3, column=1, pady=12)                     # 按钮放在第 3 行第 1 列
    lb3.grid(row=4, column=0, columnspan=2)
    # 进入主窗口的主循环
    root.mainloop()
```

【运行结果】

运行程序时弹出"系统登录"对话框，如果输入了正确的用户名和密码，则单击"登录"按钮时将显示"登录成功，欢迎使用本系统！"，否则显示"用户名或密码错误，登录失败！"，如图 9.3 所示。

图 9.3 "系统登录"对话框

9.2 wxPython 框架基础

wxPython 是用于 Python 语言的跨平台 GUI 工具包。使用 wxPython 软件可以为 Python 应用

程序创建真正的本机用户界面，这些界面在 Windows、macOS 和 Linux 或其他类似 UNIX 的系统上只需要很少的修改即可运行。下面介绍基于 wxPython 进行 Python GUI 编程的基本知识。

9.2.1　安装 wxPython

编写本书时 wxPython 的最新版本是 4.0.7.post2，可以从 https://pypi.org/project/wxPython/#files 处下载。对于 Python 3.8.1，下载文件 wxPython-4.0.7.post2-cp38-cp38-win_amd64.whl 即可。

在 Windows 操作系统平台上，也可以在命令提示符下使用如下命令来下载和安装最新版本的 wxPython，并将其安装在活动的 Python 环境中。

```
pip install -U wxPython
```

在 PyCharm 集成开发环境中，安装 wxPython 的步骤如下。

（1）选择 "File" → "Setting" 命令，打开 "Settings" 对话框。

（2）在左侧窗格中展开 "Project Python"，单击 "Project Interpreter"，然后单击 "Install" 按钮，如图 9.4 所示。

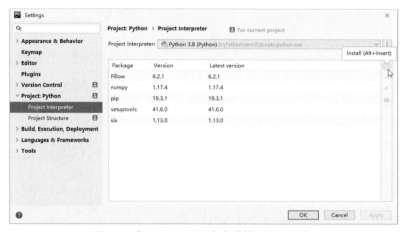

图 9.4　在 Python 项目中安装第三方工具包

（3）在 "Available Packages" 对话框顶部的搜索框中输入 "wxPython"，在搜索结果列表中单击 "wxPython"（此时右侧窗格中显示 wxPython 的版本信息），然后单击 "Install Package" 按钮，如图 9.5 所示。

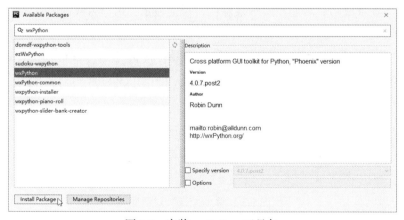

图 9.5　安装 wxPython 工具包

（4）当出现提示信息 "Package 'wxPython' installed successfully" 时，表明 wxPython 工具包已经安装成功。

9.2.2 创建应用程序对象

使用 wxPython 构建 GUI 应用程序时，首先需要导入 wx 模块，代码如下。

```
import wx
```

导入 wx 模块后，可以使用 dir(wx)查看该模块中包含的常量和类名称的列表。

wx 模块中最重要的类是 wx.App，它表示应用程序，可以用于引导 wxPython 系统并初始化基础 GUI 工具箱，设置并获取应用程序范围内的属性，实现本机窗口系统主消息或事件循环，并将事件调度到窗口实例等。每个 wx 应用程序必须具有一个 wx.App 实例，所有 UI 对象创建都应延迟到 wx.App 创建对象之后，以确保 GUI 平台和 wxWidgets 已完全初始化。

应用程序对象可以通过调用 wx.App 类的构造方法来创建，代码如下。

```
app = wx.App(redirect=False, filename=None, useBestVisual=False,
clearSigInt=True)
```

其中，各个参数均为可选参数，其含义如下。

- redirect：指定是否重定向标准输出，默认值为 False。
- filename：如果 redirect 为 True，则可以使用它指定要重定向的输出文件。
- useBestVisual：指定应用程序是否应尝试使用系统提供的最佳视觉效果。
- clearSigInt：指定是否应清除 SIGINT（程序终止信号）。如果设置为 True，则可以通过在控制台中按快捷键 "Ctrl+C" 来终止应用程序。

创建应用程序对象时，通常不需要传递任何参数。

应用程序对象的主要方法如下。

- OnInit()：该方法在创建 wx.App 对象时自动调用。应重写该方法并将其作为初始化应用程序的主要入口点。该方法返回一个布尔值，如果为 True，则通知系统它工作正常。OnInit() 方法是大多数 GUI 应用程序进行初始化并创建主窗口的地方。
- Get()：返回当前活动应用程序对象的静态方法。
- MainLoop()：执行主 GUI 事件循环。
- OnExit()：最后一个窗口关闭后自动调用该方法，其返回值为整数。
- SetTopWindow(frame)：将 frame 设置为应用程序的顶层窗口。

【例 9.3】创建 wx 应用程序示例。

【程序代码】

```
import wx
class MyApp(wx.App):        # 定义 wx.App 子类
    def OnInit(self):       # 重写 OnInit()方法
        title = 'MyApp powered by wxPython' + wx.VERSION_STRING
        wx.MessageBox('Hello World!', title)
        return True
if __name__ == '__main__':
    app = MyApp()           # 实例化 MyApp 类
    app.MainLoop()          # 进入主 GUI 事件循环
```

【运行结果】

程序运行时将弹出一个对话框并显示指定的信息，如图 9.6 所示。

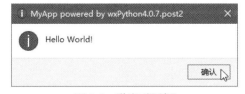

图 9.6　弹出对话框

9.2.3　创建应用程序窗口

GUI 应用程序通常至少包含一个窗口，该窗口可以作为图形用户界面的容器，其大小和位置可以由用户更改，通常具有粗边框和标题栏，并且可以选择包含菜单栏、工具栏和状态栏。

wxPython 窗口通常称为框架，可以通过调用 wx.Frame 类构造方法来创建，调用格式如下。

```
frame = Frame(parent, id=wx.ID_ANY, title="", pos=wx.DefaultPosition,
        size=wx.DefaultSize, style=wx.DEFAULT_FRAME_STYLE, name=wx.FrameNameStr)
```

其中，各个参数的含义如下。

- parent（wx.Window）表示窗口的父级，通常设置为 None。如果不是 None，则在最小化其父窗口时最小化该窗口，并在还原其父窗口时还原该窗口。
- id（wx.WindowID）表示窗口标识符，默认值为 wx.ID_ANY（-1）。
- title 为字符串，指定要显示在窗口标题栏上的标题。
- pos（wx.Point）指定窗口位置，默认值为 DefaultPosition。
- size（wx.Size）指定窗口大小，默认值为 DefaultSize。
- style（long）表示窗口样式，默认值为 wx.DEFAULT_FRAME_STYLE，该默认值定义为 wx.MINIMIZE_BOX|wx.MAXIMIZE_BOX|wx.RESIZE_BORDER|wx.SYSTEM_MENU|wx.CAPTION|wx.CLOSE_BOX|wx.CLIP_CHILDREN，默认样式适用于可调整大小的常规窗口。
- name 为字符串，指定窗口的名称。此参数用于将名称与项目相关联，从而允许应用程序用户为各个窗口设置 Motif 资源值。

如果要创建用户无法调整大小的窗口，可以使用以下样式组合。

```
style = wx.DEFAULT_FRAME_STYLE & ~(wx.RESIZE_BORDER | wx.MINIMIZE_BOX |
wx.MAXIMIZE_BOX)
```

窗口实例的常用方法如下。

- Center(direction=BOTH)：使窗口在屏幕上居中显示，其中参数 direction 的取值可以是 wx.HORIZONTAL、wx.VERTICAL 或 wx.BOTH。
- CreateStatusBar(number=1, style=STB_DEFAULT_STYLE, id=0, name=StatusBarNameStr)：在窗口底部创建一个状态栏。参数 number 指定要创建的字段数；style 指定状态栏样式；id 指定状态栏标识符；name 为字符串，指定状态栏名称。
- SetStatusText(text, number=0)：设置状态栏文本并重新绘制状态栏。参数 text 为字符串，用于指定状态字段的文本；number 为整数，指定状态字段（从 0 开始）。
- Show(show=True)：显示或隐藏窗口。参数 show 的默认值为 True，指定显示窗口。

窗口实例的常用事件如下。

- EVT_CLOSE：当用户关闭窗口或以编程方式关闭窗口时触发此事件。
- EVT_ICONIZE：当窗口最小化或还原时触发此事件。

在实际应用中，通常基于 wx.Frame 创建窗口子类，并对__init__()方法进行重写，以实现窗口的初始化设置。创建并显示窗口实例的操作放在 App 子类的 OnInit()方法中。

【例 9.4】创建 wx 应用程序窗口示例。

【程序代码】

```
import wx
class MyApp(wx.App):
    def OnInit(self):
        frame = MyFrame()
        frame.Show(True)
        return True
class MyFrame(wx.Frame):
```

```
    def __init__(self):
        wx.Frame.__init__(self, None, wx.ID_ANY, 'Hello, World', size=(300,200))
        self.CreateStatusBar()
        self.SetStatusText('Powered by wxPython ' + wx.VERSION_STRING)
        self.Center()
if __name__ == '__main__':
    app = MyApp()
    app.MainLoop()
```

【运行结果】

程序运行时弹出一个包含状态栏的窗口，如图 9.7 所示。

图 9.7　弹出 wx 窗口

9.2.4　在窗口中添加控件

创建窗口（框架）后，为了构建应用程序的用户界面，还需要在窗口内添加各种各样的控件。虽然可以在窗口中直接添加控件，但由于无法管理控件的布局，所以通常先在窗口中添加一个面板，然后在该面板添加所需要的控件。

面板是一个放置控件的容器，通常将面板放置在窗口中。面板可以通过调用 wx.Panel 类的构造方法来创建，调用格式如下。

```
panel = wx.Panel(parent, id=wx.ID_ANY, pos=wx.DefaultPosition,
    size=wx.DefaultSize, style=wx.TAB_TRAVERSAL, name=wx.PanelNameStr)
```

其中，各个参数的含义如下。

- parent（wx.Window）表示父级，通常设置主窗口作为父级。
- id（wx.WindowID）表示面板的标识符，默认值为 wx.ID_ANY。
- pos（wx.Point）指定面板位置，默认位置为 wx.DefaultPosition。
- size（wx.Size）指定面板大小，默认大小为 wx.DefaultSize。
- style（long）指定面板样式，默认样式为 wx.TAB_TRAVERSAL。
- name 为字符串，指定面板的名称，默认名称为 wx.PanelNameStr。

wxPython 提供了各种各样的控件类。要创建某种控件，可以通过调用相应控件类的构造方法来实现。常用的 wxPython 控件类如表 9.4 所示。

表 9.4　常用的 wxPython 控件类

控 件 类	功 能 描 述
Button	创建标准按钮控件，通过单击按钮可以触发事件
ToggleButton	创建切换按钮控件
BitmapButton	创建带有位图的按钮控件
StaticText	创建标签控件，用于显示一行或多行只读文本
TextCtrl	创建文本框控件，用于接收从键盘输入的内容或显示文本信息
RadioButton	创建单选按钮，用于从多个选项中选择一项
CheckBox	创建复选框，用于选择或取消选择某个选项
ListBox	创建列表框，用于从多个选项中选择一项或多项
MenuBar、Menu、MenuItem	创建菜单系统，MenuBar、Menu、MenuItem 分别用于创建菜单栏、菜单和菜单项
ToolBar	创建工具栏，工具栏中可以包含按钮、单选按钮、切换按钮等
StatusBar	创建状态栏，一个状态栏可以分成若干个区
Dialog	创建对话框，对话框可以是模式的或无模式的

控 件 类	功 能 描 述
TextEntryDialog	创建输入对话框，该对话框包含的文本框可以用于输入内容
FileDialog	创建文件对话框，用于打开文件或保存文件
FontDialog	创建字体对话框，用于选择字体

在窗口中添加某种控件可以分成两步：首先以窗口作为父级创建面板类实例，然后以面板作为父级创建相应的控件类实例。例如，在如下示例中，首先创建一个窗口，然后在该窗口中添加一个面板，最后在面板中添加一个标签和一个按钮。

```
frame = wx.Frame(None, title='我的窗口', pos=(100, 100))       # 创建框架窗口
panel = wx.Panel(frame)                                        # 在窗口中添加面板
label = wx.StaticText(panel, label='静态文本', pos=(100, 100))  # 在面板中添加标签
button = wx.Button(panel, label='我是按钮', pos=(120, 120))     # 在面板中添加按钮
```

【例 9.5】在窗口中添加控件示例。

【程序代码】

```
import wx
class MyApp(wx.App):
    def OnInit(self):
        frame = MyFrame()
        frame.Show()
        return True
class MyFrame(wx.Frame):
    def __init__(self):
        wx.Frame.__init__(self, None, wx.ID_ANY, '添加控件示例')  # 调用父级的构造方法
        self.panel = wx.Panel(self)                             # 在窗口中添加面板
        self.label = wx.StaticText(self.panel, label='图形用户界面应用程序', pos=(90, 60))
                                                                # 在面板中添加标签
        font = wx.Font(wx.FontInfo(14).Bold())                  # 创建字体对象
        self.label.SetFont(font)                                # 设置标签文字的字体
        color = wx.Colour(217, 26, 26, 1)                       # 创建颜色对象
        self.label.SetForegroundColour(color)                   # 设置标签文字的颜色
        # 在面板中添加按钮
        self.button = wx.Button(self.panel, label='关闭', pos=(140, 140))
        self.Center()                                           # 窗口居中
        self.button.Bind(wx.EVT_BUTTON, self.OnClick)           # 事件绑定
    def OnClick(self, event):
        self.Close()                                            # 关闭窗口
if __name__ == '__main__':
    app = MyApp()
    app.MainLoop()
```

【运行结果】

运行程序时出现一个窗口，其中包含一个标签和一个按钮（见图 9.8），单击"关闭"按钮时将关闭该窗口。

图 9.8　在窗口中添加控件

9.2.5 窗口事件处理

wxPython 是一个事件驱动的系统。调用应用程序对象的 MainLoop()方法时将启动事件循环过程。在销毁最后一个顶级窗口或应用程序退出之前，此方法是不会返回的。在事件循环期间，可以通过调度事件来执行所有任务，如处理单击鼠标、移动窗口及重绘屏幕等。

1. 事件处理机制

事件处理是 wxPython 应用程序工作的基本机制，与此相关的主要概念如下。

- 事件（Event）：应用程序运行期间发生的某件事，应用程序通过触发相应的功能对其进行响应，如移动鼠标、按下键盘、单击按钮等都是事件。
- 事件对象（Event Object）：代表一个事件，其中包含有关事件传递给回调函数或成员函数的信息。wx.Event 是事件基类，还有许多事件子类，如 wx.CloseEvent、wx.CommandEvent、wx.KeyEvent 及 wx.MouseEvent 等。事件对象就是 wx.Event 类及其子类的实例。
- 事件类型（Event Type）：分配给每个事件对象的整数 ID。
- 事件源（Event Source）：引发事件的任何 wxPython 对象，如按钮、菜单等控件。
- 事件处理器（Event Handler）：响应事件时调用的方法，也称为事件处理程序。
- 事件绑定器（Event Binder）：一个 wxPython 对象，其中封装了特定控件、特定事件类型及事件处理器。
- wx.EvtHandler：可以处理来自窗口系统的事件的类。wx.Window 是从该类派生的，因此所有窗口类和控件类也都是如此。

2. 事件绑定

要将事件绑定到事件处理程序，可以通过调用 wx.EvtHandler 类的 Bind()方法来实现，调用格式如下。

```
Bind(event, handler, source=None, id=wx.ID_ANY, id2=wx.ID_ANY)
```

其中，各个参数的含义如下。

- event：指定要绑定的事件类型，可以是事件绑定器对象之一，名称以 EVT_开头。
- handler：事件传递给自身时要调用的可调用对象，通常是在框架子类中定义的一个实例方法，该方法包含 self 和 event 两个参数。如果将该参数设置为 None，则可以断开事件与事件处理程序的连接。
- source：指定引发事件的源控件。有时事件源自与自身不同的窗口，但是仍然想在自身中捕获事件。例如，将按钮事件传递到框架。通过传递事件的源，事件处理系统能够区分同一事件类型与不同控件。
- id：通过 ID 而不是实例来指定事件源。
- id2：需要将处理程序绑定到 ID 范围时使用，如使用 EVT_MENU_RANGE。

【例 9.6】窗口事件处理示例。

【程序代码】

```
import wx
class MyApp(wx.App):
    def OnInit(self):
        frame = MyFrame()
        frame.Show()
        return True
class MyFrame(wx.Frame):
    def __init__(self):
        wx.Frame.__init__(self, None, wx.ID_ANY, '事件处理示例', size=(400, 280))
```

```
        self.panel = wx.Panel(self)
        self.label1 = wx.StaticText(self.panel, label='wxPython事件处理机制',
pos=(90, 60))
        font = wx.Font(wx.FontInfo(14).Bold())
        self.label1.SetFont(font)
        self.label2 = wx.StaticText(self.panel, label='', pos=(120, 90))
        self.button1 = wx.Button(self.panel, label='按钮1', pos=(90, 140))
        self.button2 = wx.Button(self.panel, label='按钮2', pos=(200, 140))
        self.CreateStatusBar()
        self.Center()
        self.panel.Bind(wx.EVT_MOTION, self.OnMove)
        self.Bind(wx.EVT_BUTTON, self.OnClick)
    def OnMove(self, event):
        pos = event.GetPosition()
        self.label2.SetLabel(f'当前位置：({pos.x}, {pos.y})')
    def OnClick(self, event):
        button = self.FindWindowById(event.GetId())
        self.SetStatusText(button.GetLabel() + '被单击')
if __name__ == '__main__':
    app = MyApp()
    app.MainLoop()
```

【运行结果】

移动鼠标时会在程序窗口实时显示鼠标指针的当前位置，当单击某个按钮时则会在状态栏中显示提示信息，结果如图 9.9 所示。

图 9.9　窗口事件处理示例

9.3　wxPython 常用控件

GUI 编程的首要任务是通过在窗口中添加控件来构建图形用户界面。wxPython 提供了丰富的控件，可以用来构建功能齐全的桌面应用程序。下面介绍一些最常用和最基本的控件。

9.3.1　按钮

按钮是包含文本字符串的控件，是最常用的 GUI 控件之一。wxPython 提供了 3 种类型的按钮，即 wx.Button（标准按钮）、wx.ToggleButton（切换按钮）和 wx.BitmapButton（位图按钮）。

1．标准按钮

标准按钮可以通过调用 wx.Button 类的构造方法来创建，调用格式如下。

```
button = Button(parent, id=wx.ID_ANY, label="", pos=wx.DefaultPosition,
    size=wx.DefaultSize, style=0, validator=wx.DefaultValidator, name=wx.
    ButtonNameStr)
```

其中，各个参数的含义如下。

- parent（wx.Window）：指定父级容器，不能为 None。

- id（wx.WindowID）：指定按钮标识符，默认值为 wx.ID_ANY。
- label（字符串）：指定要在按钮上显示的文本。
- pos（wx.Point）：指定按钮位置。
- size（wx.Size）：指定按钮大小，如果指定了默认大小，则按钮大小自动适用于文本。
- style（long）：指定按钮的样式。
- validator（wx.Validator）：指定控件验证器。
- name（字符串）：指定控件名称。

标准按钮的常用方法如下。

- Enable(enable=True)：允许或禁止用户操作按钮，若 enable 为 True 则表示允许。
- GetLabel()：返回按钮上的字符串标签。
- SetDefault()：将按钮设置为窗口中的默认按钮，通过 Enter 键可以按下该按钮。
- SetLabel()：设置按钮上的字符串标签，参数 label 为要设置的标签。

wx.Button 的常用事件是 EVT_BUTTON，单击按钮时处理此事件。

2. 切换按钮

切换按钮是用户单击时保持按下状态的按钮，它的功能与复选框类似，但是看起来像标准按钮。切换按钮可以通过调用 wx.ToggleButton 类的构造方法来创建，调用格式如下。

```
togglebutton = wx.ToggleButton(parent, id=wx.ID_ANY, label="", pos=wx.
        DefaultPosition, size=wx.DefaultSize, style=0, val=wx.DefaultValidator,
        name=wx.CheckBoxNameStr)
```

其中，各个参数的含义与 wx.Button 类的构造方法中相同。

切换按钮的常用方法如下。

- GetValue()：获取切换按钮的状态，返回值为布尔型，如果按钮按下则返回 True，否则返回 False。
- SetValue()：将切换按钮设置为给定状态，参数 state 为布尔值，如果为 True，则按下按钮，这不会触发 EVT_TOGGLEBUTTON 事件。

wx.ToggleButton 的常用事件是 EVT_TOGGLEBUTTON，按钮状态发生变化时处理此事件。

3. 位图按钮

位图按钮是包含位图的按钮，可以通过调用 wx.BitmapButton 类的构造方法来创建，调用格式如下。

```
bmpbutton = wx.BitmapButton(parent, id=wx.ID_ANY, bitmap=wx.NullBitmap,
            pos=wx.DefaultPosition, size=wx.DefaultSize, style=wx.BU_AUTODRAW,
            validator=wx. DefaultValidator, name=wx.ButtonNameStr)
```

其中，参数 bitmap 为 wx.Bitmap 类型，指定要显示的位图；其他参数的含义与 wx.Button 类的构造方法中相同。

wx.BitmapButton 类是 wx.Button 的子类，其常用方法和事件与 wx.Button 相同。

【例 9.7】3 种类型的按钮示例。

【程序代码】

```
import wx
class MyApp(wx.App):
    def OnInit(self):
        frame = MyFrame()
        frame.Show()
        return True
class MyFrame(wx.Frame):
```

```
        def __init__(self):
            wx.Frame.__init__(self, None, wx.ID_ANY, '三种类型的按钮', size=(400, 280))
            self.panel = wx.Panel(self)
            self.label = wx.StaticText(self.panel, label='三种类型的按钮', pos=(120,60))
            font = wx.Font(wx.FontInfo(14).Bold())
            self.label.SetFont(font)
            self.btn = wx.Button(self.panel, label='标准按钮', pos=(50, 140))
            self.tbtn = wx.ToggleButton(self.panel, label='切换按钮', pos=(165, 140))
            bmp = wx.Bitmap("./phoenix.png", wx.BITMAP_TYPE_PNG)
            self.bbton = wx.BitmapButton(self.panel, bitmap=bmp, pos=(280, 130))
            self.CreateStatusBar()
            self.Center()
            self.Bind(wx.EVT_BUTTON, self.OnClick)
            self.Bind(wx.EVT_TOGGLEBUTTON, self.OnClick)
        def OnClick(self, event):
            state = None
            bmpbtn = ''
            button = self.FindWindowById(event.GetId())
            if button.GetLabel() == '切换按钮':
                state = ', 当前状态: ' + str(button.GetValue())
            else:
                state = ''
            if button.GetLabel() == "":
                bmpbtn = '位图按钮'
            self.SetStatusText(bmpbtn + button.GetLabel() + '被单击' + state)
    if __name__ == '__main__':
        app = MyApp()
        app.MainLoop()
```

【运行结果】

程序运行时出现一个窗口，当单击不同的按钮时，会在状态栏显示相应的提示信息，对于切换按钮还会显示当前状态，结果如图 9.10 所示。

图 9.10 3 种类型的按钮示例

9.3.2 标签和文本框

标签和文本框都是比较常用的控件。标签用于显示一段只读文本，文本框则用于输入单行或多行文本内容，也可以用于输入密码。

1. 标签

标签，即静态文本控件，用于显示一行或多行只读文本。

标签可以通过调用 wx.StaticText 类的构造方法来创建，调用格式如下。

```
label = wx.StaticText(parent, id=wx.ID_ANY, label="", pos=wx.DefaultPosition,
        size=wx.DefaultSize, style=0, name=wx.StaticTextNameStr)
```

其中，各个参数的含义与 wx.Button 类的构造方法中相同。

对于标签控件而言，参数 style 的取值如下。

- wx.ALIGN_LEFT：文本左对齐。
- wx.ALIGN_RIGHT：文本右对齐。
- wx.ALIGN_CENTER：文本水平居中对齐。
- wx.ST_NO_AUTORESIZE：在默认情况下，控件将调整其大小以使其完全适合文本内容。如果指定了此样式标志，则控件将不会更改其大小。
- wx.ST_ELLIPSIZE_START：当标签文本宽度超过控件宽度时用省略号替换标签开头。
- wx.ST_ELLIPSIZE_MIDDLE：当标签文本宽度超过控件宽度时用省略号替换标签中间。
- wx.ST_ELLIPSIZE_END：当标签文本宽度超过控件宽度时用省略号替换标签末尾。

标签的常用方法如下。

- GetLabel(self)：获取标签中的文本。
- SetBackgroundColour(colour)：设置标签的背景颜色。colour 为 wx.Colour 对象，指定标签的背景颜色。
- SetForegroundColour(colour)：设置标签的前景颜色（即文本颜色）。参数 colour 为 wx.Colour 对象，指定标签的前景颜色。
- SetFont(font)：设置标签的字体属性。font 为 wx.Font 对象，指定要使用的字体。
- SetLabel(label)：设置标签中显示的文本。label 为字符串，指定标签文本。

2. 文本框

文本框显示为一个矩形区域，用于显示和编辑单行或多行文本。

文本框可以通过调用 wx.TextCtrl 类的构造方法来创建，调用格式如下。

```
text = wx.TextCtrl(parent, id=wx.ID_ANY, value="", pos=wx.DefaultPosition,
        size=wx.DefaultSize, style=0, validator=wx.DefaultValidator,
        name=wx.TextCtrlNameStr)
```

其中，各个参数的含义与 wx.Button 类的构造方法中相同。

对于文本框控件而言，参数 style 的常用取值如下。

- wx.TE_PROCESS_ENTER：在控件中按下 Enter 键时将生成 EVT_TEXT_ENTER 事件。
- wx.TE_MULTILINE：文本控件允许多行。如果未指定此样式，则不能在控件值中使用换行符。
- wx.TE_PASSWORD：文本将以星号回显。如果要创建密码输入框，则应使用此样式。
- wx.TE_READONLY：文本为只读，不能由用户进行编辑。
- wx.TE_RICH：在 Win32 下使用 RTF 控件。在其他平台上，该样式将被忽略。
- wx.TE_RICH2：在 Win32 下使用 RTF 控件 2.0 或 3.0 版本，其他平台忽略此样式。
- wx.HSCROLL：将创建和使用水平滚动条，以使文本不会被换行。
- wx.TE_NO_VSCROLL：仅适用于多行控件，永远不会创建垂直滚动条。
- wx.TE_LEFT：控件中的文本左对齐（默认）。
- wx.TE_CENTER：控件中的文本居中对齐。
- wx.TE_RIGHT：控件中的文本右对齐。

文本框控件的常用方法如下。

- AppendText(text)：将文本追加到文本框的末尾，参数 text（字符串）表示要写入文本框的文本。
- ChangeValue(value)：设置文本框的新值，但不生成 EVT_TEXT 事件，参数 value（字符串）表示要设置的新值。如果是多行文本框，则可以包含换行符。

- Clear()：清除文本框中的文本。
- Copy()：将所选文本复制到剪贴板。
- Cut()：将所选文本复制到剪贴板，并将其从文本框中删除。
- GetValue()：获取文本框的内容。
- IsEditable()：检查文本框的内容能否由用户编辑，若能则返回 True。
- IsEmpty()：检查文本框当前是否为空，若是则返回 True。
- IsModified()：检查文本是否已被用户修改，若是则返回 True。
- LoadFile(filename)：加载并显示命名文件。参数 filename（字符串）表示要加载文件的文件名。如果加载成功，则返回 True；否则，返回 False。
- Paste()：将文本从剪贴板粘贴到文本框中。
- Redo()：如果存在重做功能并且可以重做上一个操作，则重做上一个操作。
- SaveFile(filename="")：将文本框的内容保存在文本文件中，参数 filename（字符串）表示要在其中保存文本的文件名。
- SetEditable(editable)：使文本框可编辑或只读，从而覆盖该 wx.TE_READONLY 标志。参数 editable 是布尔值，如果为 True 则文本框是可编辑的，否则是只读的。
- SetMaxLength(len)：设置用户可以输入文本框的最大字符数。参数 len 表示允许输入的最大字符数，如果为 0 则取消先前设置的最大长度限制。如果用户在文本框已被填充到最大长度时尝试输入更多字符，则会生成 EVT_TEXT_MAXLEN 事件。
- SetValue(value)：设置文本框的新值，并生成 EVT_TEXT 事件。参数 value（字符串）表示要设置的新值。如果是多行文本框，则可以包含换行符。
- Undo(self)：如果存在撤销功能并且可以撤销上一个操作，则撤销上一个操作。
- WriteText(text)：将文本写入文本框的当前插入位置。参数 text（字符串）表示要写入的文本。

文本框控件的常用事件如下。

- EVT_TEXT：在文本框中的文本更改时生成此事件，调用 wx.TextCtrl.SetValue 更改文本内容时将发送此事件。
- EVT_TEXT_ENTER：在文本框控件中按下 Enter 键时生成此事件，要求该控件必须具有 wx.TE_PROCESS_ENTER 样式。
- EVT_TEXT_MAXLEN：当用户尝试向控件中输入的文本内容多于由 wx.TextCtrl.SetMaxLength 设置的限制时生成此事件。

【例 9.8】创建系统登录对话框。

【程序代码】

```
import wx
class MyApp(wx.App):
    def OnInit(self):
        frame = LoginFrame()
        frame.Show()
        return True
class LoginFrame(wx.Frame):
    def __init__(self):
        _style = wx.DEFAULT_FRAME_STYLE & ~(wx.RESIZE_BORDER
                            | wx.MINIMIZE_BOX | wx.MAXIMIZE_BOX)
        wx.Frame.__init__(self, None, wx.ID_ANY, '系统登录', size=(400, 280),
style=_style)
        self.panel = wx.Panel(self)
```

```
        self.label1 = wx.StaticText(self.panel, label='用户名: ', pos=(70, 50))# 标签
        self.text1 = wx.TextCtrl(self.panel, size=(180, 22), pos=(130, 45))# 文本框
        self.label2 = wx.StaticText(self.panel, label='密码: ', pos=(82, 100))# 标签
        self.text2 = wx.TextCtrl(self.panel, size=(180, 22), pos=(130, 95),
style=wx.TE_PASSWORD)                                 # 密码框
        self.button1 = wx.Button(self.panel, label='登录', pos=(80, 150))  # 按钮
        self.button2 = wx.Button(self.panel, label='取消', pos=(220, 150)) # 按钮
        self.button1.SetDefault()                       # 设置默认按钮
        self.button1.Enable(False)                      # 禁用"登录"按钮
        self.CreateStatusBar()                          # 创建状态栏
        self.Center()                                   # 窗体居中
        self.Bind(wx.EVT_TEXT, self.OnChange)           # 绑定事件处理程序
        self.button1.Bind(wx.EVT_BUTTON, self.OnLogin)  # 绑定事件处理程序
        self.button2.Bind(wx.EVT_BUTTON, self.OnCancel) # 绑定事件处理程序
    def OnChange(self, event):
        enabled = not self.text1.IsEmpty() and not self.text2.IsEmpty()
        self.button1.Enable(enabled)   # 根据两个文本框是否有内容设置按钮
    def OnLogin(self, event):
        if self.text1.GetValue() == 'admin' and self.text2.GetValue() == '123456':
            self.SetStatusText('登录成功，欢迎进入本系统！')
        else:
            self.SetStatusText('用户名或密码错误，登录失败！')
    def OnCancel(self, event):
        self.Close()
if __name__ == '__main__':
    app = MyApp()
    app.MainLoop()
```

【运行结果】

程序运行时弹出一个登录对话框，当输入用户名和密码时"登录"按钮处于禁用状态。如果在文本框中输入的用户名和密码与预设值不匹配，则单击"登录"按钮时会在状态栏上显示错误信息，如果输入的内容与预设值匹配则登录成功。单击"取消"按钮则关闭登录对话框，运行结果如图 9.11 所示。

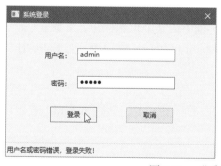 

图 9.11   "系统登录"对话框

9.3.3 单选按钮和复选框

在 GUI 应用程序中，除了使用文本框输入文字内容，通常还可以使用单选按钮和复选框这样的选择性控件让用户从已有选项中进行选择。

1. 单选按钮

从外观上看，单选按钮就是在圆形按钮旁边放置一个文本标签。单选按钮通常是成组出现的，可以用来表示几个互斥选项之一。

单选按钮可以通过调用 wx.RadioButton 类的构造方法来创建，调用格式如下。

```
radiobutton = wx.RadioButton(parent, id=wx.ID_ANY, label="", pos=wx.DefaultPosition,
        size=wx.DefaultSize, style=0, validator=wx.DefaultValidator,
        name=wx.RadioButtonNameStr)
```

其中，各个参数的含义与 wx.Button 类的构造方法中相同。

如果要创建一组互斥的单选按钮（称为单选按钮组），可以通过指定 style 为 wx.RB_GROUP 的单选按钮作为该组中的第一个按钮，后续的单选按钮会添加到该组中。当创建另一个单选按钮组或没有其他单选按钮时，该组就结束了。

单选按钮的常用方法如下。

- GetValue(self)：返回单选按钮的当前状态。如果单选按钮已选中则返回 True，否则返回 False。
- GetLabel(self)：返回单选按钮的标签文本。
- SetValue(status)：设置单选按钮的当前状态。如果参数 status 为 True，则表示选中单选按钮；如果参数 status 为 False，则表示则未选中单选按钮。
- GetLabel(label)：设置单选按钮的标签文本。参数 label 表示要设置的标签文本。

单选按钮的常用事件是 EVT_RADIOBUTTON，当单击单选按钮时引发该事件。

也可以通过调用 wx.RadioBox 类的构造方法来创建二维单选框，它显示为一组水平或垂直排列的单选按钮，调用格式如下。

```
radiobox = wx.RadioBox(parent, id=wx.ID_ANY, label="", pos=wx.DefaultPosition,
        size=wx.DefaultSize, choices=[], majorDimension=0, style=RA_SPECIFY_COLS,
        validator=wx.DefaultValidator, name=RadioBoxNameStr)
```

其中，多数参数的含义与 wx.Button 类的构造方法中相同。下面仅对以下 3 个参数加以说明。

- choices（字符串列表）：用于初始化单选框的选择数组。
- majorDimension（int）：指定二维单选框的最大行数或最大列数，具体取决于 style 参数的设置值。默认值为 0，表示使用 choices 中的元素数。
- style（long）：指定单选框的样式，wx.RA_SPECIFY_COLS（默认值）表示主要维度参数是指最大列数，wx.RA_SPECIFY_ROWS 表示主要维度参数是指最大行数。

单选框的常用方法如下。

- EnableItem(n, enable=True)：启用或禁用单选框中的某个单选按钮。参数 n（int）指定要启用或禁用的按钮位置（从 0 开始）；enable（bool）为 True 时启用，为 False 时禁用。
- GetColumnCount()：返回单选框中的列数。
- GetCount()：返回单选框的项目数。
- GetItemLabel(n)：返回单选框中指定单选按钮的标签文本。参数 n（int）表示该单选按钮的位置。
- GetRowCount(self)：返回单选框中的行数。
- GetSelection(self)：返回所选项目的索引，如果未选择任何项目则返回 NOT_FOUND。
- GetString(n)：返回具有给定索引的项目的标签。参数 n 指定项目的索引。
- IsItemEnabled(n)：检查指定项目是否启用。启用时返回 True，禁用时返回 False。参数 n 指定项目的索引。
- SetItemLabel(n, text)：设置指定项目的标签文本。参数 n 表示项目的索引，text 表示要设置的文本内容。
- SetSelection(n)：将选择项设置为给定项目。参数 n 表示项目的索引。
- SetString(n, text)：设置给定项目的标签。参数 n 表示项目的索引，text 表示要设置的文本内容。

- ShowItem(n, show=True)：显示或隐藏单个按钮。参数 n 表示项目的索引；show 为 True 时显示，为 False 时隐藏。

单选框的常用事件是 EVT_RADIOBOX，单击单选框时引发此事件。

【例 9.9】单选按钮和单选框应用示例。

【程序代码】

```python
import wx
class MyApp(wx.App):
    def OnInit(self):
        frame = RadioBoxFrame()
        frame.Show()
        return True
class RadioBoxFrame(wx.Frame):
    def __init__(self):
        _style = wx.DEFAULT_FRAME_STYLE & ~(wx.RESIZE_BORDER
                                | wx.MINIMIZE_BOX | wx.MAXIMIZE_BOX)
        wx.Frame.__init__(self, None, wx.ID_ANY, '单选按钮组应用示例', size=(480,
320), style=_style)
        self.panel = wx.Panel(self)
        langs = ['C', 'C++', 'C#', 'PHP', 'Java', 'Python']
        self.radiobox1 = wx.RadioBox(self.panel, label='选择编程语言', pos=(36, 15),
                            choices=langs, style=wx.RA_SPECIFY_COLS)
        dbs = ['SQLite', 'MySQL', 'SQL Server']
        self.radiobox2 = wx.RadioBox(self.panel, label='选择数据库', pos=(36, 80),
                            choices=dbs, style=wx.RA_SPECIFY_ROWS)
        self.label = wx.StaticText(self.panel, label='选择开发工具', pos=(240, 80))
        self.radiobutton1 = wx.RadioButton(self.panel, label='Visual Studio Code',
                            style=wx.RB_GROUP, pos=(240, 106))
        self.radiobutton2 = wx.RadioButton(self.panel, label='Sublime Text',
pos=(240, 132))
        self.radiobutton3 = wx.RadioButton(self.panel, label='JetBrains PyCharm',
pos=(240, 158))
        self.button = wx.Button(self.panel, label='确定', pos=(188, 200))
        self.button.SetDefault()
        self.CreateStatusBar()
        self.Center()
        self.Bind(wx.EVT_RADIOBOX, self.OnSelect)
        self.Bind(wx.EVT_RADIOBUTTON, self.OnSelect)
        self.Bind(wx.EVT_BUTTON, self.OnSelect)
    def OnSelect(self, event):
        s1 = self.radiobox1.GetString(self.radiobox1.GetSelection())
        s2 = self.radiobox2.GetString(self.radiobox2.GetSelection())
        s3 = ''
        radiobuttons = [self.radiobutton1, self.radiobutton2, self.radiobutton3]
        for x in radiobuttons:
            if x.GetValue():
                s3 = x.GetLabel()
        self.SetStatusText(f'选择的编程语言是{s1}，数据库是{s2}，开发工具是{s3}')
if __name__ == '__main__':
    app = MyApp()
    app.MainLoop()
```

【运行结果】

程序运行时弹出一个对话框，其中包含 3 个相互独立的单选按钮组，分别用于选择编程语言、数据库和开发工具。通过单选按钮组进行选择时，将在状态栏中显示出选择的结果，如图 9.12 所示。

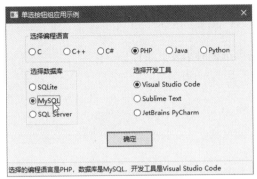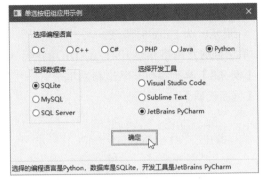

图 9.12 "单选按钮组应用示例"对话框

2. 复选框

复选框是一个带标签的方框,在默认情况下处于启用状态(带有复选标记✔)或禁用状态(没有复选标记)。它也可以具有第三种状态,称为混合状态或不确定状态。

复选框可以通过调用 wx.CheckBox 类的构造方法来创建,调用格式如下。

```
checkbox =wx.CheckBox(parent, id=wx.ID_ANY, label="", pos=wx.DefaultPosition,
        size=wx.DefaultSize, style=0, validator=wx.DefaultValidator, name=wx.
        CheckBoxNameStr)
```

其中,各个参数的含义与 wx.Button 类的构造方法中相同。

对于复选框而言,参数 style 的取值如下。

- wx.CHK_2STATE:表示创建二态复选框,这是默认值。
- wx.CHK_3STATE:表示创建三态复选框。
- wx.CHK_ALLOW_3RD_STATE_FOR_USER:表示用户可以通过单击将复选框设置为第三状态。
- wx.ALIGN_RIGHT:表示使标签文本显示在复选框的左侧。

复选框的常用方法如下。

- Get3StateValue():获取三态复选框的状态,返回类型为枚举类型 CheckBoxState,包括 wx.CHK_UNCHECKED、wx.CHK_CHECKED 和 wx.CHK_UNDETERMINED 这 3 个值。
- GetValue():获取二态复选框的状态。若选中则返回 True,否则返回 False。
- Is3State():检查复选框是否为三态复选框。若是则返回 True,否则返回 False。
- Is3rdStateAllowedForUser():检查用户是否可以将复选框设置为第三状态。如果可以则返回 True,否则返回 False。
- IsChecked():GetValue()方法的同义词。如果选中则返回 True,否则返回 False。
- Set3StateValue(state):将三态复选框设置为给定状态,不会引发 EVT_CHECKBOX 事件。参数 state 为 CheckBoxState 类型。
- SetValue(state):将复选框设置为给定状态,不会引发 EVT_CHECKBOX 事件。参数 state 为布尔值,如果为 True 则选中复选框,如果为 Flase 则取消选择。

复选框的常用事件是 EVT_CHECKBOX,单击复选框时引发此事件。

【例 9.10】复选框应用示例。

【程序代码】

```
import wx

class MyApp(wx.App):
    def OnInit(self):
```

```
                frame = CheckBoxFrame()
                frame.Show()
                return True

    class CheckBoxFrame(wx.Frame):
        def __init__(self):
            _style = wx.DEFAULT_FRAME_STYLE & ~(wx.RESIZE_BORDER
                                    | wx.MINIMIZE_BOX | wx.MAXIMIZE_BOX)
            wx.Frame.__init__(self, None, wx.ID_ANY, '复选框应用示例', size=(360, 220),
    style=_style)
            self.panel = wx.Panel(self)
            self.label = wx.StaticText(self.panel, label='选择你喜欢的水果：', pos=(32, 30))
            self.checkbox1 = wx.CheckBox(self.panel, label='苹果', pos=(32, 60))
            self.checkbox2 = wx.CheckBox(self.panel, label='香蕉', pos=(92, 60))
            self.checkbox3 = wx.CheckBox(self.panel, label='橘子', pos=(152, 60))
            self.checkbox4 = wx.CheckBox(self.panel, label='葡萄', pos=(212, 60))
            self.checkbox5 = wx.CheckBox(self.panel, label='雪梨', pos=(272, 60))
            self.button = wx.Button(self.panel, label='确定', pos=(126, 110))
            self.button.SetDefault()
            self.CreateStatusBar()
            self.Center()
            self.Bind(wx.EVT_CHECKBOX, self.OnSelect)
            self.Bind(wx.EVT_BUTTON, self.OnSelect)

        def OnSelect(self, event):
            fruits = []
            checkboxes = [self.checkbox1, self.checkbox2, self.checkbox3,
    self.checkbox4, self.checkbox5]
            for x in checkboxes:
                if x.GetValue():
                    fruits += [x.GetLabel()]
            if fruits:
                self.SetStatusText('你喜欢的水果有：' + ', '.join(fruits))
            else:
                self.SetStatusText('请选择你喜欢的水果')

    if __name__ == '__main__':
        app = MyApp()
        app.MainLoop()
```

【运行结果】

程序运行时弹出一个对话框，通过复选框来选择一种或多种水果，选择的结果显示在状态栏中，如图 9.13 所示。

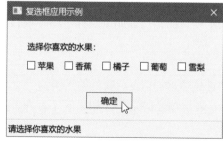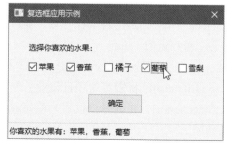

图 9.13　"复选框应用示例"对话框

9.3.4　列表框和组合框

与单选按钮和复选框类似，列表框和组合框都可以用来从一组选项中进行选择，列表框可以用于单选或多选，组合框则只能用于单选。组合框可以看作列表框与文本框的组合。

1. 列表框

列表框可以用于单项选择或多项选择，即选择一个或多个字符串。字符串显示在滚动框中，选定的字符串以反相形式标记。

列表框可以通过调用 wx.ListBox 类的构造方法来创建，调用格式如下。

```
listbox = wx.ListBox(parent, id=wx.ID_ANY, pos=wx.DefaultPosition,
    size=wx. DefaultSize, choices=[], style=0, validator=wx.DefaultValidator,
    name=wx. ListBoxNameStr)
```

其中，各个参数的含义与 wx.RadioBox 类的构造方法中相同。

对于列表框而言，参数 style 的取值如下：wx.LB_SINGLE（默认值）表示单选列表框；wx.LB_MULTIPLE 表示多选列表框；wx.LB_EXTENDED 表示扩展选择列表框，可以通过使用 Shift 键或 Ctrl 键及光标移动键或鼠标来进行扩展选择；wx.LB_HSCROLL 表示当选项内容太宽时创建水平滚动条；wx.LB_ALWAYS_SB 表示始终显示垂直滚动条；wx.LB_NEEDED_SB 表示仅在需要时创建垂直滚动条；wx.LB_NO_SB 表示不创建垂直滚动条；wx.LB_SORT 表示列表框的内容按字母顺序进行排序。

列表框的常用方法如下。

- Deselect(n)：在列表框中取消选择一个项目，仅适用于多项选择列表框。参数 n 表示项目的索引（从 0 开始）。
- EnsureVisible(n)：确保当前显示具有给定索引的项目，如有必要则滚动列表框。参数 n 表示项目的索引。
- FindString(string, caseSensitive=False)：查找标签与给定字符串匹配的项目。参数 string 表示要查找的字符串；caseSensitive 为布尔值，指定搜索是否区分大小写。如果找到，则返回项目的索引，否则返回 wx.NOT_FOUND。
- GetCount()：返回列表框中的项目数。
- GetSelection()：返回所选项目的索引，仅适用于单选列表框。如果未选择任何项目，则返回 NOT_FOUND。
- GetSelections()：在当前所选项目的位置填充一个整数数组，返回一个整数列表。
- GetString(n)：返回具有给定索引的项目的标签。参数 n 表示项目的索引。
- InsertItems(items, pos)：在指定位置之前插入给定数量的字符串。参数 items 为字符串列表，表示要插入项目的标签；pos 表示要插入项目的位置，0 表示插入列表框的开头。
- IsSelected(n)：确定是否选择一项。参数 n 表示项目的索引。如果选择了给定项目，则返回 True，否则返回 False。
- IsSorted()：如果列表框具有 LB_SORT 样式，则返回 True。
- SetFirstItem(n)：将指定的项目设置为第一个可见项目。n 表示项目的索引。
- SetSelection(n)：将选择项设置为给定项目。n 表示项目的索引。如果 n 不存在，则删除所有选择。
- SetString(n, string)：设置给定项目的标签。n 表示项目的索引；string 表示要设置的项目标签。

列表框的常用事件如下。

- EVT_LISTBOX：当选择列表框中的某个项目或选择更改时处理该事件。

- EVT_LISTBOX_DCLICK：当双击列表框时处理该事件。

如果允许用户从列表中选择多项，也可以通过调用 wx.CheckListBox 类的构造方法来创建包含复选框的列表框（称为复选框列表），调用格式如下。

```
checklistbox = CheckListBox(parent, id=wx.ID_ANY, pos=wx.DefaultPosition,
        size=wx.DefaultSize, choices=[], style=0, validator=wx.DefaultValidator,
        name=CheckListBoxNameStr)
```

其中，各个参数的含义与 wx.RadioBox 类的构造方法中相同。

由于 wx.CheckListBox 类是从 wx.ListBox 类继承的，所以 wx.ListBox 类中的方法同样适用于 wx.CheckListBox 类。此外，wx.CheckListBox 类还具有以下几个特有的方法。

- GetCheckedItems()：返回与控件中选中项目相对应的整数序列。
- GetCheckedStrings()：返回与控件中选中项目相对应的字符串元组。
- IsChecked(item)：检查给定的项目是否被选中，如果被选中则返回 True，否则返回 False。参数 item（int）指定要返回其检查状态的项目的索引。
- SetCheckedItems(indexes)：如果在索引序列 indexes 中找到了项目的索引，则设置项目为选中状态。
- SetCheckedStrings(strings)：如果在字符串序列 strings 中找到了项目的字符串，则设置项目为选中状态。

wx.CheckListBox 的常用事件是 EVT_CHECKLISTBOX，当选中或取消选中复选框列表中的项目时处理此事件。

【例 9.11】列表框应用示例。

【程序代码】

```
import wx
class MyApp(wx.App):
    def OnInit(self):
        frame = ListBoxFrame()
        frame.Show()
        return True
class ListBoxFrame(wx.Frame):
    def __init__(self):
        _style = wx.DEFAULT_FRAME_STYLE & ~(wx.RESIZE_BORDER
                                 | wx.MINIMIZE_BOX | wx.MAXIMIZE_BOX)
        wx.Frame.__init__(self, None, wx.ID_ANY, '列表框应用示例', size=(360, 256),
style=_style)
        self.panel = wx.Panel(self)
        self.label = wx.StaticText(self.panel, label='选择一种坚果：', pos=(35, 10))
        nuts = ['榛子', '松仁', '板栗', '杏仁', '核桃', '花生', '瓜子']
        self.listbox = wx.ListBox(self.panel, choices=nuts, pos=(35, 30),
size=(112, 105))
        self.label2 = wx.StaticText(self.panel, label='选择一种或多种水果：',
pos=(198, 10))
        fruits = ['苹果', '香蕉', '橘子', '葡萄', '杧果', '荔枝', '雪梨']
        self.checklistbox = wx.CheckListBox(self.panel, choices=fruits, pos=(198,
30), size=(112, 105))
        self.button = wx.Button(self.panel, label='确定', pos=(128, 150))
        self.button.SetDefault()
        self.CreateStatusBar()
        self.Center()
        self.Bind(wx.EVT_LISTBOX, self.OnSelect)
        self.Bind(wx.EVT_CHECKLISTBOX, self.OnSelect)
        self.Bind(wx.EVT_BUTTON, self.OnSelect)
```

```
        def OnSelect(self, event):
            s1 = '坚果尚未选择'
            if self.listbox.GetSelection() != wx.NOT_FOUND:
                s1 = '选择的坚果是: ' +
self.listbox.GetString(self.listbox.GetSelection())
            if s2 := self.checklistbox.GetCheckedStrings():
                s2 = '选择的水果: ' + ', '.join(s2)
            else:
                s2 = '水果尚未选择'
            self.SetStatusText(s1 + '; ' + s2)
    if __name__ == '__main__':
        app = MyApp()
        app.MainLoop()
```

【运行结果】

程序运行时弹出一个对话框,其中包含两个列表框和一个按钮,可以选择一种坚果,同时还可以选择一种或多种水果,选择结果显示在状态栏中,如图 9.14 所示。

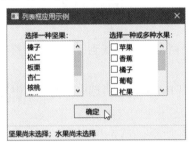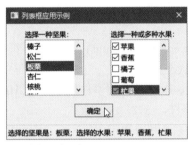

图 9.14 "列表框应用示例"对话框

2. 组合框

组合框就像是编辑控件和列表框的组合,它可以显示为带有可编辑或只读文本字段的静态列表,可以是带有文本字段的下拉列表,也可以是没有文本字段的下拉列表。组合框仅允许进行单项选择,组合框中的项目从 0 开始编号。

组合框可以通过调用 wx.ComboBox 类的构造方法来创建,调用格式如下。

```
combobox = wx.ComboBox(parent, id=wx.ID_ANY, value="", pos=wx.DefaultPosition,
    size=wx.DefaultSize, choices=[], style=0, validator=wx.DefaultValidator,
    name=wx.ComboBoxNameStr)
```

其中,多数参数的含义与 wx.RadioBox 类的构造方法中相同。下面仅对参数 value 和 style 加以说明。

- value 为字符串,表示初始选择的项目。如果为空字符串,则表示没有选择。
- style 指定组合框的样式,其取值如下。
  - ➢ wx.CB_SIMPLE:表示创建一个带有永久显示列表的组合框。
  - ➢ wx.CB_DROPDOWN:表示创建一个带有下拉列表的组合框。
  - ➢ wx.CB_READONLY:表示允许用户从选项列表中进行选择,但不允许输入列表中不存在的值。
  - ➢ wx.CB_SORT:表示按字母顺序对列表中的条目进行排序。
  - ➢ wx.TE_PROCESS_ENTER:表示将生成 EVT_TEXT_ENTER 事件。

组合框的常用方法如下。

- Dismiss():隐藏组合框的列表框部分。
- FindString(string, caseSensitive=False):查找标签与给定字符串匹配的项目。参数 string 表

示要查找的字符串，caseSensitive 指定搜索是否区分大小写（默认不区分大小写）。如果找到则返回项目的位置，否则返回 NOT_FOUND。

- GetCount()：返回控件中的项目数。
- GetCurrentSelection()：返回当前选择的项目。
- GetSelection()：返回所选项目的索引，如果未选择项目，则返回 NOT_FOUND。
- GetString(n)：返回具有给定索引的项目的标签。参数 n 表示项目的索引。
- IsListEmpty()：如果组合框选项列表为空，则返回 True。
- IsTextEmpty()：如果组合框的文本为空，则返回 True。
- Popup()：显示组合框的列表框部分。
- SetSelection(n)：将给定项 n 设置为选中项。如果 n==NOT_FOUND，则完全取消选中项。此方法不会发出任何命令事件。参数 n 指定项目的索引。
- SetString(n, text)：更改指定的组合框项目的文本。参数 n 表示项目的索引，text 指定要设置的文本。
- SetValue(text)：设置组合框文本字段的文本。参数 text 指定要设置的文本。调用此方法将生成一个 wxEVT_TEXT 事件。

组合框的常用事件如下。

- EVT_COMBOBOX：当选择列表中的一个项目时处理此事件。
- EVT_TEXT：当组合框文本更改时处理此事件。
- EVT_TEXT_ENTER：在组合框中按下 Enter 键时处理此事件，要求组合框具有 TE_PROCESS_ENTER 样式。
- EVT_COMBOBOX_DROPDOWN：在显示组合框的下拉列表时生成此事件。
- EVT_COMBOBOX_CLOSEUP：在关闭组合框的列表框时生成此事件。

【例 9.12】组合框应用示例。

【程序代码】

```
import wx
class MyApp(wx.App):
    def OnInit(self):
        frame = ComboBoxFrame()
        frame.Show()
        return True
class ComboBoxFrame(wx.Frame):
    def __init__(self):
        _style = wx.DEFAULT_FRAME_STYLE & ~(wx.RESIZE_BORDER
                                    | wx.MINIMIZE_BOX | wx.MAXIMIZE_BOX)
        wx.Frame.__init__(self, None, wx.ID_ANY, '组合框应用示例', size=(360, 256),
style=_style)
        self.panel = wx.Panel(self)
        self.label = wx.StaticText(self.panel, label='选择编程语言：', pos=(45, 30))
        langs = ['VB', 'PHP', 'Java', 'Go', 'Python']
        self.combobox1 = wx.ComboBox(self.panel, choices=langs,
            style=wx.CB_DROPDOWN | wx.CB_SORT | wx.TE_PROCESS_ENTER, pos=(45, 50),
size=(100, 30))
        self.combobox1.SetSelection(0)
        self.label2 = wx.StaticText(self.panel, label='选择数据库：', pos=(198, 30))
        dbs = ['Access', 'DB2', 'SQLite', 'MySQL', 'SQL Server']
        self.combobox2 = wx.ComboBox(self.panel, choices=dbs, style=wx.CB_READONLY
                            | wx.CB_SORT, pos=(198, 50), size=(100, 30))
```

```
        self.combobox2.SetValue(self.combobox2.GetString(0))
        self.button = wx.Button(self.panel, label='确定', pos=(128, 120))
        self.button.SetDefault()
        self.CreateStatusBar()
        self.Center()
        self.Bind(wx.EVT_COMBOBOX, self.OnSelect)
        self.Bind(wx.EVT_COMBOBOX, self.OnSelect)
        self.Bind(wx.EVT_TEXT_ENTER, self.OnSelect)
        self.Bind(wx.EVT_BUTTON, self.OnSelect)

    def OnSelect(self, event):
        s1 = '编程语言尚未选择'
        index1 = self.combobox1.GetSelection()
        if index1 != wx.NOT_FOUND:
            s1 = '选择的编程语言：' + self.combobox1.GetString(index1)
        elif self.combobox1.GetValue() != '':
            s1 = '选择的编程语言：' + self.combobox1.GetValue()
        s2 = '选择的数据库：' +
self.combobox2.GetString(self.combobox2.GetSelection())
        self.SetStatusText(s1 + '; ' + s2)

if __name__ == '__main__':
    app = MyApp()
    app.MainLoop()
```

【运行结果】

程序运行时弹出一个对话框，其中包含两个组合框，左边的组合框带有可编辑的文本框，可以输入列表中不存在的项目，右边的组合框则只允许从列表中选择，所选择的编程语言和数据库显示在状态栏中，结果如图 9.15 所示。

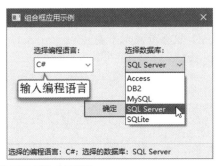

图 9.15 "组合框应用示例"对话框

9.3.5 菜单系统

菜单系统用于提供一些操作命令的列表，用户可以使用鼠标或键盘来选择菜单命令，以执行相应的操作。在 wxPython 应用程序中，为窗口创建菜单系统的主要步骤如下：创建菜单栏（MenuBar）并将其添加到窗口中；创建菜单（Menu）并将其添加到菜单栏或父菜单中；创建菜单项（MenuItem）并将添加到菜单或子菜单；为菜单项编写事件处理程序。

1. 菜单栏

菜单栏位于窗口的顶部，一个菜单栏只能属于一个窗口。菜单栏中包含一系列菜单。

通过调用 wx.MenuBar 类的构造方法可以创建一个空的菜单栏，调用格式如下。

```
menubar = wx.MenuBar()
```

菜单栏的常用方法如下。

- Append(menu, title)：将菜单项添加到菜单栏末尾。参数 menu（wx.Menu）表示要添加的菜单项；title 为字符串，指定菜单项的标题，不能为空。
- Check(id, check)：选中或取消选中菜单项。参数 id（int）表示菜单项标识符；check（bool）为 True 时选中菜单项，否则不选中该项目。
- Enable(id, enable)：启用或禁用菜单项。参数 id（int）表示菜单项标识符；enable（bool）为 True 时启用该项目，为 False 将其禁用。
- EnableTop(pos, enable)：启用或禁用整个菜单。参数 pos（int）表示菜单的位置，从 0 开始；enable（bool）为 True 时启用菜单，为 False 时将其禁用。
- FindItemById(id)：查找与给定菜单项标识符关联的菜单项对象。参数 id 表示菜单项标识符。返回类型为 wx.MenuItem。
- FindMenu(title)：返回具有给定标题的菜单的索引，如果菜单栏中不存在这样的菜单，则返回 NOT_FOUND。参数 title 为字符串，既可以是菜单标题（包含加速器字符，如"&File"），也可以只是菜单标签（"File"）。
- GetLabel(id)：获取与菜单项关联的标签。参数 id（int）表示菜单项标识符。返回类型为字符串，表示菜单项标签，如果找不到该菜单项则返回空字符串。
- GetMenu(index)：返回索引为 index 的菜单，返回类型为 wx.Menu。
- GetMenuCount()：返回菜单栏中的菜单数。
- GetMenuLabel(pos)：返回顶级菜单的标签，其中包括加速器字符在内。参数 pos（int）表示菜单在菜单栏上的位置，从 0 开始。如果找不到菜单，则返回空字符串。
- GetMenuLabelText(pos)：返回顶级菜单标签，其中不包含加速器字符。参数 pos（int）表示菜单在菜单栏上的位置，从 0 开始。如果找不到菜单，则返回空字符串。
- Insert(pos, menu, title)：将菜单在给定位置插入菜单栏。参数 pos（int）表示新菜单在菜单栏中的位置；menu（wx.Menu）指定要添加的菜单；title（字符串）表示菜单标题。
- Remove(pos)：从菜单栏中删除菜单并返回菜单对象。参数 pos（int）指定菜单的位置，从 0 开始。
- SetLabel(id, label)：设置菜单项的标签。参数 id（int）表示菜单项标识符；label（字符串）表示菜单项标签。
- SetLabelTop(pos, label)：设置顶层菜单的标签。参数 pos（int）表示菜单在菜单栏上的位置；label（字符串）表示菜单标签。

创建菜单栏之后，通过调用 wx.Frame 的 SetMenuBar()方法将其添加到窗口，代码如下。

```
self.SetMenuBar(menubar)
```

2. 菜单

菜单是菜单项的弹出列表或下拉列表，可以在菜单消失之前选择其中的一个菜单项，单击其他位置则可以关闭菜单。菜单可以用于构造菜单栏或弹出菜单。

菜单可以通过调用 wx.Menu 类的构造方法来创建，调用格式如下。

```
menu = wx.Menu()
```

菜单的常用方法如下。

- Append(id, item="", help="", kind=ITEM_NORMAL)：在菜单中添加菜单项。参数 id（int）表示菜单命令标识符；item（字符串）表示出现在菜单项上的字符串；help（字符串）表示与项目关联的可选帮助字符串；kind（ItemKind）表示菜单项的类型，具有 ITEM_SEPARATOR（表示分隔线）、ITEM_NORMAL（表示普通菜单项）、ITEM_CHECK（表示复选框菜单项）、ITEM_RADIO（表示单选按钮菜单项）这 4 个值。返回类型为 wx.MenuItem。

- AppendCheckItem(id, item, help="")：在菜单末尾添加一个复选框菜单项。其中，各个参数的含义与 Append()方法中相同。
- AppendRadioItem(id, item, help="")：在菜单末尾添加一个单选按钮菜单项。所有随后的单选按钮菜单项组成一个组，当选中该组中的某个项目时，所有其他单选项目都将自动取消选中。各个参数的含义与 Append()方法中相同。
- AppendSeparator()：在菜单末尾添加分隔符。
- AppendSubMenu(submenu, text, help="")：将给定的子菜单添加到菜单中。参数 submenu 表示要添加的子菜单，其他参数的含义与 Append()方法中相同。
- Check(id, check)：选中或取消选中菜单项。参数 id（int）表示菜单项标识符；check（bool）为 True 时选中该菜单项，为 False 时将取消选中的菜单项。
- GetMenuItemCount()：返回菜单中的项目数。
- GetMenuItems()：返回菜单中的项目列表，返回类型为 MenuItemList。
- GetTitle()：返回菜单的标题。
- Insert(pos, menuItem)：将给定菜单项 menuItem 插入位置 pos 之前。
- InsertCheckItem(pos, id, item, help="")：在给定位置插入一个复选框菜单项。参数 pos 表示位置；id 表示菜单标识符；item 表示菜单项中显示的文字；help 表示帮助字符串。
- InsertRadioItem(pos, id, item, help="")：在给定位置插入单选按钮菜单项。其中，各个参数的含义与 InsertCheckItem()方法中相同。
- InsertSeparator(pos)：在给定位置 pos 插入分隔符。

创建一个菜单后，通过调用 wx.MenuBar 的 Append()方法将其添加到菜单栏中，代码如下。

```
menubar.Append(menu)
```

3. 菜单项

菜单项代表菜单中的项。菜单项可以是普通菜单项、复选框菜单项或单选按钮菜单项。普通菜单项没有任何特殊属性，而复选框菜单项具有与之关联的布尔标志，并且设置标志后会在菜单中显示一个对勾。

菜单项可以通过调用 wx.MenuItem 类的构造方法来创建，调用格式如下。

```
menuitem = MenuItem(parentMenu=None, id=wx.ID_SEPARATOR, text="",
        helpString="", kind=wx.ITEM_NORMAL, subMenu=None)
```

其中，各个参数的含义如下。

- parentMenu：表示菜单项所属的菜单。
- id：表示菜单项的标识符。
- text：表示菜单项的文本。
- helpString：表示可选的帮助字符串，将显示在状态栏上。
- kind 为 ItemKind 类型，指定菜单项种类，可以是 ITEM_SEPARATOR、ITEM_NORMAL、ITEM_CHECK 或 ITEM_RADIO。
- subMenu：如果不是 None，则表示菜单项是子菜单。

菜单项的常用方法如下。

- Check(check=True)：选中或取消选中菜单项。参数 check 为 True 时选中菜单项，为 False 时取消选中。
- Enable(enable=True)：启用或禁用菜单项。参数 enable 为 True 时启用菜单项，为 False 时

禁用菜单项。

- GetItemLabel()：返回与菜单项关联的文本，包括所有加速键。
- GetItemLabelText()：返回与菜单项关联的文本，不带任何加速键。
- GetMenu()：返回菜单项所在的菜单，返回类型为 wx.Menu，如果此菜单项未附加到任何菜单，则返回 None。
- GetSubMenu()：返回与菜单项关联的子菜单，返回类型为 wx.Menu，如果不存在此子菜单，则返回 None。

菜单项的常用事件如下。

- EVT_MENU：单击菜单项时处理此事件。
- EVT_MENU_OPEN：即将打开一个菜单时处理此事件。
- EVT_MENU_CLOSE：当菜单刚刚关闭时处理此事件。
- EVT_MENU_HIGHLIGHT：当指定菜单项突出显示时处理此事件。

【例 9.13】菜单系统应用示例。

【程序代码】

```
import wx
class MyApp(wx.App):
    def OnInit(self):
        frame = MenuFrame()
        frame.Show()
        return True
class MenuFrame(wx.Frame):
    def __init__(self):
        wx.Frame.__init__(self, None, wx.ID_ANY, '菜单系统应用示例', size=(360, 256))
        self.panel = wx.Panel(self)
        self.menubar = None
        self.CreateMenu()
        self.CreateStatusBar()
        self.Center()
    def CreateMenu(self):
        self.menubar = wx.MenuBar()  # 创建菜单栏
        # 创建菜单并添加到菜单栏
        menu_file = wx.Menu()
        self.menubar.Append(menu_file, '文件(&F)')
        menu_edit = wx.Menu()
        self.menubar.Append(menu_edit, '编辑(&E)')
        menu_help = wx.Menu()
        self.menubar.Append(menu_help, '帮助(&H)')
        # 创建菜单项添加到菜单
        menu_file.Append(wx.ID_ANY, '新建(&N)\tCtrl+N', '新建文件')
        menu_file.Append(wx.ID_ANY, '打开(&O)...\tCtrl+O', '打开文件')
        menu_file.Append(wx.ID_ANY, '保存(&S)\tCtrl+S', '保存文件')
        menu_file.Append(wx.ID_ANY, '另存为(&A)...\tCtrl+Shift+S', '另行保存文件')
        menu_file.Append(wx.ID_SEPARATOR)
        menu_file.Append(wx.ID_ANY, '退出(&X)\tCtrl+Q', '退出系统')
        menu_edit.Append(wx.ID_ANY, '撤销(&U)\tCtrl+Z', '撤销操作')
        menu_edit.Append(wx.ID_SEPARATOR)
        menu_edit.Append(wx.ID_ANY, '剪切(&T)\tCtrl+X', '剪切内容')
        menu_edit.Append(wx.ID_ANY, '复制(&C)\tCtrl+C', '复制内容')
        menu_edit.Append(wx.ID_ANY, '粘贴(&C)\tCtrl+V', '粘贴内容')
        menu_help.Append(wx.ID_ANY, '关于...', '显示本程序的相关信息')
        # 将菜单栏添加到窗口
```

```
        self.SetMenuBar(self.menubar)
        self.Bind(wx.EVT_MENU, self.OnMenu)
    def OnMenu(self, event):
        menu_item = self.menubar.FindItemById(event.GetId())
        s1 = menu_item.GetItemLabelText()
        menu_item_label = s1[:s1.find('(')]
        s2 = menu_item.GetMenu().GetTitle()
        menu_title = s2[:s2.find('(')]
        self.SetStatusText('你选择了"' + menu_title + '"菜单中的"' + menu_item_label +
'"项')
        if menu_item_label == '退出':
            self.Close()
if __name__ == '__main__':
    app = MyApp()
    app.MainLoop()
```

【运行结果】

程序运行时弹出一个窗口，其中包含一个菜单栏。当在菜单中指向某个菜单项时，会在状态栏中显示相关的帮助字符串；当单击某个菜单项或按下快捷键时，会在状态栏中显示相关的菜单和菜单项的信息；当从"文件"菜单中选择"退出"命令或按快捷键"Ctrl+Q"时将关闭窗口，如图9.16所示。

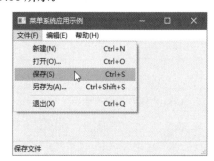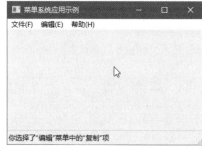

图 9.16 "菜单系统应用示例"窗口

9.3.6　工具栏和状态栏

除了菜单系统，还可以在窗口中添加工具栏和状态栏。工具栏通常位于菜单栏的下方，其中包含一些按钮和其他控件；状态栏则位于窗口底部，用于显示少量的状态信息。

1．工具栏

工具栏可以通过调用 wx.ToolBar 类的构造方法来创建，调用格式如下。

```
toolbar = wx.ToolBar(parent, id=wx.ID_ANY, pos=wx.DefaultPosition,
        size=wx.DefaultSize, style=wx.TB_HORIZONTAL, name=wx.ToolBarNameStr)
```

其中，参数 style 表示工具栏的样式，其取值如下。

- wx.TB_FLAT：表示平面效果。
- wx.TB_HORIZONTAL：表示水平布局，这是默认值。
- wx.TB_VERTICAL：表示垂直布局。
- wx.TB_DOCKABLE：表示工具栏可浮动和可停靠。

其他参数的含义与 wx.Button()中相同。

工具栏的常用方法如下。

- AddCheckTool(id, label, bitmap, bmpDisabled=NullBitmap, shortHelp="", longHelp="", clientData=None)：向工具栏添加新的切换按钮。参数 id 表示按钮标识符；bitmap 指定按钮

上显示的图像; bmpDisabled 指定禁用时按钮上显示的图像; shortHelp 指定用鼠标指针指向按钮时显示的提示信息; longHelp 指定指向按钮时状态栏上显示的提示信息; clientData 表示指向客户端数据的可选指针, 以后可以使用 GetToolClientData 检索。

- AddRadioTool(id, label, bitmap, bmpDisabled=NullBitmap, shortHelp="", longHelp="", clientData=None): 将新的单选按钮添加到工具栏。连续的单选按钮工具组成一个单选按钮组。其中, 各个参数的含义与 AddCheckTool()中相同。
- AddSeparator(): 添加用于分隔工具组的分隔符。
- AddTool(id, label, bitmap, bmpDisabled=NullBitmap, kind=ITEM_NORMAL, shortHelp ="", longHelp ="", clientData=None): 将工具添加到工具栏。其中, 参数 kind 指定工具类型, 其他参数的含义与 AddCheckTool()中相同。
- ClearTools(): 删除工具栏中的所有工具。
- FindById(id): 返回指向由 id 标识的工具的指针, 如果找不到对应的工具, 则返回 None。参数 id（int）表示工具标识符。返回类型为 wx.ToolBarToolBase。
- RemoveTool(id): 从工具栏中删除给定的工具, 参数 id（int）表示工具标识符。
- Realize(): 添加工具后必须调用此方法才能使工具栏显示出来。

工具栏的常用事件是 EVT_TOOL, 当单击工具按钮时处理此事件。

2. 状态栏

状态栏是一个狭窄的窗口, 可以沿着窗口底部放置, 以提供少量的状态信息。它可以包含一个或多个字段, 并且可以根据窗口的大小而变化。

状态栏可以通过调用 wx.Frame 类的 CreateStatusBar()方法来创建, 调用格式如下。

```
frame.CreateStatusBar()
```

此外, 状态栏也可以通过调用 wx.StatusBar 类的构造方法来创建, 调用格式如下。

```
statusbar = wx.StatusBar(parent, id=wx.ID_ANY, style=wx.STB_DEFAULT_STYLE,
            name=wx.StatusBarNameStr)
```

其中, style 指定状态栏的样式, 默认值为 STB_DEFAULT_STYLE, 该默认样式相当于 STB_SIZEGRIP | STB_SHOW_TIPS | STB_ELLIPSIZE_END | FULL_REPAINT_ON_RESIZE。其他参数的含义与 wx.Button()中相同。

对于已创建的状态栏, 可以通过调用 wx.Frame 类的 SetStatusBar()方法将其与窗口关联起来, 调用格式如下。

```
frame.SetStatusBar(statusbar)
```

状态栏的常用方法如下。

- SetFieldsCount(number=1, widths=None): 设置状态栏的字段数及可选的字段宽度。参数 number（int）表示字段数, 如果该值大于先前的数字, 则带有空字符串的新字段将被添加到状态栏; widths 为整数列表, 用于设置各个字段的宽度。
- SetStatusText(text, i=0): 设置第 i 个字段的状态文本。参数 text（字符串）表示要设置的文本; i（int）指定要设置的字段, 从 0 开始。
- SetStatusWidths(widths): 设置状态栏中字段的宽度。参数 widths 为整数列表, 如果为正, 则每个都是绝对状态字段宽度(以像素为单位); 如果为负, 则每个整数都是可变宽度字段; 如果为 None, 则表示所有字段具有相同的宽度。例如, 要在状态栏的右侧创建一个宽度为 100 的固定宽度字段, 并在另外两个字段中分别占据剩余空间的 66%和 33%, 则应使用包含-2、-1 和 100 的数组。

【例 9.14】工具栏和状态栏应用示例。

【程序代码】

```python
import wx

class MyApp(wx.App):
    def OnInit(self):
        frame = ToolBarFrame()
        frame.Show()
        return True


class ToolBarFrame(wx.Frame):
    def __init__(self):
        wx.Frame.__init__(self, None, wx.ID_ANY, '工具栏和状态栏应用示例', size=(360, 256))
        self.panel = wx.Panel(self)
        self.CreateToolBar()
        self.CreateStatusBar()
        self.statusbar = self.GetStatusBar()
        self.statusbar.SetFieldsCount(2)
        self.textarea = wx.TextCtrl(self.panel, wx.ID_ANY, style=wx.TE_MULTILINE)
        self.Center()
        self.Bind(wx.EVT_SIZE, self.OnSize)
        self.textarea.Bind(wx.EVT_MOTION, self.OnMotion)
    def CreateToolBar(self):
        self.toolbar = wx.ToolBar(self, wx.ID_ANY)
        self.SetToolBar(self.toolbar)
        self.toolbar.AddTool(wx.ID_ANY, '新建', wx.Bitmap('images/new.png'),
                    bmpDisabled=wx.NullBitmap, kind=wx.ITEM_NORMAL, shortHelp='新建文件', longHelp='新建一个文件')
        self.toolbar.AddTool(wx.ID_ANY, '打开', wx.Bitmap('images/open.png'),
                    bmpDisabled=wx.NullBitmap, kind=wx.ITEM_NORMAL, shortHelp='打开文件', longHelp='打开已经存在的文件')
        self.toolbar.AddTool(wx.ID_ANY, '保存', wx.Bitmap('images/save.png'),
                    bmpDisabled=wx.NullBitmap, kind=wx.ITEM_NORMAL, shortHelp='保存文件', longHelp='保存对文件内容的修改')
        self.toolbar.AddSeparator()
        self.toolbar.AddTool(wx.ID_ANY, '打印', wx.Bitmap('images/print.png'),
                    bmpDisabled=wx.NullBitmap, kind=wx.ITEM_NORMAL, shortHelp='打印文件', longHelp='打印输出文件内容')
        self.toolbar.AddSeparator()
        self.toolbar.AddTool(wx.ID_ANY, '剪切', wx.Bitmap('images/cut.png'),
                    bmpDisabled=wx.NullBitmap, kind=wx.ITEM_NORMAL, shortHelp='剪切', longHelp='剪切所选内容')
        self.toolbar.AddTool(wx.ID_ANY, '复制', wx.Bitmap('images/copy.png'),
                    bmpDisabled=wx.NullBitmap, kind=wx.ITEM_NORMAL, shortHelp='复制', longHelp='将所选内容复制到剪贴板')
        self.toolbar.AddTool(wx.ID_ANY, '粘贴', wx.Bitmap('images/paste.png'),
                    bmpDisabled=wx.NullBitmap, kind=wx.ITEM_NORMAL, shortHelp='粘贴', longHelp='粘贴来自剪贴板的内容')
        self.toolbar.Realize()                      # 使工具栏显示出来
        self.Bind(wx.EVT_TOOL, self.OnToolBar)    # 绑定事件处理程序
    def OnSize(self, event):
        h = self.GetClientSize().GetHeight()
        w = self.GetClientSize().GetWidth()
        self.panel.SetSize(w, h)
        self.textarea.SetSize(w, h)
    def OnToolBar(self, event):
        id = event.GetId()                          # 获取引发事件的控件标识符
```

```
            tool_label = self.toolbar.FindById(id).GetLabel()
            self.textarea.AppendText(f'你单击了"{tool_label}"按钮\n')
            self.SetStatusText(f'你单击了"{tool_label}"按钮')
        def OnMotion(self, event):
            self.SetStatusText(f'鼠标位置: {str(event.GetPosition())}', 1)

if __name__ == '__main__':
    app = MyApp()
    app.MainLoop()
```

【运行结果】

程序运行时出现一个窗口，当用鼠标指针指向工具栏中的某个按钮时会显示提示信息，并在状态栏中显示提示信息及当前鼠标指针的位置坐标，当单击某个工具按钮时会在状态栏中显示相应的操作信息，如图 9.17 所示。

图 9.17 "工具栏和状态栏应用示例"窗口

9.4 控件布局管理

在前面讲述各种控件的应用时，是通过在构造方法中传入 pos 参数来确定控件在容器中的位置的，这种定位方式称为绝对定位，其缺点是需要对各个控件的位置坐标进行计算，而且在调整容器大小时控件不能自动适应变化。为了解决这个问题，可以使用 wxPython 提供的各种 Sizer 管理控件布局，以便在调整容器时自动重新计算和优化控件的大小与位置。

9.4.1 布局类型概述

在 wxPython 中，控件的布局管理是通过一组 Sizer 来实现的。Sizer 是用于自动布局一组控件的算法，可以视为控件的大小调整器。当容器尺寸发生变化时，Sizer 将自动计算其子级的布局并进行相应的调整。当某个子级尺寸发生变化时，Sizer 也会自动刷新布局。

在 wxPython 中，Sizer 对象的唯一目的就是管理容器中的控件布局。但 Sizer 本身并不是一个容器或控件，它只是代表一种布局算法。所有 Sizer 都是抽象基类 wx.Sizer 的某个子类的实例，不能直接使用 wx.Sizer，只能使用由它派生出来的某个子类。

wxPython 提供了以下 5 种 wx.Sizer 子类。

- wx.GridSizer：从 wx.Sizer 继承，在网格中布置其子项，所有单元格的大小都是相同的，每个字段的宽度是最宽子项的宽度，每个字段的高度是最高子项的高度。
- wx.FlexGridSizer：从 wx.GridSizer 继承，在网格中布置其子项，一行中的所有子项具有相同的高度，一列中的所有子项具有相同的宽度，但是所有行或列的高度或宽度不一定相同。
- wx.GridBagSizer：从 wx.FlexGridSizer 继承，其功能与 FlexGridSizer 类似，但其使用方法更加灵活，可以使用 GBPosition 显式定位项目，还可以选择使用 GBSpan 跨越多个行或列。
- BoxSizer：从 wx.Sizer 继承，其基本思想是以简单的基本几何形状进行布局，即以行或列或行列的多个层次结构进行布局。

- StaticBoxSizer：从 BoxSizer 继承，但增加了围绕边框和顶部的标签。

使用 Sizer 布置控件布局的基本步骤如下。

- 根据需要创建某种类型的 Sizer，然后使用 SetSizer()方法将其关联到容器。
- 使用 Add()方法或其他方法将每个子级添加到 Sizer，子级可以是在父窗口中添加的控件，也可以是某种 Sizer。
- 调用 Fit()方法，使 Sizer 根据其子级来计算和调整尺寸，使其适合其子窗口。

由于篇幅所限，下面仅介绍 BoxSizer 和 StaticBoxSizer 的用法。

9.4.2 BoxSizer

BoxSizer 从 wx.Sizer 继承，其基本思想是以简单的基本几何形状进行布局，即以行或列或行列的多个层次结构进行布局。由于每个 BoxSizer 都是一个独立的实体，所以布局就有了更多的灵活性。对于大多数应用程序而言，在一个垂直 BoxSizer 中使用嵌套的水平 BoxSizer 即可创建所需布局。BoxSizer 可以通过调用 wx.BoxSizer 类的构造函数来创建，调用格式如下。

```
boxsizer = wx.BoxSizer(orient=wx.HORIZONTAL)
```

其中，参数 orient 指定如何在布局中放置控件，其值可以是 wx.VERTICAL（垂直排列）或 wx.HORIZONTAL（水平排列），后者为默认值。

wx.BoxSizer 的常用方法如下。

- Add(child, proportion=0, flag=0, border=0, userData=None)：将子级添加到布局容器中。其中，参数 child 指定要添加的子级。proportion 指示该子级是否可以沿 BoxSizer 的主方向更改其大小，默认值为 0，表示不可更改，正值表示相对于同一 BoxSizer 中其他子级的值。例如，有一个包含 3 个子级的水平 BoxSizer，若要使其中两个子级随着容器更改而等比例地增加或收缩其宽度，则应将这两个子级的 proportion 分别设置为 1。flag 为标志位，用于控制对齐方式、边框大小和尺寸的调整方式，可以使用运算符"|"进行组合，常用的标志位有 wx.EXPAND、wx.SHAPED 和 wx.FIXED_MINSIZE。对于 BoxSizer 而言，proportion 参数仅适用于容器沿主方向伸缩，而 wx.EXPAND 标记仅适用于容器尺寸在次方向上变化。serData 用于在 wx.BoxSizer 上附加一个对象。
- AddSpacer()：为容器添加非伸缩性空间。
- GetOrientation()：获取容器中控件的放置方向。

【例 9.15】BoxSizer 布局应用示例。

【程序代码】

```
import wx
class MyApp(wx.App):
    def OnInit(self):
        frame = BoxSizerFrame()
        frame.Show()
        return True
class BoxSizerFrame(wx.Frame):
    def __init__(self):
        wx.Frame.__init__(self, None, wx.ID_ANY, 'BoxSizer 布局应用示例')
        self.panel = wx.Panel(self)
        box_h = wx.BoxSizer(wx.HORIZONTAL)        # 创建水平排列调整框
        self.text_path = wx.TextCtrl(self.panel, wx.ID_ANY)
        self.button_open = wx.Button(self.panel, wx.ID_ANY, label='打开')
        box_h.Add(self.text_path, proportion=1, flag=wx.EXPAND | wx.ALL, border=5)
        box_h.Add(self.button_open, proportion=0, flag=wx.ALL, border=5)
        box_v = wx.BoxSizer(wx.VERTICAL)          # 创建垂直排列调整框
```

```
            self.text_edit = wx.TextCtrl(self.panel, wx.ID_ANY, style=wx.TE_MULTILINE
| wx.TE_RICH2)
            # 在垂直调整框中添加子级（水平调整框）
            box_v.Add(box_h, proportion=0, flag=wx.EXPAND)
            # 添加文本框
            box_v.Add(self.text_edit, proportion=1, flag=wx.EXPAND, border=5)
            self.panel.SetSizer(box_v)
            self.Center()
    if __name__ == '__main__':
        app = MyApp()
        app.MainLoop()
```

【运行结果】

本例在垂直排列的 BoxSizer 中添加了一个水平排列的 BoxSizer 和一个多行文本框，水平排列的 BoxSizer 中包含一个单行文本框和一个按钮，单行文本框随窗口大小变化而改变其宽度，按钮大小固定不变，多行文本框随窗口大小变化改变其大小，结果如图 9.18 所示。

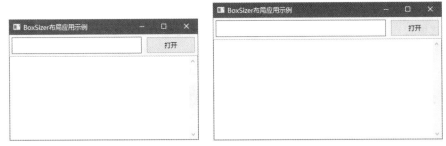

图 9.18　"BoxSizer 布局应用示例"窗口

9.4.3　StaticBoxSizer

wx.StaticBoxSizer 是从 wx.BoxSizer 派生出来的大小调整器，但在其周围添加了一个漂亮的边框和文本标签。它可以通过调用 wx.StaticBoxSizer 类的构造方法来创建，调用方式如下。

```
staticboxsizer = wx.StaticBoxSizer(box, orient=wx.HORIZONTAL)
```

其中，参数 box 为 wx.StaticBox 实例，指定相关联的静态框；orient 指定容器中控件的排列方向，其值可以是 wx.VERTICAL 或 wx.HORIZONTAL。

静态框是在其他控件周围绘制的矩形，可以用来表示项目的逻辑分组。静态框可以通过调用 wx.StaticBox 类的构造函数来创建，调用方式如下。

```
box = wx.StaticBox(parent, id=wx.ID_ANY, label="")
```

其中，参数 parent 指定父窗口，不能为 None；id 表示窗口标识符；label 指定标签文本。

【例 9.16】StaticBoxSizer 布局应用示例。

【程序代码】

```
import wx
class MyApp(wx.App):
    def OnInit(self):
        frame = StaticBoxSizerFrame()
        frame.Show()
        return True
class StaticBoxSizerFrame(wx.Frame):
    def __init__(self):
        wx.Frame.__init__(self, None, wx.ID_ANY, 'StaticBoxSizer 布局应用示例')
        labels = 'one two three four five six seven eight nine'.split()
        self.panel = wx.Panel(self)
        box1 = self.MakeStaticBoxSizer('Box1', labels[0:3])
        box2 = self.MakeStaticBoxSizer('Box2', labels[3:6])
```

```
        box3 = self.MakeStaticBoxSizer('Box3', labels[6:9])
        boxsizer = wx.BoxSizer(wx.HORIZONTAL)
        boxsizer.Add(box1, 0, wx.ALL, 10)
        boxsizer.Add(box2, 0, wx.ALL, 10)
        boxsizer.Add(box3, 0, wx.ALL, 10)
        self.panel.SetSizer(boxsizer)
        boxsizer.Fit(self)
        self.Center()
    def MakeStaticBoxSizer(self, boxlabel, itemlabels):
        box = wx.StaticBox(self.panel, wx.ID_ANY, boxlabel)
        sizer = wx.StaticBoxSizer(box, wx.VERTICAL)
        for label in itemlabels:
            button = wx.Button(self.panel, label=label)
            sizer.Add(button, 0, wx.ALL, 2)
        return sizer
if __name__ == '__main__':
    app = MyApp()
    app.MainLoop()
```

【运行结果】

本例在一个 BoxSizer 布局中沿水平方向放置了 3 个带有标签文本的 StaticBoxSizer，每个 StaticBoxSizer 沿垂直方向放置 3 个按钮，结果如图 9.19 所示。

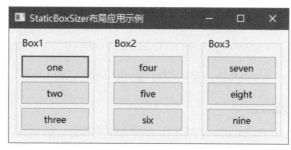

图 9.19 "StaticBoxSizer 布局应用示例"窗口

9.5 对话框与 MDI 窗口

对话框与 MDI 窗口是两类比较特殊的窗口。对话框可以是模式的（阻止其他窗口）或无模式的（仍然可以在其他窗口中输入），通常用于做出选择或回答问题。MDI（Multiple Document Interface）是一种用户界面模型，其中所有窗口都位于单个父窗口内，而不是彼此分开。

9.5.1 对话框

在 wxPython 中，可以基于 wx.Dialog 类创建自定义的对话框，也可以直接使用一些预置对话框（wx.Dialog 的子类）。预置对话框主要包括消息对话框、输入对话框、文件对话框、字体对话框及颜色对话框等。下面依次介绍这些预置对话框的用法。

1. 消息对话框

消息对话框用于显示单行或多行消息，并包含"确定""取消"之类的按钮。消息对话框可以通过调用 wx.MessageDialog 类构造方法来创建，调用格式如下。

```
dialog = wx.MessageDialog(parent, message, caption=wx.MessageBoxCaptionStr,
    style=wx.OK|wx.CENTER, pos=wx.DefaultPosition)
```

其中，参数 parent（wx.Window）指定父窗口；message 指定要显示的信息；caption 指定对话框标题；style 指定在对话框中显示哪些按钮和图标，其值是表 9.5 中所列出的标志位的组合；pos 指定对话框位置。

表 9.5　用于参数 style 的常用标志位

标 志 位	作　用
wx.OK	在消息框中放置一个"确定"按钮
wx.CANCEL	在消息框中设置"取消"按钮,必须与 wx.OK 或 wx.YES_NO 一起使用
wx.YES_NO	在消息框中设置"是"和"否"按钮
wx.HELP	将"帮助"按钮放到消息框中
wx.NO_DEFAULT	使"否"按钮成为默认按钮
wx.CANCEL_DEFAULT	使"取消"按钮成为默认按钮
wx.YES_DEFAULT	使"是"按钮成为默认按钮,这是默认行为
wx.OK_DEFAULT	使"确定"按钮成为默认按钮,这是默认行为
wx.ICON_EXCLAMATION	在消息框中显示一个感叹号或警告图标⚠
wx.ICON_ERROR	在消息框中显示一个错误图标❌
wx.ICON_QUESTION	在消息框中显示一个问号图标(实测显示不出来)
wx.ICON_INFORMATION	在消息框中显示一个信息图标ⓘ
wx.STAY_ON_TOP	使消息框保持在所有其他窗口的顶部
wx.CENTER	如果没有指定父对象,则将消息框放在其父窗口或屏幕上

创建消息对话框后,可以通过调用 ShowModal()方法使其作为模式对话框显示出来。当关闭该对话框时,根据用户所单击的按钮,ShowModal()方法将返回 wx.ID_OK、wx.ID_CANCEL、wx.ID_YES、wx.ID_NO 或 wx.ID_HELP 等。

如下示例用于演示消息对话框的用法,运行结果如图 9.20 所示。

图 9.20　消息对话框

```
>>> import wx
>>> app = wx.App()
>>> dialog = wx.MessageDialog(None, '你确实要删除文件吗? ', '确认操作', style=wx.OK |
wx.CANCEL)
>>> if dialog.ShowModal() == wx.ID_OK:
    print('你单击了"确定"按钮')
else:
    print('你单击了"取消"按钮')

你单击了"确定"按钮
>>>
```

2. 输入对话框

输入对话框用于输入文本信息。输入对话框可以通过调用 wx.TextEntryDialog 类的构造方法来创建,调用格式如下。

```
dialog = wx.TextEntryDialog(parent, message, caption=GetTextFromUserPromptStr,
    value="", style=TextEntryDialogStyle, pos=wx.DefaultPosition)
```

其中,参数 parent 指定父窗口;message 指定在对话框中显示的提示信息;caption 指定对话框的标题文字;value 指定输入的默认值;style 指定对话框样式,其取值可以是 wx.OK、wx.CANCEL、wx.CENTER、wx.TE_PASSWORD 及 wx.TE_MULTILINE 的组合;pos 指定对话框位置。

创建输入对话框后，可以通过使用 SetMaxLength()方法设置允许输入的最大字符数，使用 SetValue()方法设置输入的默认值，通过调用 ShowModal()方法则可以使其作为模式对话框显示出来。当输入文本并关闭该对话框时，根据用户所单击的按钮，ShowModal()方法将返回 wx.ID_OK 或 wx.ID_CANCEL。在对话框中输入的内容可以通过调用 GetValue()方法来获取。

图 9.21 "输入框"对话框

如下示例用于输入对话框的用法，运行结果如图 9.21 所示。

```
>>> import wx
>>> app = wx.App()
>>> dialog = wx.TextEntryDialog(None, '请输入用户名：', '输入框',
        style = wx.OK | wx.CANCEL)
>>> if dialog.ShowModal() == wx.ID_OK:
    print(f'{dialog.GetValue()}你好！')

张三你好！
```

3. 文件对话框

文件对话框用于浏览计算机文件系统，从而选择要打开的文件或设置要保存的文件。文件对话框可以通过调用 wx.FileDialog 类的构造方法来创建，调用格式如下。

```
dialog = wx.FileDialog(parent, message=wx.FileSelectorPromptStr, defaultDir="",
        defaultFile="", wildcard=wx.FileSelectorDefaultWildcardStr, style=wx.
        FD_DEFAULT_STYLE, pos=wx.DefaultPosition, size=wx.DefaultSize,
        name=wx.FileDialogNameStr)
```

其中，参数 parent 指定父窗口；message 指定对话框标题文字；defaultDir 指定默认文件夹；defaultFile 指定默认选择文件；wildcard 指定要选择的文件类型，如"文本文件(*.txt)|*.txt;所有文件 (*.*)|*.*";style 指定对话框样式,其值是表 9.6 中所列标志位的组合;其他参数的含义与 wx.Button() 中相同。

表 9.6　用于参数 style 的标志位

标 志 位	作　　用
wx.FD_DEFAULT_STYLE	相当于 wx.FD_OPEN
wx.FD_OPEN	创建一个打开对话框，默认按钮标签是"打开"，不能与 wx.FD_SAVE 组合
wx.FD_SAVE	创建一个保存对话框，默认按钮标签是"保存"，不能与 wx.FD_OPEN 组合
wx.FD_OVERWRITE_PROMPT	仅用于保存对话框，提示文件是否被覆盖
wx.FD_FILE_MUST_EXIST	仅用于打开对话框，只能选择实际存在的文件
wx.FD_MULTIPLE	仅用于打开对话框，允许选择多个文件
wx.FD_CHANGE_DIR	将当前工作目录更改为用户选择的文件所在的目录

创建文件对话框后，可以通过调用 ShowModal()方法使其作为模式对话框显示出来，用户可以在该对话框中选择要打开的文件，或设置要保存文件的位置和文件名。关闭文件对话框后，可以使用 GetFile()方法获取选定文件的完整路径，使用 GetFilenames()方法获取所选定的文件列表。

如下示例用于演示打开文件对话框的用法，运行结果如图 9.22 所示。

```
>>> import wx
>>> app = wx.App()
>>> with wx.FileDialog(None, '打开文件', wildcard='文本文件 (*.txt)|*.txt',
                style=wx.FD_OPEN | wx.FD_FILE_MUST_EXIST) as fileDialog:
    if fileDialog.ShowModal() == wx.ID_OK:
        pathname = fileDialog.GetPath()
        try:
            with open(pathname, 'r', encoding='utf-8') as file:
```

```
            print(f'文件内容：{file.read()}')
    except IOError:
        print('无法读取文件')

文件内容：这是一个文本文件。
>>>
```

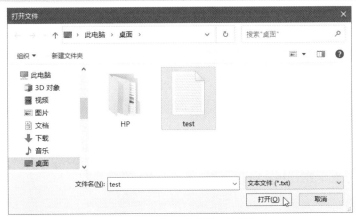

图 9.22 "打开文件"对话框

如下示例用于演示保存文件对话框的用法，运行结果如图 9.23 所示。

```
>>> import wx
>>> app = wx.App()
>>> with wx.FileDialog(None, '保存文件', wildcard='文本文件 (*.txt)|*.txt',
                style=wx.FD_SAVE | wx.FD_OVERWRITE_PROMPT) as fileDialog:
    if fileDialog.ShowModal() == wx.ID_OK:
        pathname = fileDialog.GetPath()
    try:
        with open(pathname, 'w', encoding='utf-8') as file:
            n = file.write('生命苦短，我用 Python')
    except IOError:
        print('无法保存文件')

>>>
```

图 9.23 "保存文件"对话框

4. 字体对话框

字体对话框用于选择字体、字形和大小。字体对话框可以通过调用 wx.FontDialog 类的构造方法来创建，调用格式如下。

```
dialog = wx.FontDialog(parent, data)
```

其中，参数 parent 指定父窗口；data 为 wx.FontData 对象，用于初始化字体对话框。

创建字体对话框后，可以通过调用 ShowModal()方法将其作为模式对话框显示出来。在这个字体对话框中可以选择字体、字形和大小，还可以选择字体效果（下画线和删除线）和颜色。单击"确定"按钮关闭字体对话框后，通过调用 GetFontData()方法可以获取所选择的字体数据对象，使用该对象的 GetChosenFont()方法即可得到所选择的字体。

【例 9.17】字体对话框应用示例。

【程序代码】

```
import wx
class MyApp(wx.App):
    def OnInit(self):
        frame = FontDialogFrame()
        frame.Show()
        return True
class FontDialogFrame(wx.Frame):
    def __init__(self):
        wx.Frame.__init__(self, None, wx.ID_ANY, '字体对话框示例')
        self.panel = wx.Panel(self)
        box = wx.BoxSizer(wx.VERTICAL)
        self.label = wx.StaticText(self.panel, wx.ID_ANY, label='成功源于不断努力')
        self.button = wx.Button(self.panel, wx.ID_ANY, label='设置字体...')
        box.Add(self.label, proportion=1, flag=wx.ALL | wx.CENTER, border=50)
        box.Add(self.button, proportion=0, flag=wx.ALL | wx.CENTER, border=30)
        self.panel.SetSizer(box)
        self.Center()
        self.Bind(wx.EVT_BUTTON, self.OnClick)
    def OnClick(self, event):
        data = wx.FontData()
        data.SetInitialFont(self.label.Font)
        data.SetColour(self.label.ForegroundColour)
        dialog = wx.FontDialog(self, data)
        if dialog.ShowModal() == wx.ID_OK:
            ret_data = dialog.GetFontData()
            self.label.Font = ret_data.GetChosenFont()
            self.label.ForegroundColour = ret_data.GetColour()
            self.label.Center(wx.HORIZONTAL)
if __name__ == '__main__':
    app = MyApp()
    app.MainLoop()
```

【运行结果】

在"字体对话框"窗口单击"设置字体"按钮时，会弹出"字体"对话框，可以从中选择字体、大小和颜色，然后单击"确定"按钮，将所做的设置应用于标签文字，如图 9.24 所示。

5. 颜色对话框

颜色对话框用于选择所需要的颜色。颜色对话框可以通过调用 wx.ColourDialog 类的构造方法来创建，调用格式如下。

```
dialog = wx.ColourDialog(parent, data=None)
```

其中，参数 parent 指定父窗口；data 为 wx.ColourData 对象，由该对象定义的颜色在对话框的调色板中使用。

图 9.24　使用"字体"对话框设置标签文本的字体

在创建颜色对话框之前，可以使用颜色数据对象的 SetChooseFull(True)方法使颜色对话框显示为带有自定义颜色选择控件的完整对话框，并使用 SetColour(Colour)方法设置颜色对话框的默认颜色（默认为黑色）。在创建颜色对话框后，可以通过调用 ShowModal()方法使其作为模式对话框显示出来，此时可以在该对话框中选择一种标准颜色，也可以通过设置红、绿、蓝分量创建一种自定义颜色。单击"确定"按钮关闭颜色对话框后，通过调用 GetColourData()方法可以获取颜色数据对象，使用该对象的 GetColour()方法即可得到当前选择的颜色。

【例 9.18】颜色对话框应用示例。

【程序代码】

```python
import wx
class MyApp(wx.App):
    def OnInit(self):
        frame = ColorDialogFrame()
        frame.Show()
        return True
class ColorDialogFrame(wx.Frame):
    def __init__(self):
        wx.Frame.__init__(self, None, wx.ID_ANY, '颜色对话框示例')
        self.panel = wx.Panel(self)
        box = wx.BoxSizer(wx.VERTICAL)
        self.label = wx.StaticText(self.panel, wx.ID_ANY, label='知识就是力量')
        font = wx.Font(22, wx.DEFAULT, wx.NORMAL, wx.NORMAL, False, '华文隶书')
        self.label.SetFont(font)
        self.button = wx.Button(self.panel, wx.ID_ANY, label='设置颜色...')
        box.Add(self.label, proportion=1, flag=wx.ALL | wx.CENTER, border=50)
        box.Add(self.button, proportion=0, flag=wx.ALL | wx.CENTER, border=20)
        self.panel.SetSizer(box)
        self.Center()
        self.Bind(wx.EVT_BUTTON, self.OnClick)
    def OnClick(self, event):
        data = wx.ColourData()
        data.SetChooseFull(True)
        dialog = wx.ColourDialog(self, data)
        if dialog.ShowModal() == wx.ID_OK:
            ret_data = dialog.GetColourData()
            self.label.ForegroundColour = ret_data.GetColour()
```

```
                        self.label.Refresh()
        if __name__ == '__main__':
            app = MyApp()
            app.MainLoop()
```

【运行结果】

在"颜色对话框示例"窗口单击"设置颜色"按钮，此时会弹出"颜色"对话框，从中选择所需的颜色，然后单击"确定"按钮，将选择的颜色应用于标签文字，如图9.25所示。

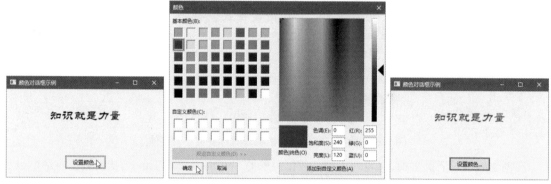

图9.25　使用颜色对话框设置标签文字的颜色

9.5.2　MDI 窗口

MDI 的英文全称是 Multiple Document Interface，即多文档界面。MDI 是一种用户界面模型，其中所有 MDI 子窗口都位于单个 MDI 父窗口内。wxPython 提供了对 MDI 的支持。在 Windows 操作系统中可以通过使用本地窗口部件来实现 MDI 模型。一个典型的 MDI 应用程序只能有一个 MDI 父窗口（wx.MDIParentFrame 子类的实例），在这个 MDI 父窗口中可以创建多个 MDI 子窗口（wx.MDIChildFrame 类的实例）。

创建 MDI 应用程序时，首先定义 wx.MDIParentFrame 类的子类，然后创建该子类的实例对象，并将其设置为应用程序对象的顶级窗口。MDI 子窗口可以使用 wx.MDIChildFrame 类的构造方法来创建，此时需要将 MDI 父窗口作为 MDI 子窗口的父级。

【例 9.19】 MDI 窗口应用示例。

【程序代码】

```
import wx
class MDIFrame(wx.MDIParentFrame):
    """创建 MDI 窗口"""
    def __init__(self):
        wx.MDIParentFrame.__init__(self, None, wx.ID_ANY, 'MDI 父窗口', size=(600, 400))
        self.child_num = 1
        menu1 = wx.Menu()   # 创建菜单
        # 添加菜单项
        menu1.Append(5000, '新窗口(&N)')
        menu1.Append(5001, '退出(&X)')
        # 创建菜单栏
        menubar = wx.MenuBar()
        # 将菜单添加到菜单栏
        menubar.Append(menu1, '文件(&F)')
        self.SetMenuBar(menubar)
        self.Bind(wx.EVT_MENU, self.OnNew, id=5000)
        self.Bind(wx.EVT_MENU, self.OnExit, id=5001)
        self.Center()
    def OnExit(self, evt):
```

```
                self.Close(True)
        def OnNew(self, evt):
            win = wx.MDIChildFrame(self, wx.ID_ANY, '子窗口 ' + str(self.child_num))
            self.child_num += 1
            win.Show(True)

    if __name__ == '__main__':
        app = wx.App()
        frame = MDIFrame()
        app.SetTopWindow(frame)
        frame.Show()
        app.MainLoop()
```

【运行结果】

程序运行时显示 MDI 父窗口，每当选择"文件"→"新窗口"命令时都会创建一个 MDI 子窗口，同时自动生成一个用于排列和切换子窗口的"窗口"菜单，结果如图 9.26 所示。

图 9.26　MDI 应用程序

9.6　典型案例

作为本章知识的综合应用，本节给出两个典型案例，一个用于创建文本编辑器，另一个则用于创建图片浏览器。

9.6.1　文本编辑器

【例 9.20】 创建一个文本编辑器，可以用于打开和保存文本文件，并且具有编辑功能，还可以设置文本的字体和颜色。

【程序分析】

本程序需要定义 TextFile、MyApp 和 TextEditorFrame 这 3 个类，分别表示文本文件、应用程序和文本编辑器程序主窗口。主要工作集中在文本编辑器程序主窗口上，包括创建菜单系统并为每个菜单项编写事件处理程序。有 3 个菜单项需要动态设置其是否可用：对于"编辑"菜单中的"复制"和"剪切"菜单项，需要根据当前是否选取了文本来设置其可用性；对于该菜单中的"粘贴"菜单项，则需要根据当前剪贴板是否包含文本来设置其可用性。

【程序代码】

```
import wx
import time
import chardet
import os

def get_code(path):
    with open(path, 'rb') as file:
        data = file.read()            # 返回字节对象
        dicts = chardet.detect(data)  # 返回字典
    return dicts.get('encoding')      # 获取编码
```

```python
class TextFile:
    def __init__(self):
        self.path = ''
        self.content = ''


textfile = TextFile()


class MyApp(wx.App):
    def OnInit(self):
        frame = TextEditorFrame()
        frame.Show()
        return True
class TextEditorFrame(wx.Frame):
    def __init__(self):
        self.progname = '文本编辑器'
        wx.Frame.__init__(self, None, wx.ID_ANY, '文本编辑器 - 无标题', size=(600, 400))
        self.text = wx.TextCtrl(self, wx.ID_ANY, style=wx.TE_MULTILINE | wx.HSCROLL)
        boxsizer = wx.BoxSizer()
        boxsizer.Add(self.text, 1, wx.ALL | wx.EXPAND)
        self.SetSizer(boxsizer)
        self.menubar = None
        self.menu_edit = None
        self.menu_edit_cut = None
        self.menu_edit_copy = None
        self.menu_edit_paste = None
        self.CreateMenu()
        self.CreateStatusBar(2)  # .SetFieldsCount(2)
        self.timer = wx.Timer(self)
        self.timer.Start(1000)
        self.SetStatusText(time.strftime('%Y-%m-%d %A %H:%M:%S',
time.localtime(time.time())), 1)
        self.Center()
        self.Bind(wx.EVT_TIMER, self.OnTimer, self.timer)

    def OnTimer(self, event):
        self.SetStatusText(time.strftime('%Y-%m-%d %A %H:%M:%S',
time.localtime(time.time())), 1)
    def CreateMenu(self):
        self.menubar = wx.MenuBar()
        menu_file = wx.Menu()
        self.menubar.Append(menu_file, '文件(&F)')
        menu_file.Append(wx.ID_ANY, '新建(&N)\tCtrl+N', '新建文件')
        menu_file.Append(wx.ID_ANY, '打开(&O)...\tCtrl+O', '打开文件')
        menu_file.Append(wx.ID_ANY, '保存(&S)\tCtrl+S', '保存文件')
        menu_file.Append(wx.ID_ANY, '另存为(&A)...\tCtrl+Shift+S', '另行保存文件')
        menu_file.Append(wx.ID_SEPARATOR)
        menu_file.Append(wx.ID_ANY, '退出(&X)\tCtrl+Q', '退出系统')
        self.menu_edit = wx.Menu()
        self.menubar.Append(self.menu_edit, '编辑(&E)')
        self.menu_edit.Append(wx.ID_ANY, '撤销(&U)\tCtrl+Z', '撤销操作')
        self.menu_edit.Append(wx.ID_SEPARATOR)
        self.menu_edit_cut = self.menu_edit.Append(wx.ID_ANY, '剪切(&T)\tCtrl+X',
'剪切内容')
        self.menu_edit_copy = self.menu_edit.Append(wx.ID_ANY, '复制(&C)\tCtrl+C',
'复制内容')
```

```python
        self.menu_edit_paste = self.menu_edit.Append(wx.ID_ANY, '粘贴(&P)\tCtrl+V',
'粘贴内容')
        menu_format = wx.Menu()
        self.menubar.Append(menu_format, '格式(&O)')
        menu_format.Append(wx.ID_ANY, '字体(&F)...', '设置字体')
        menu_format.Append(wx.ID_ANY, '颜色(&C)...', '设置颜色')
        self.SetMenuBar(self.menubar)
        self.Bind(wx.EVT_MENU, self.OnMenu)
        self.Bind(wx.EVT_MENU_OPEN, self.OnMenuOpen)

    def OnMenu(self, event):
        menu_item = self.menubar.FindItemById(event.GetId())
        s1 = menu_item.GetItemLabelText()
        menu_item_label = s1[:s1.find('(')]
        if menu_item_label == '新建':
            self.new_file()
        elif menu_item_label == '打开':
            self.open_file()
        elif menu_item_label == '保存':
            self.save_file()
        elif menu_item_label == '另存为':
            self.save_as()
        elif menu_item_label == '退出':
            self.exit()
        elif menu_item_label == '撤销':
            self.text.Undo()
        elif menu_item_label == '剪切':
            self.text.Cut()
        elif menu_item_label == '复制':
            self.text.Copy()
        elif menu_item_label == '粘贴':
            self.text.Paste()
        elif menu_item_label == '字体':
            self.set_font()
        elif menu_item_label == '颜色':
            self.set_color()
    def OnMenuOpen(self, event):
        menu = event.GetEventObject()
        if menu == self.menu_edit:
            x = self.text.GetSelection()        # 返回元组，包含两个数字，表示选择范围
            length = x[1] - x[0]
            self.menu_edit_copy.Enable(length > 0)
            self.menu_edit_cut.Enable(length > 0)
            clipboard = wx.Clipboard()
            clipboard.Open()                     # 打开剪贴板
            text_obj = wx.TextDataObject()
            if wx.TheClipboard.GetData(text_obj):
                self.menu_edit_paste.Enable(text_obj.GetText() != '')
            clipboard.Close()
    def check(self):          # 新建、打开、退出前进行检查，返回 False 则取消这些操作
        if textfile.path != '':                 # 已打开文件
            if textfile.content != self.text.GetValue():  # 文件内容已修改
                dialog = wx.MessageDialog(self, '文件内容已修改，要保存吗？',
                                self.progname, style=wx.YES_NO | wx.CANCEL)
                choice = dialog.ShowModal()
                if choice == wx.ID_YES:          # 单击"是"，则保存文件，返回 True
                    self.save_file()
```

```python
            elif choice == wx.ID_CANCEL:        # 单击"取消"，则返回 False
                return False
        else:                                   # 未打开文件
            if self.text.GetValue() != '':
                dialog = wx.MessageDialog(self, '要把更改保存到文件中吗？',
                                    self.progname, style=wx.YES_NO | wx.CANCEL)
                choice = dialog.ShowModal()
                if choice == wx.ID_YES:
                    self.save_as()
                elif choice == wx.ID_CANCEL:
                    return False
        return True                             # 单击"是"或"否"均返回 True
    def new_file(self):
        if not self.check():
            return
        self.text.SetValue('')
        self.SetTitle('文本编辑器 - 无标题')
        textfile.path = ''
        textfile.content = ''
    def open_file(self):
        if not self.check():
            return
        with wx.FileDialog(self, '打开文件', wildcard='文本文件 (*.txt)|*.txt',
                    style=wx.FD_OPEN | wx.FD_FILE_MUST_EXIST) as fileDialog:
            if fileDialog.ShowModal() == wx.ID_OK:
                path = fileDialog.GetPath()
                textfile.path = path
                try:
                    with open(path, 'r', encoding=get_code(path), errors='ignore') as file:
                        textfile.content = file.read()
                        self.text.SetValue(textfile.content)
                        self.SetTitle(f'文本编辑器 - {os.path.basename(path)}')
                except IOError:
                    wx.MessageDialog(None, '无法读取文件', self.progname).ShowModal()

    def save_file(self):
        if textfile.path == '':
            self.save_as()
            return
        with open(textfile.path, 'w', encoding='utf-8') as file:
            file.write(self.text.GetValue())
            textfile.content = self.text.GetValue()
    def save_as(self):
        with wx.FileDialog(self, '另存为', wildcard='文本文件 (*.txt)|*.txt',
                    style=wx.FD_SAVE | wx.FD_OVERWRITE_PROMPT) as fileDialog:
            if fileDialog.ShowModal() == wx.ID_OK:
                path = fileDialog.GetPath()
                try:
                    with open(path, 'w', encoding='utf-8') as file:
                        file.write(self.text.GetValue())
                        self.SetTitle(f'文本编辑器 - {os.path.basename(path)}')
                        textfile.path = path
                        textfile.content = self.text.GetValue()
                except IOError:
                    wx.MessageDialog(None, '无法保存文件', self.progname).ShowModal()

    def exit(self):
```

```
            if not self.check():
                return
            self.Close()

    def set_font(self):
        data = wx.FontData()
        data.SetInitialFont(self.text.Font)
        data.SetColour(self.text.ForegroundColour)
        dialog = wx.FontDialog(self, data)
        if dialog.ShowModal() == wx.ID_OK:
            ret_data = dialog.GetFontData()
            self.text.Font = ret_data.GetChosenFont()
            self.text.ForegroundColour = ret_data.GetColour()

    def set_color(self):
        data = wx.ColourData()
        data.SetChooseFull(True)
        dialog = wx.ColourDialog(self, data)
        if dialog.ShowModal() == wx.ID_OK:
            ret_data = dialog.GetColourData()
            self.text.ForegroundColour = ret_data.GetColour()
            self.text.Refresh()


if __name__ == '__main__':
    app = MyApp()
    app.MainLoop()
```

【运行结果】

当程序运行时，可以直接在编辑窗口中输入文字，然后选择"文件"→"保存"命令（快捷键为"Ctrl+S"），打开"保存文件"对话框，选择要保存的目标位置，同时指定文件名并加以保存。也可以打开已有的文本文件进行编辑，并允许设置文本的字体和颜色（字体和颜色是不能保存的）。文本编辑器的运行结果如图 9.27 所示。

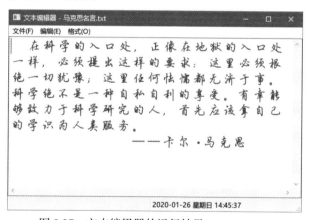

图 9.27　文本编辑器的运行结果

9.6.2　图片浏览器

【例 9.21】创建一个图片浏览器，可以用于打开各种常见格式的图片文件。

【程序分析】

要在窗口中显示图片可以使用 wx.StaticBitmap 控件来实现。为此，可以使用文件对话框选择一个图片文件，然后基于该文件创建一个 wx.Image 对象并将其转换为 wx.Bitmap 对象，最后调用

wx.StaticBitmap 控件的 SetBitmap()方法设置要显示的图片。

【程序代码】

```python
import wx
import os
class MyApp(wx.App):
    def OnInit(self):
        frame = MyFrame()
        frame.Show()
        return True
class MyFrame(wx.Frame):
    def __init__(self):
        wx.Frame.__init__(self, None, wx.ID_ANY, '图片浏览器', size=(600, 400))
        self.bmp = wx.StaticBitmap(self)
        self.CreateMenu()
        self.Center()
    def CreateMenu(self):
        self.menubar = wx.MenuBar()
        menu_file = wx.Menu()
        self.menubar.Append(menu_file, '文件(&F)')
        menu_file.Append(wx.ID_ANY, '打开(&O)...\tCtrl+O')
        menu_file.Append(wx.ID_SEPARATOR)
        menu_file.Append(wx.ID_ANY, '退出(&X)\tCtrl+Q')
        self.SetMenuBar(self.menubar)
        self.Bind(wx.EVT_MENU, self.OnMenu)
    def OnMenu(self, event):
        menu_item = self.menubar.FindItemById(event.GetId())
        s1 = menu_item.GetItemLabelText()
        menu_item_label = s1[:s1.find('(')]
        if menu_item_label == '打开':
            self.OpenImage()
        elif menu_item_label == '退出':
            self.Close()
    def OpenImage(self):
        extlist = {'bmp': wx.BITMAP_TYPE_BMP, 'gif': wx.BITMAP_TYPE_GIF, 'jpg':
                wx.BITMAP_TYPE_JPEG, 'png': wx.BITMAP_TYPE_PNG}
        with wx.FileDialog(None, '打开文件',
                        wildcard='所有图片文件|*.bmp;*.jpg;*.gif;*.png|BMP(*.bmp)|'
                            '*.bmp|JPEG(*.jpg)|*.jpg|GIF(*.gif)|*.gif|PNG'
                            '(*.png)|*.png',
                        style=wx.FD_OPEN | wx.FD_FILE_MUST_EXIST) as fileDialog:
            if fileDialog.ShowModal() == wx.ID_OK:
                pathname = fileDialog.GetPath()
                basename = os.path.basename(pathname)
                extname = os.path.splitext(pathname)[1][1:]
                type = extlist[extname]
                image = wx.Image(pathname, type)
                bmp = image.ConvertToBitmap()
                size = bmp.GetWidth(), bmp.GetHeight() + 51
                self.SetSize(size)
                self.bmp.SetBitmap(bmp)
                self.SetTitle(f'图片浏览器 - {basename}')
if __name__ == '__main__':
    app = MyApp()
    app.MainLoop()
```

【运行结果】

程序运行时，选择"文件"→"打开"命令，在弹出的"打开文件"对话框中选择要查看的图片，并单击"打开"按钮，即可在窗口中看到该图片，如图 9.28 所示。

图 9.28　图片浏览器

习　题　9

一、选择题

1. 在下列各项中，（　　）不属于 wxPython 的特点。
   A. 免费　　　　　　　　　　　　B. 收费
   C. 开源　　　　　　　　　　　　D. 跨平台
2. 在下列各项中，用于将事件绑定到事件处理程序的方法是（　　）。
   A. Make()　　　　　　　　　　　B. Link()
   C. Listen()　　　　　　　　　　D. Bind()

二、判断题

1. wxPython 与 tkinter 一样，是 Python 的自带模块，会随着 Python 而自动安装。　（　　）
2. 单击按钮时处理 EVT_BUTTON 事件。　　　　　　　　　　　　　　　　　（　　）
3. wx.Sizer 可以直接用于管理控件布局。　　　　　　　　　　　　　　　　（　　）

三、编程题

1. 使用 wxPython 编写一个系统登录窗口。
2. 使用 wxPython 创建一个窗口并为其添加菜单系统。
3. 使用 wxPython 创建一个窗口，其中包含一个按钮和文本框，单击按钮时弹出"打开文件"对话框，可以从计算机上选择文本文件并将其内容显示在文本框中。

第 10 章　数据库访问

Python 提供了所有主要关系型数据库的编程接口，包括 SQLite、MySQL 及 SQL Server 等。要访问某种数据库，导入相应的 Python 模块即可。例如，通过 Python 提供的内置模块 sqlite3 可以访问 SQLite 数据库，要访问其他类型的数据库则需要安装相应的模块。本章讨论如何通过 Python 程序访问和操作目前流行的几种数据库。

10.1　访问 SQLite 数据库

SQLite 是一种开源的关系型数据库管理系统，具有零配置、自我包含、结构紧凑、高效可靠和便于传输等优点。SQLite 将整个数据库的表、索引和数据都存储在一个扩展名为.db 的数据库文件中，不需要网络配置和管理，不需要用户账户和密码，数据访问权限取决于数据库文件所在的操作系统。SQLite 支持规范的 SQL 语言，可以非常方便地进行数据库系统原型的研发和移植。在 Python 程序中可以通过内置模块 sqlite3 实现对 SQLite 数据库的访问。

10.1.1　连接 SQLite 数据库

要通过 Python 程序访问 SQLite 数据库，需要先导入内置的 sqlite3 模块，代码如下。

```
from sqlite3 import *
```

如果希望对某个 SQLite 数据库进行访问，则必须连接到该数据库，为此可以使用 connect() 函数来创建连接对象，调用格式如下。

```
conn = connect(database)
```

其中，变量 conn 用于存储连接对象引用；参数 database 指定要连接的数据库文件的路径，可以是绝对路径或相对路径。如果该数据库文件已经存在，则打开数据库连接并返回连接对象，否则创建该数据库文件，然后打开数据库连接并返回连接对象。

连接对象的常用方法如下。

- close(...)：关闭数据库连接。
- commit(...)：提交当前数据库事务。
- cursor(...)：返回一个游标对象。
- execute(...)：执行一个 SQL 语句。
- executemany(...)：重复执行一个 SQL 语句。
- executescript(...)：一次执行多个 SQL 语句。
- interrupt(...)：中止待处理的数据库操作。
- rollback(...)：回滚当前数据库事务。

【例 10.1】创建 SQLite 数据库示例。

【程序代码】

```
from os import *
from sqlite3 import *

dirname = 'data'
if not path.exists(dirname):
    mkdir(dirname)
conn = connect(dirname + '/students.db')
if path.exists(dirname + '/students.db'):
```

```
    print('SQLite 数据库创建成功！')

conn.close()
```

【运行结果】

SQLite 数据库创建成功！

10.1.2　执行 SQL 数据操作

创建数据库连接后，可以通过调用连接对象的 execute()方法来执行一个 SQL 语句，以实现在数据库中创建表、删除表、插入数据、更新数据或删除数据等操作，语法格式如下。

```
conn.execute(sql, params)
```

其中，sql 是一个字符串，用于指定要执行的 SQL 查询语句，查询语句中的参数可以使用问号 "?" 占位符来表示；params 是一个元组，用于指定查询参数列表。当执行 SQL 语句时，各个问号占位符将被实际的参数值所取代。

SQLite 中常用的 SQL 语句如下。

- CREATE TABLE：在数据库中创建表。
- DROP TABLE：从数据库中删除表。
- INSERT INTO：在表中添加记录。
- UPDATE：修改表中的一条或多条记录。
- DELETE：从表中删除一条或多条记录。
- SELECT：从表中返回一些记录。

使用 execute()方法执行 SQL 语句后，还需要通过调用数据库连接对象的 commit()方法提交当前数据库事务，语法格式如下。

```
conn.commit()
```

完成数据库操作后，应使用数据库连接对象的 close()方法来关闭数据库连接，语法格式如下。

```
conn.close()
```

1.　创建表

在 SQLite 中，可以使用 CREATE TABLE 查询语句在当前数据库创建一个新表，基本语法格式如下。

```
CREATE TABLE IF NOT EXISTS 数据库名.表名(
    列 1 数据类型 PRIMARY KEY(单列或多列),
    列 2 数据类型,
    列 3 数据类型,
    ...
    列 N 数据类型
)
```

其中，IF NOT EXISTS 选项指定如果表不存在则创建表，否则不创建表；字段元组由一系列字段定义组成，字段之间用逗号分隔。每个字段包含字段名、数据类型、可空性（NULL）及其他字段属性设置（如主键 PRIMARY KEY 等）。

每个存储在 SQLite 数据库中的值都具有以下存储类型之一。

- NULL：表示空值。
- INTEGER：带符号的整数，根据值的大小存储在 1Byte、2Byte、3Byte、4Byte、6Byte 或 8Byte 中。
- REAL：存储为 8Byte 的 IEEE 浮点数字。
- TEXT：使用数据库编码（UTF-8、UTF-16BE 或 UTF-16LE）存储的字符串。
- BLOB：其值是一个 blob 数据，完全根据它的输入存储。

SQLite 支持列的亲和（Affinity）类型概念。任何列仍然可以存储任何类型的数据，当插入数据时，该字段的数据将会优先采用亲和类型作为该值的存储方式。SQLite 目前的版本支持以下 5 种亲和类型：TEXT、NUMERIC、INTEGER、REAL、NONE。

创建 SQLite3 表时可以使用的各种亲和类型和数据类型如表 10.1 所示。

表 10.1　创建 SQLite3 表时可以使用的各种亲和类型和数据类型

亲 和 类 型	数 据 类 型
INTEGER	INT、INTEGER、TINYINT、SMALLINT、MEDIUMINT、BIGINT、UNSIGNED BIG INT、INT2、INT8
TEXT	CHARACTER(20)、CHARACTER(70)、VARCHAR(255)、VARYING CHARACTER(255)、NCHAR(55)、NATIVE NVARCHAR(100)、TEXT、CLOB
NONE	BLOB、无特定数据类型
REAL	REAL、DOUBLE、DOUBLE PRECISION、FLOAT
NUMERIC	NUMERIC、DECIMAL(10,5)、BOOLEAN、DATE、DATETIME

【例 10.2】创建表并查看其结构。

【程序代码】

```
from sqlite3 import *

conn = connect('data/stuinfo.db')
sql = '''
CREATE TABLE IF NOT EXISTS students(
    学号 TEXT(10) PRIMARY KEY NOT NULL,
    姓名 TEXT(10) NOT NULL,
    性别 TEXT(1) NOT NULL,
    出生日期 DATE NOT NULL,
    电子邮箱 TEXT(20)
)
'''
conn.execute(sql)                                  # 执行 CREATE TABLE
cursor = conn.cursor()                             # 创建游标
cursor.execute('PRAGMA table_info(students)')      # 执行 PRAGMA table_info
cols = cursor.fetchall()                           # 获取表结构信息
for col in cols:                                   # 遍历列表
    print(col)  # 列表元素为元组，其中包含列 ID、列名称、数据类型、可空性、默认值及是否是主键
cursor.close()
conn.close()
```

【运行结果】

```
表结构如下:
(0, '学号', 'TEXT(10)', 1, None, 1)
(1, '姓名', 'TEXT(10)', 1, None, 0)
(2, '性别', 'TEXT(1)', 1, None, 0)
(3, '出生日期', 'DATE', 1, None, 0)
(4, '电子邮箱', 'TEXT(20)', 0, None, 0)
```

2. 添加数据

在 SQLite 中，可以使用 INSERT INTO 语句向数据库的给定表中添加新的数据记录，基本语法格式如下。

```
INSERT INTO 表名[(列1, 列2, 列3, ..., 列N)]
VALUES (值1, 值2, 值3, ..., 值N)
```

如果要为表中的所有列添加值，可以不在查询语句中指定列名称，但要确保值的顺序与表中列的顺序一致，此时 INSERT INTO 语句可以写成以下形式。

```
INSERT INTO 表名 VALUES (值1, 值2, 值3, ..., 值N)
```

【例 10.3】向表中添加数据示例。

【程序代码】

```
from sqlite3 import *

conn = connect('data/stuinfo.db')
print('***录入学生信息***')
while 1:
    stuid = input('输入学号（0=退出）: ')
    if stuid == '0':
        break
    name = input('输入姓名: ')
    gender = input('输入性别: ')
    birthdate = input('输入出生日期: ')
    email = input('输入电子邮箱: ')
    conn.execute('INSERT INTO students VALUES(?, ?, ?, ?, ?)',
                 (stuid, name, gender, birthdate, email))
    conn.commit()

cursor = conn.cursor()
cursor.execute('SELECT * FROM students')
print('表数据如下: ')
rows = cursor.fetchall()
for row in rows:
    print(row)
cursor.close()
conn.close()
```

【运行结果】

```
***录入学生信息***
输入学号（0=退出）: 20201681001↵
输入姓名: 王强↵
输入性别: 男↵
输入出生日期: 2002-02-20↵
输入电子邮箱: wangqiang@163.com↵
输入学号（0=退出）: 20201681002↵
输入姓名: 李明↵
输入性别: 男↵
输入出生日期: 2019-09-16↵
输入电子邮箱: liming@sina.com↵
输入学号（0=退出）: 0↵
表数据如下:
('20201681001', '王强', '男', '2002-02-20', 'wangqiang@163.com')
('20201681002', '李明', '男', '2019-09-16', 'liming@sina.com')
```

3. 更新数据

在 SQLite 中，可以使用 UPDATE 查询语句来修改表中的已有记录，基本语法格式如下。

```
UPDATE 表名
SET 列 1=值 1, 列 2=值 2, ..., 列 N=值 N
WHERE 条件
```

其中，WHERE 子句用于选择要更新的行，不使用 WHERE 子句将更新所有的行。可以使用 AND 或 OR 运算符来组合多个条件。

【例 10.4】修改表数据示例。

【程序代码】

```
from sqlite3 import *
```

```
conn = connect('data/stuinfo.db')
cursor = conn.cursor()
print('***修改学生信息***')
while 1:
    stuid = input('输入学号（0=退出）: ')
    if stuid == '0':
        break
    email = input('输入新的电子邮箱: ')
    conn.execute('UPDATE students SET 电子邮箱=? WHERE 学号=?', (email, stuid))
    conn.commit()

    cursor.execute('SELECT * FROM students WHERE 学号=?', (stuid,))
    row = cursor.fetchone()
    print('修改后的学生信息如下: ')
    print(row)
cursor.close()
conn.close()
```

【运行结果】

```
***修改学生信息***
输入学号（0=退出）: 20201681001↵
输入新的电子邮箱: wangqiang@sohu.com↵
修改后的学生信息如下:
[('20201681001', '王强', '男', '2002-02-20', 'wangqiang@sohu.com')]
输入学号（0=退出）: 20201681002↵
输入新的电子邮箱: liming@126.com↵
修改后的学生信息如下:
[('20201681002', '李明', '男', '2019-09-16', 'liming@126.com')]
输入学号（0=退出）: 0↵
```

4．删除数据

在 SQLite 中，可以使用 DELETE 查询语句从表中删除已有的记录，基本语法格式如下。

```
DELETE FROM 表名
WHERE 条件
```

其中，WHERE 子句用于选定要删除的行，如果不使用 WHERE 子句，则删除所有记录。可以使用 AND 或 OR 运算符组合多个条件。

【例 10.5】从表中删除数据示例。

【程序代码】

```
from sqlite3 import *

conn = connect('data/stuinfo.db')
cursor = conn.cursor()
print('***删除学生信息***')
while 1:
    stuid = input('输入要删除的学号（0=退出）: ')
    if stuid == '0':
        break
    conn.execute('DELETE FROM students WHERE 学号=?', (stuid,))
    conn.commit()
cursor.execute('SELECT * FROM students')
rows = cursor.fetchall()
print('表数据如下: ')
for row in rows:
    print(row)
cursor.close()
conn.close()
```

```
***删除学生信息***
输入要删除的学号（0=退出）：20201681002↵
输入要删除的学号（0=退出）：0↵
表数据如下：
('20201681001', '王强', '男', '2002-02-20', 'wangqiang@sohu.com')
```

10.1.3　执行 SQL 数据查询

如果要从 SQLite 数据库中查询数据，需要先通过调用连接对象的 cursor()方法来创建一个游标对象，语法格式如下。

```
cursor = conn.cursor()
```

然后通过调用游标对象的 execute()方法来执行 SELECT 语句，语法格式如下。

```
cursor.execute(sql, params)
```

其中，参数 sql 为字符串，指定要执行的 SELECT 语句，所用到的参数可以使用问号占位符表示；参数 params 为元组，给出所需要的查询参数。

使用 cursor.execute()方法执行 SELECT 语句后，可以通过调用游标对象的以下方法来获取一行或多行记录。

- 使用 fetchone()方法从结果集中返回一条记录，语法格式如下。

```
row = cursor.fetchone()
```

fetchone()方法以元组形式返回一条记录，可以通过索引获取指定字段的值，如第一个字段用 row[0]表示，第二个字段用 row[1]表示。fetchone()方法返回一条记录并将记录指针指向下一条记录。这样多次调用 fetchone()方法，将依次取得下一条记录，直到返回 None 为止。

- 使用 fetchmany()方法从结果集中返回多条记录，语法格式如下。

```
rows = cursor.fetchmany(size)
```

其中，参数 size 为正整数，用于指定要获取的记录行数。fetchmany()方法返回一个元组列表，每个元组代表一条记录。

- 使用 fetchall()方法从结果集中返回所有记录，语法格式如下。

```
rows = cursor.fetchall()
```

fetchall()方法返回一个元组列表，每个元组代表从数据库中查询到的一条记录，元组的长度由记录集包含的记录行数决定。

使用游标对象完成数据查询后，应调用 close()方法关闭游标，语法格式如下。

```
corsor.close()
```

【例 10.6】查询数据库示例。

【程序代码】

```
from sqlite3 import *


conn = connect('data/stuinfo.db')
cursor = conn.cursor()

sql = '''
INSERT INTO students VALUES
    ('20201681002', '李芸', '女', '2002-06-06', 'liyun@163.com'),
    ('20201681003', '赵亮', '男', '2002-09-10', 'zhaoliang@sohu.com'),
    ('20201681004', '马丽', '女', '2001-12-12', 'mali@163.com'),
    ('20201681005', '高飞', '男', '2003-03-03', 'gaofei@126.com'),
    ('20201681006', '刘梅', '女', '2002-10-10', 'liumei@163.com'),
    ('20201681007', '何明', '女', '2001-01-01', 'heming@sina.com'),
    ('20201681008', '张健', '男', '2001-06-19', 'zhangjian@sina.com'),
    ('20201681009', '王洁', '女', '2002-03-16', 'wangjie@163.com'),
```

```
        ('20201681010', '何佳', '男', '2001-08-22', 'hejia@sina.com')
'''
conn.execute(sql)                    # 插入多条记录
conn.commit()                        # 提交数据库事务

print('***查询学生信息***')
gender = input('输入要查询的学生性别：')
cursor.execute('SELECT * FROM students WHERE 性别=?', (gender,))
rows = cursor.fetchall()             # 获取所有记录

print('查询结果如下：')
for row in rows:
    print(row)
cursor.close()
conn.close()
```

【运行结果】

```
***查询学生信息***
输入要查询的学生性别：女↵
查询结果如下：
('20201681002', '李芸', '女', '2002-06-06', 'liyun@163.com')
('20201681004', '马丽', '女', '2001-12-12', 'mali@163.com')
('20201681006', '刘梅', '女', '2002-10-10', 'liumei@163.com')
('20201681007', '何明', '女', '2001-01-01', 'heming@sina.com')
('20201681009', '王洁', '女', '2002-03-16', 'wangjie@163.com')
```

10.2 访问 MySQL 数据库

MySQL 是一个关系型数据库管理系统，最初是由瑞典 MySQL AB 公司开发的，目前是 Oracle 公司旗下的产品。MySQL 是当今流行的关系型数据库管理系统之一，由于其具有开放源码、体积小、速度快、总体拥有成本低等特点，一般中小型网站的开发均首选 MySQL 作为网站数据库。下面介绍如何通过 Python 程序访问 MySQL 数据库。

10.2.1 配置 MySQL 环境

MySQL 数据库采用双授权政策，分为社区版和商业版，其中社区版是免费的。本书使用的是 MySQL 8.0.18 社区版，并使用 Navicat Premium 15 作为可视化管理工具。

1．安装 MySQL

MySQL 8.0.18 社区版安装程序可以从 https://dev.mysql.com/downloads/mysql/下载，其文件名为 mysql-installer-community-8.0.18.0.exe。通过运行该安装程序即可完成 MySQL 的安装。

完成 MySQL 安装后，可以进入命令提示符并通过运行 mysql 命令行实用程序连接到 MySQL 服务器，如图 10.1 所示。

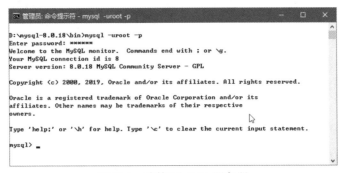

图 10.1　连接 MySQL 服务器

2. 安装 pymysql

要在 Python 程序中访问 MySQL 数据库，必须先安装 pymysql 扩展包。pymysql 扩展包当前的最新版本是 0.9.3，可以在命令提示符下使用 pip 工具来安装，安装命令如下。

```
pip install pymysql
```

安装 pymysql 扩展包的过程如图 10.2 所示。

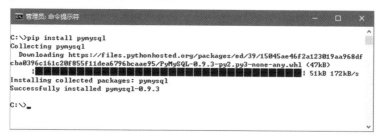

图 10.2　安装 pymysql 扩展包的过程

当看到提示信息 "Successfully installed pymysql-0.9.3" 时，表明 pymysql 模块已经安装成功。为了确认 pymysql 模块已安装，可以在命令提示行下使用 "pip list" 命令进行验证，验证 pymysql 安装的过程如图 10.3 所示。

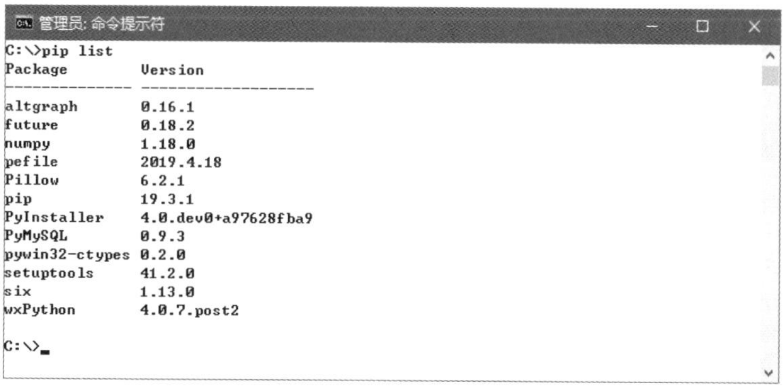

图 10.3　验证 pymysql 安装的过程

10.2.2　连接 MySQL 数据库

通过 Python 程序操作 MySQL 数据库时，需要导入 pymysql 模块，代码如下。

```
from pymysql import *
```

要操作 MySQL 数据库，必须先通过调用 pymysql 模块提供的 connect()方法创建与 MySQL 数据库的连接，常用的调用方式如下。

```
conn = connect(host=None, port=0, user=None, password="", db=None, charset="")
```

其中，host 指定 MySQL 数据库服务器所在的主机，本机计算机可以表示为 localhost；port 指定端口号，通常为 3306；user 指定用户账户，如 root；password 指定登录密码；db 指定要连接的 MySQL 数据库；charset 指定数据库编码格式。

创建数据库连接时，一定要记住设置 charset 参数，如果不设置或设置不当，则很有能导致显示数据库记录时出现乱码。

使用连接对象的 open 属性可以判断是否已连接到 MySQL 服务器。如果连接已打开，则该属性的值为 True。

连接对象的常用方法如下。

- begin()：开始事务。
- close()：发送退出消息并关闭连接。

- commit()：将更改提交到稳定存储。
- cursor(cursor=None)：创建新游标以执行查询。参数 cursor 指定要创建的游标类型，其值可以是 Cursor、SSCursor、DictCursor 或 SSDictCursor，默认值为 None，表示使用 Cursor。
- ping(reconnect=True)：检查服务器是否处于活动状态。如果参数 reconnect 为 True，则在连接关闭时重新连接。
- rollback()：回滚当前事务。
- select_db(db)：设置当前数据库。参数 db 指定数据库名称。
- show_warnings()：发送 SQL 命令 "SHOW WARNINGS"。

【例 10.7】连接 MySQL 数据库示例。

【程序代码】

```
from pymysql import *

conn = connect(host='localhost', port=3306, user='root',
          password='123456', charset='utf8mb4')
if conn.open:
    print('已成功连接到MySQL服务器。')
conn.select_db('mysql')
print('当前数据库为mysql。')
conn.close()
```

【运行结果】

```
已成功连接到MySQL服务器。
当前数据库为mysql。
```

10.2.3 操作 MySQL 数据库

创建连接之后，即可在数据库中进行记录的增、删、改操作，或者从数据库中查询所需要的数据，应基于当前连接创建一个游标对象，代码如下。

```
cursor = conn.cursor()
```

游标对象的常用方法如下。

- callproc(procname, args=())：使用参数 args 执行存储过程 procname。参数 procname 为字符串，指定在服务器上执行的存储过程名称；args 表示传入过程的参数序列。
- close()：关闭游标。
- execute(query, args=None)：执行查询。参数 query 为字符串，指定要执行的 SQL 查询语句；args 为元组、列表或字典，指定传入查询的参数。如果参数 args 是列表或元组，则可以使用 "%s" 作为查询中的占位符。如果参数 args 是字典，则可以使用 "%(name)s" 作为查询中的占位符。返回值为整数，表示受影响的行数。
- executemany(query, args)：对一个查询运行多个数据。参数 query 指定要在服务器上执行的查询；args 为序列或字典，指定查询中用到的参数。返回值为整数，表示受影响的行数（如果有的话）。
- fetchall()：获取所有行。
- fetchmany(size=None)：获取若干行。参数 size 指定要获取的行数。
- fetchone()：获取下一行。

【例 10.8】创建 MySQL 数据库和表示例。

【程序代码】

```
from pymysql import *
```

```
conn = connect(host="localhost", port=3306, user="root",
            password="123456", charset="utf8mb4")
cursor = conn.cursor()  # 创建游标
cursor.execute('CREATE DATABASE IF NOT EXISTS stuinfo')
print('stuinfo 数据库创建成功。')
cursor.execute('SHOW DATABASES')
print('数据库清单如下：')
rows = cursor.fetchall()
i = 1
for row in rows:
    print(f'{i}. {row[0]}')
    i += 1
conn.select_db('students')
sql = '''
CREATE TABLE IF NOT EXISTS students (
    stuid char(10) NOT NULL COMMENT '学号' PRIMARY KEY,
    stuname varchar(10) NOT NULL COMMENT '姓名',
    gender enum ('女', '男') NOT NULL COMMENT '性别',
    birthdate date NOT NULL COMMENT '出生日期',
    major enum ('软件', '网络', '数媒') NOT NULL COMMENT '专业',
    classname char(6) NOT NULL COMMENT '班级',
    remark text NULL
)
'''
cursor.execute(sql)
print('students 表创建成功。')
cursor.execute('SHOW COLUMNS FROM students')
rows = cursor.fetchall()
print('students 表结构如下：')
for row in rows:
    print(row)

cursor.close()
conn.close()
```

【运行结果】
```
studinfo 数据库创建成功。
数据库清单如下：
1. information_schema
2. mysql
3. performance_schema
4. students
5. sys
students 表创建成功。
students 表结构如下：
('stuid', 'char(10)', 'NO', 'PRI', None, '')
('stuname', 'varchar(10)', 'NO', '', None, '')
('gender', "enum('女','男')", 'NO', '', None, '')
('birthdate', 'date', 'NO', '', None, '')
('major', "enum('软件','网络','数媒')", 'NO', '', None, '')
('classname', 'char(6)', 'NO', '', None, '')
('remark', 'text', 'YES', '', None, '')
```

【例 10.9】向 MySQL 数据库中添加数据示例。

【程序代码】
```
from pymysql import *

conn = connect(host="localhost", port=3306, user="root",
```

```python
                    password="123456", db='studinfo', charset="utf8mb4")
    cursor = conn.cursor()
    sql = 'INSERT INTO students VALUES (%s, %s, %s, %s, %s, %s, %s)'
    args = ('2020181001', '吴昊天', '男', '2002-03-09', '数媒', '20 数媒 01', '学委')
    if n := cursor.execute(sql, args):  # 占位符为"%s"，参数为元组
        conn.commit()
        print(f'{n}条数据添加成功！')

    args = ['2020181002', '许茹芸', '女', '2001-08-09', '数媒', '20 数媒 01', NULL]
    if n := cursor.cxccute(sql, args):  # 占位符为"%s"，参数为列表
        conn.commit()
        print(f'{n}条数据添加成功！')
    sql = 'INSERT INTO students VALUES (%(stuid)s, %(stuname)s,' \
        '%(gender)s, %(birthdate)s, %(major)s, %(classname)s, %(remark)s)'

    args = {'stuid': '2020181003', 'stuname': '陈伟强', 'gender': '男',
        'birthdate': '2002-10-19', 'major': '数媒', 'classname': '20 数媒 01',
'remark': NULL}
    if n := cursor.execute(sql, args):  # 占位符为"%(name)s"，参数为字典
        conn.commit()
        print(f'{n}条数据添加成功！')
    sql = 'INSERT INTO students VALUES (%s, %s, %s, %s, %s, %s, %s)'

    args = (
        ('2020181004', '刘爱梅', '女', '2001-05-28', '数媒', '20 软件 01', NULL),
        ('2020181005', '李浩东', '男', '2003-09-09', '数媒', '20 软件 01', NULL)
    )
    if n := cursor.executemany(sql, args):  # 添加多行数据，占位符为"%s"，参数为元组
        conn.commit()
        print(f'{n}条数据添加成功！')

    args = [
        ['2020181006', '赵春晓', '女', '2001-05-21', '数媒', '20 软件 01', NULL],
        ('2020181007', '李博文', '男', '2002-07-16', '数媒', '20 网络 01', NULL)
    ]
    if n := cursor.executemany(sql, args):  # 添加多行数据，占位符为"%s"，参数为列表
        conn.commit()
        print(f'{n}条数据添加成功！')
    sql = 'INSERT INTO students VALUES (%(stuid)s, %(stuname)s,' \
        '%(gender)s, %(birthdate)s, %(major)s, %(classname)s, %(remark)s)'

    args = [
        {'stuid': '2020181008', 'stuname': '张永强', 'gender': '男', 'birthdate':
'2001-10-15',
        'major': '数媒', 'classname': '20 网络 01', 'remark': NULL},
        {'stuid': '2020181009', 'stuname': '王洁琼', 'gender': '女', 'birthdate':
'2002-06-26',
        'major': '数媒', 'classname': '20 网络 01', 'remark': NULL}
    ]
    if n := cursor.executemany(sql, args):  # 添加多行数据，占位符为"%s"，args 为字典列表
        conn.commit()
        print(f'{n}条数据添加成功！')

    cursor.execute('SELECT * FROM students')
    rows = cursor.fetchall()
    print('表数据如下：')
    for row in rows:
```

```
        print(row)
cursor.close()
conn.close()
```

【运行结果】

1 条数据添加成功！
1 条数据添加成功！
1 条数据添加成功！
2 条数据添加成功！
2 条数据添加成功！
2 条数据添加成功！
表数据如下：
('2020181001', '吴昊天', '男', datetime.date(2002, 3, 9), '数媒', '20 数媒 01', '学委')
('2020181002', '许茹芸', '女', datetime.date(2001, 8, 9), '数媒', '20 数媒 01', 'NULL')
('2020181003', '陈伟强', '男', datetime.date(2002, 10, 19), '数媒', '20 数媒 01', 'NULL')
('2020181004', '刘爱梅', '女', datetime.date(2001, 5, 28), '数媒', '20 软件 01', 'NULL')
('2020181005', '李浩东', '男', datetime.date(2003, 9, 9), '数媒', '20 软件 01', 'NULL')
('2020181006', '赵春晓', '女', datetime.date(2001, 5, 21), '数媒', '20 软件 01', 'NULL')
('2020181007', '李博文', '男', datetime.date(2002, 7, 16), '数媒', '20 网络 01', 'NULL')
('2020181008', '张永强', '男', datetime.date(2001, 10, 15), '数媒', '20 网络 01', 'NULL')
('2020181009', '王洁琼', '女', datetime.date(2002, 6, 26), '数媒', '20 网络 01', 'NULL')

【例 10.10】查询 MySQL 数据库示例。

【程序代码】

```
from pymysql import *

conn = connect(host="localhost", port=3306, user="root",
               password="123456", db='studinfo', charset="utf8mb4")
cursor = conn.cursor()
sql = 'SELECT * FROM students WHERE gender=%s'

while gender := input('请输入性别（0=退出）: '):
    if gender == '0':
        break
    elif gender != '男' and gender != '女':
        print('输入无效! ')
    else:
        cursor.execute(sql, (gender))
        print('查询结果如下: ')
        rows = cursor.fetchall()
        for row in rows:
            print(row)

cursor.close()
conn.close()
```

【运行结果】

请输入性别（0=退出）: 男↵
查询结果如下:
('2020181001', '吴昊天', '男', datetime.date(2002, 3, 9), '数媒', '20 数媒 01', '学委')

```
    ('2020181003', '陈伟强', '男', datetime.date(2002, 10, 19), '数媒', '20 数媒 01',
'NULL')
    ('2020181005', '李浩东', '男', datetime.date(2003, 9, 9), '数媒', '20 软件 01', 'NULL')
    ('2020181007', '李博文', '男', datetime.date(2002, 7, 16), '数媒', '20 网络 01',
'NULL')
    ('2020181008', '张永强', '男', datetime.date(2001, 10, 15), '数媒', '20 网络 01',
'NULL')
    请输入性别（0=退出）：女↵
    查询结果如下：
    ('2020181002', '许茹芸', '女', datetime.date(2001, 8, 9), '数媒', '20 数媒 01', 'NULL')
    ('2020181004', '刘爱梅', '女', datetime.date(2001, 5, 28), '数媒', '20 软件 01',
'NULL')
    ('2020181006', '赵春晓', '女', datetime.date(2001, 5, 21), '数媒', '20 软件 01',
'NULL')
    ('2020181009', '王洁琼', '女', datetime.date(2002, 6, 26), '数媒', '20 网络 01',
'NULL')
    请输入性别（0=退出）：0↵
```

10.3 访问 SQL Server 数据库

SQL Server 是一种关系型数据库管理系统，最初是由 Microsoft、Sybase 和 Ashton-Tate 这 3 家公司共同开发的，后来由 Microsoft 将 SQL Server 移植到 Windows 平台上。SQL Server 现在已成为一个全面的数据库平台，使用集成的商业智能工具提供了企业级的数据管理，为关系型数据和结构化数据提供了更安全可靠的存储功能，可以用于构建和管理业务高性能的数据应用程序。下面介绍如何通过 Python 程序访问 SQL Server 数据库。

10.3.1 配置 SQL Server 环境

要通过 Python 程序访问 SQL Server 数据库，首先要配置好 SQL Server 环境，由 SQL Server 数据库引擎、相关的管理工具及 pymssql 支持模块组成。

1. 安装 SQL Server

本书中使用的是 SQL Server 2008，其所有组件可以使用 SQL Server 2008 安装向导基于 Windows Installer 来安装。编程时主要用 SQL Server 2008 数据库引擎和可视化管理工具 SQL Server Management Studio（SSMS）。

2. 安装 pymssql

在 Python 程序访问 SQL Server 数据库是通过 pymssql 扩展包来实现的。该模块的当前最新版本是 2.1.4，其二进制文件可以从 https://www.lfd.uci.edu/~gohlke/pythonlibs/#pymssql 处下载，文件名为 PyMSSQL\pymssql-2.1.4-cp38-cp38-win_amd64.whl，下载后可以使用 pip 工具在命令提示符下安装，所用命令如下。

```
pip install <扩展包文件路径>
```

安装 pymssql 扩展包的运行结果如图 10.4 所示。

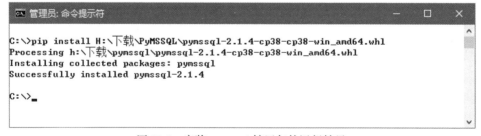

图 10.4 安装 pymssql 扩展包的运行结果

当看到提示信息"Successfully installed pymssql-2.1.4"时，表明 pymssql 扩展包已经安装成功。为了确认 pymssql 扩展包已安装，可以在命令提示行下使用"pip list"命令进行验证，执行情况如图 10.5 所示。

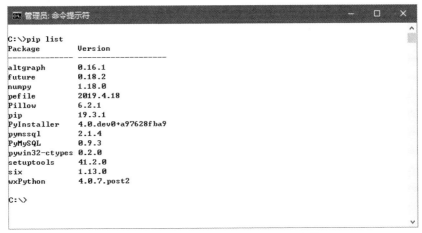

图 10.5　验证 pymssql 扩展包是否已安装

10.3.2　连接 SQL Server 数据库

在 Python 程序中访问 SQL Server 数据库时，需要导入 pymssql 模块，代码如下。

```
from pymssql import *
```

在 Python 3.8.1 中执行上述导入语句时，将会发出一个弃用警告，如图 10.6 所示。

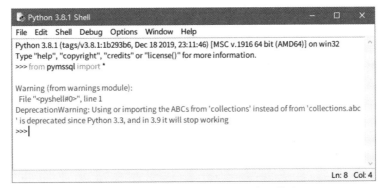

图 10.6　导入 pymssql 模块发出弃用警告

发出弃用警告虽然不影响程序的正常运行，但看起来毕竟不太舒服。为了消除这条弃用警告，可以先导入 Python 内置模块 warnings，并通过调用 filterwarnings()函数来控制警告过滤器，以屏蔽 DeprecationWarning 类型的警告信息，代码如下。

```
import warnings
warnings.filterwarnings("ignore", category=DeprecationWarning)
```

要操作 SQL Server 数据库，必须先通过调用 pymssql 模块提供的 Connect 类的构造方法创建与 SQL Server 数据库的连接，调用方式如下。

```
conn = connect(user, password, host, database, timeout, login_timeout, charset, as_dict)
```

其中，参数 user 为字符串，指定所使用的数据库用户；password 为字符串，指定用户密码；host 为字符串，指定要连接到的数据库主机和实例，本地主机可用"."表示；database 为字符串，指定要连接到的数据库，默认为系统数据库 master；timeout 为整数，指定查询超时（以秒为单位），默认值为 0（表示无限期等待）；login_timeout 为整数，指定连接和登录超时（以秒为单位），默认值为 60；charset 为字符串，指定用于连接数据库的字符集，默认为 UTF-8；as_dict 为布尔值，指定行是否应作为字典而不是元组返回，可以按基于 0 的索引或按名称访问列。connect() 的返回值为连接对象。

连接对象的常用方法如下。

- autocommit(status)：打开或关闭自动提交模式。其中，参数 status 为布尔值。在默认情况下，自动提交模式处于关闭状态，这意味着如果想要在数据库中保留更改的数据，则必须显式提交每个事务。如果将参数 status 设置为 True，则可以打开自动提交模式，这意味着每个操作一旦成功就自动提交。如果试图通过 Python 程序动态创建 SQL Server 数据库，则必须设置自动提交模式处于打开状态。
- close()：关闭连接。
- cursor()：返回一个游标对象，该对象可用于查询并从数据库中获取结果。
- commit()：提交当前事务。如果将自动提交模式保留为默认值 False，则必须调用此方法来保存数据。
- rollback()：回滚当前事务。

【例 10.11】连接 SQL Server 数据库示例。

【程序代码】

```
import warnings
warnings.filterwarnings('ignore', category=DeprecationWarning)
from pymssql import *

if conn := connect(host='localhost', user='sa', password='SQL2008r2',
database='master'):
    print('已成功连接到 SQL Server 服务器！')
cursor = conn.cursor()
cursor.execute('SELECT @@VERSION, HOST_NAME(), @@SERVICENAME, DB_NAME()')
rows = cursor.fetchall()
print('当前软件版本信息如下：')
print(''.join(rows[0][0]))
print(f'当前服务器主机：{rows[0][1]}')
print(f'当前实例：{rows[0][2]}')
print(f'当前数据库：{rows[0][3]}')

cursor.close()
conn.close()
```

【运行结果】

```
已成功连接到 SQL Server 服务器！
当前软件版本信息如下：
Microsoft SQL Server 2008 R2 (SP3) - 10.50.6000.34 (Intel X86)
    Aug 19 2014 12:21:07
    Copyright (c) Microsoft Corporation
    Enterprise Edition on Windows NT 6.3 <X64> (Build 18363: ) (WOW64)

当前服务器主机：ABC
当前实例：MSSQLSERVER
当前数据库：master
```

10.3.3 操作 SQL Server 数据库

创建数据库连接后，可以通过调用连接对象的 cursor() 方法创建一个游标对象，然后使用该游标对象的相关属性和方法实现对 SQL Server 数据库的操作。

游标对象的常用属性如下。

- rowcount：返回受上一个操作影响的行数。在 SELECT 语句的情况下，它仅在提取所有行后返回有意义的信息。
- connection：返回对创建游标的连接对象的引用。
- lastrowid：返回最后插入行的标识值。如果上一个操作不涉及将行插入具有标识列的表中，则返回 None。
- rownumber：在结果集中返回游标当前基于 0 的索引。

游标对象的常用方法如下。

- close()：关闭游标。此时游标不可用。
- execute(operation)或 execute(operation, params)：对数据库执行操作。参数 operation 为字符串，指定要执行的 SQL 语句，支持 "%s" 和 "%d" 占位符，它们在功能上是等效的；params 可以是字符串常量、元组、字典或 None，用于提供执行操作时替换参数占位符的值。
- executemany(operation, params_seq)：对参数序列中的每个元素重复执行数据库操作。参数 operation 为字符串，指定要执行的 SQL 语句；params_seq 为元组列表，用于提供执行操作时替换参数占位符的值。
- fetchone()：获取查询结果的下一行，如果将参数 as_dict 传入 connect()方法，则返回元组或字典；如果没有更多数据可用，则返回 None。
- fetchmany(size=None)：获取查询结果的下一批行。如果将参数 as_dict 传入 connect()方法，则返回元组列表或字典列表；如果没有更多数据可用，则返回空列表。参数 size 指定获取的行数。
- fetchall()：获取查询结果的所有剩余行。如果将参数 as_dict 传入 connect()方法，则返回元组列表或字典列表；如果没有更多数据可用，则返回空列表。

【例 10.12】创建 SQL Server 数据库和表示例。

【程序代码】

```python
import warnings
warnings.filterwarnings('ignore', category=DeprecationWarning)
from pymssql import *


conn = connect(host='localhost', user='sa', password='SQL2008r2')
conn.autocommit(True)
cursor = conn.cursor()
print('创建数据库 stuinfo...', end='')
cursor.execute('CREATE DATABASE stuinfo')
print('成功！')
cursor.execute('SELECT name FROM master..sysdatabases')
rows = cursor.fetchall()
i = 1
print('当前数据库清单如下：')
for row in rows:
    print(f'{i}. {row[0]}')
    i += 1


sql = '''
CREATE TABLE stuinfo.dbo.students (
    stuid char(10) NOT NULL PRIMARY KEY CLUSTERED,
    stuname nvarchar(10) NOT NULL,
    gender nchar(1) NOT NULL,
```

```
        birthdate date NOT NULL,
        email nvarchar(30) NULL
    );
    '''
    print('创建 students 表...', end='')
    cursor.execute(sql)
    print('成功!')
    cursor.execute('USE stuinfo')
    sql = '''
    SELECT colid, name, TYPE_NAME(xtype), length
    FROM syscolumns
    WHERE id=OBJECT_ID('students');
    '''
    cursor.execute(sql)
    rows = cursor.fetchall()
    print('students 表结构如下: ')
    for row in rows:
        print(row)

    cursor.close()
    conn.close()
```

【运行结果】

```
创建数据库 stuinfo...成功!
当前数据库清单如下:
1. master
2. tempdb
3. model
4. msdb
5. test
6. stuinfo
创建 students 表...成功!
students 表结构如下:
(1, 'stuid', 'char', 10)
(2, 'stuname', 'nvarchar', 20)
(3, 'gender', 'nchar', 2)
(4, 'birthdate', 'date', 3)
(5, 'email', 'varchar', 30)
```

【例 10.13】向 SQL Server 数据库中添加数据示例。

【程序代码】

```
import warnings
warnings.filterwarnings('ignore', category=DeprecationWarning)
from pymssql import *

conn = connect(host='localhost', user='sa', password='SQL2008r2',
database='stuinfo')
conn.autocommit(True)
cursor = conn.cursor()
operation = 'INSERT INTO students VALUES (%s, %s, %s, %s, %s)'
params = ('2020182001', '王强', '男', '2002-03-21', 'wangqiang@163.com')
cursor.execute(operation, params)
print('成功添加 1 行数据! ')
params = [
    ('2020182002', '张倩', '女', '2002-06-16', 'zhangqian@126.com'),
    ('2020182003', '李杰', '男', '2001-08-09', 'lijie@sina.com'),
    ('2020182004', '刘梅', '女', '2002-10-20', 'liumei@sohu.com'),
    ('2020182005', '马亮', '男', '2002-02-19', 'maliang@163.com'),
```

```
                 ('2020182006', '肖丽', '女', '2002-05-22', 'xiaoli@126.com')
    ]
print('成功添加5行数据！')
cursor.executemany(operation, params)
cursor.execute('SELECT * FROM students')
rows = cursor.fetchall()
print('表数据如下：')
for row in rows:
    print(f'{row[0]}\t{row[1]}\t\t{row[2]}\t{row[3]}\t{row[4]}')
cursor.close()
conn.close()
```

【运行结果】

```
成功添加1行数据！
成功添加5行数据！
表数据如下：
2020182001    王强      男    2002-03-21    wangqiang@163.com
2020182002    张倩      女    2002-06-16    zhangqian@126.com
2020182003    李杰      男    2001-08-09    lijie@sina.com
2020182004    刘梅      女    2002-10-20    liumei@sohu.com
2020182005    马亮      男    2002-02-19    maliang@163.com
2020182006    肖丽      女    2002-05-22    xiaoli@126.com
```

【例10.14】 查询 SQL Server 数据库示例。

【程序代码】

```
import warnings
warnings.filterwarnings('ignore', category=DeprecationWarning)
from pymssql import *

conn = connect(host='localhost', user='sa', password='SQL2008r2',
database='stuinfo')
cursor = conn.cursor()
while gender := input('请输入性别（0=退出）：'):
    if gender == '0':
        break
    elif gender != '男' and gender != '女':
        print('输入无效！')
    else:
        cursor.execute('SELECT * FROM students WHERE gender=%s', gender)
        rows = cursor.fetchall()
        for row in rows:
            print(f'{row[0]}\t{row[1]}\t{row[2]}\t{row[3]}\t{row[4]}')

cursor.close()
conn.close()
```

【运行结果】

```
请输入性别（0=退出）：男
2020182001    王强      男    2002-03-21    wangqiang@163.com
2020182003    李杰      男    2001-08-09    lijie@sina.com
2020182005    马亮      男    2002-02-19    maliang@163.com
请输入性别（0=退出）：女
2020182002    张倩      女    2002-06-16    zhangqian@126.com
2020182004    刘梅      女    2002-10-20    liumei@sohu.com
2020182006    肖丽      女    2002-05-22    xiaoli@126.com
请输入性别（0=退出）：0
```

10.4 典型案例

本节给出两个典型案例，一个用于演示如何在网格中显示数据库记录，另一个则用于说明如何将用户密码加密后保存到数据库中。

10.4.1 在网格中显示数据

【例 10.15】在网格中显示来自数据库的记录。

【程序分析】

在 wxPython 中，网格可以通过 wx.grid.Grid 控件来制作，该控件位于 wx.grid 模块中，用于显示和编辑表格数据。要在网格中显示数据库记录，主要包括以下几个步骤：查询数据库以获取要显示的记录及行数和列数；使用 CreateGrid() 方法创建具有指定行数和列数的 Grid 控件；将表字段名设置为网格的列标题；通过二重循环将每行记录中的字段值作为各个单元格的值。

【程序代码】

```python
import wx
import wx.grid
from sqlite3 import *

class MyFrame(wx.Frame):
    def __init__(self):
        wx.Frame.__init__(self, None, title='在网格中显示数据库记录', size=(520,
320))
        conn = connect('data/students.db')
        cursor = conn.cursor()
        cursor.execute('PRAGMA table_info(students)')
        rows = cursor.fetchall()
        col_names = []
        for row in rows:
            col_names.append(row[1])
        cursor.execute('SELECT * FROM students')
        rows = cursor.fetchall()
        row_num = len(rows)
        col_num = len(rows[0])
        grid = wx.grid.Grid(self)
        grid.CreateGrid(row_num, col_num)
        for col in range(col_num):
            grid.SetColLabelValue(col, col_names[col])
        for row in range(row_num):
            for col in range(col_num):
                grid.SetCellValue(row, col, f'{rows[row][col]}')
        grid.AutoSizeColumns()
        self.Center()
if __name__ == '__main__':
    app = wx.App()
    frame = MyFrame()
    frame.Show()
    app.MainLoop()
```

【运行结果】

程序运行时，通过窗口上的网格显示来自 SQLite 数据库的记录，如图 10.7 所示。

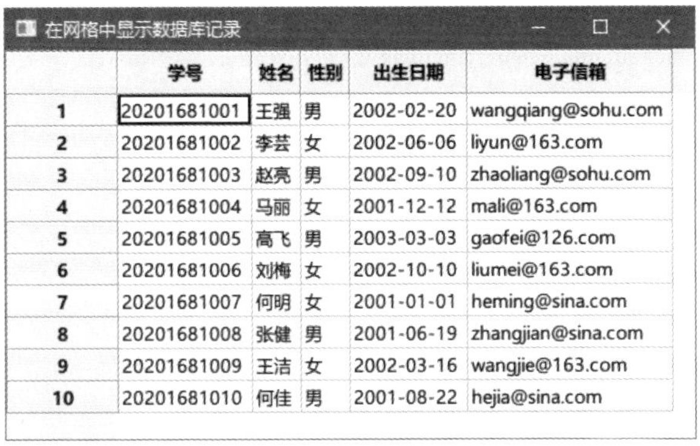

	学号	姓名	性别	出生日期	电子信箱
1	20201681001	王强	男	2002-02-20	wangqiang@sohu.com
2	20201681002	李芸	女	2002-06-06	liyun@163.com
3	20201681003	赵亮	男	2002-09-10	zhaoliang@sohu.com
4	20201681004	马丽	女	2001-12-12	mali@163.com
5	20201681005	高飞	男	2003-03-03	gaofei@126.com
6	20201681006	刘梅	女	2002-10-10	liumei@163.com
7	20201681007	何明	女	2001-01-01	heming@sina.com
8	20201681008	张健	男	2001-06-19	zhangjian@sina.com
9	20201681009	王洁	女	2002-03-16	wangjie@163.com
10	20201681010	何佳	男	2001-08-22	hejia@sina.com

图 10.7　在网格中显示数据库记录

微课视频

10.4.2　数据库加密

【例 10.16】将用户密码加密后保存到数据库中。

【程序分析】

如果用户密码未经加密，直接以明文形式存储在数据库中，则存在潜在的安全风险。数据库一旦泄露，就有可能造成很大的损失。要对用户密码进行加密，可以使用 Python 标准模块 hashlib 中的相关函数来实现，其主要步骤如下：生成 MD5 哈希对象；将字符串形式的用户密码转换为字节对象；使用该字节对象更新 MD5 哈希对象；以十六进制数字字符串形式返回摘要值。注册时要将字符串转换为摘要值后再存入数据库，登录时则要将输入的密码转换为摘要值并与数据库中的摘要值进行比较。

【程序代码】

```
import wx
from sqlite3 import *
import hashlib

def CreateConnection():
    conn = connect('data/userinfo.db')
    sql = '''
        CREATE TABLE IF NOT EXISTS users (
        username TEXT(10) PRIMARY KEY NOT NULL,
        password TEXT(10) NOT NULL
    )
    '''
    cursor = conn.cursor()
    cursor.execute(sql)
    cursor.close()
    conn.close()

def is_exist(username):
    conn = connect('data/userinfo.db')
    cursor = conn.cursor()
    cursor.execute('SELECT * FROM users WHERE username=?', (username,))
    row = cursor.fetchone()
    cursor.close()
    conn.close()
    return row

def add_user(username, password):
    m = hashlib.md5()
    m.update(password.encode())
```

```python
        str_md5 = m.hexdigest()
        conn = connect('data/userinfo.db')
        cursor = conn.cursor()
        cursor.execute('INSERT INTO users VALUES (?, ?)', (username, str_md5))
        conn.commit()
        cursor.close()
        conn.close()

    def login(username, password):
        m = hashlib.md5()
        m.update(password.encode())
        str_md5 = m.hexdigest()
        conn = connect('data/userinfo.db')
        cursor = conn.cursor()
        cursor.execute('SELECT * FROM users WHERE username=? AND password=?',
(username, str_md5))
        row = cursor.fetchone()
        cursor.close()
        conn.close()
        return row

    class MyApp(wx.App):
        def OnInit(self):
            CreateConnection()
            frame = MDIFrame()
            self.SetTopWindow(frame)
            frame.Show()
            return True

    class MDIFrame(wx.MDIParentFrame):
        """创建 MDI 窗口"""

        def __init__(self):
            wx.MDIParentFrame.__init__(self, None, wx.ID_ANY, '数据库加密', size=(600,
400))
            self.child_num = 1
            menu1 = wx.Menu()  # 创建菜单
            # 添加菜单项
            menu1.Append(5000, '注册(&R)...')
            menu1.Append(5001, '登录(&L)...')
            menu1.AppendSeparator()
            menu1.Append(5002, '退出(&X)')
            # 创建菜单栏
            menubar = wx.MenuBar()
            # 将菜单添加到菜单栏
            menubar.Append(menu1, '文件(&F)')
            self.SetMenuBar(menubar)
            self.Bind(wx.EVT_MENU, self.OnRegister, id=5000)
            self.Bind(wx.EVT_MENU, self.OnLogin, id=5001)
            self.Bind(wx.EVT_MENU, self.OnExit, id=5002)
            self.CreateStatusBar()
            self.Center()

        def OnExit(self, evt):
            self.Close(True)

        def OnRegister(self, evt):
```

```
            registerFrame = RegisterFrame(self)
            registerFrame.Show()

        def OnLogin(self, evt):
            loginFrame = LoginFrame(self)
            loginFrame.Show()

    class RegisterFrame(wx.MDIChildFrame):
        def __init__(self, parent):
            wx.MDIChildFrame.__init__(self, parent, wx.ID_ANY, '注册新用户', size=(300,
240))
            panel = wx.Panel(self)
            lbl_username = wx.StaticText(panel, wx.ID_ANY, label='用户名：', pos=(60,
35))
            self.txt_username = wx.TextCtrl(panel, wx.ID_ANY, pos=(120, 30))
            lbl_password1=wx.StaticText(panel, wx.ID_ANY, label='密码：', pos=(70, 75))
            self.txt_password1 = wx.TextCtrl(panel, wx.ID_ANY, style=wx.TE_PASSWORD,
pos=(120, 70))
            lbl_password2 = wx.StaticText(panel, wx.ID_ANY, label='确认密码：', pos=(45,
115))
            self.txt_password2 = wx.TextCtrl(panel, wx.ID_ANY, style=wx.TE_PASSWORD,
pos=(120, 110))
            btn_submit = wx.Button(panel, 1001, label='提交', pos=(56, 155), size=(80,
30))
            btn_submit.SetDefault()
            btn_cancel = wx.Button(panel, 1002, label='取消', pos=(150, 155), size=(80,
30))
            self.Bind(wx.EVT_BUTTON, self.OnSubmit, id=1001)
            self.Bind(wx.EVT_BUTTON, self.OnCancel, id=1002)

        def OnSubmit(self, evt):
            if self.txt_username.GetValue() == '':
                wx.MessageDialog(self, '用户名不能为空！', '用户注册').ShowModal()
                self.txt_username.SetFocus()
                return
            if is_exist(self.txt_username.GetValue()):
                wx.MessageDialog(self, '该用户名已存在！', '用户注册').ShowModal()
                self.txt_username.SetFocus()
                return
            if self.txt_password1.GetValue() == '':
                wx.MessageDialog(self, '密码不能为空！', '用户注册').ShowModal()
                self.txt_password1.SetFocus()
                return
            if self.txt_password1.GetValue() != self.txt_password2.GetValue():
                wx.MessageDialog(self, '两次输入的密码不一样！', '用户注册').ShowModal()
                self.txt_password2.SetFocus()
                return
            add_user(self.txt_username.GetValue(), self.txt_password1.GetValue())
            wx.MessageDialog(self, '新用户注册成功！', '用户注册').ShowModal()

        def OnCancel(self, evt):
            self.Close()

    class LoginFrame(wx.MDIChildFrame):
        def __init__(self, parent):
            wx.MDIChildFrame.__init__(self, parent, wx.ID_ANY, '系统登录', size=(300,
200))
```

```
        panel = wx.Panel(self)
        lbl_username = wx.StaticText(panel, wx.ID_ANY, label='用户名: ', pos=(60,
35))
        self.txt_username = wx.TextCtrl(panel, wx.ID_ANY, pos=(120, 30))
        lbl_password = wx.StaticText(panel, wx.ID_ANY, label='密码: ', pos=(70, 75))
        self.txt_password = wx.TextCtrl(panel, wx.ID_ANY, style=wx.TE_PASSWORD,
pos=(120, 70))
        btn_submit = wx.Button(panel, 2001, label='登录', pos=(56, 115), size=(80,
30))
        btn_submit.SetDefault()
        btn_cancel = wx.Button(panel, 2002, label='取消', pos=(150, 115), size=(80,
30))
        self.Bind(wx.EVT_BUTTON, self.OnLogin, id=2001)
        self.Bind(wx.EVT_BUTTON, self.OnCancel, id=2002)

    def OnLogin(self, evt):
        if self.txt_username.GetValue() == '':
            wx.MessageDialog(self, '用户名不能为空! ', '系统登录').ShowModal()
            self.txt_username.SetFocus()
            return
        if self.txt_password.GetValue() == '':
            wx.MessageDialog(self, '密码不能为空! ', '系统登录').ShowModal()
            self.txt_password.SetFocus()
            return
        if login(self.txt_username.GetValue(), self.txt_password.GetValue()):
            wx.MessageDialog(self, '登录成功! ', '系统登录').ShowModal()
        else:
            wx.MessageDialog(self, '用户名或密码错误，登录失败! ', '系统登录',
                        style=wx.OK | wx.ICON_ERROR).ShowModal()

    def OnCancel(self, evt):
        self.Close()

if __name__ == '__main__':
    app = MyApp()
    app.MainLoop()
```

【运行结果】

程序运行时，会出现一个 MDI 窗口，选择"文件"→"注册"命令，以打开"注册新用户"子窗口，通过输入用户名和密码并单击"提交"按钮可以注册新的用户，密码将在加密后存储到数据库中，此时会出现一个消息对话框，提示"新用户注册成功!"，如图 10.8 所示。如果提交的用户名已经存在，则会弹出一个消息对话框，提示"该用户名已存在!"，运行结果如图 10.9 所示。

图 10.8　新用户注册成功

图 10.9　新用户注册失败

从 MDI 窗口中选择"文件"→"登录"命令，以打开"系统登录"窗口，通过输入用户名和密码并单击"登录"按钮可以登录系统，当登录成功时会弹出一个消息对话框，提示"登录成功!"，如图 10.10 所示；当输入的用户名或密码与存储在数据库中的信息不匹配时，将会弹出一个消息对话框，提示"用户名或密码错误，登录失败!"，如图 10.11 所示。

图 10.10 登录成功

图 10.11 登录失败

习　题　10

一、选择题

1. 通过 Python 程序访问 SQLite 数据库时，通过连接对象的（　　）方法执行一个 SQL 语句。
   A. commit()   B. execute
   C. executemany   D. executescript

2. 在下列各项中，（　　）不属于 SQLite 的亲和类型。
   A. INTEGER   B. TEXT
   C. REAL   D. FLOAT

3. 使用 sqlite3.execute()方法时，SQL 查询语句的参数可以用（　　）表示。
   A. #   B. ?
   C. @   D. &

4. 在 Python 中连接 MySQL 数据库时，在默认情况下应将端口设置为（　　）。
   A. 80   B. 21
   C. 3306   D. 8080

二、判断题

1. SQLite 将整个数据库的表、索引和数据都存储在一个扩展名为.db 的数据库文件中。
（　　）

2. 调用 sqlite3.connect(database)方法时，如果指定的数据库不存在，则会引发错误。（　　）

3. 为了屏蔽 DeprecationWarning 类型的警告信息，应在 Python 程序中导入内置模块 warnings，并通过调用 filterwarnings()函数来控制警告过滤器。（　　）

4. 通过 pymssql 模块访问 SQL Server 数据库时，自动提交模式默认处于打开状态。（　　）

三、编程题

1. 编写程序，通过 sqlite3 模块访问 SQLite 数据库，要求该程序具有以下功能。

（1）在当前程序目录中创建一个名为 database 的子目录，并在该目录中创建一个 SQLite 数据库，文件名为 bookstore.db。

（2）在数据库 bookstore.db 中创建一个名为 books 的表，用于存储图书信息。该表中包含以下字段：图书编号、图书名称、作者、出版社、出版日期、单价。

（3）在 books 表中录入一些图书信息。

（4）显示 books 表中的所有图书信息。

（5）对 books 表中指定编号的图书信息进行修改。

（6）从 books 表中删除具有指定编号的图书。

2. 编写程序，通过 pymysql 模块访问 MySQL 数据库，要求该程序具有以下功能。

（1）在 MySQL 数据库 staff 中创建一个名为 employees 的表，用于存储员工信息。该表包含以下字段：员工编号、姓名、性别、出生日期、入职日期、手机号码，其中员工编号为自动编号，且为主键。

（2）在 employees 表中录入一些员工信息。

（3）显示 employees 表中的所有员工信息。

（4）从键盘输入员工编号，根据员工编号对其手机号码进行修改。

（5）从键盘输入员工编号，根据员工编号删除指定员工的信息。

3. 编写程序，通过 pymssql 模块访问 SQL Server 数据库，要求该程序具有以下功能。

（1）创建一个名为 stuinfo 的数据库。

（2）在该数据库中创建一个名为 students 的表，用于存储学生信息，该表包含以下字段：学号、姓名、性别、出生日期、手机号和电子邮箱。

（3）在 students 表中录入一些学生信息。

（4）显示 students 表中所有学生的信息。

（5）从键盘输入学号，根据学号对指定学生的电子邮箱进行修改。

（6）从键盘输入学号，根据学号从表中删除学生信息。